全国优秀数学教师专著系列

奥数鼎级培优教程

（高二分册·下）

AOSHU DINGJI PEIYOU JIAOCHENG (GAOER FENCE · XIA)

● 马茂年 编著

哈尔滨工业大学出版社
HARBIN INSTITUTE OF TECHNOLOGY PRESS

内容简介

本书以高二数学教学大纲为基础，归纳并总结了高二数学竞赛的热点专题，给出了不同的剖析与解法，同时对数学竞赛中的热点问题进行详细讲解，使学习者逐渐熟悉数学竞赛对学生的各项要求，积累有关答题策略方面的经验. 本书为高二分册的下册.

本书适合于参加高中数学竞赛的学生及高中数学教师使用.

图书在版编目(CIP)数据

奥数鼎级培优教程. 高二分册. 下/马茂年编著. —哈尔滨：哈尔滨工业大学出版社，2018. 4

ISBN 978－7－5603－6922－8

Ⅰ. ①奥… Ⅱ. ①马… Ⅲ. ①中学数学课－高中－教学参考资料 Ⅳ. ①G634. 603

中国版本图书馆 CIP 数据核字(2017)第 216747 号

策划编辑 刘培杰 张永芹
责任编辑 李广鑫
封面设计 孙茵艾
出版发行 哈尔滨工业大学出版社
社　　址 哈尔滨市南岗区复华四道街 10 号 邮编 150006
传　　真 0451－86414749
网　　址 http://hitpress. hit. edu. cn
印　　刷 哈尔滨市石桥印务有限公司
开　　本 787mm×960mm 1/16 印张 21. 25 字数 379 千字
版　　次 2018 年 4 月第 1 版 2018 年 4 月第 1 次印刷
书　　号 ISBN 978－7－5603－6922－8
定　　价 68. 00 元

◎前言

众所周知，数学学习首先应该注重基础知识，基础知识包括基本理论、基本概念和基本运算，其次应该注重解题方法和技巧的研究. 后者如何实施？许多人都说多做题，“熟读唐诗三百首，不会作诗也能吟”. 诚然，多做题不失为一种方法，但不是捷径. 经过多年高中数学竞赛教学实践，我们认为最有效的方法应该是注重题型和解题技巧的总结.

带着新学年的希望，《奥数鼎级培优教程》将陪伴大家一起成长，一同进取，一路思索，在求知殿堂里博取更广阔的天地. 我们将以更充实的内容、更清晰的知识划分，依据课程标准与考试说明，依靠编者的深厚底蕴，集权威性、科学性、实用性、新颖性于一体，力求为大家在新学期的学习中助力，为大家在高考和竞赛中获取优异的成绩修桥铺路.

本书本着依据大纲、服务高考和竞赛、突出重点、推陈出新的编写理念，主要目的为巩固和强化高中数学竞赛知识，力求使同学们的数学解题能力有大幅度提高；同时进一步深化高中数学竞赛常见的数学思想与数学方法，归纳总结高中数学竞赛的热点专题，锻炼大家灵活运用数学竞赛基础知识和基本思想方法解题的能力，提醒大家对数学竞赛中的热点问题加以关注，使大家逐渐熟悉数学竞赛对学生的各项要求，积累有关答题策略方面的经验.

本书从历年的竞赛、高考试卷和国内外书刊、QQ 群、网页等资料中认真分析筛选出重要题型，然后归纳总结出各种题型的解题方法和技巧，旨在帮助广大数学爱好者在研究数学问题时能起到事半功倍、举一反三、触类旁通的效果.

本书是一套为快速提高数学竞赛解题水平和解密解题技巧而编写的顶尖之作，具有如下一些特点：

(1)遴选题型恰当，具有典型性、代表性、穿透性. 所选题型有一定的难度、深度和广度，同时注意与高考、竞赛和研究紧密结合.

(2)针对题型精选例题的详尽分析和解答,对许多数学题的研究很有启发性.通过学习书中的解题过程和解法研究,考生能达到高考、竞赛试题解答口述和“秒杀”的从容境界.

(3)总结了一些全新的数学解题方法和技巧,可以大大提高学生的解题速度,拓宽解题思路,使其在高考和竞赛中一路高歌.

本书所选的都是一些经典的数学题,当然会有一定的深度,一定的难度.但作者充分了解这些问题的出题背景,求解和证明的过程中尽量做到深入浅出.任何事情都难以做到完美无缺,若偶有疏漏,或有考虑不周的地方,从某种意义上说,这种不足毋宁说是一种优点:它给读者留下思考、想象的空间.

作者虽倾心倾力,但限于能力和水平,难免有不妥之处,敬请广大读者和数学同行指正.

马茂年
2017.10

◎目录

第 23 讲　空间图形的位置关系

知识呈现

1. 平面的基本性质

公理 1　如果一条直线上的两点在一个平面内，那么这条直线上的所有点都在这个平面内(即直线在平面内).

公理 2　经过不在同一条直线上的三点，有且只有一个平面(即可以确定一个平面).

公理 3　如果两个不重合的平面有一个公共点，那么它们有且只有一条通过这个点的公共直线.

公理 4　平行于同一条直线的两条直线互相平行.

定理 1　空间中，如果两个角的两条边分别对应平行，那么这两个角相等或互补.

2. 直线与直线的位置关系

(1) 位置关系的分类.

$$\begin{cases}\text{共面直线}\begin{cases}\text{平行}\\ \text{相交}\end{cases}\\ \text{异面直线：不同在任何一个平面内}\end{cases}$$

(2) 异面直线所成的角.

① 定义：设 a,b 是两条异面直线，经过空间任一点 O 作直线 $a' \parallel a$，$b' \parallel b$，把 a' 与 b' 所成的锐角(或直角)叫作异面直线 a,b 所成的角(或夹角).

② 范围：$(0,90°]$.

3. 直线与平面的位置关系有平行、相交、在平面内三种情况

4. 平面与平面的位置关系有平行、相交两种情况

典例展示

例 1 过三棱柱任意两个顶点的直线共有 15 条,求其中异面直线的对数.

讲解 先考虑什么样的直线是异面直线,然后对这些异面直线适当分类,计数要不重不漏.

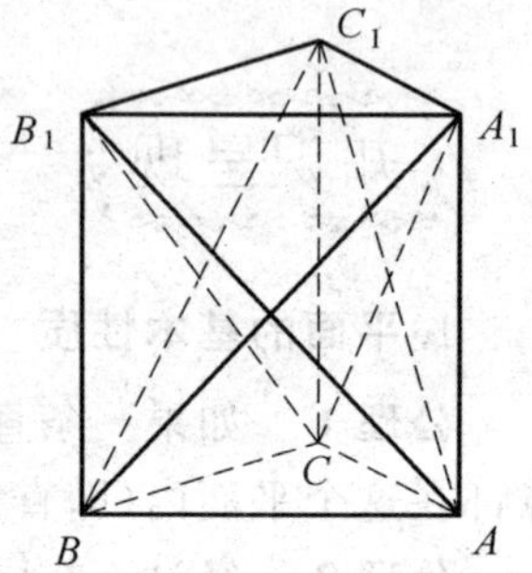

图 1

解法一(加法):

(1) 如图 1,与 A_1B_1 成异面直线的有 5 对,同理与 A_1C_1,B_1C_1 成异面直线的各有 5 对;这样与上底面的三条直线成异面直线的有 15 对;

(2) 与 AB,AC,BC 成异面直线的有 9 对(除去与(1) 重复的);

(3) 与侧棱 AA_1,BB_1,CC_1 成异面直线的有 6 对(除去与(1)(2) 重复的);

(4) 侧面对角线之间成异面直线的有 6 对;

所以异面直线总共有 36 对.

解法二(减法):

(1) 共一顶点的共面直线有 $6C_5^2=60$(对);

(2) 侧面互相平行的直线有 6 对;

(3) 侧面的对角线有 3 对共面.

所以异面直线总共有 $C_{15}^2-60-6-3=36$(对).

例 2 图 2 是正方体的平面展开图,在这个正方体中,①BM 与 ED 平行;②CN 与 BE 是异面直线;③CN 与 BM 成 60° 角;④DM 与 BN 垂直.

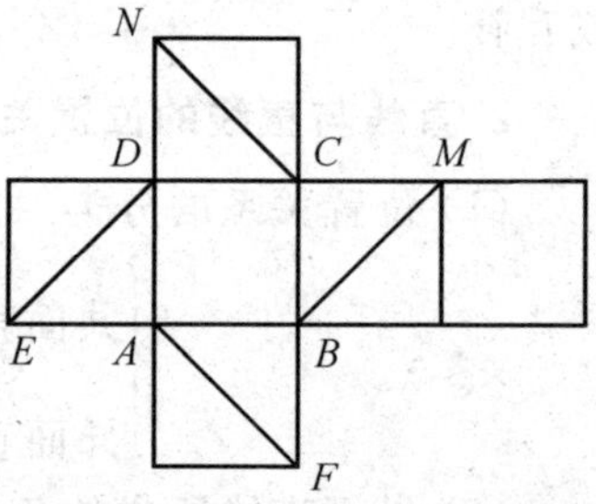

图 2

以上四个命题中,试确定正确命题的序号.

讲解 把正方体复原,然后验证命题正确与否.

从还原后的图 3 可知 BM 与 ED 是异面直线,故 ① 不成立,而 $CN \parallel BE$,故 ② 不成立. $\triangle CAN$ 为正三角形,而 $BM \parallel AN$,所以 ③ 成立. BN 在平面 $ABFE$ 上的射影为 BE,$AF \perp BE$,所以 $AF \perp BN$,又 $DM \parallel AF$,所以 ④ 成立.

故正确命题的序号为 ③④.

例 3 对于四面体 $ABCD$,给出下列四个命题:

① 若 $AB=AC$，$BD=CD$，则 $BC\perp AD$；② 若 $AB=CD$，$AC=BD$，则 $BC\perp AD$；③ 若 $AB\perp AC$，$BD\perp CD$，则 $BC\perp AD$；④ 若 $AB\perp CD$，$BD\perp AC$，则 $BC\perp AD$.

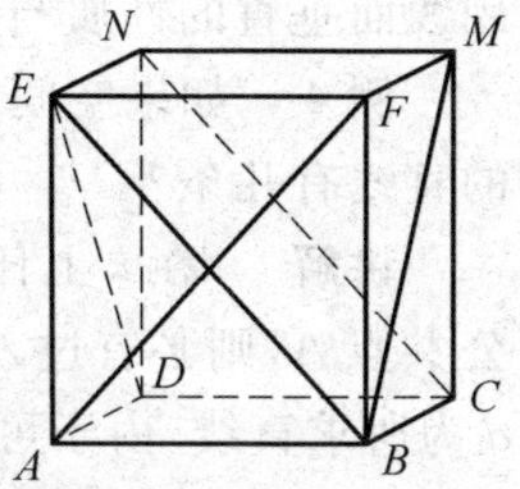

图 3

试确定其中真命题的序号（写出所有真命题的序号）.

讲解　如图 4，则 $\triangle ABC$ 和 $\triangle DBC$ 是以 BC 为底边的两个等腰三角形，作 BC 中点 E，则 $BC\perp AE$，$BC\perp DE$，所以 $BC\perp$ 平面 AED，所以 $BC\perp AD$，故 ① 为真命题.

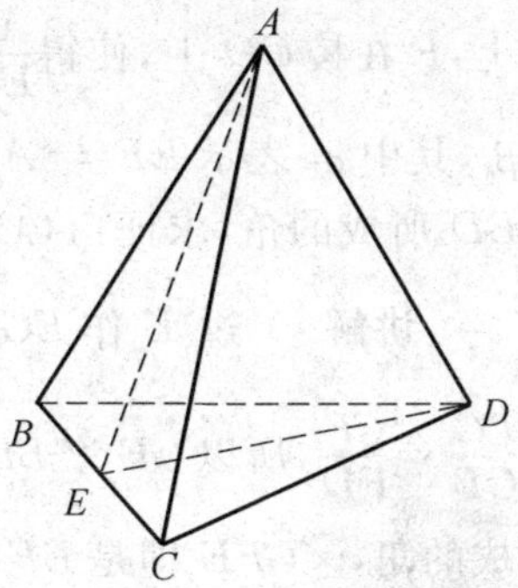

图 4

若 ② 成立，如图 5，作 $AH_1\perp BC$ 于 H_1，$DH_2\perp BC$ 于 H_2. 由 $\triangle ABC\cong\triangle DCB$ 知 $BH_1=CH_2$，若 $AB\neq AC$，则 H_1 与 H_2 不重合. 但由 $BC\perp AD$ 知 $BC\perp$ 平面 AED，所以 $BC\perp DE$，即 DE 为 $\triangle DBC$ 中 BC 边上的高，所以点 E 即为点 H_2，即点 H_1 与点 H_2 重合，矛盾. 故 ② 不成立.

同上，若 ③ 成立，则由 A 作 BC 的垂线和由 D 作 BC 的垂线，垂足应该相同，但是由"$AB\perp AC$，$BD\perp CD$"，设 $AB<AC$，$CD<BD$，则垂足不重合. 矛盾. 故 ③ 不成立.

如图 6，作 $AH\perp$ 平面 BCD 于 H，联结 BH 并延长交 CD 于 M. 由 $AB\perp CD$ 知 $CD\perp$ 平面 AMB，故 $CD\perp BM$. 同理，联结 CH 并延长交 BD 于 N，$BD\perp CN$. 故 H 为 $\triangle BCD$ 的垂心，所以 $DH\perp BC$，所以 $AD\perp BC$. 故 ④ 为真命题.

故真命题的序号为 ①④.

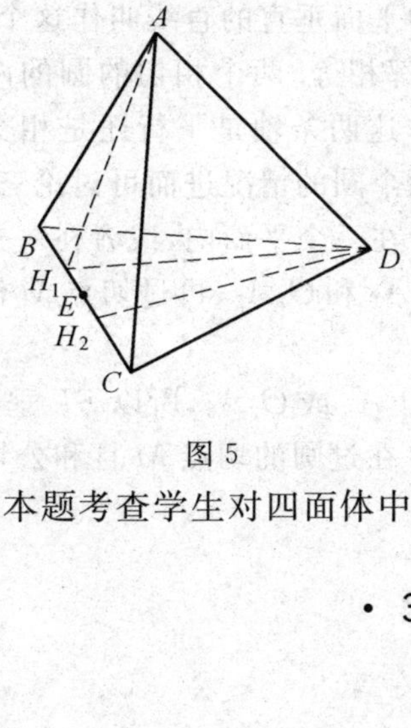

图 5

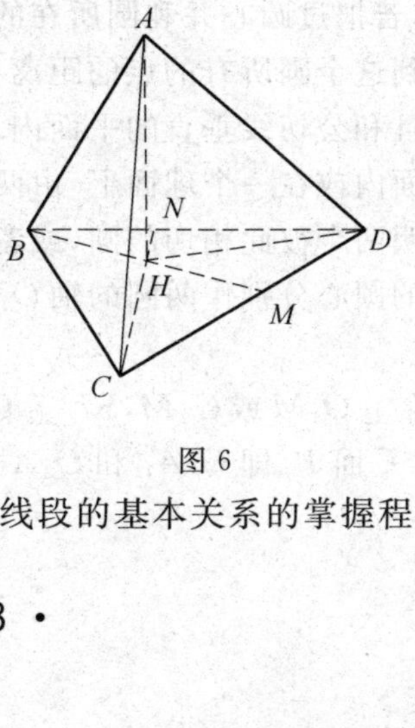

图 6

说明　本题考查学生对四面体中线段的基本关系的掌握程度，要熟练利用线面垂直的性质与判定定理.

例 4 如果空间中三条直线 a,b,c 两两成异面直线,那么与 a,b,c 都相交的直线有几条?

讲解 在 c 上任取一点 A,过 a,A 和 b,A 分别作平面 α 和 β,则 α 与 β 有公共点 A,则必有过 A 的公共直线 d. 若 d 不平行于 a,b,则 d 必与 a,b 相交,则 d 为所求直线. 由于可在直线 c 上任意取点 A,故有无穷多条直线与 a,b,c 都相交.

例 5 如图 7,正四面体 $ABCD$ 中,E 在棱 AB 上,F 在棱 CD 上,使得 $\dfrac{AE}{EB}=\dfrac{CF}{FD}=\lambda$,记 $f(\lambda)=\alpha_\lambda+\beta_\lambda$,其中 α_λ 表示 EF 与 AC 所成的角,β_λ 表示 EF 与 BD 所成的角,求证:$f(\lambda)$ 在 $(0,+\infty)$ 上为常数.

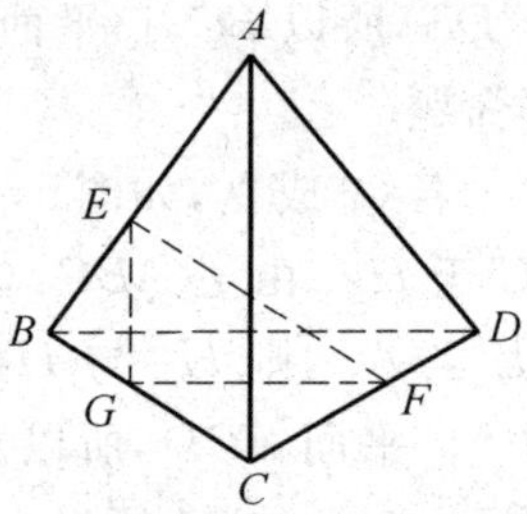

图 7

讲解 过 E 作 $EG \parallel AC$,联结 FG. 故 $\dfrac{AE}{EB}=\dfrac{CG}{GB}=\dfrac{CF}{FD}$,所以 $GF \parallel BD$. $\angle GEF$ 即是 EF 与 AC 所成的角,$\angle GFE$ 即是 EF 与 BD 所成的角(易知 $\angle GEF$ 和 $\angle GFE$ 都不是钝角),所以 $\alpha_\lambda+\beta_\lambda=180^\circ-\angle EGF$,而 $\angle EGF$ 是直角,故 $f(\lambda)$ 在 $(0,+\infty)$ 上为常数.

说明 本题如果单独考虑 EF 与 AC 所成的角或 EF 与 BD 所成的角都非常麻烦,用平移的方法把这两个角表达出来并放到同一个三角形中,问题得以解决.

例 6 空间三个圆彼此相切(指两圆有一个公共点,并在这点有公共切线),且所有三个切点是不同的. 求证:这三个圆在一个球面上,或者在一个平面内.

讲解 若把过圆心并和圆所在的平面垂直的直线叫作这个圆的轴,则轴上任意一点到这个圆所有的点的距离都相等. 两个相切的圆的两条轴都在通过圆的切点且和公切线垂直的平面内. 这两条轴是平行还是相交决定这两个圆在一个平面内或在一个球面上. 由两个圆的情况进而可讨论三个圆的情况.

首先证明两个彼此相切的圆,或者在一个平面内,或者在一个球面上.

过两圆的圆心分别作两圆的轴 O_1A_1 和 O_2A_2,再过切点 M 作两圆的公切线 ST.

因为 $ST \perp O_1M$ 或 O_2M,$ST \perp O_1A_1$ 或 O_2A_2,所以 ST 垂直于 O_1A_1 和 O_2A_2 确定的平面 P. 即 O_1A_1 和 O_2A_2 在过圆的切点 M 且和公切线垂直的平面 P 内.

当 $O_1A_1 /\!/ O_2A_2$ 时，$\odot O_1$ 所在平面和 $\odot O_2$ 所在平面重合，即两圆在一个平面内.

当 O_1A_1 和 O_2A_2 相交时，设交点为 V，联结 VM，则点 V 与 $\odot O_1$ 和 $\odot O_2$ 圆周上任意一点的连线长都等于 VM. 因此两圆在以 V 为圆心，VM 为半径的球面上.

根据上面的证明，三个圆中，每两个圆确定一个平面或确定一个球面，下面证明三对圆确定同一个平面或确定同一个球面.

假设 $\odot O_1$ 和 $\odot O_2$ 所确定的球面(或平面)G_1 和 $\odot O_2$ 和 $\odot O_3$ 所确定的球面(或平面)G_2 不重合，如果两个球面(或一个球面一个平面) 不重合，但它们有公共的圆，那么除了这个圆上的点以外，它们没有其他任何公共点. 因此对于 G_1，G_2 来说，除了 $\odot O_3$ 上的点以外不能再有其他公共点. 但这是不正确的，因为 G_1 和 G_2 都包含了 $\odot O_1$ 和 $\odot O_2$ 的切点，根据条件，这三个点不相同. 所以这个点不在 $\odot O_2$ 上. 上述矛盾说明 G_1 和 G_2 重合.

例 7　从空间一点最多可作几条两两夹角大于 $90°$ 的射线？

讲解　注意到三面角的三个面角两两之和小于四个直角，故可用三个钝角为面角作成一个三面角. 作一个三个面角均为钝角的三面角 $V-ABC$，取 $VA=VB=VC$. 过 A,B,C 作平面 ABC，作 $VO\perp$ 平面 ABC，垂足为 O. 显然 $\angle AVO=\angle BVO=\angle CVO<90°$.

取 VO 的反向延长线 VD，则四射线 VA，VB，VC，VD 两两夹角均大于 $90°$.

如果这样的直线至少有 5 条，设为 OA，OB，OC，OD，OE，过 O 作平面 $\alpha\perp OE$，则其余四条射线必与 OE 不在平面 α 的同侧(否则该射线与 OE 所成角将小于 $90°$)，而 $O-ABCD$ 成四面角.

同理，过 O 作其余四条射线中任意一条的垂面 β，则其余三条射线也必在垂面 β 的另一侧.

由此可断定 $O-ABCD$ 为凸四面角，从而四个面角之和小于 $360°$，因而这四个角中至少有一个面角小于 $90°$，与题设四个面角均大于 $90°$ 矛盾.

故这样的射线最多只能引 4 条.

例 8　如图 8，四棱锥 $P-ABCD$ 中，$PD\perp$ 平面 $ABCD$，$PD=DC=BC=1$，$AB=2$，$AB /\!/ DC$，$\angle BCD=90°$.

(1) 求证：$PC\perp BC$；

(2) 求点 A 到平面 PBC 的距离.

讲解　(1) 因为 $PD\perp$ 平面 $ABCD$，$BC\subseteq$ 平面 $ABCD$，所以 $PD\perp BC$. 由 $\angle BCD=90°$，得 $CD\perp BC$.

又 $PD\cap DC=D$,PD,$DC\subseteq$ 平面 PCD,所以 $BC\perp$ 平面 PCD.

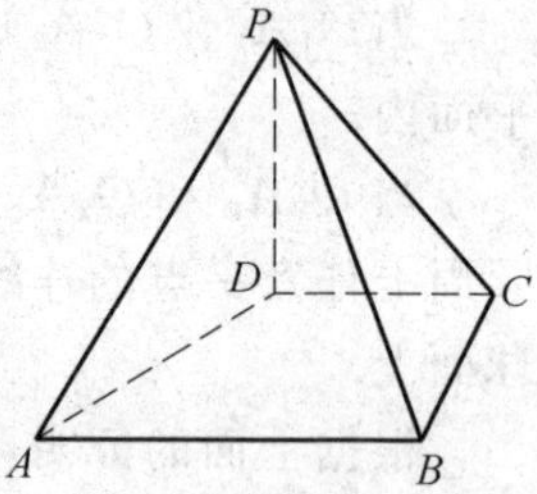

图 8

因为 $PC\subseteq$ 平面 PCD,故 $PC\perp BC$.

(2) 解法一:如图 9,分别取 AB,PC 的中点 E,F,联结 DE,DF,易证 $DE\parallel CB$,$DE\parallel$ 平面 PBC,点 D,E 到平面 PBC 的距离相等.又点 A 到平面 PBC 的距离等于 E 到平面 PBC 的距离的 2 倍.

由(1) 知,$BC\perp$ 平面 PCD,所以平面 $PBC\perp$ 平面 PCD 于 PC.因为 $PD=DC$,$PF=FC$,所以 $DF\perp PC$.所以 $DF\perp$ 平面 PBC 于 F.

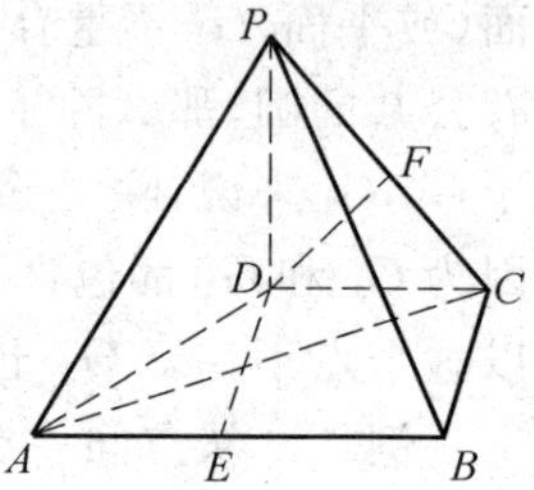

图 9

易知 $DF=\frac{\sqrt{2}}{2}$,故点 A 到平面 PBC 的距离等于 $\sqrt{2}$.

解法二(体积法):如图 9,联结 AC,设点 A 到平面 PBC 的距离为 h.

因为 $AB\parallel DC$,$\angle BCD=90°$,所以 $\angle ABC=90°$.

从而 $AB=2$,$BC=1$,得 $\triangle ABC$ 的面积 $S_{\triangle ABC}=1$.

由 $PD\perp$ 平面 $ABCD$ 及 $PD=1$,得三棱锥 $P-ABC$ 的体积为

$$V=\frac{1}{3}S_{\triangle ABC}\cdot PD=\frac{1}{3}.$$

因为 $PD\perp$ 平面 $ABCD$,$DC\subseteq$ 平面 $ABCD$,所以 $PD\perp DC$.

又 $PD=DC=1$,所以 $PC=\sqrt{PD^2+DC^2}=\sqrt{2}$.

由 $PC\perp BC$,$BC=1$,得 $\triangle PBC$ 的面积 $S_{\triangle PBC}=\frac{\sqrt{2}}{2}$.

由 $V_{三棱锥A-PBC}=V_{三棱锥P-ABC}$,$\frac{1}{3}S_{\triangle PBC}\cdot h=V=\frac{1}{3}$,得 $h=\sqrt{2}$,故点 A 到平面 PBC 的距离等于 $\sqrt{2}$.

例 9 如图 10,已知四面体 $ABCD$ 中,$AB=AC$,$BD=CD$,平面 $ABC\perp$ 平面 BCD,E,F 分别为棱 BC 和 AD 的中点.

(1) 求证:$AE\perp$ 平面 BCD;

(2) 求证:$AD\perp BC$;

(3) 若 $\triangle ABC$ 内的点 G 满足 $FG\parallel$ 平面 BCD,设点 G 构成集合 T,试描述点集 T 的位置.(不必说明理由)

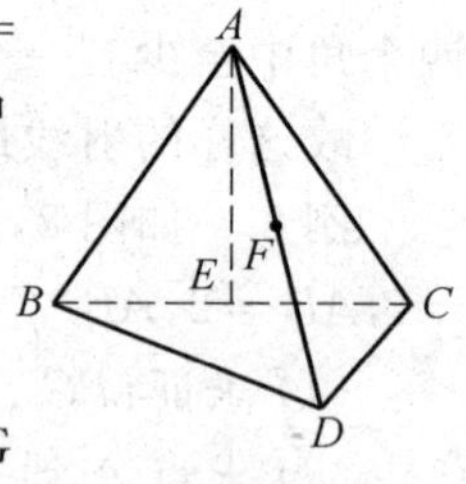

图 10

讲解 (1) 因为在 $\triangle ABC$ 中,$AB=AC$,E 为 BC 的中点,所以 $AE\perp BC$.

又因为平面 $ABC \perp$ 平面 BCD，$AE \subseteq$ 平面 ABC，平面 $ABC \cap$ 平面 $BCD = BC$，所以 $AE \perp$ 平面 BCD.

(2) 如图 11，联结 DE，因为 $BD = CD$，E 为 BC 的中点，所以 $BC \perp DE$.

由(1)知 $AE \perp BC$，又 $AE \cap DE = E$，AE，$DE \subseteq$ 平面 AED，所以 $BC \perp$ 平面 AED.

又 $AD \subseteq$ 平面 AED，所以 $BC \perp AD$.

(3) 取 AB，AC 的中点 M，N，所有的点 G 构成的集合 T 即为 $\triangle ABC$ 的中位线 MN.

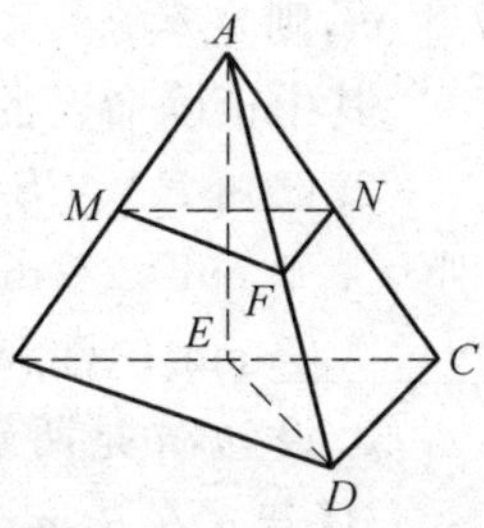

图 11

说明　本题的第(3)问考查线面平行，没有直接给出点 G 的位置，而是需要探究点的位置. 根据面面平行的性质得到线面平行，并且利用面面的交线确定点 G 的位置.

例 10　如图 12，$ABCD$ 为直角梯形，$\angle BCD = \angle CDA = 90^\circ$，$AD = 2BC = 2CD$，$P$ 为平面 $ABCD$ 外一点，且 $PB \perp BD$.

(1) 求证：$PA \perp BD$；

(2) 若 PC 与 CD 不垂直，求证：$PA \neq PD$.

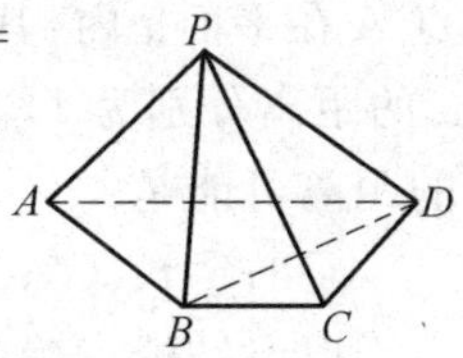

图 12

讲解　(1) 因为 $ABCD$ 为直角梯形，$\angle BCD = \angle CDA = 90^\circ$，$AD = 2BC = 2CD$，所以 $AD = \sqrt{2}AB = \sqrt{2}BD$.

所以 $AB \perp BD$.

因为 $PB \perp BD$，$AB \cap PB = B$，AB，$PB \subseteq$ 平面 PAB，所以 $BD \perp$ 平面 PAB.

因为 $PA \subseteq$ 平面 PAB，所以 $PA \perp BD$.

(2) 假设 $PA = PD$，如图 13，取 AD 的中点 N，联结 PN，BN，则 $PN \perp AD$，$BN \perp AD$，所以 $AD \perp$ 平面 PNB，得 $PB \perp AD$，又 $PB \perp BD$，得 $PB \perp$ 平面 $ABCD$，所以 $PB \perp CD$，又因为 $BC \perp CD$，且 $PB \cap BC = B$，所以 $CD \perp$ 平面 PBC，所以 $CD \perp PC$，与已知条件 PC 与 CD 不垂直矛盾，所以假设不成立，所以 $PA \neq PD$.

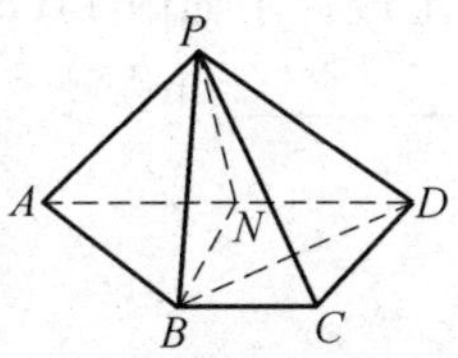

图 13

课外训练

1. 已知直线 $l \perp$ 平面 α，直线 $m \subseteq$ 平面 β，给出下列命题：

① 若 $\alpha /\!/ \beta$，则 $l \perp m$；② 若 $\alpha \perp \beta$，则 $l /\!/ m$；③ 若 $l /\!/ m$，则 $\alpha \perp \beta$；④ 若

$l\perp m$,则 $\alpha /\!/ \beta$.

其中正确命题的序号是________.

2.已知 PA,PB,PC 两两互相垂直,且 $\triangle PAB$,$\triangle PBC$,$\triangle PAC$ 的面积分别为 $1.5\ \text{cm}^2$,$2\ \text{cm}^2$,$6\ \text{cm}^2$,则过 P,A,B,C 四点的外接球的表面积为________ cm^2.(注:$S_{球}=4\pi r^2$,其中 r 为球半径)

3.设 m,n 是两条不同的直线,α,β 是两个不同的平面,给出下列命题:

① 若 $\alpha /\!/ \beta$,$m\subseteq\beta$,$n\subseteq\alpha$,则 $m /\!/ n$;

② 若 $\alpha /\!/ \beta$,$m\perp\beta$,$n /\!/ \alpha$,则 $m\perp n$;

③ 若 $\alpha\perp\beta$,$m\perp\alpha$,$n /\!/ \beta$,则 $m /\!/ n$;

④ 若 $\alpha\perp\beta$,$m\perp\alpha$,$n\perp\beta$,则 $m\perp n$.

上面命题中,所有真命题的序号为________.

4.多面体上,位于同一条棱两端的顶点称为相邻的顶点,正方体的 1 个顶点 A 在平面 α 内,其余顶点在 α 的同侧,正方体上与顶点 A 相邻的三个顶点到 α 的距离分别为 1,2 和 4,P 是正方体的其余 4 个顶点中的 1 个,则 P 到平面 α 的距离可能是:

①3;②4;③5;④6;⑤7

以上结论正确的为________.(写出所有正确结论的编号)

5.已知 α,β 是两个不同的平面,m,n 是平面 α 及平面 β 之外的两条不同直线,给出 4 个论断:①$m /\!/ n$;②$\alpha /\!/ \beta$;③$m\perp\alpha$;④$n\perp\beta$.以其中 3 个论断作为条件,余下 1 个论断作为结论,写出你认为正确的一个命题:____________.

6.一块边长为 10 cm 的正方形铁片按如图 14(a) 所示的阴影部分裁下,然后用余下的 4 个全等的等腰三角形作侧面,以它们的公共顶点 P 为顶点,加工成一个如图 14(b) 所示的正四棱锥容器,当 $x=6$ cm 时,该容器的容积为________ cm^3.

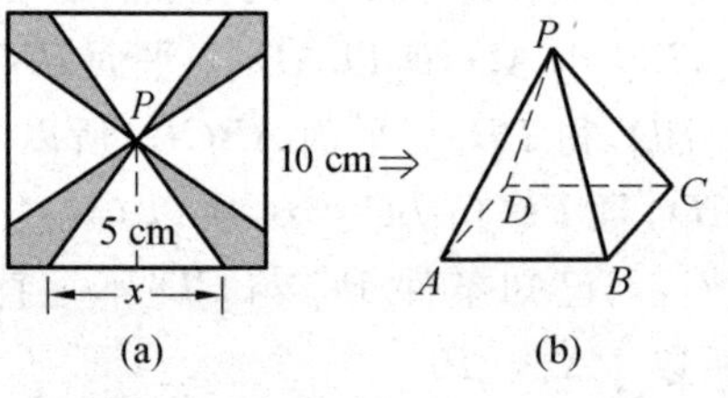

图 14

7.在正方体上任意选择 4 个顶点,它们可能是如下各种几何形体的 4 个顶点,这些几何形体是________(写出所有正确结论的编号).

① 矩形;② 不是矩形的平行四边形;③ 有三个面为等腰直角三角形,有一个面为等边三角形的四面体;④ 每个面都是等边三角形的四面体;⑤ 每个面

都是直角三角形的四面体.

8. 一个等腰直角三角形的三个顶点分别在正三棱柱的三条侧棱上,已知正三棱柱的底面边长为 2,求该三角形的斜边长.

9. 在棱长为 4 的正方体 $ABCD-A_1B_1C_1D_1$ 中,E,F 分别为棱 AA_1,D_1C_1 上的动点,点 G 为正方形 B_1BCC_1 的中心,则空间四边形 $AEFG$ 在该正方体各个面上的正投影所构成的图形中,求面积的最大值.

10. 如图 15,四边形 $ABCD$ 是矩形,平面 $ABCD\perp$ 平面 BCE,$BE\perp EC$.

(1) 求证:平面 $AEC\perp$ 平面 ABE;

(2) 点 F 在 BE 上,若 $DE\parallel$ 平面 ACF,求 $\dfrac{BF}{BE}$ 的值.

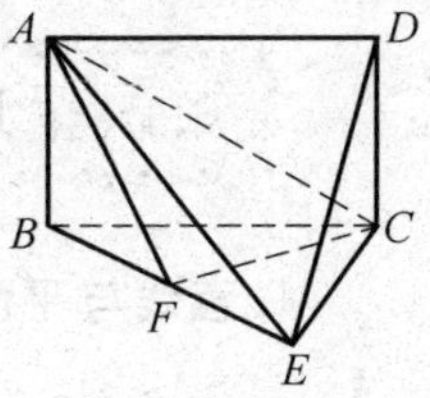

图 15

11. 如图 16,四棱锥 $E-ABCD$ 中,$EA=EB$,$AB\parallel CD$,$AB\perp BC$,$AB=2CD$.

(1) 求证:$AB\perp ED$;

(2) 线段 EA 上是否存在点 F,使 $DF\parallel$ 平面 BCE?若存在,求出 $\dfrac{EF}{EA}$ 的值;若不存在,说明理由.

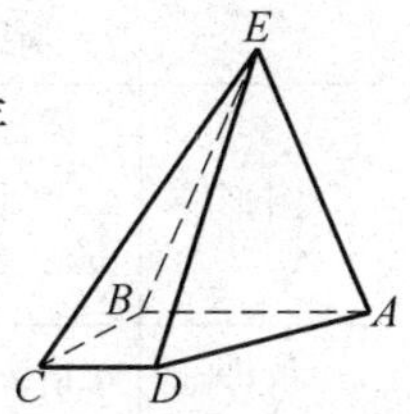

图 16

第 24 讲　平行与垂直的判定与性质

知识呈现

1. 直线与平面平行的判定与性质(表 1)

表 1　直线与平面平行的判定与性质

	判定		性质	
	定义	定理		
图形	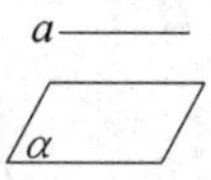	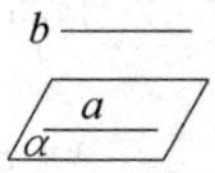	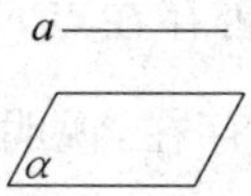	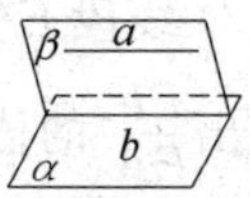
条件	$a \cap \alpha = \varnothing$	$a \subseteq \alpha, b \not\subset \alpha, a \parallel b$	$a \parallel \alpha$	$a \parallel \alpha, a \subseteq \beta, \alpha \cap \beta = b$
结论	$a \parallel \alpha$	$b \parallel \alpha$	$a \cap \alpha = \varnothing$	$a \parallel b$

2. 面面平行的判定与性质(表 2)

表 2　面面平行的判定与性质

	判定		性质	
	定义	定理		
图形	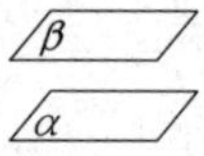	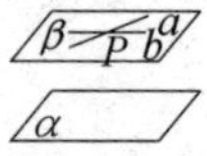	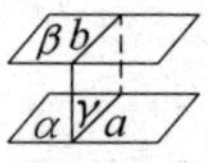	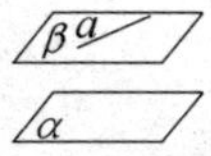
条件	$\alpha \cap \beta = \varnothing$	$a \subseteq \beta, b \subseteq \beta, a \cap b = P, a \parallel \alpha, b \parallel \alpha$	$\alpha \parallel \beta, \alpha \cap \gamma = a, \beta \cap \gamma = b$	$\alpha \parallel \beta, a \subseteq \beta$
结论	$\alpha \parallel \beta$	$\alpha \parallel \beta$	$a \parallel b$	$a \parallel \alpha$

3. 直线与平面垂直

(1) 判定直线和平面垂直的方法.

① 定义法.

② 利用判定定理:如果一条直线和一个平面内的两条相交直线都垂直,那么该直线与此平面垂直.

③ 推论:如果在两条平行直线中,有一条垂直于一个平面,那么另一条直线也垂直于这个平面.

(2) 直线和平面垂直的性质.

① 直线垂直于平面,则垂直于平面内任意直线.

② 垂直于同一个平面的两条直线平行.

③ 垂直于同一条直线的两平面平行.

4. 二面角的有关概念

(1) 二面角:从一条直线出发的两个半平面所组成的图形叫作二面角.

(2) 二面角的平面角:以二面角的棱上任一点为端点,在两个半平面内分别作垂直于棱的两条射线,这两条射线所成的角叫作二面角的平面角.

5. 平面与平面垂直

(1) 平面与平面垂直的判定方法.

① 定义法.

② 利用判定定理:如果一个平面经过另一个平面的一条垂线,那么这两个平面互相垂直.

(2) 平面与平面垂直的性质.

两平面垂直,则一个平面内垂直于交线的直线垂直于另一个平面.

典例展示

例 1　如图 1,几何体 $E-ABCD$ 是四棱锥,$\triangle ABD$ 为正三角形,$CB=CD$,$EC\perp BD$.

(1) 求证:$BE=DE$;

(2) 若 $\angle BCD=120^\circ$,M 为线段 AE 的中点,求证:$DM\parallel$ 平面 BEC.

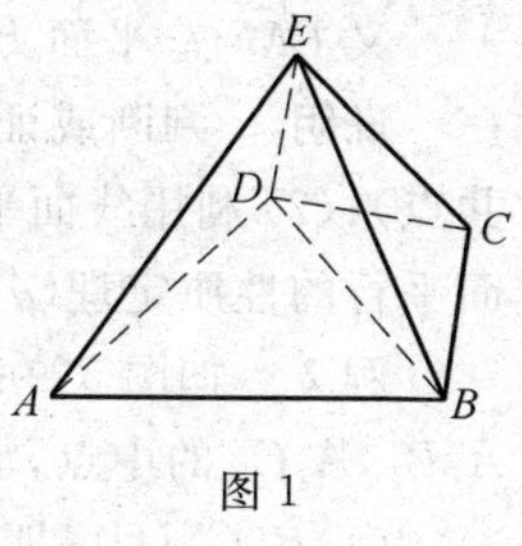

图 1

分析　(1) 利用等腰 $\triangle EDB$ 底边中线和高重合的性质证明;

(2) 根据线面平行的判定或两个平面平行的性质证明线面平行.

讲解 (1) 如图 2,取 BD 的中点 O,联结 CO,EO.

由于 $CB=CD$,所以 $CO\perp BD$.

又 $EC\perp BD$,$EC\cap CO=C$,CO,$EC\subseteq$ 平面 EOC,所以 $BD\perp$ 平面 EOC,因此 $BD\perp EO$.

又 O 为 BD 的中点,所以 $BE=DE$.

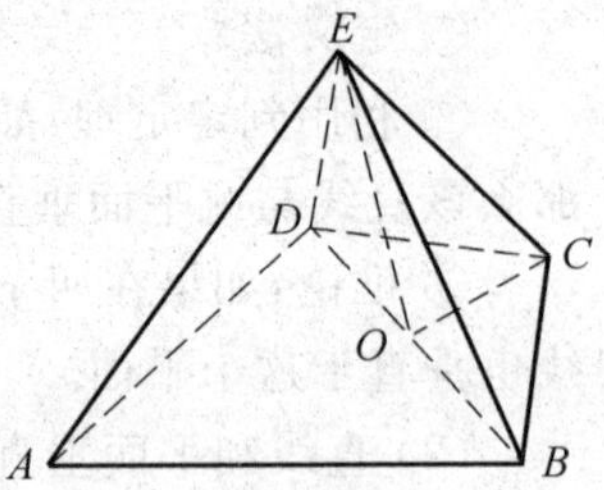

图 2

(2) 证法一:如图 3,取 AB 的中点 N,联结 DM,DN,MN.

因为 M 是 AE 的中点,所以 $MN\parallel BE$.

又 $MN\not\subseteq$ 平面 BEC,$BE\subseteq$ 平面 BEC,所以 $MN\parallel$ 平面 BEC.

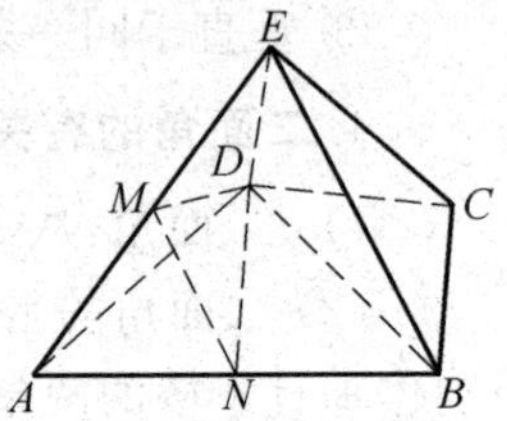

图 3

又因为 $\triangle ABD$ 为正三角形,所以 $\angle BDN=30^\circ$.

又 $CB=CD$,$\angle BCD=120^\circ$,因此 $\angle CBD=30^\circ$.

所以 $DN\parallel BC$.

又 $DN\not\subseteq$ 平面 BEC,$BC\subseteq$ 平面 BEC,所以 $DN\parallel$ 平面 BEC.

又 $MN\cap DN=N$,所以平面 $DMN\parallel$ 平面 BEC.

又 $DM\subseteq$ 平面 DMN,所以 $DM\parallel$ 平面 BEC.

证法二:如图 4,延长 AD,BC 交于点 F,联结 EF.

因为 $CB=CD$,$\angle BCD=120^\circ$,所以 $\angle CBD=30^\circ$.

因为 $\triangle ABD$ 为正三角形,所以 $\angle BAD=60^\circ$,$\angle ABC=90^\circ$,因为 $\angle AFB=30^\circ$,所以 $AB=\frac{1}{2}AF$.

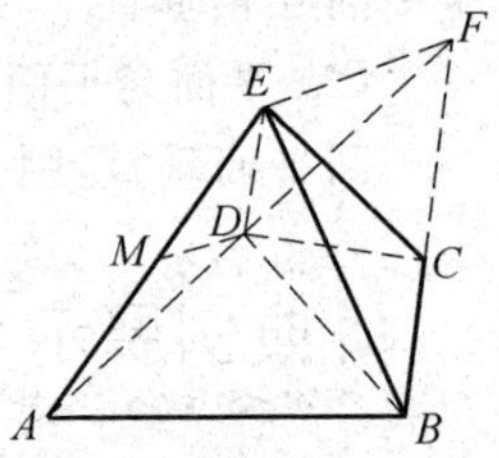

图 4

又 $AB=AD$,所以 D 为线段 AF 的中点.

联结 DM,由于点 M 是线段 AE 的中点,因此 $DM\parallel EF$.

又 $DM\not\subseteq$ 平面 BEC,$EF\subseteq$ 平面 BEC,所以 $DM\parallel$ 平面 BEC.

说明 判断或证明线面平行的常用方法:(1) 利用线面平行的定义(无公共点);(2) 利用线面平行的判定定理($a\not\subseteq\alpha$,$b\subseteq\alpha$,$a\parallel b\Rightarrow a\parallel\alpha$);(3) 利用面面平行的性质定理($\alpha\parallel\beta$,$a\subseteq\alpha\Rightarrow a\parallel\beta$).

例 2 如图 5,在三棱柱 $ABC-A_1B_1C_1$ 中,E,F,G,H 分别是 AB,AC,A_1B_1,A_1C_1 的中点,求证:

(1) B,C,H,G 四点共面;

(2) 平面 $EFA_1 \parallel$ 平面 $BCHG$.

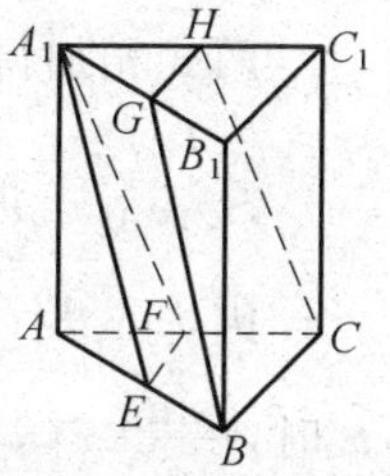

图 5

分析　要证四点共面，只需证 $GH \parallel BC$；要证面面平行，可证一个平面内的两条相交直线和另一个平面平行.

讲解　(1) 因为 GH 是 $\triangle A_1B_1C_1$ 的中位线，所以 $GH \parallel B_1C_1$.

又因为 $B_1C_1 \parallel BC$，所以 $GH \parallel BC$，所以 B,C,H,G 四点共面.

(2) 因为 E,F 分别为 AB,AC 的中点，所以 $EF \parallel BC$，因为 $EF \not\subseteq$ 平面 $BCHG$，$BC \subseteq$ 平面 $BCHG$，所以 $EF \parallel$ 平面 $BCHG$. 因为 $A_1G \parallel EB$，所以四边形 A_1EBG 是平行四边形，所以 $A_1E \parallel GB$.

因为 $A_1E \not\subseteq$ 平面 $BCHG$，$GB \subseteq$ 平面 $BCHG$.

所以 $A_1E \parallel$ 平面 $BCHG$.

因为 $A_1E \cap EF = E$，所以平面 $EFA_1 \parallel$ 平面 $BCHG$.

说明　证明面面平行的方法：

(1) 利用面面平行的定义；

(2) 利用面面平行的判定定理：如果一个平面内有两条相交直线都平行于另一个平面，那么这两个平面平行；

(3) 利用垂直于同一条直线的两个平面平行；

(4) 利用两个平面同时平行于第三个平面，那么这两个平面平行；

(5) 利用“线线平行”“线面平行”“面面平行”的相互转化.

例 3　如图 6，在四面体 $ABCD$ 中，截面 $EFGH$ 平行于对棱 AB 和 CD，试问截面在什么位置时其截面面积最大？

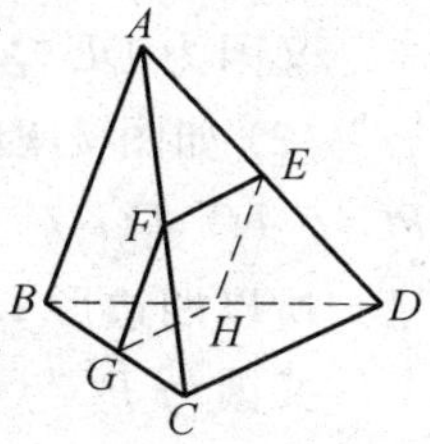

图 6

分析　利用线面平行的性质可以得到线线平行，可以先确定截面形状，再建立目标函数求最值.

讲解　因为 $AB \parallel$ 平面 $EFGH$，平面 $EFGH$ 与平面 ABC 和平面 ABD 分别交于 FG,EH.

所以 $AB \parallel FG$，$AB \parallel EH$，所以 $FG \parallel EH$，同理可证 $EF \parallel GH$，所以截面 $EFGH$ 是平行四边形.

设 $AB=a$，$CD=b$，$\angle FGH=\alpha$（α 即为异面直线 AB 和 CD 所成的角或其补角）.

又设 $FG=x$，$GH=y$，则由平面几何知识可得

$$\frac{x}{a}=\frac{CG}{BC},\frac{y}{b}=\frac{BG}{BC}$$

两式相加得$\frac{x}{a}+\frac{y}{b}=1$,即 $y=\frac{b}{a}(a-x)$,所以

$$S_{\square EFGH}=FG\cdot GH\cdot\sin\alpha=x\cdot\frac{b}{a}\cdot(a-x)\sin\alpha=\frac{b\sin\alpha}{a}x(a-x)$$

因为 $x>0,a-x>0$ 且 $x+(a-x)=a$ 为定值,所以当且仅当 $x=a-x$ 时,$\frac{b\sin\alpha}{a}x(a-x)=\frac{ab\sin\alpha}{4}$,此时 $x=\frac{a}{2},y=\frac{b}{2}$.

即当截面 $EFGH$ 的顶点 E,F,G,H 为棱 AD,AC,BC,BD 的中点时,截面面积最大.

说明 利用线面平行的性质,可以实现与线线平行的转化,尤其在截面图的画法中,常用来确定交线的位置,对于最值问题,常用函数思想来解决.

例4 如图7,在四面体 $P-ABC$ 中,$PC\perp AB$,$PA\perp BC$,点 D,E,F,G 分别是棱 AP,AC,BC,PB 的中点.

(1) 求证:DE // 平面 BCP;

(2) 求证:四边形 $DEFG$ 为矩形;

(3) 是否存在点 Q,到四面体 $P-ABC$ 六条棱的中点的距离相等? 说明理由.

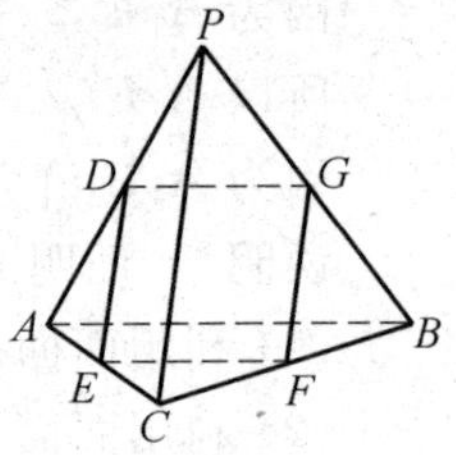

图 7

分析 (1) 利用 DE // PC 证明线面平行;

(2) 利用平行关系和已知 $PC\perp AB$ 证明 $DE\perp DG$;

(3)Q 应为 EG 中点.

讲解 (1) 如图7,因为 D,E 分别是 AP,AC 的中点,所以 DE // PC.

又因为 $DE\not\subseteq$ 平面 BCP,$PC\subseteq$ 平面 BCP,所以 DE // 平面 BCP.

(2) 如图7,因为 D,E,F,G 分别为 AP,AC,BC,PB 的中点,所以 DE // PC // FG,DG // AB // EF.

所以四边形 $DEFG$ 为平行四边形.

又因为 $PC\perp AB$,所以 $DE\perp DG$.

所以四边形 $DEFG$ 为矩形.

(3) 存在点 Q 满足条件,理由如下:

如图8,联结 DF,EG,设 Q 为 EG 的中点,由(2) 知,$DF\cap EG=Q$,且 $QD=QE=QF=QG=\frac{1}{2}EG$.

分别取 PC,AB 的中点 M,N,联结 ME,EN,NG,MG,MN.

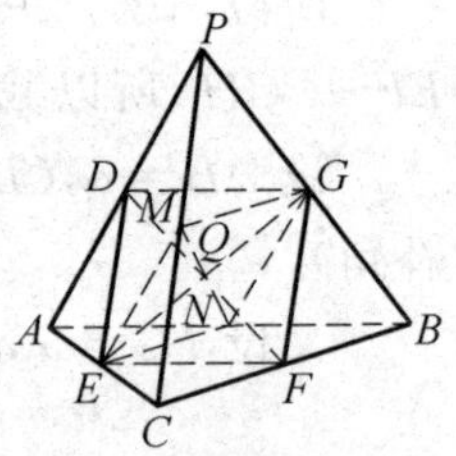

图 8

与(2) 同理,可证四边形 $MENG$ 为矩形,其对角线交点

为 EG 的中点 Q，且 $QM=QN=\frac{1}{2}EG$，所以 Q 为满足条件的点.

说明　(1) 立体几何中的探索性问题主要是对平行、垂直关系的探究，对条件和结论不完备的开放性问题的探究，解决这类问题一般根据探索性问题的设问，假设其存在并探索出结论，然后在这个假设下进行推理论证，若得到合乎情理的结论就肯定假设，若得到矛盾就否定假设.

(2) 这类问题也可以按类似于分析法的格式书写步骤：从结论出发"要使 …… 成立""只需使 …… 成立".

例 5　如图 9，在四棱锥 $P-ABCD$ 中，$PA\perp$ 底面 $ABCD$，$AB\perp AD$，$AC\perp CD$，$\angle ABC=60°$，$PA=AB=BC$，E 是 PC 的中点.

求证：(1) $CD\perp AE$；

(2) $PD\perp$ 平面 ABE.

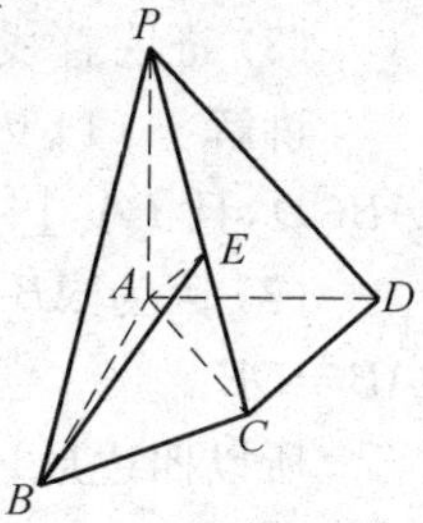

图 9

分析　第(1) 问通过 $DC\perp$ 平面 PAC 证明；也可通过 $AE\perp$ 平面 PCD 得到结论；第(2) 问利用线面垂直的判定定理证明直线 PD 与平面 ABE 内的两条相交直线垂直.

讲解　(1) 在四棱锥 $P-ABCD$ 中，因为 $PA\perp$ 底面 $ABCD$，$CD\subseteq$ 平面 $ABCD$，所以 $PA\perp CD$. 因为 $AC\perp CD$，$PA\cap AC=A$，所以 $CD\perp$ 平面 PAC. 而 $AE\subseteq$ 平面 PAC，所以 $CD\perp AE$.

(2) 由 $PA=AB=BC$，$\angle ABC=60°$，可得 $AC=PA$.

因为 E 是 PC 的中点，所以 $AE\perp PC$.

由(1) 知，$AE\perp CD$，且 $PC\cap CD=C$，所以 $AE\perp$ 平面 PCD.

而 $PD\subseteq$ 平面 PCD，所以 $AE\perp PD$.

因为 $PA\perp$ 底面 $ABCD$，所以 $PA\perp AB$.

又因为 $AB\perp AD$ 且 $PA\cap AD=A$，所以 $AB\perp$ 平面 PAD，而 $PD\subseteq$ 平面 PAD，所以 $AB\perp PD$. 又因为 $AB\cap AE=A$，所以 $PD\perp$ 平面 ABE.

说明　(1) 证明直线和平面垂直的常用方法：① 判定定理；② 垂直于平面的传递性（$a\parallel b, a\perp\alpha\Rightarrow b\perp\alpha$）；③ 面面平行的性质（$a\perp\alpha, \alpha\parallel\beta\Rightarrow a\perp\beta$）；④ 面面垂直的性质.

(2) 证明线面垂直的核心是证线线垂直，而证明线线垂直则需借助线面垂直的性质. 因此，判定定理与性质定理的合理转化是证明线面垂直的基本思想.

(3) 线面垂直的性质，常用来证明线线垂直.

例 6　如图10，在四棱锥 $P-ABCD$ 中，$AB\parallel CD$，$AB\perp AD$，$CD=2AB$，

平面 $PAD\perp$ 底面 $ABCD$，$PA\perp AD$. E 和 F 分别是 CD，PC 的中点.求证：

(1) $PA\perp$ 底面 $ABCD$；

(2) BE // 平面 PAD；

(3) 平面 $BEF\perp$ 平面 PCD.

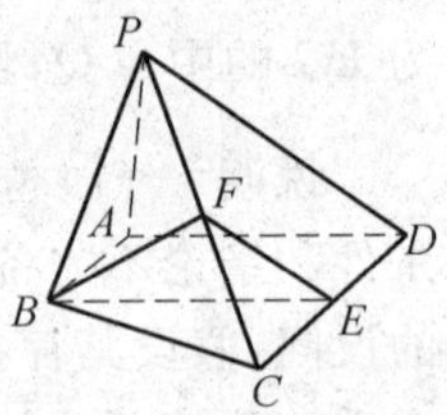

图 10

分析 (1) 平面 $PAD\perp$ 底面 $ABCD$，可由面面垂直的性质证 $PA\perp$ 底面 $ABCD$；

(2) 由 BE // AD 可得线面平行；

(3) 证明直线 $CD\perp$ 平面 BEF.

讲解 (1) 因为平面 $PAD\cap$ 平面 $ABCD=AD$，又平面 $PAD\perp$ 平面 $ABCD$，且 $PA\perp AD$，所以 $PA\perp$ 底面 $ABCD$.

(2) 因为 AB // CD，$CD=2AB$，E 为 CD 的中点，所以 AB // DE，且 $AB=DE$.

所以四边形 $ABED$ 为平行四边形.

所以 BE // AD.

又因为 $BE\not\subseteq$ 平面 PAD，$AD\subseteq$ 平面 PAD，所以 BE // 平面 PAD.

(3) 因为 $AB\perp AD$，且四边形 $ABED$ 为平行四边形，所以 $BE\perp CD$，$AD\perp CD$.

由(1)知 $PA\perp$ 平面 $ABCD$，则 $PA\perp CD$，所以 $CD\perp$ 平面 PAD，从而 $CD\perp PD$，又 E，F 分别为 CD，CP 的中点，所以 EF // PD，故 $CD\perp EF$.

由 EF，BE 在平面 BEF 内，且 $EF\cap BE=E$，所以 $CD\perp$ 平面 BEF，所以平面 $BEF\perp$ 平面 PCD.

说明 (1) 判定面面垂直的方法：

① 面面垂直的定义；

② 面面垂直的判定定理($a\perp\beta$，$a\subseteq\alpha\Rightarrow\alpha\perp\beta$).

(2) 在已知平面垂直时，一般要用性质定理进行转化.

在一个平面内作交线的垂线，转化为线面垂直，然后进一步转化为线线垂直.

例7 如图11，在四棱锥 $P-ABCD$ 中，平面 $PAD\perp$ 平面 $ABCD$，AB // DC，$\triangle PAD$ 是等边三角形，已知 $BD=2AD=8$，$AB=2DC=4\sqrt{5}$.

(1) 设 M 是 PC 上的一点，求证：平面 $MBD\perp$ 平面 PAD；

(2) 求四棱锥 $P-ABCD$ 的体积.

分析 (1) 因为两平面垂直与点 M 的位置无关，所以在平面 MBD 内一定有一条直线垂直于平面 PAD，考虑证明 $BD\perp$ 平面 PAD.

(2) 四棱锥底面为一梯形，高为 P 到平面 $ABCD$ 的距离.

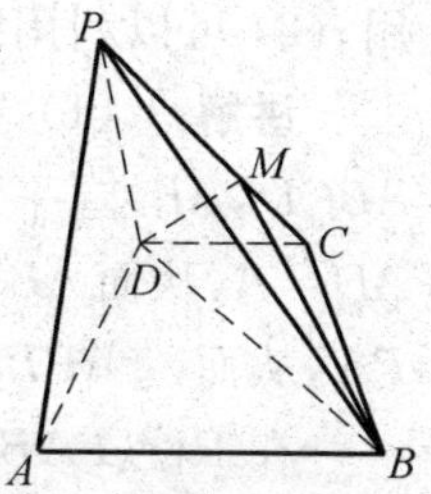

图 11

讲解　(1) 如图 11，在 $\triangle ABD$ 中，因为 $AD=4$，$BD=8$，$AB=4\sqrt{5}$，所以 $AD^2+BD^2=AB^2$. 所以 $AD\perp BD$.

又因为平面 $PAD\perp$ 平面 $ABCD$，平面 $PAD\cap$ 平面 $ABCD=AD$，$BD\subseteq$ 平面 $ABCD$，所以 $BD\perp$ 平面 PAD.

又 $BD\subseteq$ 平面 MBD，所以平面 $MBD\perp$ 平面 PAD.

(2) 如图 12，过 P 作 $PO\perp AD$，因为平面 $PAD\perp$ 平面 $ABCD$，所以 $PO\perp$ 平面 $ABCD$，即 PO 为四棱锥 $P-ABCD$ 的高.

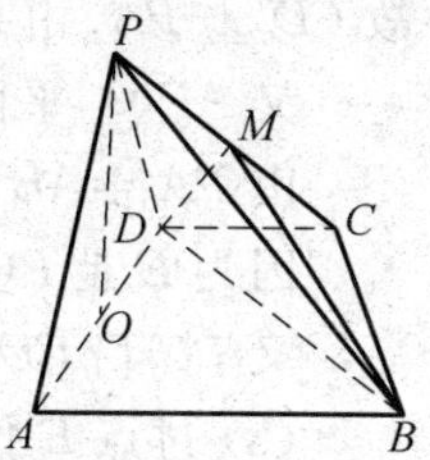

图 12

又 $\triangle PAD$ 是边长为 4 的等边三角形，所以 $PO=2\sqrt{3}$.

在底面四边形 $ABCD$ 中，$AB\,/\!/\,DC$，$AB=2DC$，所以四边形 $ABCD$ 为梯形.

在 $\text{Rt}\triangle ADB$ 中，斜边 AB 上的高为 $\dfrac{4\times 8}{4\sqrt{5}}=\dfrac{8\sqrt{5}}{5}$，此即梯形的高，所以

$$S_{四边形ABCD}=\frac{2\sqrt{5}+4\sqrt{5}}{2}\times\frac{8\sqrt{5}}{5}=24$$

所以

$$V_{四棱锥P-ABCD}=\frac{1}{3}\times 24\times 2\sqrt{3}=16\sqrt{3}$$

说明　垂直关系综合题的类型及解法如下：

(1) 三种垂直的综合问题，一般通过作辅助线进行线线、线面、面面垂直间的转化.

(2) 垂直与平行结合问题，求解时应注意平行、垂直的性质及判定的综合应用.

(3) 垂直与体积结合问题，在求体积时，可根据线面垂直得到表示高的线段，进而求得体积.

例 8　如图 13，在四棱锥 $P-ABCD$ 中，$PA\perp$ 底面 $ABCD$，$AB\perp AD$，$AC\perp CD$，$\angle ABC=60°$，$PA=AB=BC$，E 是 PC 的中点.

(1) 求 PB 和平面 PAD 所成的角的大小；

(2) 证明：$AE\perp$ 平面 PCD；

(3) 求二面角 $A-PD-C$ 的正弦值.

分析　(1) 先找出 PB 和平面 PAD 所成的角，线面角的定义要能灵活运

用;(2) 可以利用线面垂直根据二面角的定义作角.

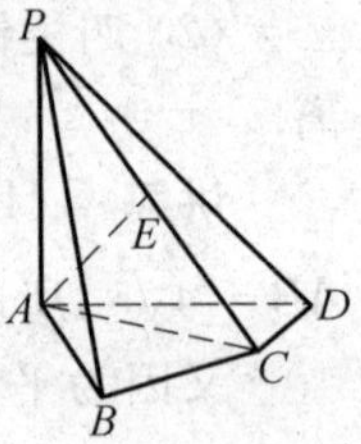

图 13

讲解 (1) 在四棱锥 $P-ABCD$ 中,因为 $PA\perp$ 底面 $ABCD$,$AB\subseteq$ 平面 $ABCD$,故 $PA\perp AB$. 又 $AB\perp AD$,$PA\cap AD=A$,从而 $AB\perp$ 平面 PAD,故 PB 在平面 PAD 内的射影为 PA,从而 $\angle APB$ 为 PB 和平面 PAD 所成的角.

在 $\text{Rt}\triangle PAB$ 中,$AB=PA$,故 $\angle APB=45^\circ$.

所以 PB 和平面 PAD 所成的角的大小为 45°.

(2) 在四棱锥 $P-ABCD$ 中,因为 $PA\perp$ 底面 $ABCD$,$CD\subseteq$ 平面 $ABCD$,故 $CD\perp PA$. 由条件 $CD\perp AC$,$PA\cap AC=A$,所以 $CD\perp$ 平面 PAC.

又 $AE\subseteq$ 平面 PAC,所以 $AE\perp CD$.

由 $PA=AB=BC$,$\angle ABC=60^\circ$,可得 $AC=PA$.

因为 E 是 PC 的中点,所以 $AE\perp PC$.

又 $PC\cap CD=C$,综上得 $AE\perp$ 平面 PCD.

(3) 过点 E 作 $EM\perp PD$,垂足为 M,联结 AM,如图 14 所示.

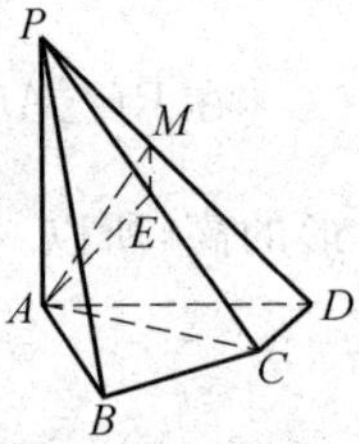

图 14

由(2) 知,$AE\perp$ 平面 PCD,AM 在平面 PCD 内的射影是 EM,则可证得 $AM\perp PD$.

因此 $\angle AME$ 是二面角 $A-PD-C$ 的平面角.

由已知,可得 $\angle CAD=30^\circ$.

设 $AC=a$,可得

$$PA=a,AD=\frac{2\sqrt{3}}{3}a,PD=\frac{\sqrt{21}}{3}a,AE=\frac{\sqrt{2}}{2}a$$

在 $\text{Rt}\triangle ADP$ 中,因为 $AM\perp PD$,所以 $AM\cdot PD=PA\cdot AD$,则

$$AM=\frac{PA\cdot AD}{PD}=\frac{a\cdot\frac{2\sqrt{3}}{3}a}{\frac{\sqrt{21}}{3}a}=\frac{2\sqrt{7}}{7}a$$

在 $\text{Rt}\triangle AEM$ 中,$\sin\angle AME=\frac{AE}{AM}=\frac{\sqrt{14}}{4}$.

所以二面角 $A-PD-C$ 的正弦值为$\frac{\sqrt{14}}{4}$.

说明 求线面角、二面角的常用方法如下.

(1) 线面角的求法:找出斜线在平面上的射影,关键是作垂线,找垂足,要把线面角转化到一个三角形中求解.

(2) 二面角的大小求法:二面角的大小用它的平面角来度量. 平面角的作

法常见的有:① 定义法;② 垂面法.注意利用等腰、等边三角形的性质.

例 9　如图 15,已知平面 $\alpha \parallel \beta \parallel \gamma$,$A,C \in \alpha$,$B$,$D \in \gamma$,异面直线 AB 和 CD 分别与 β 交于 E 和 G,联结 AD 和 BC 分别交 β 于 F,H.

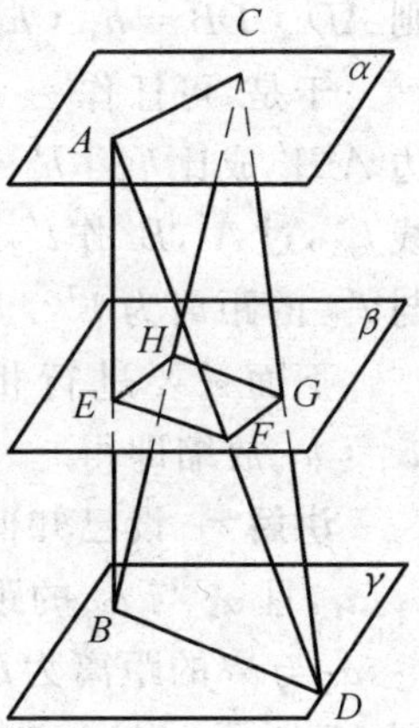

图 15

(1) 求证:$\dfrac{AE}{EB}=\dfrac{CG}{GD}$;

(2) 判断四边形 $EFGH$ 是哪一类四边形;

(3) 若 $AC=BD=a$,求四边形 $EFGH$ 的周长.

分析　由于 AB,CD 为异面直线,要求 $\dfrac{AE}{EB}$,$\dfrac{CG}{GD}$ 之间的关系需要经过与 AB 或 CD 共面的直线进行过渡,再利用平面几何知识解决问题.

讲解　(1) 由 AB,AD 确定的平面,与平行平面 β 和 γ 的交线分别为 EF 和 BD,知 $EF \parallel BD$,所以 $\dfrac{AE}{EB}=\dfrac{AF}{FD}$. 同理 $FG \parallel AC$,因而 $\dfrac{AF}{FD}=\dfrac{CG}{GD}$,所以 $\dfrac{AE}{EB}=\dfrac{CG}{GD}$.

(2) 面 CBD 分别交 β,γ 于 HG 和 BD.由于 $\beta \parallel \gamma$,所以 $HG \parallel BD$.同理 $EH \parallel AC$,故 $EFGH$ 为平行四边形.

(3) 由 $EF \parallel BD$,得

$$\frac{EF}{BD}=\frac{AF}{AD}=\frac{AF}{AF+FD}$$

由 $FG \parallel AC$ 得

$$\frac{FG}{AC}=\frac{DF}{AD}=\frac{DF}{DF+FA}$$

又 $BD=AC=a$,所以

$$\frac{EF}{BD}+\frac{FG}{AC}=\frac{EF+FG}{a}=\frac{AF+FD}{AF+FD}=1$$

即 $EF+FG=a$,故四边形 $EFGH$ 周长为 $2a$.

说明　此问题利用平面几何的有关知识,辅助平面 ABD 和 ADC 是关键所在,利用线面、面面、线线平行的互相转化这一基本思想是本题的关键.

例 10　给出四个不重合的相互平行的平面,证明:存在一个正四面体,它的四个顶点分别在这四个平面上.

分析:可对照平面几何中类似的题目找出解法:

如图 16,设有三条平行直线 l_1,l_2,l_3,作一个正 $\triangle ABC$,使其三个顶点分别在这三条平行线上.

设l_1,l_2的距离为h_1,l_2,l_3的距离为h_2,则$AD:DB=h_1:h_2$.

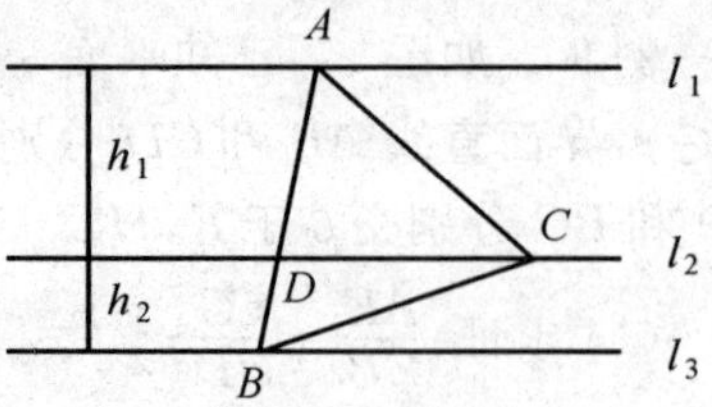

图 16

于是,可任作一个等边$\triangle A'B'C'$,分其边$A'B'$成比$h_1:h_2$于点D',过C',D'作直线l'_2,过A',B'作l'_2的平行线l'_1,l'_3,设l'_1与l'_2的距离为h'_1.

下面只要进行相似变换,把此图形按$h'_1:h_1$放缩即得.

讲解 设已知四个平面依次为α_1,α_2,α_3,α_4,且α_1与α_2的距离为h_1,α_2与α_3的距离为h_2,α_3与α_4的距离为h_3.现在α_1上任取一点A,如图17所示,以A为一个顶点作一个正四面体$AB'C'D'$,在AD'上取点B'_3,C'_3,使$AB'_3:B'_3C'_3:C'_3D'=h_1:h_2:h_3$;在$AC'$上取点$B'_2$,使$AB'_2:B'_2C'=h_1:h_2$,在$B'D'$上取点$C'_2$,使$B'C'_2:C'_2C'=h_2:h_3$.

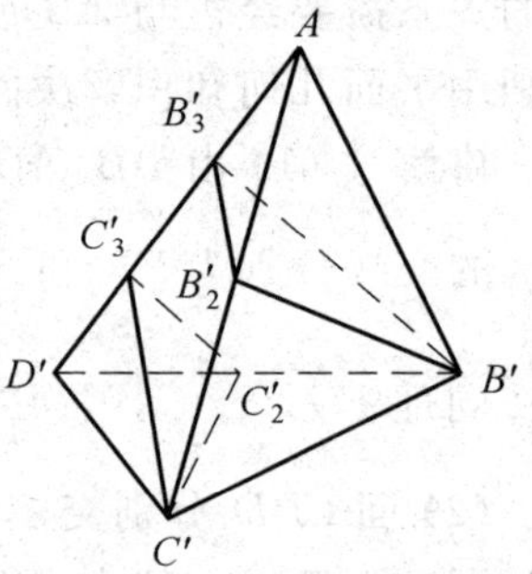

图 17

作平面$B'B'_2B'_3$,$C'C'_2C'_3$,过A,D'作此二平面的平行平面α'_1,α'_4.

作$AH'\perp\alpha'_4$于H',联结$D'H'$,在AH'上取$AH=h_1+h_2+h_3$,在AD',AC',AB'上分别取点D'',C'',B'',使$AD'':AD'=AH:AH'$,$AC''=AB''=AD''$,即得正四面体$AB''C''D''$.

显然,该正四面体经过旋转即可使其四个顶点分别在已知的四个平面上.

课外训练

1.设m,n是平面α内的两条不同直线;l_1,l_2是平面β内的两条相交直线,则$\alpha/\!/\beta$的一个充分而不必要的条件是( )

A.$m/\!/\beta$且$l_1/\!/\alpha$ B.$m/\!/l_1$且$n/\!/l_2$

C.$m/\!/\beta$且$n/\!/\beta$ D.$m/\!/\beta$且$n/\!/l_2$

2.已知平面$\alpha/\!/$平面β,P是α,β外一点,过点P的直线m与α,β分别交于A,C,过点P的直线n与α,β分别交于B,D且$PA=6$,$AC=9$,$PD=8$,求BD的长.

3.如图18,空间四边形$ABCD$的两条对棱AC,BD的长分别为5和4,求平行于两条对棱的截面四边形 $EFGH$ 在平移过程中周长的取值范围.

4. 如图 19,平面 α 内有 $\triangle ABC$,$AB=5$,$BC=8$,$AC=7$,梯形 $BCDE$ 的底 $DE=2$,过 EB 的中点 B_1 的平面 $\beta \parallel \alpha$,若 β 分别交 EA,DC 于 A_1,C_1,求 $\triangle A_1B_1C_1$ 的面积.

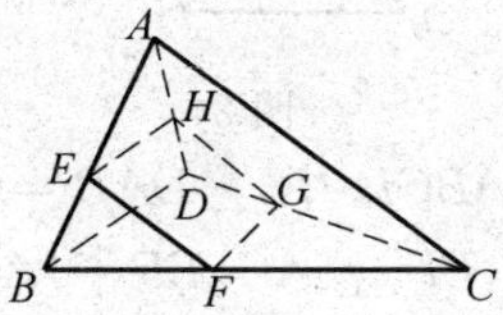

图 18

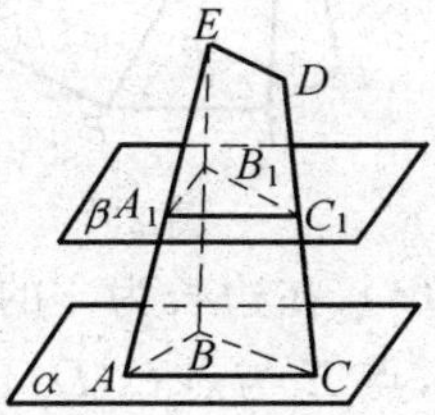

图 19

5. 如图 20,四棱锥 $P-ABCD$ 中,$PD\perp$ 平面 $ABCD$,底面 $ABCD$ 为矩形,$PD=DC=4$,$AD=2$,E 为 PC 的中点.

(1) 求三棱锥 $A-PDE$ 的体积;

(2) AC 边上是否存在一点 M,使得 $PA\parallel$ 平面 EDM?若存在,求出 AM 的长;若不存在,请说明理由.

6. 如图 21,四棱锥 $P-ABCD$ 的底面是边长为 a 的正方形,侧棱 $PA\perp$ 底面 $ABCD$,在侧面 PBC 内,有 $BE\perp PC$ 于 E,且 $BE=\dfrac{\sqrt{6}}{3}a$,试在 AB 上找一点 F,使 $EF\parallel$ 平面 PAD.

7. 如图 22,在长方体 $ABCD-A_1B_1C_1D_1$ 中,$AB=AD=3$ cm,$AA_1=2$ cm,求四棱锥 $A-BB_1D_1D$ 的体积.

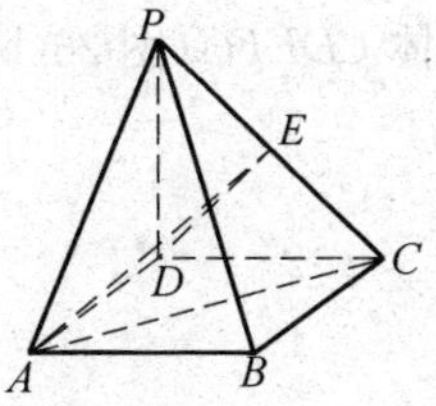

图 20

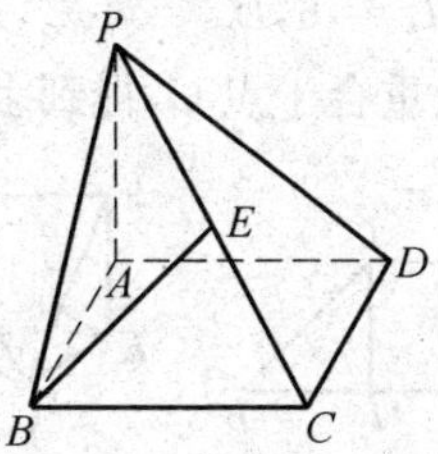

图 21

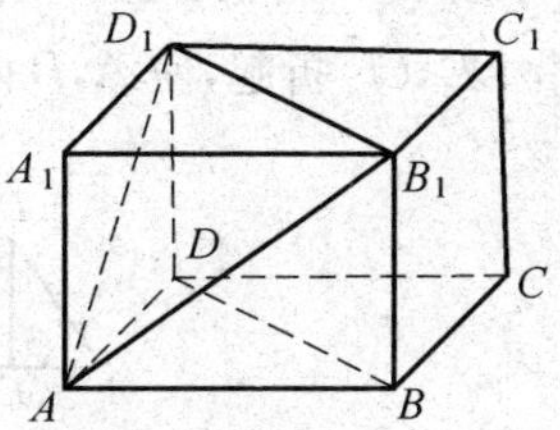

图 22

8. 如图 23,已知六棱锥 $P-ABCDEF$ 的底面是正六边形,$PA\perp$ 平面 $ABCDEF$,$PA=2AB$,则下列结论中:① $PB\perp AE$;② 平面 $ABCDEF\perp$ 平面 PBC;③ 直线 $BC\parallel$ 平面 PAE;④ $\angle PDA=45°$.

其中正确的有________(把所有正确的序号都填上).

9. 如图 24,A,B,C,D 为空间四点,在 $\triangle ABC$ 中,$AB=2$,$AC=BC=\sqrt{2}$,等边 $\triangle ADB$ 以 AB 为轴转动. 当平面 $ADB\perp$ 平面 ABC 时,则 CD 的长为

________;当$\triangle ADB$转动时,AB与CD的位置关系为________.

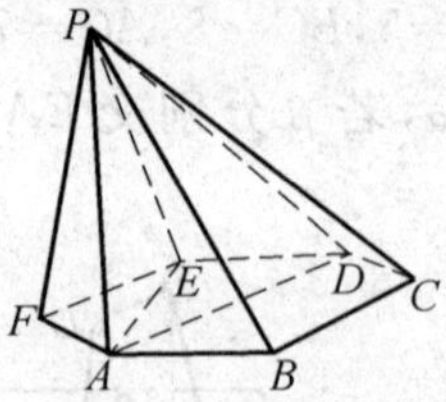

图 23

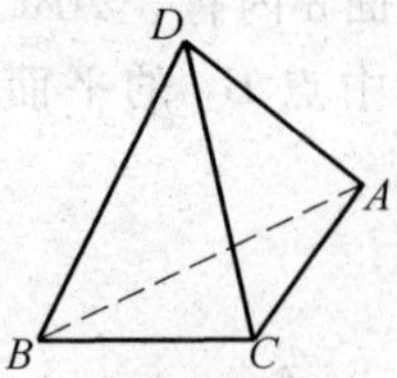

图 24

10. 如图 25(a),在边长为 4 的菱形$ABCD$中,$\angle DAB = 60°$. 点E,F分别在边CD,CB上,点E与点C,D不重合,$EF \perp AC$,$EF \cap AC = O$. 沿EF将$\triangle CEF$翻折到$\triangle PEF$的位置,使平面$PEF \perp$平面$ABFED$,如图 25(b) 所示.

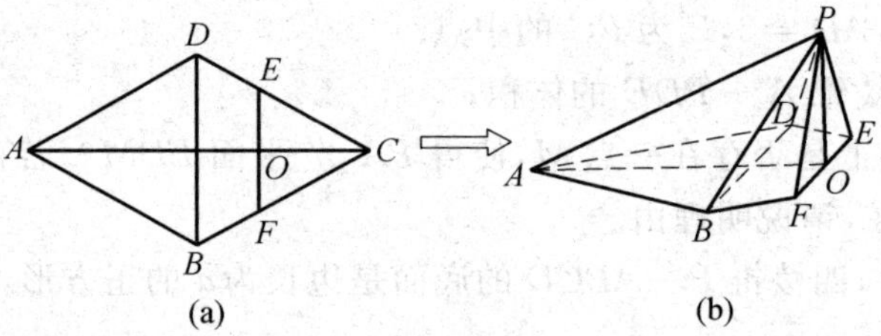

图 25

(1) 求证:$BD \perp$平面POA;

(2) 当PB取得最小值时,求四棱锥$P-BDEF$的体积.

11. 如图 26(a),在梯形$ABCD$中,$AB \parallel CD$,E,F是线段AB上的两点,且$DE \perp AB$,$CF \perp AB$,$AB = 12$,$AD = 5$,$BC = 4\sqrt{2}$,$DE = 4$. 现将$\triangle ADE$,$\triangle CFB$分别沿DE,CF折起,使A,B两点重合于点G,得到多面体$CDEFG$(图 26(b)).

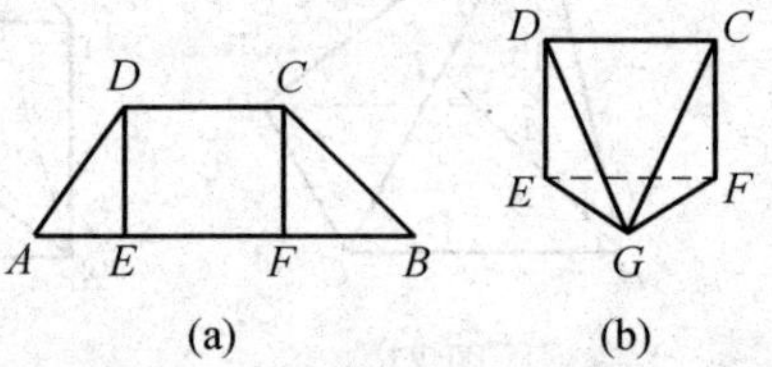

图 26

(1) 求证:平面$DEG \perp$平面CFG;

(2) 求多面体$CDEFG$的体积.

第 25 讲　空间向量及其运算

知识呈现

1. 空间向量的概念

(1) 定义：空间中既有大小又有方向的量叫作空间向量.

(2) 向量的夹角：过空间任意一点 O 作向量 $\boldsymbol{a},\boldsymbol{b}$ 的相等向量 $\overrightarrow{OA}$ 和 $\overrightarrow{OB}$，则 $\angle AOB$ 叫作向量 $\boldsymbol{a},\boldsymbol{b}$ 的夹角，记作 $\langle\boldsymbol{a},\boldsymbol{b}\rangle$，$0\leqslant\langle\boldsymbol{a},\boldsymbol{b}\rangle\leqslant\pi$.

2. 共线向量定理和空间向量基本定理

(1) 共线向量定理.

对空间任意两个向量 $\boldsymbol{a},\boldsymbol{b}(\boldsymbol{b}\neq\boldsymbol{0})$，$\boldsymbol{a}\parallel\boldsymbol{b}$ 的充要条件是存在实数 λ，使得 $\boldsymbol{a}=\lambda\boldsymbol{b}$.

(2) 空间向量基本定理.

如果向量 $\boldsymbol{e}_1,\boldsymbol{e}_2,\boldsymbol{e}_3$ 是空间三个不共面的向量，$\boldsymbol{a}$ 是空间任一向量，那么存在唯一一组实数 $\lambda_1,\lambda_2,\lambda_3$ 使得 $\boldsymbol{a}=\lambda_1\boldsymbol{e}_1+\lambda_2\boldsymbol{e}_2+\lambda_3\boldsymbol{e}_3$，其中 $\boldsymbol{e}_1,\boldsymbol{e}_2,\boldsymbol{e}_3$ 叫作空间的一个基底.

3. 空间向量的数量积及运算律

(1) 定义.

空间两个向量 $\boldsymbol{a}$ 和 $\boldsymbol{b}$ 的数量积是一个数，等于 $|\boldsymbol{a}||\boldsymbol{b}|\cos\langle\boldsymbol{a},\boldsymbol{b}\rangle$，记作 $\boldsymbol{a}\cdot\boldsymbol{b}$.

(2) 空间向量数量积的运算律.

① 结合律：$(\lambda\boldsymbol{a})\cdot\boldsymbol{b}=\lambda(\boldsymbol{a}\cdot\boldsymbol{b})$；

② 交换律：$\boldsymbol{a}\cdot\boldsymbol{b}=\boldsymbol{b}\cdot\boldsymbol{a}$；

③ 分配律：$\boldsymbol{a}\cdot(\boldsymbol{b}+\boldsymbol{c})=\boldsymbol{a}\cdot\boldsymbol{b}+\boldsymbol{a}\cdot\boldsymbol{c}$.

4. 空间向量的坐标表示及应用

(1) 数量积的坐标运算.

设 $\boldsymbol{a}=(a_1,a_2,a_3)$，$\boldsymbol{b}=(b_1,b_2,b_3)$，则 $\boldsymbol{a}\cdot\boldsymbol{b}=a_1b_1+a_2b_2+a_3b_3$.

(2) 共线与垂直的坐标表示.

设 $\boldsymbol{a}=(a_1,a_2,a_3)$，$\boldsymbol{b}=(b_1,b_2,b_3)$，则 $\boldsymbol{a}\parallel\boldsymbol{b}\Leftrightarrow\boldsymbol{a}=\lambda\boldsymbol{b}\Leftrightarrow a_1=\lambda b_1,a_2=\lambda b_2,a_3=\lambda b_3(\lambda\in\mathbf{R})$，$\boldsymbol{a}\perp\boldsymbol{b}\Leftrightarrow\boldsymbol{a}\cdot\boldsymbol{b}=0\Leftrightarrow a_1b_1+a_2b_2+a_3b_3=0$（$\boldsymbol{a},\boldsymbol{b}$ 均为非零向量）.

(3) 模、夹角公式.

设 $\boldsymbol{a}=(a_1,a_2,a_3)$，$\boldsymbol{b}=(b_1,b_2,b_3)$，则 $|\boldsymbol{a}|=\sqrt{\boldsymbol{a}\cdot\boldsymbol{a}}=\sqrt{a_1^2+a_2^2+a_3^2}$，

$$\cos\langle\boldsymbol{a},\boldsymbol{b}\rangle=\frac{\boldsymbol{a}\cdot\boldsymbol{b}}{|\boldsymbol{a}||\boldsymbol{b}|}=\frac{a_1b_1+a_2b_2+a_3b_3}{\sqrt{a_1^2+a_2^2+a_3^2}\cdot\sqrt{b_1^2+b_2^2+b_3^2}}(a\neq 0,b\neq 0).$$

典例展示

例 1 如图 1，三棱锥 $O-ABC$ 中，M,N 分别是 OA,BC 的中点，G 是 $\triangle ABC$ 的重心，用基向量 $\overrightarrow{OA},\overrightarrow{OB},\overrightarrow{OC}$ 表示 $\overrightarrow{MG},\overrightarrow{OG}$.

分析 利用空间向量的加减法和数乘运算表示即可.

讲解

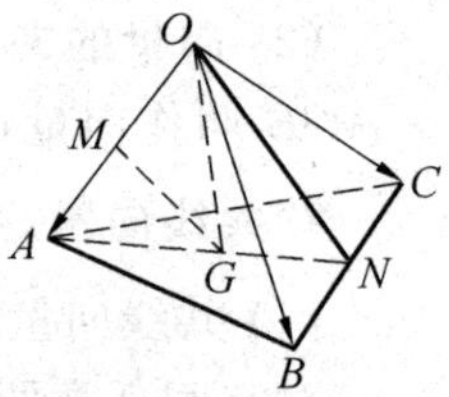

图 1

$$\overrightarrow{MG}=\overrightarrow{MA}+\overrightarrow{AG}=\frac{1}{2}\overrightarrow{OA}+\frac{2}{3}\overrightarrow{AN}=$$

$$\frac{1}{2}\overrightarrow{OA}+\frac{2}{3}(\overrightarrow{ON}-\overrightarrow{OA})=$$

$$\frac{1}{2}\overrightarrow{OA}+\frac{2}{3}\left[\frac{1}{2}(\overrightarrow{OB}+\overrightarrow{OC})-\overrightarrow{OA}\right]=$$

$$-\frac{1}{6}\overrightarrow{OA}+\frac{1}{3}\overrightarrow{OB}+\frac{1}{3}\overrightarrow{OC}$$

$$\overrightarrow{OG}=\overrightarrow{OM}+\overrightarrow{MG}=\frac{1}{2}\overrightarrow{OA}-\frac{1}{6}\overrightarrow{OA}+\frac{1}{3}\overrightarrow{OB}+\frac{1}{3}\overrightarrow{OC}=$$

$$\frac{1}{3}\overrightarrow{OA}+\frac{1}{3}\overrightarrow{OB}+\frac{1}{3}\overrightarrow{OC}$$

说明 用已知向量来表示未知向量，一定要结合图形，以图形为指导是解题的关键. 要正确理解向量加法、减法与数乘运算的几何意义. 首尾相接的若干向量之和，等于由起始向量的始点指向末尾向量的终点的向量，我们可把这个法则称为向量加法的多边形法则.

例 2 如图 2，已知 E,F,G,H 分别是空间四边形 $ABCD$ 的边 AB,BC,CD,DA 的中点.

(1) 求证：E,F,G,H 四点共面；

(2) 求证：$BD\parallel$ 平面 $EFGH$；

(3) 设 M 是 EG 和 FH 的交点，求证：对空间任一点

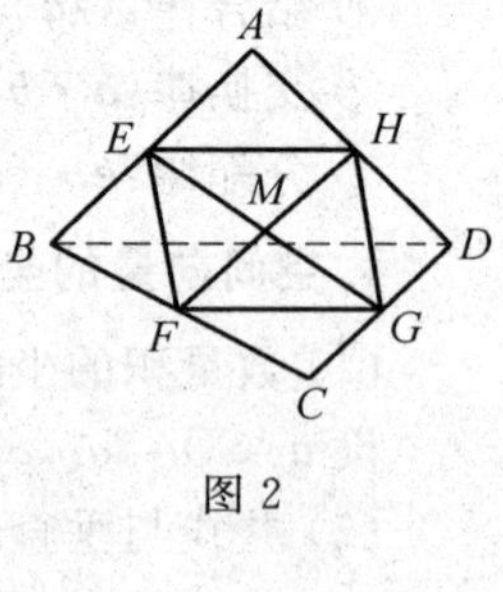

图 2

O,有$\overrightarrow{OM}=\frac{1}{4}(\overrightarrow{OA}+\overrightarrow{OB}+\overrightarrow{OC}+\overrightarrow{OD})$.

分析　对于(1)只要证出向量$\overrightarrow{EG}=\overrightarrow{EF}+\overrightarrow{EH}$即可;对于(2)只要证出$\overrightarrow{BD}$与$\overrightarrow{EH}$共线即可;对于(3),易知四边形 $EFGH$ 为平行四边形,则点 M 为线段 EG 与 FH 的中点,于是向量$\overrightarrow{OM}$可由向量$\overrightarrow{OG}$和$\overrightarrow{OE}$表示,再将$\overrightarrow{OG}$与$\overrightarrow{OE}$分别用向量$\overrightarrow{OC}$,$\overrightarrow{OD}$和向量$\overrightarrow{OA}$,$\overrightarrow{OB}$表示.

讲解　(1) 如图 3,联结 BG,则

$$\overrightarrow{EG}=\overrightarrow{EB}+\overrightarrow{BG}=\overrightarrow{EB}+\frac{1}{2}(\overrightarrow{BC}+\overrightarrow{BD})=\overrightarrow{EB}+\overrightarrow{BF}+\overrightarrow{EH}=\overrightarrow{EF}+\overrightarrow{EH}$$

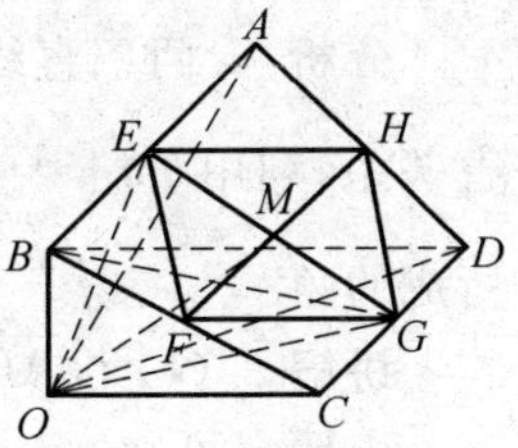

图 3

由共面向量定理的推论知:E,F,G,H 四点共面.

(2) 因为

$$\overrightarrow{EH}=\overrightarrow{AH}-\overrightarrow{AE}=\frac{1}{2}\overrightarrow{AD}-\frac{1}{2}\overrightarrow{AB}=\frac{1}{2}(\overrightarrow{AD}-\overrightarrow{AB})=\frac{1}{2}\overrightarrow{BD}$$

所以 $EH\,/\!/\,BD$.

又 $EH\subseteq$ 平面 $EFGH$,$BD\not\subseteq$ 平面 $EFGH$,所以 $BD\,/\!/$ 平面 $EFGH$.

(3) 找一点 O,并联结 OM,OA,OB,OC,OD,OE,OG.

由(2)知$\overrightarrow{EH}=\frac{1}{2}\overrightarrow{BD}$,同理$\overrightarrow{FG}=\frac{1}{2}\overrightarrow{BD}$,所以$\overrightarrow{EH}=\overrightarrow{FG}$,即 $EH \underline{/\!/} FG$,所以四边形 $EFGH$ 是平行四边形.

所以 EG,FH 交于一点 M 且被 M 平分,故

$$\overrightarrow{OM}=\frac{1}{2}(\overrightarrow{OE}+\overrightarrow{OG})=\frac{1}{2}\overrightarrow{OE}+\frac{1}{2}\overrightarrow{OG}=\frac{1}{2}\left[\frac{1}{2}(\overrightarrow{OA}+\overrightarrow{OB})\right]+\frac{1}{2}\left[\frac{1}{2}(\overrightarrow{OC}+\overrightarrow{OD})\right]=\frac{1}{4}(\overrightarrow{OA}+\overrightarrow{OB}+\overrightarrow{OC}+\overrightarrow{OD})$$

说明　(1) 证明点共线的方法.

证明点共线的问题可转化为证明向量共线的问题,如证明 A,B,C 三点共线,即证明$\overrightarrow{AB}$,$\overrightarrow{AC}$共线,亦即证明$\overrightarrow{AB}=\lambda\overrightarrow{AC}(\lambda\neq 0)$.

(2) 证明点共面的方法.

证明点共面的问题可转化为证明向量共面的问题,如要证明 P,A,B,C 四点共面,只要能证明$\overrightarrow{PA}=x\overrightarrow{PB}+y\overrightarrow{PC}$或对空间任一点 O,有$\overrightarrow{OA}=\overrightarrow{OP}+x\overrightarrow{PB}+y\overrightarrow{PC}$或$\overrightarrow{OP}=x\overrightarrow{OA}+y\overrightarrow{OB}+z\overrightarrow{OC}(x+y+z=1)$即可.共面向量定

理实际上也是三个非零向量所在直线共面的充要条件.

例 3 如图 4,已知空间四边形 $ABCD$ 的各边和对角线的长都等于 a,点 M,N 分别是 AB,CD 的中点.

(1) 求证:$MN \perp AB$,$MN \perp CD$;

(2) 求 MN 的长;

(3) 求异面直线 AN 与 CM 所成角的余弦值.

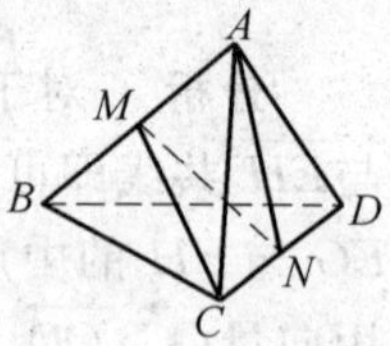

图 4

分析 两条直线的垂直关系可以转化为两个向量的垂直关系;利用 $|\boldsymbol{a}|^2=\boldsymbol{a}\cdot\boldsymbol{a}$ 可以求线段长;利用 $\cos\theta=\dfrac{\boldsymbol{a}\cdot\boldsymbol{b}}{|\boldsymbol{a}||\boldsymbol{b}|}$ 可求两条直线所成的角.

讲解 (1) 设 $\overrightarrow{AB}=\boldsymbol{p}$,$\overrightarrow{AC}=\boldsymbol{q}$,$\overrightarrow{AD}=\boldsymbol{r}$.

由题意可知,$|\boldsymbol{p}|=|\boldsymbol{q}|=|\boldsymbol{r}|=a$,且 $\boldsymbol{p}$,$\boldsymbol{q}$,$\boldsymbol{r}$ 三个向量两两夹角均为 $60°$.因为

$$\overrightarrow{MN}=\overrightarrow{AN}-\overrightarrow{AM}=\frac{1}{2}(\overrightarrow{AC}+\overrightarrow{AD})-\frac{1}{2}\overrightarrow{AB}=\frac{1}{2}(\boldsymbol{q}+\boldsymbol{r}-\boldsymbol{p})$$

所以

$$\overrightarrow{MN}\cdot\overrightarrow{AB}=\frac{1}{2}(\boldsymbol{q}+\boldsymbol{r}-\boldsymbol{p})\cdot\boldsymbol{p}=\frac{1}{2}(\boldsymbol{q}\cdot\boldsymbol{p}+\boldsymbol{r}\cdot\boldsymbol{p}-\boldsymbol{p}^2)=$$
$$\frac{1}{2}(a^2\cos 60°+a^2\cos 60°-a^2)=0$$

所以 $\overrightarrow{MN}\perp\overrightarrow{AB}$,即 $MN\perp AB$.

同理可证 $MN\perp CD$.

(2) 由(1) 可知 $\overrightarrow{MN}=\frac{1}{2}(\boldsymbol{q}+\boldsymbol{r}-\boldsymbol{p})$,所以

$$|\overrightarrow{MN}|^2=\frac{1}{4}(\boldsymbol{q}+\boldsymbol{r}-\boldsymbol{p})^2=\frac{1}{4}[\boldsymbol{q}^2+\boldsymbol{r}^2+\boldsymbol{p}^2+2(\boldsymbol{q}\cdot\boldsymbol{r}-\boldsymbol{p}\cdot\boldsymbol{q}-\boldsymbol{r}\cdot\boldsymbol{p})]=$$
$$\frac{1}{4}\left[a^2+a^2+a^2+2\left(\frac{a^2}{2}-\frac{a^2}{2}-\frac{a^2}{2}\right)\right]=$$
$$\frac{1}{4}\times 2a^2=\frac{a^2}{2}$$

所以 $|\overrightarrow{MN}|=\frac{\sqrt{2}}{2}a$,所以 MN 的长为 $\frac{\sqrt{2}}{2}a$.

(3) 设向量 $\overrightarrow{AN}$ 与 $\overrightarrow{MC}$ 的夹角为 θ.

因为 $\overrightarrow{AN}=\frac{1}{2}(\overrightarrow{AC}+\overrightarrow{AD})=\frac{1}{2}(\boldsymbol{q}+\boldsymbol{r})$,$\overrightarrow{MC}=\overrightarrow{AC}-\overrightarrow{AM}=\boldsymbol{q}-\frac{1}{2}\boldsymbol{p}$,所以

$$\overrightarrow{AN}\cdot\overrightarrow{MC}=\frac{1}{2}(\boldsymbol{q}+\boldsymbol{r})(\boldsymbol{q}-\frac{1}{2}\boldsymbol{p})=\frac{1}{2}(\boldsymbol{q}^2-\frac{1}{2}\boldsymbol{q}\cdot\boldsymbol{p}+\boldsymbol{r}\cdot\boldsymbol{q}-\frac{1}{2}\boldsymbol{r}\cdot\boldsymbol{p})=$$

$$\frac{1}{2}(a^2-\frac{1}{2}a^2\cos 60°+a^2\cos 60°-\frac{1}{2}a^2\cos 60°)=$$

$$\frac{1}{2}\left(a^2-\frac{a^2}{4}+\frac{a^2}{2}-\frac{a^2}{4}\right)=\frac{a^2}{2}$$

又因为 $|\overrightarrow{AN}|=|\overrightarrow{MC}|=\frac{\sqrt{3}}{2}a$，所以

$$\overrightarrow{AN}\cdot\overrightarrow{MC}=|\overrightarrow{AN}||\overrightarrow{MC}|\cos\theta=\frac{\sqrt{3}}{2}a\times\frac{\sqrt{3}}{2}a\times\cos\theta=\frac{a^2}{2}$$

所以 $\cos\theta=\frac{2}{3}$.

所以向量 $\overrightarrow{AN}$ 与 $\overrightarrow{MC}$ 的夹角的余弦值为 $\frac{2}{3}$，从而异面直线 AN 与 CM 所成角的余弦值为 $\frac{2}{3}$.

说明　(1) 当题目条件有垂直关系时，常转化为数量积为零进行应用；

(2) 当异面直线所成的角为 α 时，常利用它们所在的向量转化为向量的夹角 θ 来进行计算. 应该注意的是 $\alpha\in\left(0,\frac{\pi}{2}\right]$，$\theta\in[0,\pi]$，所以

$$\cos\alpha=|\cos\theta|=\frac{|\boldsymbol{a}\cdot\boldsymbol{b}|}{|\boldsymbol{a}||\boldsymbol{b}|}$$

(3) 立体几何中求线段的长度可以通过解三角形，也可依据 $|\boldsymbol{a}|=\sqrt{\boldsymbol{a}^2}$ 转化为向量求解.

例 4　已知向量 $\boldsymbol{a}=(1,2,3)$，$\boldsymbol{b}=(x,x^2+y-2,y)$，并且 $\boldsymbol{a}$，$\boldsymbol{b}$ 同向，求 x，y 的值.

分析　易将 $\boldsymbol{a}$，$\boldsymbol{b}$ 同向和 $\boldsymbol{a}\parallel\boldsymbol{b}$ 混淆，没有搞清 $\boldsymbol{a}\parallel\boldsymbol{b}$ 的意义：$\boldsymbol{a}$，$\boldsymbol{b}$ 方向相同或相反.

讲解　由题意知 $\boldsymbol{a}\parallel\boldsymbol{b}$，所以 $\frac{x}{1}=\frac{x^2+y-2}{2}=\frac{y}{3}$，即

$$\begin{cases}y=3x & ①\\ x^2+y-2=2x & ②\end{cases}$$

把 ① 代入 ② 得 $x^2+x-2=0$，$(x+2)(x-1)=0$，解得 $x=-2$，或 $x=1$.

当 $x=-2$ 时，$y=-6$；当 $x=1$ 时，$y=3$.

当 $\begin{cases}x=-2\\ y=-6\end{cases}$ 时，$\boldsymbol{b}=(-2,-4,-6)=-2\boldsymbol{a}$，两向量 $\boldsymbol{a}$，$\boldsymbol{b}$ 反向，不符合题意，所以舍去.

当$\begin{cases}x=1\\y=3\end{cases}$时,$\boldsymbol{b}=(1,2,3)=\boldsymbol{a}$,$\boldsymbol{a}$与$\boldsymbol{b}$同向,所以$\begin{cases}x=1\\y=3\end{cases}$.

说明 (1) 两向量平行和两向量同向不是等价的,同向是平行的一种情况.两向量同向能推出两向量平行,但反过来不成立,也就是说,“两向量同向”是“两向量平行”的充分不必要条件.

(2) 若两向量$\boldsymbol{a}$,$\boldsymbol{b}$满足$\boldsymbol{a}=\lambda\boldsymbol{b}(\boldsymbol{b}\neq\boldsymbol{0})$且$\lambda>0$,则$\boldsymbol{a}$,$\boldsymbol{b}$同向;在$\boldsymbol{a}$,$\boldsymbol{b}$的坐标都是非零的条件下,$\boldsymbol{a}$,$\boldsymbol{b}$的坐标对应成比例.

例 5 如图 5,已知四棱锥$P-ABCD$的底面为直角梯形,$AB\parallel DC$,$\angle DAB=90°$,$PA\perp$底面$ABCD$,且$PA=AD=DC=\frac{1}{2}$,$AB=1$,M是PB的中点.

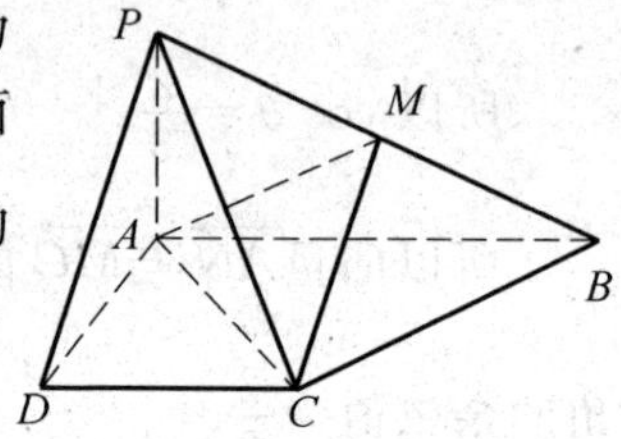

图 5

(1) 求证:面$PAD\perp$面PCD;

(2) 求AC与PB所成角的余弦值;

(3) 求面AMC与面BMC所成二面角的余弦值.

讲解 以A为坐标原点,AD长为单位长度,如图 6 所示,建立空间直角坐标系,则各点坐标为$A(0,0,0)$,$B(0,2,0)$,$C(1,1,0)$,$D(1,0,0)$,$P(0,0,1)$,$M\left(0,1,\frac{1}{2}\right)$.

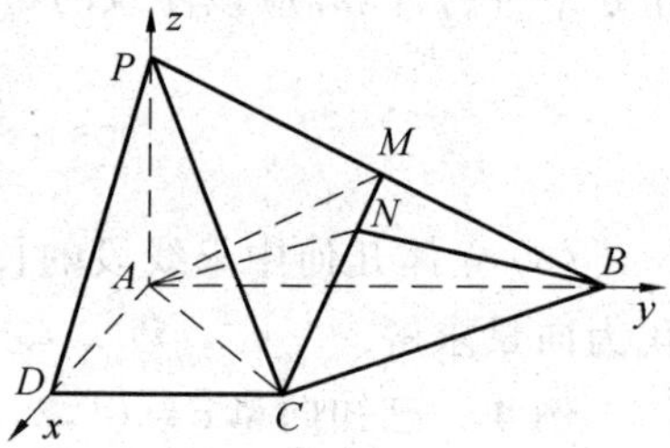

图 6

(1) 因$\overrightarrow{AP}=(0,0,1)$,$\overrightarrow{DC}=(0,1,0)$,故$\overrightarrow{AP}\cdot\overrightarrow{DC}=0$,所以$AP\perp DC$.

由题设知$AD\perp DC$,且AP与AD是平面PAD内的两条相交直线,由此得$DC\perp$平面PAD.又DC在面PCD上,故面$PAD\perp$平面PCD.

(2) 因$\overrightarrow{AC}=(1,1,0)$,$\overrightarrow{PB}=(0,2,-1)$,故$|\overrightarrow{AC}|=\sqrt{2}$,$|\overrightarrow{PB}|=\sqrt{5}$,$\overrightarrow{AC}\cdot\overrightarrow{PB}=2$,所以

$$\cos\langle\overrightarrow{AC},\overrightarrow{PB}\rangle=\frac{\overrightarrow{AC}\cdot\overrightarrow{PB}}{|\overrightarrow{AC}|\cdot|\overrightarrow{PB}|}=\frac{\sqrt{10}}{5}$$

(3) 在MC上取一点$N(x,y,z)$,则存在$\lambda\in\mathbf{R}$,使$\overrightarrow{NC}=\lambda\overrightarrow{MC}$,$\overrightarrow{NC}=(1-x,1-y,-z)$,$\overrightarrow{MC}=\left(1,0,-\frac{1}{2}\right)$,所以$x=1-\lambda$,$y=1$,$z=\frac{1}{2}\lambda$.

要使$AN\perp MC$,只需$\overrightarrow{AN}\cdot\overrightarrow{MC}=0$,即$x-\frac{1}{2}z=0$,解得$\lambda=\frac{4}{5}$.

可知当 $\lambda=\frac{4}{5}$ 时，点 N 的坐标为 $\left(\frac{1}{5},1,\frac{2}{5}\right)$，能使 $\overrightarrow{AN}\cdot\overrightarrow{MC}=0$.

此时，$\overrightarrow{AN}=\left(\frac{1}{5},1,\frac{2}{5}\right)$，$\overrightarrow{BN}=\left(\frac{1}{5},-1,\frac{2}{5}\right)$，有 $\overrightarrow{BN}\cdot\overrightarrow{MC}=0$.

由 $\overrightarrow{AN}\cdot\overrightarrow{MC}=0$，$\overrightarrow{BN}\cdot\overrightarrow{MC}=0$ 得 $AN\perp MC$，$BN\perp MC$，所以 $\angle ANB$ 为所求二面角的平面角.

因为 $|\overrightarrow{AN}|=\frac{\sqrt{30}}{5}$，$|\overrightarrow{BN}|=\frac{\sqrt{30}}{5}$，$\overrightarrow{AN}\cdot\overrightarrow{BN}=-\frac{4}{5}$，所以

$$\cos\langle\overrightarrow{AN},\overrightarrow{BN}\rangle=\frac{\overrightarrow{AN}\cdot\overrightarrow{BN}}{|\overrightarrow{AN}|\cdot|\overrightarrow{BN}|}=-\frac{2}{3}$$

例 6　图 7 所示的多面体是由底面为 $ABCD$ 的长方体被截面 AEC_1F 所截而得到的，其中 $AB=4$，$BC=2$，$CC_1=3$，$BE=1$.

(1) 求 BF 的长；

(2) 求点 C 到平面 AEC_1F 的距离.

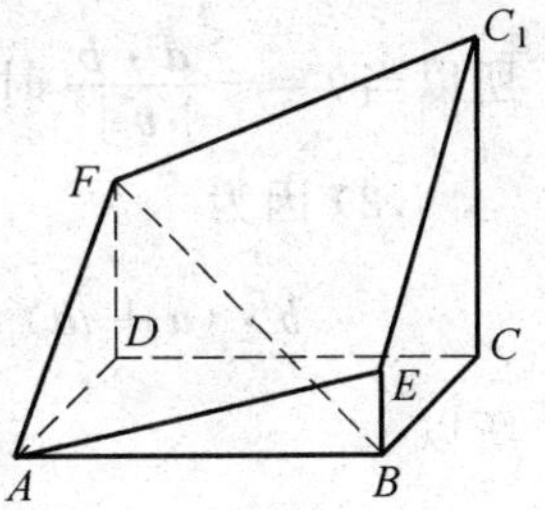

图 7

讲解　(1) 建立如图 8 所示的空间直角坐标系，则 $D(0,0,0)$，$B(2,4,0)$，$A(2,0,0)$，$C(0,4,0)$，$E(2,4,1)$，$C_1(0,4,3)$，设 $F(0,0,z)$.

因为 AEC_1F 为平行四边形，所以由 $\overrightarrow{AF}=\overrightarrow{EC_1}$ 得，$(-2,0,z)=(-2,0,2)$，所以 $z=2$，故 $F(0,0,2)$.

所以 $\overrightarrow{BF}=(-2,-4,2)$.

于是 $|\overrightarrow{BF}|=2\sqrt{6}$，即 BF 的长为 $2\sqrt{6}$.

(2) 设 $\boldsymbol{n}_1$ 为平面 AEC_1F 的法向量，显然 $\boldsymbol{n}_1$ 不垂直于平面 ADF，故可设 $\boldsymbol{n}_1=(x,y,1)$，由

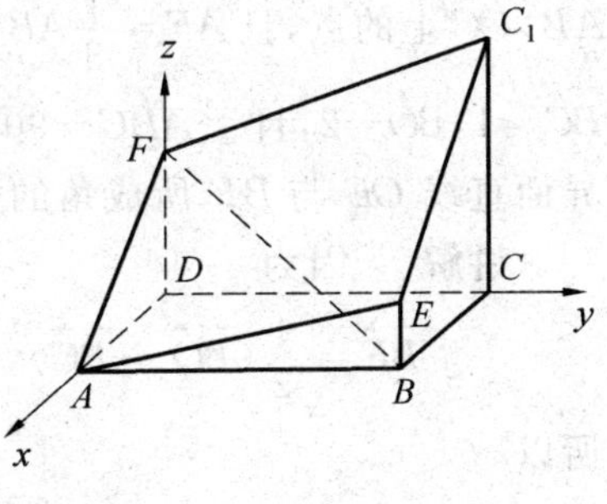

图 8

$\begin{cases}\boldsymbol{n}_1\cdot\overrightarrow{AE}=0\\ \boldsymbol{n}_1\cdot\overrightarrow{AF}=0\end{cases}$，得 $\begin{cases}0\times x+4\times y+1=0\\ -2\times x+0\times y+2=0\end{cases}$，即

$\begin{cases}4y+1=0\\ -2x+2=0\end{cases}$，所以 $\begin{cases}x=1\\ y=-\frac{1}{4}\end{cases}$.

又 $\overrightarrow{CC_1}=(0,0,3)$，设 $\overrightarrow{CC_1}$ 与 $\boldsymbol{n}_1$ 的夹角为 α，则

$$\cos\alpha=\frac{\overrightarrow{CC_1}\cdot\boldsymbol{n}_1}{|\overrightarrow{CC_1}|\cdot|\boldsymbol{n}_1|}=\frac{3}{3\times\sqrt{1+\frac{1}{16}+1}}=\frac{4\sqrt{33}}{33}$$

所以点 C 到平面 AEC_1F 的距离为

$$d=|\overrightarrow{CC_1}|\cos\alpha=3\times\frac{4\sqrt{33}}{33}=\frac{4\sqrt{33}}{11}$$

例 7 已知 $\boldsymbol{a},\boldsymbol{b}$ 是非零的空间向量，t 是实数，设 $\boldsymbol{u}=\boldsymbol{a}+t\boldsymbol{b}$.

(1) 当 $|\boldsymbol{u}|$ 取得最小值时，求实数 t 的值；

(2) 当 $|\boldsymbol{u}|$ 取得最小值时，求证：$\boldsymbol{b}\perp(\boldsymbol{a}+t\boldsymbol{b})$.

讲解 (1) 因为

$$|\boldsymbol{u}|^2=|\boldsymbol{a}+t\boldsymbol{b}|^2=|\boldsymbol{a}|^2+2(\boldsymbol{a}\cdot\boldsymbol{b})t+t^2|\boldsymbol{b}|^2=$$
$$|\boldsymbol{b}|^2\left(t+\frac{\boldsymbol{a}\cdot\boldsymbol{b}}{|\boldsymbol{b}|^2}\right)^2+|\boldsymbol{a}|^2-\frac{(\boldsymbol{a}\cdot\boldsymbol{b})^2}{|\boldsymbol{b}|^2}$$

所以当 $t=-\dfrac{\boldsymbol{a}\cdot\boldsymbol{b}}{|\boldsymbol{b}|^2}$ 时，$|\boldsymbol{u}|=|\boldsymbol{a}+t\boldsymbol{b}|$ 最小.

(2) 因为

$$\boldsymbol{b}\cdot(\boldsymbol{a}+t\boldsymbol{b})=\boldsymbol{a}\cdot\boldsymbol{b}+t|\boldsymbol{b}|^2=\boldsymbol{a}\cdot\boldsymbol{b}+|\boldsymbol{b}|^2\left(-\frac{\boldsymbol{a}\cdot\boldsymbol{b}}{|\boldsymbol{b}|^2}\right)=0$$

所以

$$\boldsymbol{b}\perp(\boldsymbol{a}+t\boldsymbol{b})$$

例 8 如图 9，已知四面体 $O-ABC$ 中，E,F 分别为 AB,OC 上的点，且 $AE=\frac{1}{3}AB$，F 为 OC 的中点，若 $AB=3$，$BC=1$，$BO=2$，且 $\angle ABC=90°$，$\angle OBA=\angle OBC=60°$，求异面直线 OE 与 BF 所成角的余弦值.

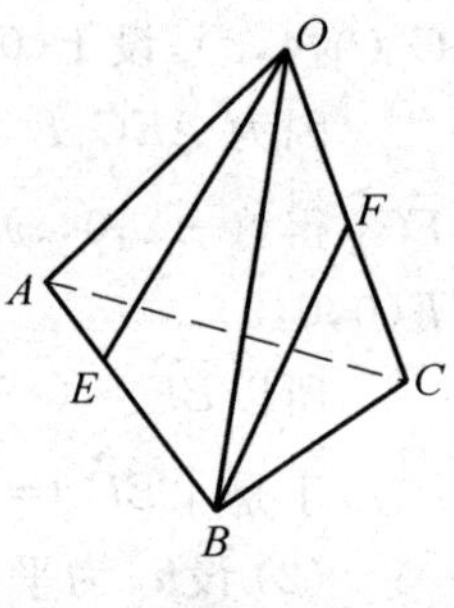

图 9

讲解 因为

$$\overrightarrow{BF}=\frac{1}{2}(\overrightarrow{BO}+\overrightarrow{BC}),\overrightarrow{OE}=\frac{2}{3}\overrightarrow{BA}-\overrightarrow{BO}$$

所以

$$|\overrightarrow{BF}|^2=\frac{1}{4}(|\overrightarrow{BO}|^2+|\overrightarrow{BC}|^2+2\overrightarrow{BO}\cdot\overrightarrow{BC})=$$
$$\frac{1}{4}(4+1+2|\overrightarrow{BO}||\overrightarrow{BC}|\cos 60°)=\frac{7}{4}$$

$$|\overrightarrow{BF}|=\frac{\sqrt{7}}{2}$$

$$|\overrightarrow{OE}|^2=\frac{4}{9}|\overrightarrow{BA}|^2+|\overrightarrow{BO}|^2-\frac{4}{3}\overrightarrow{BA}\cdot\overrightarrow{BO}=4+4-4=4$$

$$|\overrightarrow{OE}|=2$$

又

$$\overrightarrow{BF}\cdot\overrightarrow{OE}=\frac{1}{2}\left(\frac{2}{3}\overrightarrow{BA}\cdot\overrightarrow{BO}-|\overrightarrow{BO}|^2+\frac{2}{3}\overrightarrow{BC}\cdot\overrightarrow{BA}-\overrightarrow{BC}\cdot\overrightarrow{BO}\right)=$$

$$\frac{1}{2}(2-4-1)=-\frac{3}{2}$$

所以

$$\cos\langle\overrightarrow{BF},\overrightarrow{OE}\rangle=\frac{\overrightarrow{BF}\cdot\overrightarrow{OE}}{|\overrightarrow{BF}||\overrightarrow{OE}|}=\frac{-3}{2\sqrt{7}}=-\frac{3\sqrt{7}}{14}$$

故异面直线 OE 与 BF 所成的角的余弦值为$\frac{3\sqrt{7}}{14}$.

例 9　已知正方体 $ABCD-A_1B_1C_1D_1$ 的棱长为 2，P,Q 分别是 BC,CD 上的动点，且 $|PQ|=\sqrt{2}$.

(1) 确定 P,Q 的位置，使得 $B_1Q\perp D_1P$；

(2) 当 $B_1Q\perp D_1P$ 时，求二面角 C_1-PQ-C 的正切值.

讲解　建立如图 10 所示的直角坐标系.

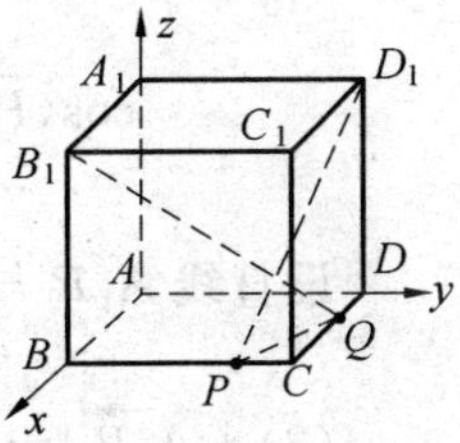

图 10

(1) 设 $BP=t$，则

$$CQ=\sqrt{2-(2-t)^2},DQ=2-\sqrt{2-(2-t)^2}$$

所以　　$B_1(2,0,2),D_1(0,2,2),P(2,t,0)$

$$Q(2-\sqrt{2-(2-t)^2},2,0)$$

$$\overrightarrow{QB_1}=(\sqrt{2-(2-t)^2},-2,2),\overrightarrow{PD_1}=(-2,2-t,2)$$

又因为 $B_1Q\perp D_1P\Leftrightarrow\overrightarrow{QB_1}\cdot\overrightarrow{PD_1}=0$，所以 $-2\sqrt{2-(2-t)^2}-2(2-t)+2\times2=0$，即$\sqrt{2-(2-t)^2}=t$，解得 $t=1$，即 P,Q 分别为中点时，$B_1Q\perp D_1P$.

(2) 由(1)知 $PQ\,/\!/\,BD$，且 $AC\perp PQ$，设 $AC\cap PQ=E$，联结 C_1E，因为 $CC_1\perp$ 底面 BD，$CE\perp PQ$，所以 $C_1E\perp PQ$，即 $\angle CEC_1$ 为所求二面角 $O-PQ-C_1$ 的平面角，易得 $\tan\angle CEC_1=2\sqrt{2}$.

例 10　如图 11，正三棱柱 $ABC-A_1B_1C_1$ 的各棱长都是 2，M 是 BC 的中点，P 是侧棱 BB_1 上一点，且 $A_1P\perp B_1M$.

(1) 试求 A_1P 与平面 APC 所成角的正弦值；

(2) 求点 A_1 到平面 APC 的距离.

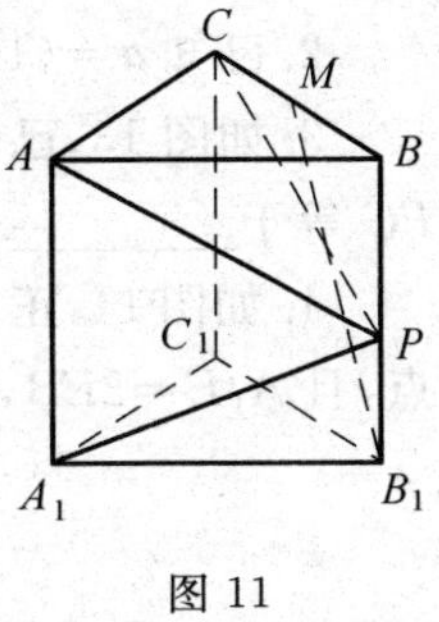

图 11

讲解　建立如图 12 所示的空间直角坐标系，则相关各点的坐标为 $A_1(2,0,0)$，$B_1(1,\sqrt{3},0)$，$P(1,\sqrt{3},z)$，$M\left(\frac{1}{2},\frac{\sqrt{3}}{2},2\right)$，

$C(0,0,2)$,$A(2,0,2)$.

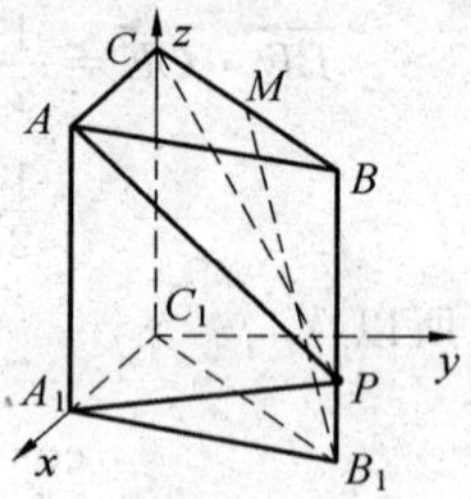

图 12

由 $A_1P\perp B_1M$ 知 $\overrightarrow{A_1P}\cdot\overrightarrow{B_1M}=0$,所以

$$(-1,\sqrt{3},z)\cdot\left(-\frac{1}{2},-\frac{\sqrt{3}}{2},2\right)=\frac{1}{2}-\frac{3}{2}+2z=0$$

所以 $z=\frac{1}{2}$,即点 P 的坐标为 $P\left(1,\sqrt{3},\frac{1}{2}\right)$.

(1) 设平面 APC 的法向量为 $\boldsymbol{n}=(x,y,z)$,由 $\begin{cases}\boldsymbol{n}\cdot\overrightarrow{CA}=0\\ \boldsymbol{n}\cdot\overrightarrow{CP}=0\end{cases}$,即 $\begin{cases}2x=0\\ x+\sqrt{3}y-\frac{3}{2}z=0\end{cases}$,所以 $\boldsymbol{n}=\left(0,\frac{\sqrt{3}}{2}z,z\right)$.

取 $z=-1$,则有 $\boldsymbol{n}=(0,-\frac{\sqrt{3}}{2},-1)$,方向指向平面 APC 的左下方,又

$$\overrightarrow{PA_1}=\left(1,-\sqrt{3},-\frac{1}{2}\right)$$

$$\cos\langle\overrightarrow{PA_1},\boldsymbol{n}\rangle=\frac{\overrightarrow{PA_1}\cdot\boldsymbol{n}}{|\overrightarrow{PA_1}|\cdot|\boldsymbol{n}|}=\frac{8}{\sqrt{17}\cdot\sqrt{7}}=\frac{8\sqrt{119}}{119}$$

设直线 A_1P 与平面 APC 所成角为 α,则 $\sin\alpha=\frac{8\sqrt{119}}{119}$.

(2) $|\overrightarrow{A_1P}|=\sqrt{1+3+\frac{1}{4}}=\frac{\sqrt{17}}{2}$,设 A_1 到平面 PAC 的距离为 d,则

$$d=|\overrightarrow{A_1P}|\sin\alpha=\frac{\sqrt{17}}{2}\cdot\frac{8}{\sqrt{17\times7}}=\frac{4}{\sqrt{7}}=\frac{4\sqrt{7}}{7}$$

课外训练

1. 已知 $2\boldsymbol{a}+\boldsymbol{b}=(0,-5,10)$,$\boldsymbol{c}=(1,-2,-2)$,$\boldsymbol{a}\cdot\boldsymbol{c}=4$,$|\boldsymbol{b}|=12$,则以 $\boldsymbol{b}$,$\boldsymbol{c}$ 为方向向量的两直线的夹角为________.

2. 已知 $\boldsymbol{a}=(1-t,1-t,t)$,$\boldsymbol{b}=(2,t,t)$,则 $|\boldsymbol{b}-\boldsymbol{a}|$ 的最小值为________.

3. 如图 13,已知 $PA\perp$ 平面 ABC,$\angle ABC=120°$,$PA=AB=BC=6$,则 PC 等于________.

4. 如图 14,正方体 $ABCD-A_1B_1C_1D_1$ 中,E 是 A_1B 上的点,F 是 AC 上的点,且 $A_1E=2EB$,$CF=2AF$,则 EF 与平面 A_1B_1CD 的位置关系为________.

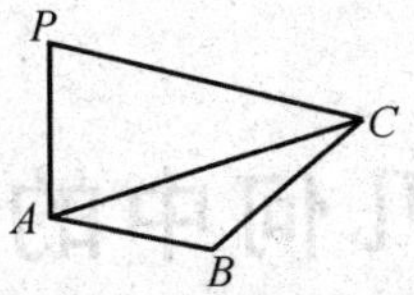

图 13

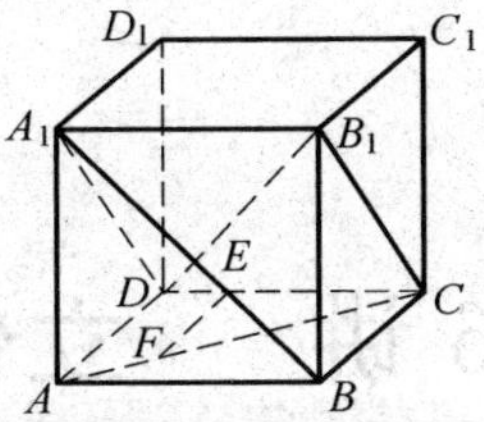

图 14

5. 已知向量 $\boldsymbol{a}=(1,-3,2)$，$\boldsymbol{b}=(-2,1,1)$，点 $A(-3,-1,4)$，$B(-2,-2,2)$.

(1) 求 $|2\boldsymbol{a}+\boldsymbol{b}|$；

(2) 在直线 AB 上是否存在一点 E，使得 $\overrightarrow{OE}\perp\boldsymbol{b}$（$O$ 为原点）？

6. 如图 15，四棱柱 $ABCD-A_1B_1C_1D_1$ 中，底面为平行四边形，以顶点 A 为端点的三条棱长都为 1，且两两夹角为 60°.

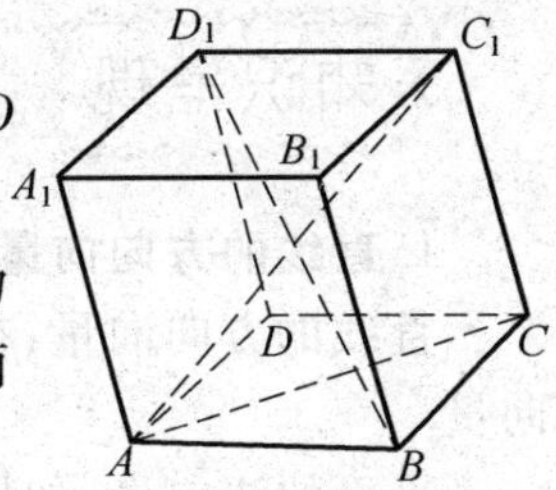

图 15

(1) 求 AC_1 的长；

(2) 求 BD_1 与 AC 夹角的余弦值.

7. 已知空间向量 $\boldsymbol{a}$，$\boldsymbol{b}$ 满足 $|\boldsymbol{a}|=|\boldsymbol{b}|=1$，且 $\boldsymbol{a}$，$\boldsymbol{b}$ 的夹角为 $\frac{\pi}{3}$，O 为空间直角坐标系的原点，点 A，B 满足 $\overrightarrow{OA}=2\boldsymbol{a}+\boldsymbol{b}$，$\overrightarrow{OB}=3\boldsymbol{a}-\boldsymbol{b}$，求 $\triangle OAB$ 的面积.

8. 如图 16，在棱长为 1 的正方体 $ABCD-A_1B_1C_1D_1$ 中，M，N 分别是 A_1B_1 和 BB_1 的中点，求直线 AM 和 CN 所成角的余弦值.

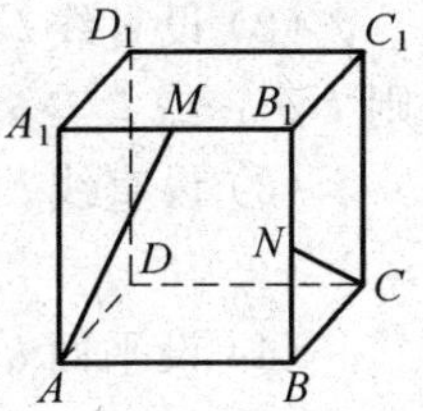

图 16

9. 已知空间三点 $A(0,2,3)$，$B(-2,1,6)$，$C(1,-1,5)$. 求以 $\overrightarrow{AB}$，$\overrightarrow{AC}$ 为边的平行四边形的面积；若 $|\boldsymbol{a}|=\sqrt{3}$，且 $\boldsymbol{a}$ 分别与 $\overrightarrow{AB}$，$\overrightarrow{AC}$ 垂直，求向量 $\boldsymbol{a}$ 的坐标.

10. 如图 17，直三棱柱 $ABC-A'B'C'$ 中，$AC=BC=AA'$，$\angle ACB=90°$，D，E 分别为 AB，BB' 的中点.

(1) 求证：$CE\perp A'D$；

(2) 求异面直线 CE 与 AC' 所成角的余弦值.

11. 已知空间中三点 $A(-2,0,2)$，$B(-1,1,2)$，$C(-3,0,4)$，设 $\boldsymbol{a}=\overrightarrow{AB}$，$\boldsymbol{b}=\overrightarrow{AC}$.

(1) 求向量 $\boldsymbol{a}$ 与向量 $\boldsymbol{b}$ 的夹角的余弦值；

(2) 若 $k\boldsymbol{a}+\boldsymbol{b}$ 与 $k\boldsymbol{a}-2\boldsymbol{b}$ 互相垂直，求实数 k 的值.

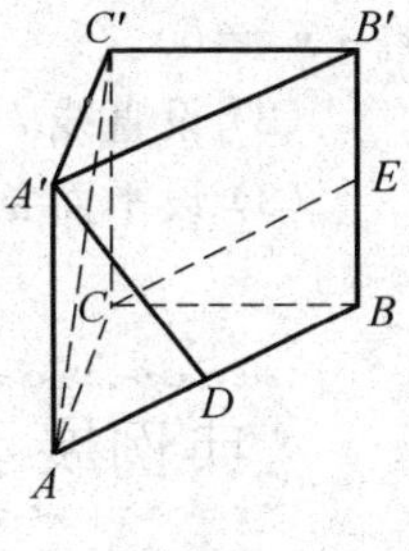

图 17

第26讲　立体几何中的向量方法(一)——证明平行与垂直

知识呈现

1.直线的方向向量和平面的法向量

直线的方向向量:在空间直线l上任取两点A,B,则称$\overrightarrow{AB}$为直线l的方向向量.

平面的法向量:如果直线l垂直于平面α,那么把直线l的方向向量叫作平面α的法向量.

2.用向量证明空间中的平行关系

(1)设直线l_1和l_2的方向向量分别为$\boldsymbol{v}_1$和$\boldsymbol{v}_2$,则$l_1 \parallel l_2$(或l_1与l_2重合)$\Leftrightarrow \boldsymbol{v}_1 \parallel \boldsymbol{v}_2$.

(2)设直线l的方向向量为$\boldsymbol{v}$,与平面α共面的两个不共线向量为$\boldsymbol{v}_1$和$\boldsymbol{v}_2$,则$l \parallel \alpha$或$l \not\subseteq \alpha \Leftrightarrow$存在两个实数$x$,$y$,使$\boldsymbol{v}=x\boldsymbol{v}_1+y\boldsymbol{v}_2$.

(3)设直线l的方向向量为$\boldsymbol{v}$,平面α的法向量为$\boldsymbol{u}$,则$l \parallel \alpha$或$l \not\subseteq \alpha \Leftrightarrow \boldsymbol{v} \perp \boldsymbol{u}$.

(4)设平面α和β的法向量分别为$\boldsymbol{u}_1$,$\boldsymbol{u}_2$,则$\alpha \parallel \beta \Leftrightarrow \boldsymbol{u}_1 \parallel \boldsymbol{u}_2$.

3.用向量证明空间中的垂直关系

(1)设直线l_1和l_2的方向向量分别为$\boldsymbol{v}_1$和$\boldsymbol{v}_2$,则$l_1 \perp l_2 \Leftrightarrow \boldsymbol{v}_1 \perp \boldsymbol{v}_2 \Leftrightarrow \boldsymbol{v}_1 \cdot \boldsymbol{v}_2=0$.

(2)设直线l的方向向量为$\boldsymbol{v}$,平面α的法向量为$\boldsymbol{u}$,则$l \perp \alpha \Leftrightarrow \boldsymbol{v} \parallel \boldsymbol{u}$.

(3)设平面α和β的法向量分别为$\boldsymbol{u}_1$和$\boldsymbol{u}_2$,则$\alpha \perp \beta \Leftrightarrow \boldsymbol{u}_1 \perp \boldsymbol{u}_2 \Leftrightarrow \boldsymbol{u}_1 \cdot \boldsymbol{u}_2=0$.

典例展示

例1　如图1,在四面体$A-BCD$中,$AD \perp$平面BCD,$BC \perp CD$,$AD=$

$2, BD=2\sqrt{2}$，M 是 AD 的中点，P 是 BM 的中点，点 Q 在线段 AC 上，且 $AQ=3QC$.

求证：$PQ\ /\!/$ 平面 BCD.

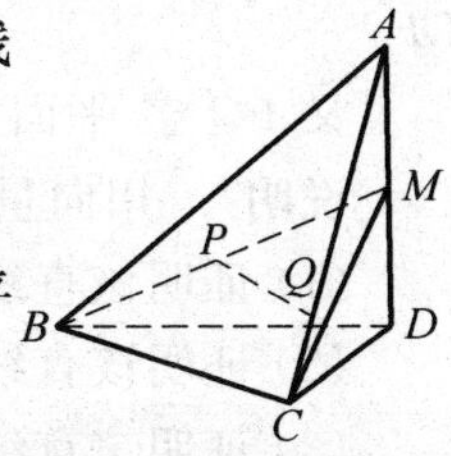

图 1

分析　证明线面平行，可以利用判定定理先证线线平行，也可利用平面的法向量.

讲解　证法一：如图 2，取 BD 的中点 O，以 O 为原点，OD，OP 所在射线为 y，z 轴的正半轴，建立空间直角坐标系 $O-xyz$. 由题意知，$A(0,\sqrt{2},2)$，$B(0,-\sqrt{2},0)$，$D(0,\sqrt{2},0)$.

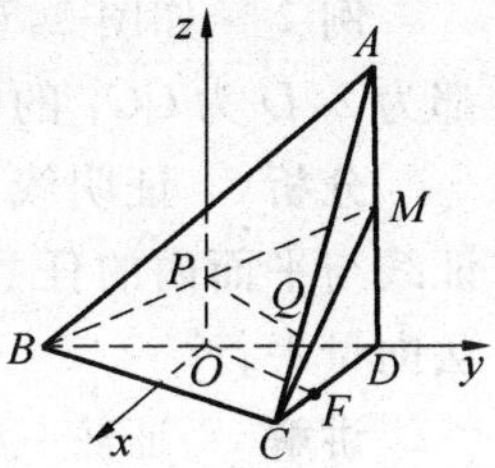

图 2

设点 C 的坐标为 $(x_0,y_0,0)$.

因为 $\overrightarrow{AQ}=3\overrightarrow{QC}$，所以 $Q\left(\frac{3}{4}x_0,\frac{\sqrt{2}}{4}+\frac{3}{4}y_0,\frac{1}{2}\right)$.

因为 M 为 AD 的中点，故 $M(0,\sqrt{2},1)$.

又 P 为 BM 的中点，故 $P\left(0,0,\frac{1}{2}\right)$，所以 $\overrightarrow{PQ}=\left(\frac{3}{4}x_0,\frac{\sqrt{2}}{4}+\frac{3}{4}y_0,0\right)$.

又平面 BCD 的一个法向量为 $\boldsymbol{a}=(0,0,1)$，故 $\overrightarrow{PQ}\cdot\boldsymbol{a}=0$.

又 $PQ\not\subset$ 平面 BCD，所以 $PQ\ /\!/$ 平面 BCD.

证法二：在线段 CD 上取点 F，使得 $DF=3FC$，联结 OF，同证法一建立空间直角坐标系，写出点 A,B,C 的坐标，设点 C 的坐标为 $(x_0,y_0,0)$.

因为 $\overrightarrow{CF}=\frac{1}{4}\overrightarrow{CD}$，设点 F 坐标为 $(x,y,0)$，则

$$(x-x_0,y-y_0,0)=\frac{1}{4}(-x_0,\sqrt{2}-y_0,0)$$

所以

$$\begin{cases}x=\frac{3}{4}x_0\\ y=\frac{\sqrt{2}}{4}+\frac{3}{4}y_0\end{cases}$$

所以

$$\overrightarrow{OF}=\left(\frac{3}{4}x_0,\frac{\sqrt{2}}{4}+\frac{3}{4}y_0,0\right)$$

又由证法一知 $\overrightarrow{PQ}=\left(\frac{3}{4}x_0,\frac{\sqrt{2}}{4}+\frac{3}{4}y_0,0\right)$，所以 $\overrightarrow{OF}=\overrightarrow{PQ}$，所以 $PQ\ /\!/$

OF.

又 $PQ \not\subseteq$ 平面 BCD，$OF \subseteq$ 平面 BCD，所以 $PQ \parallel$ 平面 BCD.

说明 用向量证明线面平行的方法有：

(1) 证明该直线的方向向量与平面的某一法向量垂直；

(2) 证明该直线的方向向量与平面内某直线的方向向量平行；

(3) 证明该直线的方向向量可以用平面内的两个不共线的向量线性表示.

例 2 如图 3，正三棱柱 $ABC-A_1B_1C_1$ 的所有棱长都为 2，D 为 CC_1 的中点. 求证：$AB_1 \perp$ 平面 A_1BD.

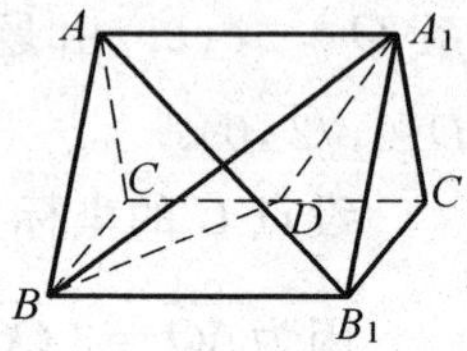

图 3

分析 证明线面垂直可以利用线面垂直的定义，即证线与平面内的任意一条直线垂直；也可以证线与面的法向量平行.

讲解 证法一：设平面 A_1BD 内的任意一条直线 m 的方向向量为 $\boldsymbol{m}$. 由共面向量定理，则存在实数 λ,μ，使 $\boldsymbol{m}=\lambda\overrightarrow{BA_1}+\mu\overrightarrow{BD}$.

令 $\overrightarrow{BB_1}=\boldsymbol{a}$，$\overrightarrow{BC}=\boldsymbol{b}$，$\overrightarrow{BA}=\boldsymbol{c}$，显然它们不共面，并且 $|\boldsymbol{a}|=|\boldsymbol{b}|=|\boldsymbol{c}|=2$，$\boldsymbol{a}\cdot\boldsymbol{b}=\boldsymbol{a}\cdot\boldsymbol{c}=0$，$\boldsymbol{b}\cdot\boldsymbol{c}=2$，以它们为空间的一组基底，则

$$\overrightarrow{BA_1}=\boldsymbol{a}+\boldsymbol{c},\ \overrightarrow{BD}=\frac{1}{2}\boldsymbol{a}+\boldsymbol{b},\ \overrightarrow{AB_1}=\boldsymbol{a}-\boldsymbol{c}$$

$$\boldsymbol{m}=\lambda\overrightarrow{BA_1}+\mu\overrightarrow{BD}=\left(\lambda+\frac{1}{2}\mu\right)\boldsymbol{a}+\mu\boldsymbol{b}+\lambda\boldsymbol{c}$$

$$\overrightarrow{AB_1}\cdot\boldsymbol{m}=(\boldsymbol{a}-\boldsymbol{c})\left[\left(\lambda+\frac{1}{2}\mu\right)\boldsymbol{a}+\mu\boldsymbol{b}+\lambda\boldsymbol{c}\right]=4\left(\lambda+\frac{1}{2}\mu\right)-2\mu-4\lambda=0$$

故 $\overrightarrow{AB_1}\perp\boldsymbol{m}$，结论得证.

证法二：如图 4，取 BC 的中点 O，联结 AO.

因为 $\triangle ABC$ 为正三角形，所以 $AO\perp BC$.

因为在正三棱柱 $ABC-A_1B_1C_1$ 中，平面 $ABC\perp$ 平面 BCC_1B_1，所以 $AO\perp$ 平面 BCC_1B_1.

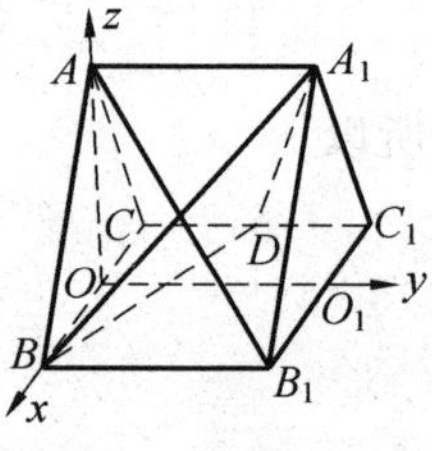

图 4

取 B_1C_1 的中点 O_1，以 O 为原点，以 $\overrightarrow{OB}$，$\overrightarrow{OO_1}$，$\overrightarrow{OA}$ 为 x 轴、y 轴、z 轴建立空间直角坐标系，则 $B(1,0,0)$，$D(-1,1,0)$，$A_1(0,2,\sqrt{3})$，$A(0,0,\sqrt{3})$，$B_1(1,2,0)$.

设平面 A_1BD 的法向量为 $\boldsymbol{n}=(x,y,z)$，$\overrightarrow{BA_1}=(-1,2,\sqrt{3})$，$\overrightarrow{BD}=(-2,1,0)$.

因为 $\boldsymbol{n}\perp\overrightarrow{BA_1}$，$\boldsymbol{n}\perp\overrightarrow{BD}$，所以

$$\begin{cases}\boldsymbol{n}\cdot\overrightarrow{BA_1}=0\\ \boldsymbol{n}\cdot\overrightarrow{BD}=0\end{cases}\Rightarrow\begin{cases}-x+2y+\sqrt{3}z=0\\ -2x+y=0\end{cases}$$

令 $x=1$,则 $y=2,z=-\sqrt{3}$,故 $\boldsymbol{n}=(1,2,-\sqrt{3})$ 为平面 A_1BD 的一个法向量,而$\overrightarrow{AB_1}=(1,2,-\sqrt{3})$,所以$\overrightarrow{AB_1}=\boldsymbol{n}$,所以$\overrightarrow{AB_1}\parallel\boldsymbol{n}$,故 $AB_1\perp$ 平面 A_1BD.

说明　用向量证明垂直的方法:

(1) 线线垂直:证明两直线所在的方向向量互相垂直,即证它们的数量积为零.

(2) 线面垂直:证明直线的方向向量与平面的法向量共线,或将线面垂直的判定定理用向量表示.

(3) 面面垂直:证明两个平面的法向量垂直,或将面面垂直的判定定理用向量表示.

例 3　如图 5,在长方体 $ABCD-A_1B_1C_1D_1$ 中,$AA_1=AD=1$,E 为 CD 的中点.

(1) 求证:$B_1E\perp AD_1$;

(2) 在棱 AA_1 上是否存在一点 P,使得 $DP\parallel$ 平面 B_1AE?若存在,求 AP 的长;若不存在,说明理由.

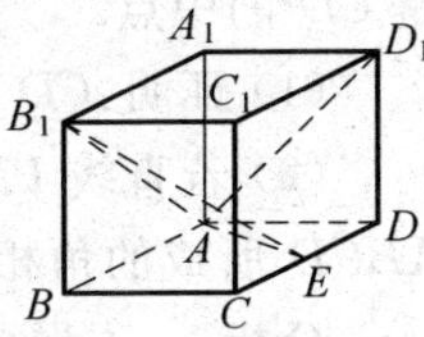

图 5

分析　利用向量法建立空间直角坐标系,将几何问题进行转化;对于存在性问题可通过计算下结论.

讲解　(1) 如图 6,以 A 为原点,$\overrightarrow{AB},\overrightarrow{AD},\overrightarrow{AA_1}$ 的方向分别为 x 轴、y 轴、z 轴的正方向建立空间直角坐标系.

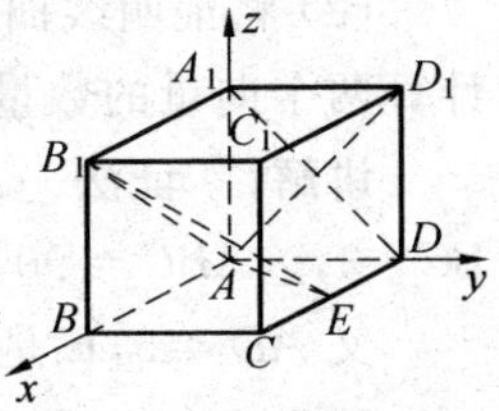

图 6

设 $AB=a$,则 $A(0,0,0),D(0,1,0),D_1(0,1,1)$,$E\left(\dfrac{a}{2},1,0\right),B_1(a,0,1)$,故 $\overrightarrow{AD_1}=(0,1,1)$,$\overrightarrow{B_1E}=\left(-\dfrac{a}{2},1,-1\right),\overrightarrow{AB_1}=(a,0,1),\overrightarrow{AE}=\left(\dfrac{a}{2},1,0\right)$.

因为$\overrightarrow{AD_1}\cdot\overrightarrow{B_1E}=-\dfrac{a}{2}\times0+1\times1+(-1)\times1=0$,所以 $B_1E\perp AD_1$.

(2) 假设在棱 AA_1 上存在一点 $P(0,0,z_0)$.

使得 $DP\parallel$ 平面 B_1AE,此时$\overrightarrow{DP}=(0,-1,z_0)$.

又设平面 B_1AE 的法向量 $\boldsymbol{n}=(x,y,z)$.

因为 $\boldsymbol{n}\perp$ 平面 B_1AE,所以 $\boldsymbol{n}\perp\overrightarrow{AB_1},\boldsymbol{n}\perp\overrightarrow{AE}$,得$\begin{cases}ax+z=0\\ \dfrac{ax}{2}+y=0\end{cases}$.

取 $x=1$,得平面 B_1AE 的一个法向量 $\boldsymbol{n}=\left(1,-\frac{a}{2},-a\right)$.

要使 $DP \not\subseteq$ 平面 B_1AE,只要 $\boldsymbol{n}\perp\overrightarrow{DP}$,有 $\frac{a}{2}-az_0=0$,解得 $z_0=\frac{1}{2}$.

又 $DP\not\subseteq$ 平面 B_1AE,所以存在点 P,满足 $DP \parallel$ 平面 B_1AE,此时 $AP=\frac{1}{2}$.

说明　对于“是否存在”型问题的探索方式有两种:一种是根据条件做出判断,再进一步论证.另一种是利用空间向量,先设出假设存在点的坐标,再根据条件求该点的坐标,即找到“存在点”,若该点坐标不能求出,或有矛盾,则判定“不存在”.

例 4　如图 7,在四棱锥 $P-ABCD$ 中,$PA\perp$ 平面 $ABCD$,$AB=4$,$BC=3$,$AD=5$,$\angle DAB=\angle ABC=90^\circ$,$E$ 是 CD 的中点.

(1) 证明:$CD\perp$ 平面 PAE;

(2) 若直线 PB 与平面 PAE 所成的角和 PB 与平面 $ABCD$ 所成的角相等,求四棱锥 $P-ABCD$ 的体积.

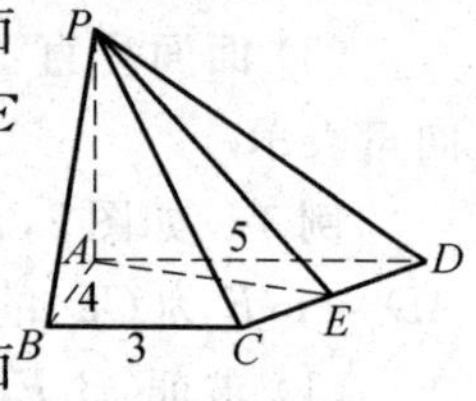

图 7

分析　本题中的(1) 有两种证明思路:

(1) 利用常规方法,将证明线面垂直转化为证明线线垂直,利用线面垂直的判定定理证之;

(2) 将证明线面垂直问题转化为向量间的关系问题,证明向量垂直,然后计算两个向量的数量积.

讲解　证法一:(1) 如图 8,联结 AC.由 $AB=4$,$BC=3$,$\angle ABC=90^\circ$ 得 $AC=5$.

又 $AD=5$,E 是 CD 的中点,所以 $CD\perp AE$.

因为 $PA\perp$ 平面 $ABCD$,$CD\subseteq$ 平面 $ABCD$,所以 $PA\perp CD$.

而 PA,AE 是平面 PAE 内的两条相交直线,所以 $CD\perp$ 平面 PAE.

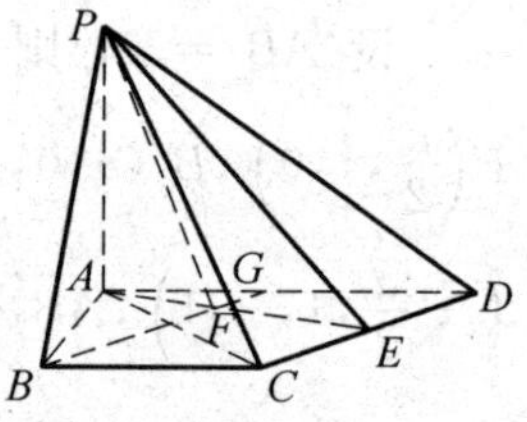

图 8

(2) 过点 B 作 $BG \parallel CD$,分别与 AE,AD 相交于点 F,G,联结 PF.

由(1)$CD\perp$ 平面 PAE 知 $BG\perp$ 平面 PAE.

于是 $\angle BPF$ 为直线 PB 与平面 PAE 所成的角,且 $BG\perp AE$.

由 $PA\perp$ 平面 $ABCD$ 知,$\angle PBA$ 为直线 PB 与平面 $ABCD$ 所成的角.

由题意得 $\angle PBA=\angle BPF$,因为 $\sin\angle PBA=\frac{PA}{PB}$,$\sin\angle BPF=\frac{BF}{PB}$,所

以 $PA = BF$.

由 $\angle DAB = \angle ABC = 90^\circ$ 知,$AD \parallel BC$.

又 $BG \parallel CD$,所以四边形 $BCDG$ 是平行四边形.

故 $GD = BC = 3$,于是 $AG = 2$.

在 $\mathrm{Rt}\triangle BAG$ 中,$AB = 4$,$AG = 2$,$BG \perp AF$,所以

$$BG = \sqrt{AB^2 + AG^2} = 2\sqrt{5},BF = \frac{AB^2}{BG} = \frac{16}{2\sqrt{5}} = \frac{8\sqrt{5}}{5}$$

于是 $PA = BF = \frac{8\sqrt{5}}{5}$.

又梯形 $ABCD$ 的面积为 $S = \frac{1}{2} \times (5+3) \times 4 = 16$,所以四棱锥 $P-ABCD$ 的体积为

$$V = \frac{1}{3} \times S \times PA = \frac{1}{3} \times 16 \times \frac{8\sqrt{5}}{5} = \frac{128\sqrt{5}}{15}$$

证法二:如图 9,以 A 为坐标原点,AB,AD,AP 所在直线分别为 x 轴、y 轴、z 轴建立空间直角坐标系.

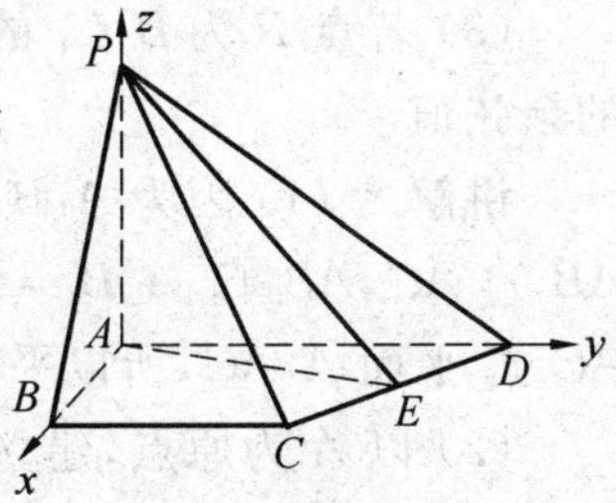

图 9

设 $PA = h$,则 $A(0,0,0)$,$B(4,0,0)$,$C(4,3,0)$,$D(0,5,0)$,$E(2,4,0)$,$P(0,0,h)$.

(1) 易知 $\overrightarrow{CD} = (-4,2,0)$,$\overrightarrow{AE} = (2,4,0)$,$\overrightarrow{AP} = (0,0,h)$.

因为 $\overrightarrow{CD} \cdot \overrightarrow{AE} = -8 + 8 + 0 = 0$,$\overrightarrow{CD} \cdot \overrightarrow{AP} = 0$,

所以 $CD \perp AE$,$CD \perp AP$.

而 AP,AE 是平面 PAE 内的两条相交直线,所以 $CD \perp$ 平面 PAE.

(2) 由题设和(1) 知,$\overrightarrow{CD}$,$\overrightarrow{PA}$ 分别是平面 PAE,平面 $ABCD$ 的法向量.而 PB 与平面 PAE 所成的角和 PB 与平面 $ABCD$ 所成的角相等,所以

$$|\cos\langle \overrightarrow{CD}, \overrightarrow{PB} \rangle| = |\cos\langle \overrightarrow{PA}, \overrightarrow{PB} \rangle|$$

即

$$\left| \frac{\overrightarrow{CD} \cdot \overrightarrow{PB}}{|\overrightarrow{CD}| \cdot |\overrightarrow{PB}|} \right| = \left| \frac{\overrightarrow{PA} \cdot \overrightarrow{PB}}{|\overrightarrow{PA}| \cdot |\overrightarrow{PB}|} \right|$$

由(1) 知,$\overrightarrow{CD} = (-4,2,0)$,$\overrightarrow{PA} = (0,0,-h)$,又 $\overrightarrow{PB} = (4,0,-h)$,故

$$\left| \frac{-16 + 0 + 0}{2\sqrt{5} \cdot \sqrt{16 + h^2}} \right| = \left| \frac{0 + 0 + h^2}{h \cdot \sqrt{16 + h^2}} \right|$$

解得 $h = \frac{8\sqrt{5}}{5}$.

又梯形 $ABCD$ 的面积为 $S=\frac{1}{2}\times(5+3)\times4=16$,所以四棱锥 $P-ABCD$ 的体积为

$$V=\frac{1}{3}\times S\times PA=\frac{1}{3}\times16\times\frac{8\sqrt{5}}{5}=\frac{128\sqrt{5}}{15}$$

说明 (1) 利用向量法证明立体几何问题,可以建立坐标系或利用基底表示向量;

(2) 建立空间直角坐标系时要根据题中条件找出三条互相垂直的直线;

(3) 对于和平面有关的垂直问题,也可利用平面的法向量.

例 5 如图 10,在三棱柱 $ABC-A_1B_1C_1$ 中,$AB\perp AC$,顶点 A_1 在底面 ABC 上的射影恰为点 B,且 $AB=AC=A_1B=2$.

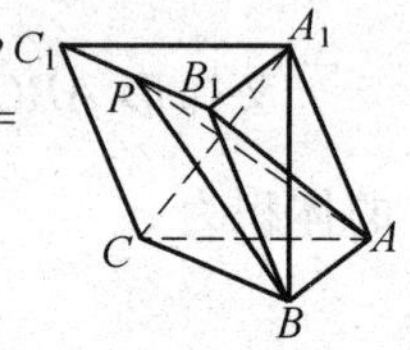

图 10

(1) 证明:平面 $A_1AC\perp$ 平面 AB_1B;

(2) 求棱 AA_1 与 BC 所成角的大小;

(3) 若点 P 为 B_1C_1 的中点,请求出二面角 $P-AB-A_1$ 的余弦值.

讲解 (1) 因为 $A_1B\perp$ 平面 ABC,所以 $A_1B\perp AC$,又 $AB\perp AC$,$AB\cap A_1B=B$,所以 $AC\perp$ 平面 AB_1B,因为 $AC\subseteq$ 平面 A_1AC,所以平面 $A_1AC\perp$ 平面 AB_1B.

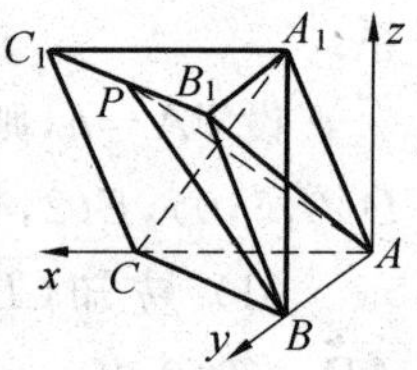

图 11

(2) 以 A 为原点,建立如图 11 所示的空间直角坐标系,则 $C(2,0,0)$,$B(0,2,0)$,$A_1(0,2,2)$,$B_1(0,4,2)$,$C_1(2,2,2)$,$\overrightarrow{AA_1}=(0,2,2)$,$\overrightarrow{BC}=(2,-2,0)$,$\cos\langle\overrightarrow{AA_1},\overrightarrow{BC}\rangle=\frac{\overrightarrow{AA_1}\cdot\overrightarrow{BC}}{|\overrightarrow{AA_1}|\cdot|\overrightarrow{BC}|}=\frac{-4}{\sqrt{8}\times\sqrt{8}}=-\frac{1}{2}$,故棱 AA_1 与 BC 所成的角是 $\frac{\pi}{3}$.

(3) 因为 P 为棱 B_1C_1 的中点,所以易求得 $P(1,3,2)$.

设平面 PAB 的一个法向量为 $\boldsymbol{n}_1=(x,y,z)$,则 $\begin{cases}\boldsymbol{n}_1\cdot\overrightarrow{AP}=0\\ \boldsymbol{n}_1\cdot\overrightarrow{AB}=0\end{cases}$,由 $\begin{cases}\overrightarrow{AP}=(1,3,2)\\ \overrightarrow{AB}=(0,2,0)\end{cases}$,得 $\begin{cases}x+3y+2z=0\\ 2y=0\end{cases}$.

令 $z=1$,则 $\boldsymbol{n}_1=(-2,0,1)$,而平面 ABA_1 的一个法向量为 $\boldsymbol{n}_2=(1,0,0)$,所以

$$\cos\langle \boldsymbol{n}_1, \boldsymbol{n}_2\rangle = \frac{\boldsymbol{n}_1 \cdot \boldsymbol{n}_2}{|\boldsymbol{n}_1||\boldsymbol{n}_2|} = -\frac{2}{\sqrt{5}} = -\frac{2\sqrt{5}}{5}$$

由题可知二面角 $P-AB-A_1$ 为锐角,故二面角 $P-AB-A_1$ 的余弦值是$\frac{2\sqrt{5}}{5}$.

例 6　如图 12,几何体 $ABCD-A_1B_1C_1D_1$ 是棱长为 1 的正方体,在四棱锥 $P-A_1B_1C_1D_1$ 中,$P\in$ 平面 DCC_1D_1,$PC_1=PD_1=\frac{\sqrt{5}}{2}$.

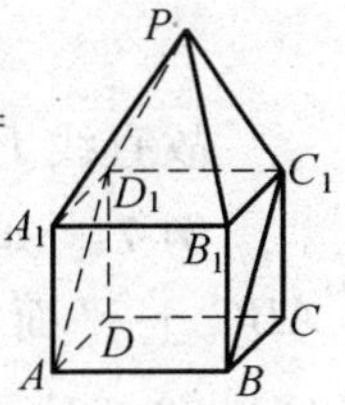

图 12

(1) 求证:平面 PA_1B_1 // 平面 ABC_1D_1;

(2) 求直线 PA_1 与平面 ADD_1A_1 所成角的正切值.

讲解　(1) 如图 13,取 D_1C_1 的中点 H,联结 PH,AH.

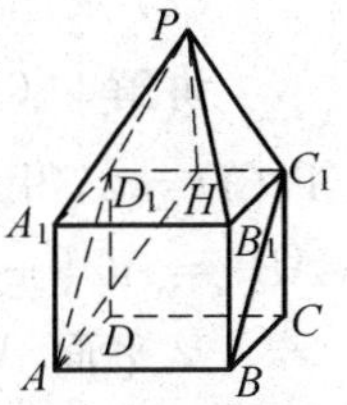

图 13

因为 $PC_1=PD_1=\frac{\sqrt{5}}{2}$,$D_1C_1=1$,$P\in$ 平面 DCC_1D_1,所以 $PH\perp D_1C_1$,$D_1H=\frac{1}{2}$,所以 $PH=\sqrt{PD_1^2-D_1H^2}=1$,所以 PH // D_1D // A_1A,$PH=A_1A$,所以四边形 PA_1AH 为平行四边形,所以 PA_1 // AH.

又 $AH\subseteq$ 平面 ABC_1D_1,$PA_1\not\subseteq$ 平面 ABC_1D_1,所以 PA_1 // 平面 ABC_1D_1.

因为在正方体 $ABCD-A_1B_1C_1D_1$ 中,A_1B_1 // AB,且 $A_1B_1\not\subseteq$ 平面 ABC_1D_1,$AB\subseteq$ 平面 ABC_1D_1,所以 A_1B_1 // 平面 ABC_1D_1.

因为 $PA_1\subseteq$ 平面 PA_1B_1,$A_1B_1\subseteq$ 平面 PA_1B_1,$PA_1\cap A_1B_1=A_1$,所以平面 PA_1B_1 // 平面 ABC_1D_1.

(2) 解法一:因为 PA_1 // AH,所以直线 PA_1 与平面 ADD_1A_1 所成的角等于直线 AH 与平面 ADD_1A_1 所成的角.

在正方体 $ABCD-A_1B_1C_1D_1$ 中,显然 $HD_1\perp$ 平面 ADD_1A_1,所以 $\angle HAD_1$ 即为直线 AH 与平面 ADD_1A_1 所成的角.

在 $\text{Rt}\triangle HAD_1$ 中,$D_1H=\frac{1}{2}$,$AD_1=\sqrt{2}$,所以 $\tan\angle HAD_1=\frac{D_1H}{AD_1}=\frac{\sqrt{2}}{4}$,所以直线 PA_1 与平面 ADD_1A_1 所成角的正切值为$\frac{\sqrt{2}}{4}$.

解法二:如图 14,以 D 为原点,分别以 DA,DC,DD_1 所在的直线为 x 轴、y 轴、z 轴建立空间直角坐标系,则 $A_1(1,0,1)$,$P\left(0,\frac{1}{2},2\right)$,$D(0,0,0)$,所以

$\overrightarrow{PA_1}=\left(1,-\frac{1}{2},-1\right)$.

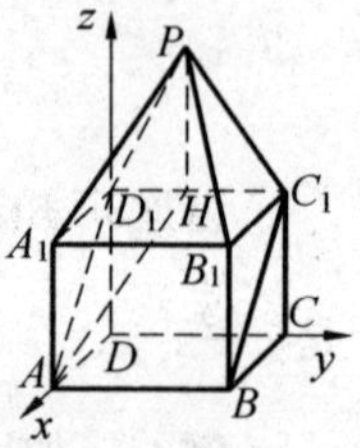

图 14

易知 $\boldsymbol{n}=(0,1,0)$ 是平面 ADD_1A_1 的一个法向量.

设直线 PA_1 与平面 ADD_1A_1 所成的角为 θ,则

$$\sin\theta=\frac{|\overrightarrow{PA_1}\cdot\boldsymbol{n}|}{|\overrightarrow{PA_1}||\boldsymbol{n}|}=\frac{1}{3},\tan\theta=\frac{\sqrt{2}}{4}$$

故直线 PA_1 与平面 ADD_1A_1 所成角的正切值为 $\frac{\sqrt{2}}{4}$

例 7 如图 15,在四棱锥 $A-BCDE$ 中,平面 $ABC\perp$ 平面 $BCDE$,$\angle CDE=\angle BED=90°$,$AB=CD=2$,$DE=BE=1$,$AC=\sqrt{2}$.

(1) 证明:$DE\perp$ 平面 ACD;

(2) 求二面角 $B-AD-E$ 的大小.

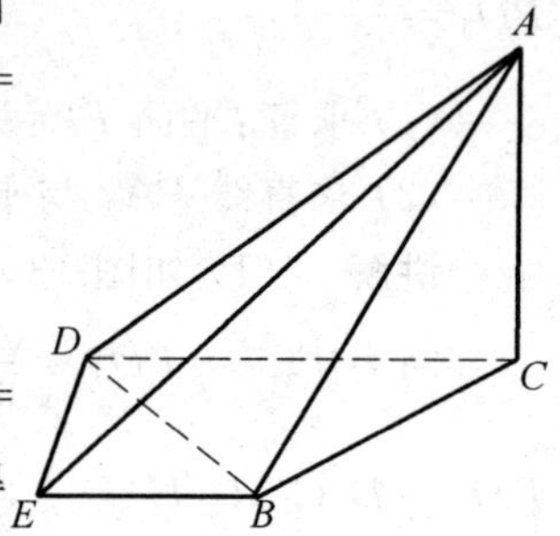

图 15

讲解 (1) 在直角梯形 $BCDE$ 中,由 $DE=BE=1$,$CD=2$,得 $BD=BC=\sqrt{2}$,由 $AC=\sqrt{2}$,$AB=2$,得 $AB^2=AC^2+BC^2$,即 $AC\perp BC$.

又平面 $ABC\perp$ 平面 $BCDE$,从而 $AC\perp$ 平面 $BCDE$,所以 $AC\perp DE$.又 $DE\perp DC$,从而 $DE\perp$ 平面 ACD.

(2) 解法一:如图 16,过 B 作 $BF\perp AD$,与 AD 交于点 F,过点 F 作 $FG\parallel DE$,与 AE 交于点 G,联结 BG.由(1)知 $DE\perp AD$,则 $FG\perp AD$,所以 $\angle BFG$ 是二面角 $B-AD-E$ 的平面角.

在直角梯形 $BCDE$ 中,由 $CD^2=BC^2+BD^2$,得 $BD\perp BC$.

又平面 $ABC\perp$ 平面 $BCDE$,得 $BD\perp$ 平面 ABC,从而 $BD\perp AB$.由 $AC\perp$ 平面 $BCDE$,得 $AC\perp CD$.

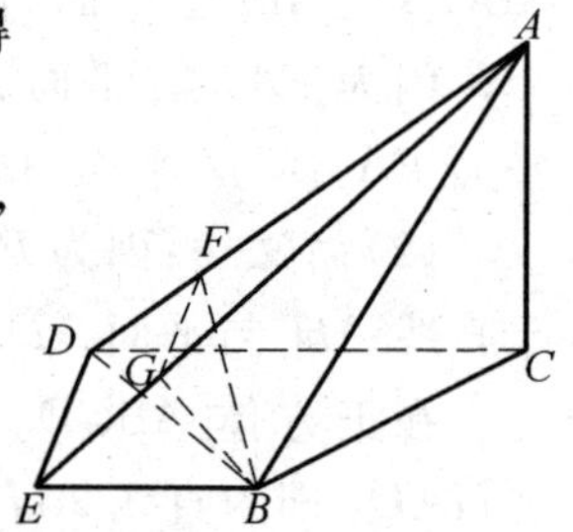

图 16

在 $\mathrm{Rt}\triangle ACD$ 中,由 $DC=2$,$AC=\sqrt{2}$,得 $AD=\sqrt{6}$.

在 $\mathrm{Rt}\triangle AED$ 中,由 $ED=1$,$AD=\sqrt{6}$,得 $AE=\sqrt{7}$.

在 $\mathrm{Rt}\triangle ABD$ 中,由 $BD=\sqrt{2}$,$AB=2$,$AD=\sqrt{6}$,得

$BF=\frac{2\sqrt{3}}{3}$,$AF=\frac{2}{3}AD$,从而 $GF=\frac{2}{3}ED=\frac{2}{3}$.

在 $\triangle ABE$,$\triangle ABG$ 中,利用余弦定理分别可得 $\cos\angle BAE=\frac{5\sqrt{7}}{14}$,$BG=\frac{2}{3}$.

在 $\triangle BFG$ 中，$\cos\angle BFG=\dfrac{GF^2+BF^2-BG^2}{2BF\cdot GF}=\dfrac{\sqrt{3}}{2}$.

所以，$\angle BFG=\dfrac{\pi}{6}$，即二面角 $B-AD-E$ 的大小是$\dfrac{\pi}{6}$.

解法二：以 D 为原点，分别以射线 DE，DC 为 x 轴、y 轴的正半轴，建立空间直角坐标系 $D-xyz$，如图 17 所示.

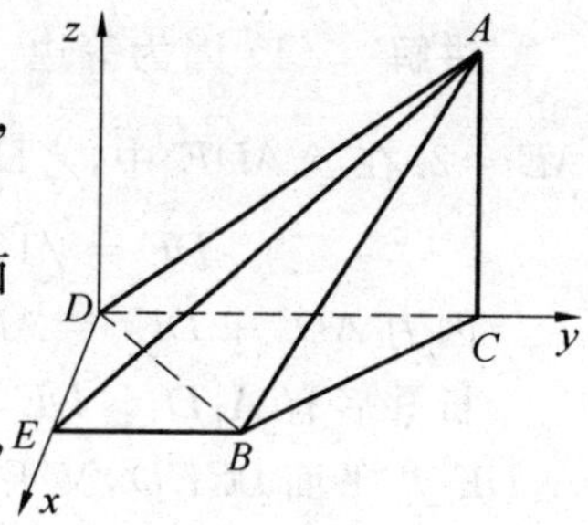

图 17

由题意知各点坐标如下：

$D(0,0,0)$，$E(1,0,0)$，$C(0,2,0)$，$A(0,2,\sqrt{2})$，$B(1,1,0)$.

设平面 ADE 的法向量为 $\boldsymbol{m}=(x_1,y_1,z_1)$，平面 ABD 的法向量为 $\boldsymbol{n}=(x_2,y_2,z_2)$.

可算得 $\overrightarrow{AD}=(0,-2,-\sqrt{2})$，$\overrightarrow{AE}=(1,-2,-\sqrt{2})$，$\overrightarrow{DB}=(1,1,0)$.

由 $\begin{cases}\boldsymbol{m}\cdot\overrightarrow{AD}=0\\ \boldsymbol{m}\cdot\overrightarrow{AE}=0\end{cases}$，即 $\begin{cases}-2y_1-\sqrt{2}z_1=0\\ x_1-2y_1-\sqrt{2}z_1=0\end{cases}$.

可取 $\boldsymbol{m}=(0,1,-\sqrt{2})$.

由 $\begin{cases}\boldsymbol{n}\cdot\overrightarrow{AD}=0\\ \boldsymbol{n}\cdot\overrightarrow{DB}=0\end{cases}$，即 $\begin{cases}-2y_2-\sqrt{2}z_2=0\\ x_2+y_2=0\end{cases}$.

可取 $\boldsymbol{n}=(1,-1,\sqrt{2})$.

于是 $|\cos\langle\boldsymbol{m},\boldsymbol{n}\rangle|=\dfrac{|\boldsymbol{m}\cdot\boldsymbol{n}|}{|\boldsymbol{m}|\cdot|\boldsymbol{n}|}=\dfrac{3}{\sqrt{3}\times 2}=\dfrac{\sqrt{3}}{2}$.

由题意可知，所求二面角是锐角，故二面角 $B-AD-E$ 的大小是$\dfrac{\pi}{6}$.

例 8　如图 18(a) 所示，等边 $\triangle ABC$ 的边长为 3，点 D，E 分别是边 AB，AC 上的点，且满足$\dfrac{AD}{DB}=\dfrac{CE}{EA}=\dfrac{1}{2}$. 现将 $\triangle ADE$ 沿 DE 折起到 $\triangle A_1DE$ 的位置，使二面角 A_1-DE-B 为直二面角，联结 A_1B，A_1C(如图 18(b) 所示).

(1) 求证：$A_1D\perp$ 平面 $BCED$；

(2) 在线段 BC 上是否存在点 P，使直线 PA_1 与平面 A_1BD 所成的角为 $60°$？若存在，求出 PB 的长；若不存在，请说明理由.

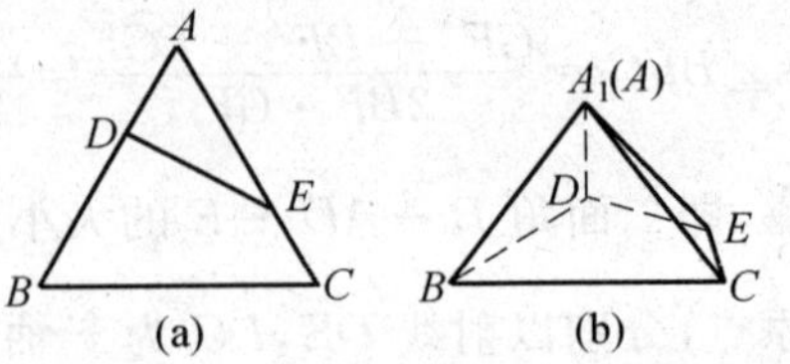

图 18

讲解 (1) 因为等边 $\triangle ABC$ 的边长为 3,且$\dfrac{AD}{DB}=\dfrac{CE}{EA}=\dfrac{1}{2}$,所以$AD=1$,$AE=2$. 在 $\triangle ADE$ 中,$\angle DAE=60^\circ$,由余弦定理得

$$DE=\sqrt{1^2+2^2-2\times1\times2\times\cos60^\circ}=\sqrt{3}$$

因为 $AD^2+DE^2=AE^2$,所以 $AD\perp DE$.

折叠后有 $A_1D\perp DE$,因为二面角 A_1-DE-B 是直二面角,所以平面 $A_1DE\perp$ 平面 $BCED$,又平面 $A_1DE\cap$ 平面 $BCED=DE$,$A_1D\subseteq$ 平面 A_1DE,$A_1D\perp DE$,所以 $A_1D\perp$ 平面 $BCED$.

(2) 解法一:假设在线段 BC 上存在点 P,使直线 PA_1 与平面 A_1BD 所成的角为 60°.

如图 19,作 $PH\perp BD$ 于点 H,联结 A_1H,A_1P.

由(1)有 $A_1D\perp$ 平面 $BCED$,而 $PH\subseteq$ 平面 $PCED$,所以 $A_1D\perp PH$,又 $A_1D\cap BD=D$,所以 $PH\perp$ 平面 A_1BD,所以 $\angle PA_1H$ 是直线 PA_1 与平面 A_1BD 所成的角.

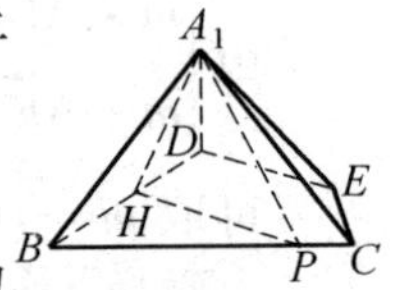

图 19

设 $PB=x(0\leqslant x\leqslant3)$,则 $BH=\dfrac{x}{2}$,$PH=\dfrac{\sqrt{3}}{2}x$,在 $\text{Rt}\triangle PA_1H$ 中,$\angle PA_1H=60^\circ$,所以 $A_1H=\dfrac{1}{2}x$,在 $\text{Rt}\triangle A_1DH$ 中,$A_1D=1$,$DH=2-\dfrac{1}{2}x$,由 $A_1D^2+DH^2=A_1H^2$,得 $1^2+\left(2-\dfrac{1}{2}x\right)^2=\left(\dfrac{1}{2}x\right)^2$,解得 $x=\dfrac{5}{2}$,满足 $0\leqslant x\leqslant3$,符合题意.

所以在线段 BC 上存在点 P,使直线 PA_1 与平面 A_1BD 所成的角为 60°,此时 $PB=\dfrac{5}{2}$.

解法二:假设在线段 BC 上存在点 P,使直线 PA_1 与平面 A_1BD 所成的角为 60°.

作 $PH\perp BD$ 于点 H,联结 A_1P,A_1H.

由(1) 的证明,可知 $ED\perp DB$,$A_1D\perp$ 平面 $BCED$,以 D 为坐标原点,以射线 DB,DE,DA_1 分别为 x 轴、y 轴、z 轴的正半轴,建立空间直角坐标系 $D-$

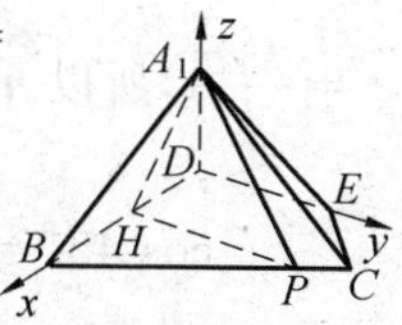

图 20

xyz，如图 20 所示，设 $PB=2a(0\leqslant 2a\leqslant 3)$，则 $BH=a$，$PH=\sqrt{3}a$，$DH=2-a$，所以 $A_1(0,0,1)$，$P(2-a,\sqrt{3}a,0)$，$E(0,\sqrt{3},0)$，所以 $\overrightarrow{PA_1}=(a-2,-\sqrt{3}a,1)$.

因为 $ED\perp$ 平面 A_1BD，所以平面 A_1BD 的一个法向量为 $\overrightarrow{DE}=(0,\sqrt{3},0)$，因为直线 PA_1 与平面 A_1BD 所成的角为 60°，所以 $\sin 60^\circ=\dfrac{|\overrightarrow{PA_1}\cdot\overrightarrow{DE}|}{|\overrightarrow{PA_1}||\overrightarrow{DE}|}$，即 $\dfrac{3a}{\sqrt{4a^2-4a+5}\times\sqrt{3}}=\dfrac{\sqrt{3}}{2}$，解得 $a=\dfrac{5}{4}$，

即 $PB=2a=\dfrac{5}{2}$，满足 $0\leqslant 2a\leqslant 3$，符合题意.

所以在线段 BC 上存在点 P，使直线 PA_1 与平面 A_1BD 所成的角为 60°，此时 $PB=\dfrac{5}{2}$.

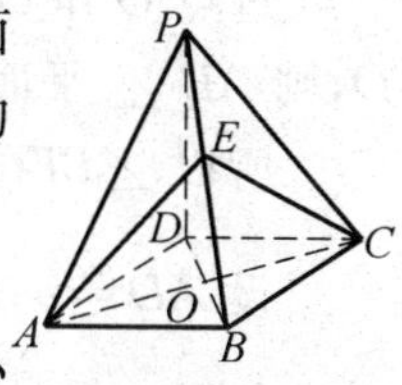

图 21

例 9　如图 21，在四棱锥 $P-ABCD$ 中，$PD\perp$ 平面 $ABCD$，底面 $ABCD$ 是菱形，$\angle BAD=60^\circ$，O 为 AC 与 BD 的交点，E 为 PB 上任意一点.

(1) 证明：平面 $EAC\perp$ 平面 PBD；

(2) 若 $PD\parallel$ 平面 EAC，并且二面角 $B-AE-C$ 的大小为 45°，求 $PD:AD$ 的值.

讲解　(1) 因为 $PD\perp$ 平面 $ABCD$，所以 $PD\perp AC$.

又四边形 $ABCD$ 是菱形，所以 $BD\perp AC$. 又 $PD\cap BD=D$，所以 $AC\perp$ 平面 PBD.

又因为 $AC\subseteq$ 平面 EAC，所以平面 $EAC\perp$ 平面 PBD.

(2) 解法一：如图 22，联结 OE. 因为 $PD\parallel$ 平面 EAC，所以 $PD\parallel OE$，所以 $OE\perp$ 平面 $ABCD$.

又 O 是 BD 的中点，故此时 E 为 PB 的中点.

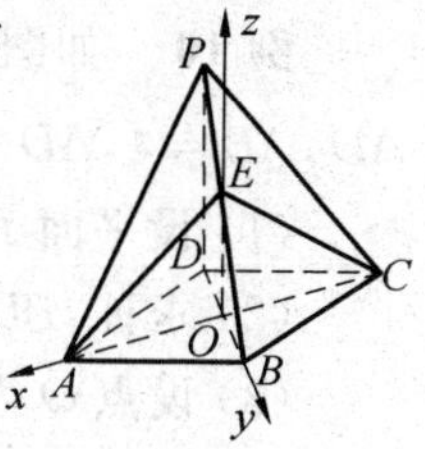

图 22

以点 O 为坐标原点，以 OA，OB，OE 所在的直线分别为 x 轴、y 轴、z 轴建立空间直角坐标系，如图 22 所示.

设 $OB=m$，$OE=h$，则 $OA=\sqrt{3}m$，$PD=2h$，$AD=2m$，$A(\sqrt{3}m,0,0)$，$B(0,m,0)$，$E(0,0,h)$，所以 $\overrightarrow{AB}=(-\sqrt{3}m,m,0)$，$\overrightarrow{BE}=(0,-m,h)$.

易知向量 $\boldsymbol{n}_1=(0,1,0)$ 为平面 AEC 的法向量.

设平面 ABE 的法向量为 $\boldsymbol{n}_2=(x,y,z)$，则 $\boldsymbol{n}_2\cdot\overrightarrow{AB}=0$，且 $\boldsymbol{n}_2\cdot\overrightarrow{BE}=0$，即 $-\sqrt{3}mx+my=0$，且 $-my+hz=0$，取 $x=1$，则 $y=\sqrt{3}$，

$z=\frac{\sqrt{3}m}{h}$,所以 $\boldsymbol{n}_2=\left(1,\sqrt{3},\frac{\sqrt{3}m}{h}\right)$,所以

$$\cos 45^\circ=|\cos\langle\boldsymbol{n}_1,\boldsymbol{n}_2\rangle|=\frac{|\boldsymbol{n}_1\cdot\boldsymbol{n}_2|}{|\boldsymbol{n}_1||\boldsymbol{n}_2|}=\frac{\sqrt{3}}{\sqrt{1+3+3\cdot\frac{m^2}{h^2}}}=\frac{\sqrt{2}}{2}$$

解得 $\frac{h}{m}=\frac{\sqrt{6}}{2}$,故 $PD:AD=2h:2m=h:m=\sqrt{6}:2$.

解法二:如图 23,联结 OE. 因为 PD // 平面 EAC,所以 PD // OE,所以 $OE\perp$ 平面 $ABCD$,所以 $OE\perp BO$.

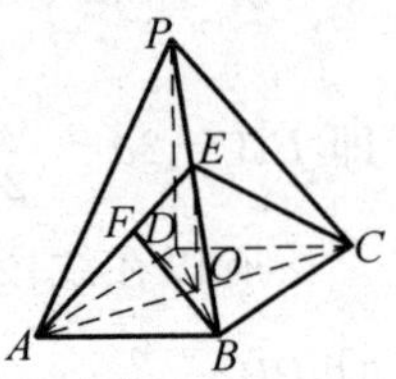

图 23

又 O 是 BD 的中点,故此时 E 为 PB 的中点. 因为四边形 $ABCD$ 为菱形,所以 $BO\perp AC$.

又 $AC\cap OE=O$,所以 $BO\perp$ 平面 EAC,所以 $BO\perp AE$.

过点 O 作 $OF\perp AE$ 于点 F,联结 BF. 由于 $OF\cap BO=O$,则 $AE\perp$ 平面 BOF,则 $AE\perp BF$.

所以 $\angle BFO$ 为二面角 $B-AE-C$ 的平面角,即 $\angle BFO=45^\circ$.

设 $AD=a$,则 $BD=a$,$OB=\frac{1}{2}a$,$OA=\frac{\sqrt{3}}{2}a$.

在 $\text{Rt}\triangle BOF$ 中,$\tan\angle OFB=\frac{OB}{OF}=\frac{\frac{1}{2}a}{OF}=1$,所以 $OF=\frac{1}{2}a$.

在 $\text{Rt}\triangle AOE$ 中,得 $OA\cdot OE=OF\cdot AE$,即

$$\frac{\sqrt{3}}{2}a\cdot OE=\frac{1}{2}a\cdot\sqrt{\left(\frac{\sqrt{3}}{2}a\right)^2+OE^2}$$

解得 $OE=\frac{\sqrt{6}}{4}a$,所以 $PD=\frac{\sqrt{6}}{2}a$.

故 $PD:AD=\sqrt{6}:2$.

例 10 如图 24,在四棱锥 $P-ABCD$ 中,AB // CD,$AB\perp AD$,$AB=4$,$AD=2\sqrt{2}$,$CD=2$,$PA\perp$ 平面 $ABCD$,$PA=4$.

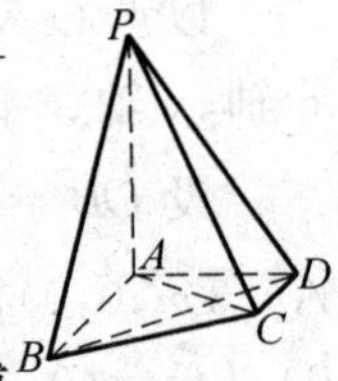

图 24

(1) 设平面 $PAB\cap$ 平面 $PCD=l$,求证:CD // l;

(2) 求证:$BD\perp$ 平面 PAC;

(3) 设点 Q 为线段 PB 上一点,且直线 QC 与平面 PAC 所成角的正弦值为 $\frac{\sqrt{2}}{3}$,求 $\frac{PQ}{PB}$ 的值.

讲解 (1) 因为 CD // AB,$CD\not\subset$ 平面 PAB,$AB\subseteq$ 平面 PAB,所以

CD // 平面 PAB.

又平面 $PAB \cap$ 平面 $PCD = l$,$CD \subseteq$ 平面 PCD,所以 CD // l.

(2) 以点 A 为坐标原点,分别以 AB,AD,AP 所在直线为 x 轴、y 轴、z 轴建立空间直角坐标系.

则 $B(4,0,0)$,$D(0,2\sqrt{2},0)$,$P(0,0,4)$,$A(0,0,0)$,$C(2,2\sqrt{2},0)$,所以 $\overrightarrow{BD}=(-4,2\sqrt{2},0)$,$\overrightarrow{AC}=(2,2\sqrt{2},0)$,$\overrightarrow{AP}=(0,0,4)$,所以 $\overrightarrow{BD}\cdot\overrightarrow{AC}=0$,即 $BD \perp AC$,$\overrightarrow{BD}\cdot\overrightarrow{AP}=0$,即 $BD \perp AP$.

又 $AC,AP \subseteq$ 平面 PAC,$AP \cap AC = A$,所以 $BD \perp$ 平面 PAC.

(3) 由(2) 得,$\overrightarrow{BD}$ 是平面 PAC 的一个法向量.

设 $Q(x,0,4-x)(0 \leqslant x \leqslant 4)$,则 $\overrightarrow{QC}=(2-x,2\sqrt{2},x-4)$,所以

$$\frac{|\overrightarrow{QC}\cdot\overrightarrow{BD}|}{|\overrightarrow{QC}|\cdot|\overrightarrow{BD}|}=\frac{4x}{2\sqrt{6}\cdot\sqrt{2x^2-12x+28}}=\frac{\sqrt{2}}{3}$$

所以 $x=2$,所以 Q 为 PB 的中点,即 $\frac{PQ}{PB}=\frac{1}{2}$.

课外训练

1. 已知 $\boldsymbol{a}=(2,-1,3)$,$\boldsymbol{b}=(-1,4,-2)$,$\boldsymbol{c}=(7,5,\lambda)$,若 $\boldsymbol{a},\boldsymbol{b},\boldsymbol{c}$ 三向量共面,求实数 λ 的值.

2. 如图 25,在长方体 $ABCD-A_1B_1C_1D_1$ 中,$AB=2$,$AA_1=\sqrt{3}$,$AD=2\sqrt{2}$,P 为 C_1D_1 的中点,M 为 BC 的中点.求 AM 与 PM 所成的角.

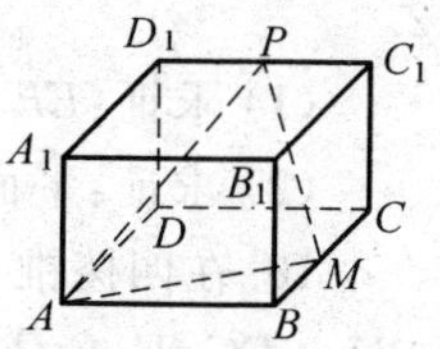

图 25

3. 在直三棱柱 $A_1B_1C_1-ABC$ 中,$\angle BCA=90°$,点 D_1,F_1 分别是 A_1B_1,A_1C_1 的中点,$BC=CA=CC_1$,求 BD_1 与 AF_1 所成角的余弦值.

4. 如图 26,在正方体 $ABCD-A_1B_1C_1D_1$ 中,棱长为 a,M,N 分别为 A_1B 和 AC 上的点,$A_1M=AN=\frac{\sqrt{2}a}{3}$,判断 MN 与平面 BB_1C_1C 的位置关系.

5. 在正三棱柱 $ABC-A_1B_1C_1$ 中,已知 $AB=1$,D 在棱 BB_1 上,且 $BD=1$,求 AD 与平面 AA_1C_1C 所成的角的正弦值.

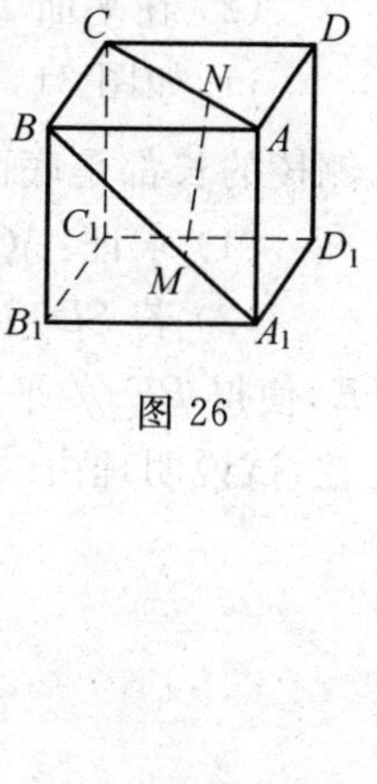

图 26

6. 如图 27,在正方体 $ABCD-A_1B_1C_1D_1$ 中,P 为正方形 $A_1B_1C_1D_1$ 四边上的动点,O 为底面正方形 $ABCD$ 的中心,M,N 分别为 AB,BC 的中点,点 Q 为平面 $ABCD$ 内一点,线段 D_1Q 与 OP 互相平分,判断满足 $\overrightarrow{MQ}=\lambda\overrightarrow{MN}$ 的实数 λ 的个数.

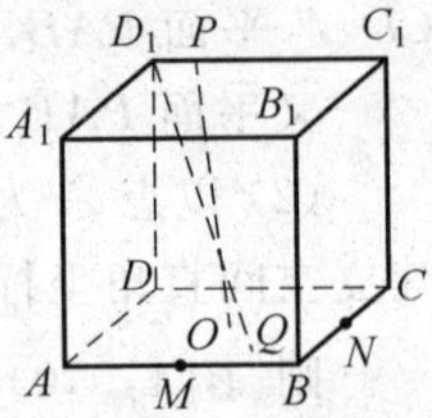

图 27

7. 如图 28,已知直三棱柱 $ABC-A_1B_1C_1$ 中,$\triangle ABC$ 为等腰直角三角形,$\angle BAC=90°$,且 $AB=AA_1$,D,E,F 分别为 B_1A,C_1C,BC 的中点. 则 DE ________ 平面 ABC;B_1F ________ 平面 AEF.

8. 如图 29,四边形 $ABCD$ 为正方形,$PD\perp$ 平面 $ABCD$,$PD\parallel QA$,$QA=AB=\frac{1}{2}PD$. 证明:平面 $PQC\perp$ 平面 DCQ.

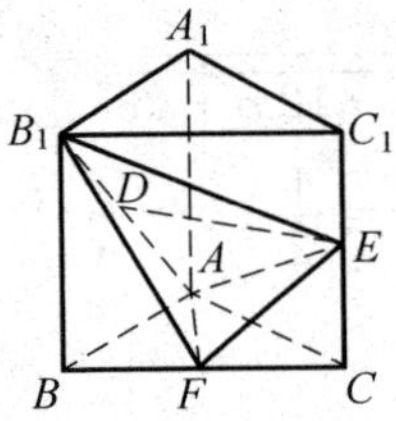

图 28

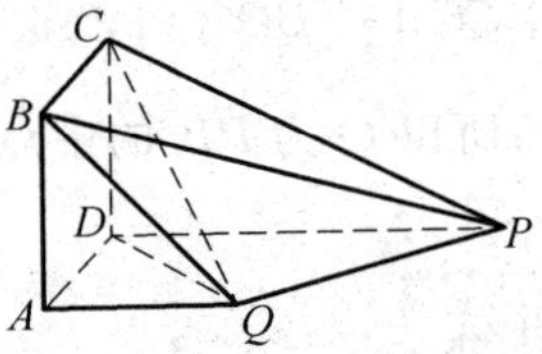

图 29

9. 如图 30,在底面是矩形的四棱锥 $P-ABCD$ 中,$PA\perp$ 底面 $ABCD$,E,F 分别是 PC,PD 的中点,$PA=AB=1,BC=2$.

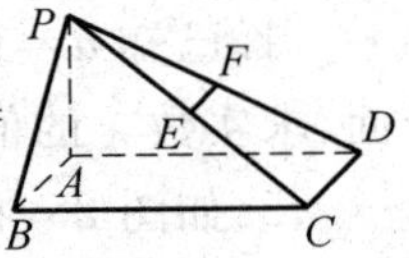

图 30

(1) 求证:$EF\parallel$ 平面 PAB;

(2) 求证:平面 $PAD\perp$ 平面 PDC.

10. 在四棱锥 $P-ABCD$ 中,$PD\perp$ 底面 $ABCD$,底面 $ABCD$ 为正方形,$PD=DC$,E,F 分别是 AB,PB 的中点.

(1) 求证:$EF\perp CD$;

(2) 在平面 PAD 内求一点 G,使 $GF\perp$ 平面 PCB,并证明你的结论.

11. 如图 31,四棱锥 $S-ABCD$ 的底面是正方形,每条侧棱的长都是底面边长的 $\sqrt{2}$ 倍,P 为侧棱 SD 上的点.

(1) 求证:$AC\perp SD$;

(2) 若 $SD\perp$ 平面 PAC,则侧棱 SC 上是否存在一点 E,使得 $BE\parallel$ 平面 PAC. 若存在,求 $SE:EC$ 的值;若不存在,试说明理由.

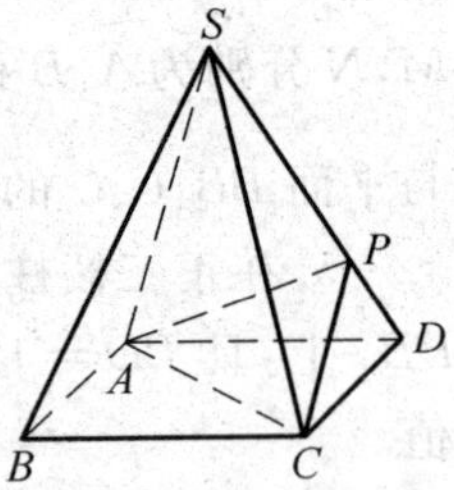

图 31

第 27 讲　立体几何中的向量方法(二)—— 求空间角和距离

知识呈现

1. 空间向量与空间角的关系

(1) 已知异面直线 l_1, l_2 的方向向量分别为 $\boldsymbol{s}_1$, $\boldsymbol{s}_2$，当 $0 \leqslant \langle \boldsymbol{s}_1, \boldsymbol{s}_2 \rangle \leqslant \frac{\pi}{2}$ 时，直线 l_1 与 l_2 的夹角等于 $\langle \boldsymbol{s}_1, \boldsymbol{s}_2 \rangle$；

当 $\frac{\pi}{2} < \langle \boldsymbol{s}_1, \boldsymbol{s}_2 \rangle \leqslant \pi$ 时，直线 l_1 与 l_2 的夹角等于 $\pi - \langle \boldsymbol{s}_1, \boldsymbol{s}_2 \rangle$.

(2) 已知平面 π_1 和 π_2 的法向量分别为 $\boldsymbol{n}_1$ 和 $\boldsymbol{n}_2$，当 $0 \leqslant \langle \boldsymbol{n}_1, \boldsymbol{n}_2 \rangle \leqslant \frac{\pi}{2}$ 时，平面 π_1 与 π_2 的夹角等于 $\langle \boldsymbol{n}_1, \boldsymbol{n}_2 \rangle$；

当 $\frac{\pi}{2} < \langle \boldsymbol{n}_1, \boldsymbol{n}_2 \rangle \leqslant \pi$ 时，平面 π_1 与 π_2 的夹角等于 $\pi - \langle \boldsymbol{n}_1, \boldsymbol{n}_2 \rangle$.

(3) 已知直线 l 的方向向量为 $\boldsymbol{s}$，平面 π 的法向量为 $\boldsymbol{n}$，则直线 l 与平面 π 的夹角 θ 满足：$\sin\theta = |\cos\langle \boldsymbol{s}, \boldsymbol{n} \rangle|$.

2. 距离公式

点到直线的距离公式：$d = \sqrt{|\overrightarrow{PA}|^2 - |\overrightarrow{PA} \cdot \boldsymbol{s}_0|^2}$.

点到平面的距离公式：$d = |\overrightarrow{PA} \cdot \boldsymbol{n}_0|$.

典例展示

例 1　长方体 $ABCD-A_1B_1C_1D_1$ 中，$AB = AA_1 = 2$，$AD = 1$，E 为 CC_1 的中点，求异面直线 BC_1 与 AE 所成角的余弦值.

分析　本题可以通过建立空间直角坐标系，利用向量 $\overrightarrow{BC_1}$，$\overrightarrow{AE}$ 所成的角来求.

讲解 建立空间直角坐标系如图 1 所示,则 $A(1,0,0)$,$E(0,2,1)$,$B(1,2,0)$,$C_1(0,2,2)$.

$$\overrightarrow{BC_1}=(-1,0,2),\overrightarrow{AE}=(-1,2,1)$$

$$\cos\langle\overrightarrow{BC_1},\overrightarrow{AE}\rangle=\frac{\overrightarrow{BC_1}\cdot\overrightarrow{AE}}{|\overrightarrow{BC_1}|\cdot|\overrightarrow{AE}|}=\frac{\sqrt{30}}{10}$$

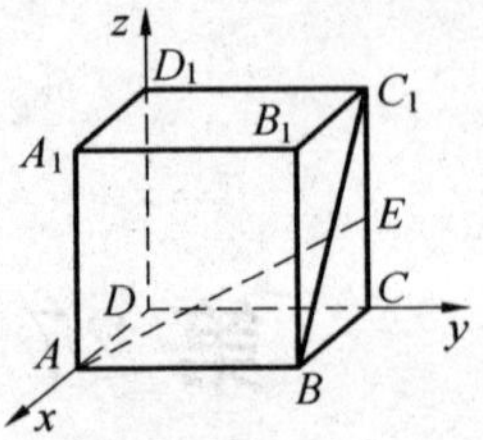

图 1

所以异面直线 BC_1 与 AE 所成角的余弦值为$\frac{\sqrt{30}}{10}$.

说明 用向量方法求两条异面直线所成的角,是通过两条直线的方向向量的夹角来求解,而两条异面直线所成角的范围是 $\theta\in\left(0,\frac{1}{\pi}\right]$,两向量的夹角 α 的范围是$[0,\pi]$,所以要注意二者的区别与联系,应有 $\cos\theta=|\cos\alpha|$.

例 2 如图 2,已知四棱锥 $P-ABCD$ 的底面为等腰梯形,$AB\parallel CD$,$AC\perp BD$,垂足为 H,PH 是四棱锥的高,E 为 AD 的中点.

(1) 证明:$PE\perp BC$;

(2) 若 $\angle APB=\angle ADB=60°$,求直线 PA 与平面 PEH 所成角的正弦值.

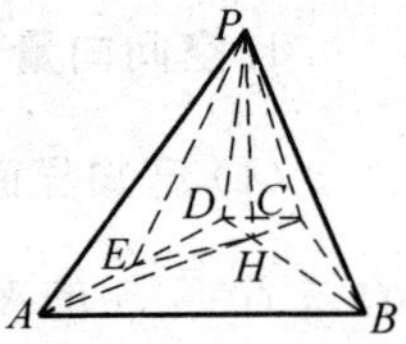

图 2

分析 平面的法向量是利用向量方法解决位置关系或夹角的关键,本题可通过建立坐标系,利用待定系数法求出平面 PEH 的法向量.

讲解 (1) 以 H 为原点,HA,HB,HP 所在直线分别为 x 轴、y 轴、z 轴,线段 HA 的长为单位长度,建立空间直角坐标系,如图 3 所示,则 $A(1,0,0)$,$B(0,1,0)$.

设 $C(m,0,0)$,$P(0,0,n)(m<0,n>0)$,则 $D(0,m,0)$,$E\left(\frac{1}{2},\frac{m}{2},0\right)$.

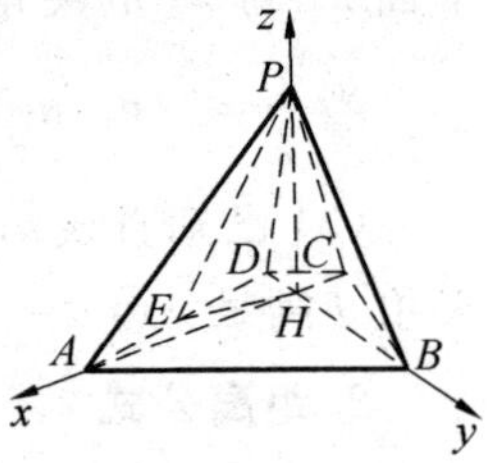

图 3

可得$\overrightarrow{PE}=\left(\frac{1}{2},\frac{m}{2},-n\right)$,$\overrightarrow{BC}=(m,-1,0)$.

因为$\overrightarrow{PE}\cdot\overrightarrow{BC}=\frac{m}{2}-\frac{m}{2}+0=0$,所以 $PE\perp BC$.

(2) 由已知条件可得 $m=-\frac{\sqrt{3}}{3}$,$n=1$,故 $C\left(-\frac{\sqrt{3}}{3},0,0\right)$,$D\left(0,-\frac{\sqrt{3}}{3},0\right)$,$E\left(\frac{1}{2},-\frac{\sqrt{6}}{6},0\right)$,$P(0,0,1)$.

设 $\boldsymbol{n}=(x,y,z)$ 为平面 PEH 的法向量,则$\begin{cases}\boldsymbol{n}\cdot\overrightarrow{HE}=0\\\boldsymbol{n}\cdot\overrightarrow{HP}=0\end{cases}$,即

$$\begin{cases}\dfrac{1}{2}x-\dfrac{\sqrt{3}}{6}y=0\\ z=0\end{cases}$$

因此可以取 $\boldsymbol{n}=(1,\sqrt{3},0)$. 又 $\overrightarrow{PA}=(1,0,-1)$，所以 $|\cos\langle\overrightarrow{PA},\boldsymbol{n}\rangle|=\dfrac{\sqrt{2}}{4}$.

所以直线 PA 与平面 PEH 所成角的正弦值为 $\dfrac{\sqrt{2}}{4}$.

说明　利用向量法求线面角的方法：

(1) 分别求出斜线和它在平面内的射影直线的方向向量，转化为求两个方向向量的夹角(或其补角)；

(2) 通过平面的法向量来求，即求出斜线的方向向量与平面的法向量所夹的锐角，取其余角就是斜线和平面所成的角.

例 3　如图 4，直三棱柱 $ABC-A_1B_1C_1$ 中，D,E 分别是 AB,BB_1 的中点，$AA_1=AC=CB=\dfrac{\sqrt{2}}{2}AB$.

(1) 证明：$BC_1\parallel$ 平面 A_1CD；

(2) 求平面 A_1CD 与平面 A_1CE 夹角的正弦值.

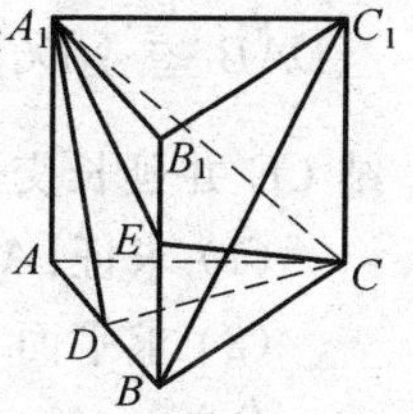

图 4

分析　根据题意知 $\angle ACB=90^\circ$，故 CA,CB,CC_1 两两垂直，可以点 C 为原点建立空间直角坐标系，利用向量求两个平面的夹角.

讲解　(1) 如图 5，联结 AC_1 交 A_1C 于点 F，则 F 为 AC_1 的中点.

又 D 是 AB 的中点，联结 DF，则 $BC_1\parallel DF$.

因为 $DF\not\subseteq$ 平面 A_1CD，$BC_1\not\subseteq$ 平面 A_1CD，所以 $BC_1\parallel$ 平面 A_1CD.

(2) 由 $AC=CB=\dfrac{\sqrt{2}}{2}AB$ 得，$AC\perp BC$.

以 C 为坐标原点，$\overrightarrow{CA}$ 的方向为 x 轴正方向，$\overrightarrow{CB}$ 的方向为 y 轴正方向，$\overrightarrow{CC_1}$ 的方向为 z 轴正方向，建立如图 5 所示的空间直角坐标系 $C-xyz$.

设 $CA=2$，则 $D(1,1,0)$，$E(0,2,1)$，$A_1(2,0,2)$，$\overrightarrow{CD}=(1,1,0)$，$\overrightarrow{CE}=(0,2,1)$，$\overrightarrow{CA_1}=(2,0,2)$.

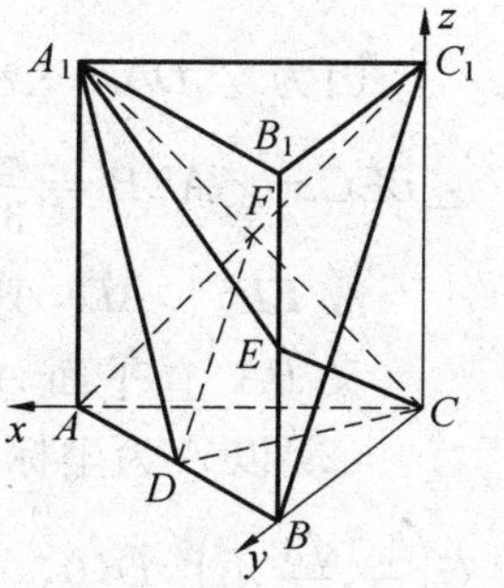

图 5

设 $\boldsymbol{n}=(x_1,y_1,z_1)$ 是平面 A_1CD 的法向量，则

$\begin{cases}\boldsymbol{n}\cdot\overrightarrow{CD}=0\\ \boldsymbol{n}\cdot\overrightarrow{CA_1}=0\end{cases}$，即 $\begin{cases}x_1+y_1=0\\ 2x_1+2z_1=0\end{cases}$. 可取 $\boldsymbol{n}=(1,-1,-1)$.

同理,设$\boldsymbol{m}$是平面A_1CE的法向量,则$\begin{cases}\boldsymbol{m}\cdot\overrightarrow{CE}=0\\\boldsymbol{m}\cdot\overrightarrow{CA_1}=0\end{cases}$,可取$\boldsymbol{m}=(2,1,-2)$.

从而$\cos\langle\boldsymbol{n},\boldsymbol{m}\rangle=\dfrac{\boldsymbol{n}\cdot\boldsymbol{m}}{|\boldsymbol{n}||\boldsymbol{m}|}=\dfrac{\sqrt{3}}{3}$,故$\sin\langle\boldsymbol{n},\boldsymbol{m}\rangle=\dfrac{\sqrt{6}}{3}$.

所以平面A_1CD与平面A_1CE夹角的正弦值为$\dfrac{\sqrt{6}}{3}$.

说明 求平面间的夹角最常用的方法就是分别求出两个平面的法向量,然后通过两个平面的法向量的夹角得到所求角的大小,但要注意平面间的夹角的范围为$\left[0,\dfrac{\pi}{2}\right]$.

例4 如图6,四棱锥$P-ABCD$中,$PA\perp$平面$ABCD$,E为BD的中点,G为PD的中点,$\triangle DAB\cong\triangle DCB$,$EA=EB=AB=1$,$PA=\dfrac{3}{2}$,联结$CE$并延长交$AD$于$F$.

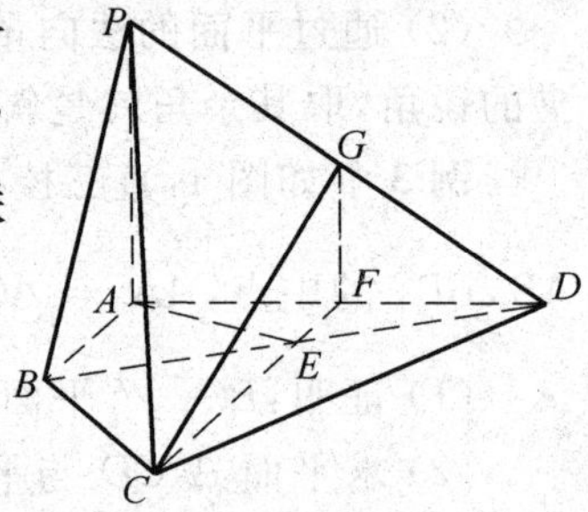

图6

(1) 求证:$AD\perp$平面CFG;

(2) 求平面BCP与平面DCP夹角的余弦值.

分析 (1) 可利用判定定理证明线面垂直;

(2) 如图7,利用AD,AP,AB两两垂直建立空间直角坐标系,求两个平面的法向量,利用向量夹角求两个平面BCP,DCP夹角的余弦值.

讲解 (1) 在$\triangle ABD$中,因为E为BD的中点,所以$EA=EB=ED=AB=1$,故$\angle BAD=\dfrac{\pi}{2}$,$\angle ABE=\angle AEB=\dfrac{\pi}{3}$.

因为$\triangle DAB\cong\triangle DCB$,所以$\triangle EAB\cong\triangle ECB$,从而有$\angle FED=\angle BEC=\angle AEB=\dfrac{\pi}{3}$,所以$\angle FED=\angle FEA$.

故$EF\perp AD$,$AF=FD$,又因为$PG=GD$,所以$FG\parallel PA$.

又$PA\perp$平面$ABCD$,所以$GF\perp AD$,故$AD\perp$平面CFG.

(2) 以A为坐标原点建立如图7所示的坐标系,则$A(0,0,0)$,$B(1,0,0)$,$C\left(\dfrac{3}{2},\dfrac{\sqrt{3}}{2},0\right)$,$D(0,\sqrt{3},0)$,$P\left(0,0,\dfrac{3}{2}\right)$,故$\overrightarrow{BC}=\left(\dfrac{1}{2},\dfrac{\sqrt{3}}{2},0\right)$,$\overrightarrow{CP}=\left(-\dfrac{3}{2},-\dfrac{\sqrt{3}}{2},\dfrac{3}{2}\right)$,$\overrightarrow{CD}=\left(-\dfrac{3}{2},\dfrac{\sqrt{3}}{2},0\right)$.

设平面BCP的法向量为$\boldsymbol{n}_1=(x_1,y_1,z_1)$,则

$$\begin{cases} \boldsymbol{n}_1 \cdot \overrightarrow{CP}=0 \\ \boldsymbol{n}_1 \cdot \overrightarrow{BC}=0 \end{cases}$$

即

$$\begin{cases} -\dfrac{3}{2}x_1-\dfrac{\sqrt{3}}{2}y_1+\dfrac{3}{2}z_1=0 \\ \dfrac{1}{2}x_1+\dfrac{\sqrt{3}}{2}y_1=0 \end{cases}$$

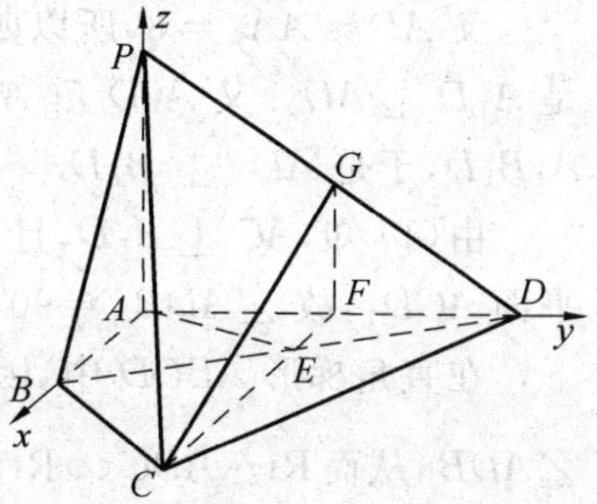

图 7

令 $y_1=-\sqrt{3}$，则 $x_1=3, z_1=2, \boldsymbol{n}_1=(3,-\sqrt{3},2)$.

同理求得面 DCP 的法向量为 $\boldsymbol{n}_2=(1,\sqrt{3},2)$，从而平面 BCP 与平面 DCP 夹角 θ 的余弦值为

$$\cos\theta=|\cos\langle\boldsymbol{n}_1,\boldsymbol{n}_2\rangle|=\frac{|\boldsymbol{n}_1\cdot\boldsymbol{n}_2|}{|\boldsymbol{n}_1||\boldsymbol{n}_2|}=\frac{4}{4\times2\sqrt{2}}=\frac{\sqrt{2}}{4}$$

说明　(1) 利用向量求角是高考的热点，几乎每年必考，主要是突出向量的工具性作用.

(2) 本题易错点是在建立坐标系时不能明确指出坐标原点和坐标轴，导致建系不规范.

(3) 将向量的夹角转化成空间角时，要注意根据角的概念和图形特征进行转化，否则易错.

例 5　如图 8，在直棱柱 $ABCD-A_1B_1C_1D_1$ 中，$AD\parallel BC$，$\angle BAD=90^\circ$，$AC\perp BD$，$BC=1$，$AD=AA_1=3$.

(1) 证明：$AC\perp B_1D$；

(2) 求直线 B_1C_1 与平面 ACD_1 所成角的正弦值.

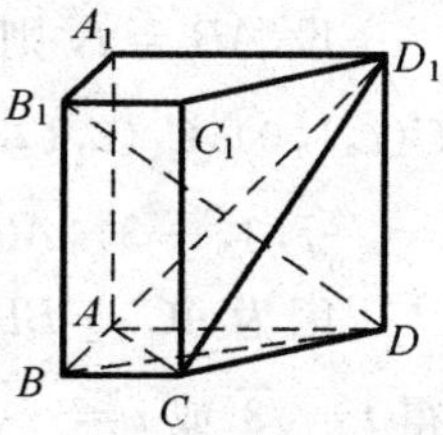

图 8

讲解　证法一：(1) 因为 $BB_1\perp$ 平面 $ABCD$，$AC\subseteq$ 平面 $ABCD$，所以 $AC\perp BB_1$.

又 $AC\perp BD$，且 $BB_1\cap BD=B$，所以 $AC\perp$ 平面 BB_1D.

因为 $B_1D\subseteq$ 平面 BB_1D，所以 $AC\perp B_1D$.

(2) 因为 $B_1C_1\parallel AD$，所以直线 B_1C_1 与平面 ACD_1 所成的角等于直线 AD 与平面 ACD_1 所成的角(记为 θ).

如图 9，联结 A_1D.

因为棱柱 $ABCD-A_1B_1C_1D_1$ 是直棱柱，且 $\angle B_1A_1D_1=\angle BAD=90^\circ$，所以 $A_1B_1\perp$ 平面 ADD_1A_1，所以 $A_1B_1\perp AD_1$.

又 $AD=AA_1=3$,所以四边形 ADD_1A_1 是正方形,于是 $A_1D\perp AD_1$. 又 $A_1D\cap A_1B_1=A_1$,所以 $AD_1\perp$ 平面 A_1B_1D,于是 $AD_1\perp B_1D$.

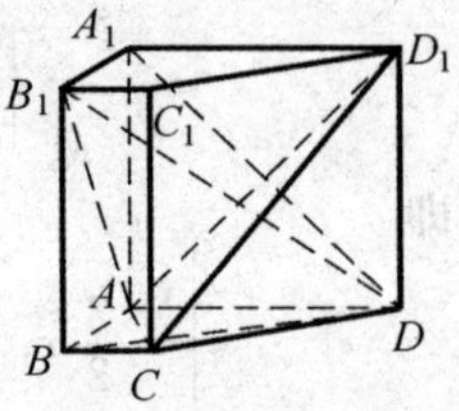

图 9

由(1)知,$AC\perp B_1D$,且 $AD_1\cap AC=A$,所以 $B_1D\perp$ 平面 ACD_1,故 $\angle ADB_1=90^\circ-\theta$.

在直角梯形 $ABCD$ 中,因为 $AC\perp BD$,所以 $\angle BAC=\angle ADB$,从而 $\mathrm{Rt}\triangle ABC\backsim\mathrm{Rt}\triangle DAB$,故 $\dfrac{AB}{DA}=\dfrac{BC}{AB}$,即 $AB=\sqrt{DA\cdot BC}=\sqrt{3}$.

联结 AB_1,易知 $\triangle BB_1D$ 是直角三角形,且

$$B_1D^2=BB_1^2+BD^2=BB_1^2+AB^2+AD^2=21$$

即 $B_1D=\sqrt{21}$,所以在 $\mathrm{Rt}\triangle AB_1D$ 中,$\cos\angle ADB_1=\dfrac{AD}{B_1D}=\dfrac{3}{\sqrt{21}}=\dfrac{\sqrt{21}}{7}$,即 $\cos(90^\circ-\theta)=\dfrac{\sqrt{21}}{7}$,从而可得 $\sin\theta=\dfrac{\sqrt{21}}{7}$,即直线 B_1C_1 与平面 ACD_1 所成角的正弦值为$\dfrac{\sqrt{21}}{7}$.

解法二:(1) 易知 AB,AD,AA_1 两两垂直. 如图 10 所示,以 A 为坐标原点,AB,AD,AA_1 所在直线分别为 x 轴、y 轴、z 轴建立空间直角坐标系.

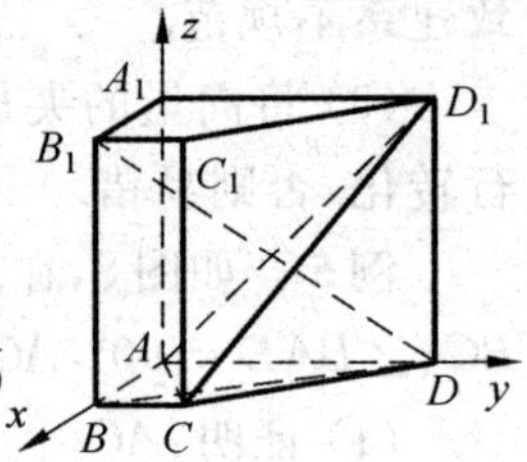

图 10

设 $AB=t$,则有 $A(0,0,0),B(t,0,0),B_1(t,0,3),C(t,1,0),C_1(t,1,3),D(0,3,0),D_1(0,3,3)$,从而 $\overrightarrow{B_1D}=(-t,3,-3),\overrightarrow{AC}=(t,1,0),\overrightarrow{BD}=(-t,3,0)$.

因为 $AC\perp BD$,所以$\overrightarrow{AC}\cdot\overrightarrow{BD}=-t^2+3+0=0$,解得 $t=\sqrt{3}$ 或 $t=-\sqrt{3}$(舍去).

于是$\overrightarrow{B_1D}=(-\sqrt{3},3,-3),\overrightarrow{AC}=(\sqrt{3},1,0)$.

因为$\overrightarrow{AC}\cdot\overrightarrow{B_1D}=-3+3+0=0$,所以$\overrightarrow{AC}\perp\overrightarrow{B_1D}$,即 $AC\perp B_1D$.

(2) 由(1)知,$\overrightarrow{AD_1}=(0,3,3),\overrightarrow{AC}=(\sqrt{3},1,0),\overrightarrow{B_1C_1}=(0,1,0)$.

设 $\boldsymbol{n}=(x,y,z)$ 是平面 ACD_1 的一个法向量,则

$\begin{cases}\boldsymbol{n}\cdot\overrightarrow{AC}=0\\ \boldsymbol{n}\cdot\overrightarrow{AD_1}=0\end{cases}$,即$\begin{cases}\sqrt{3}x+y=0\\ 3y+3z=0\end{cases}$,令 $x=1$,则 $\boldsymbol{n}=(1,-\sqrt{3},\sqrt{3})$.

设直线 B_1C_1 与平面 ACD_1 所成的角为 θ,则

$$\sin\theta=|\cos\langle \boldsymbol{n},\overrightarrow{B_1C_1}\rangle|=\frac{|\boldsymbol{n}\cdot\overrightarrow{B_1C_1}|}{|\boldsymbol{n}|\cdot|\overrightarrow{B_1C_1}|}=\frac{\sqrt{3}}{\sqrt{7}}=\frac{\sqrt{21}}{7}$$

即直线 B_1C_1 与平面 ACD_1 所成角的正弦值为$\frac{\sqrt{21}}{7}$.

例 6　在四边形 $ABCD$ 中,$BC\parallel AD$,$BC\perp CD$,$AD=4$,$BC=CD=2$,E,P 分别为 AD,CD 的中点(如图 11(a) 所示),将 $\triangle ABE$ 沿 BE 折起,使二面角 $A-BE-C$ 为直二面角,如图 11(b) 所示,在线段 AE 上,是否存在一点 M,使得 $PM\parallel$ 平面 ABC?若存在,请指出点 M 的位置,并证明你的结论;若不存在,请说明理由.

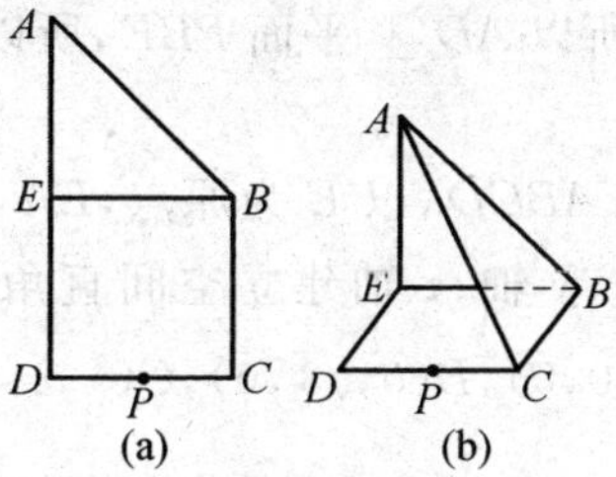

图 11

讲解　解法一:存在点 M,当 M 为线段 AE 的中点时,$PM\parallel$ 平面 ABC.

如图 12,取 EB 的中点 N,联结 PN,MN,则 $MN\parallel AB$,所以 $MN\parallel$ 平面 ABC. 同理 $PN\parallel$ 平面 ABC.

因为 $PN\cap MN=N$,所以平面 $PMN\parallel$ 平面 ABC.

因为 PM 在平面 PMN 内,所以 $PM\parallel$ 平面 ABC.

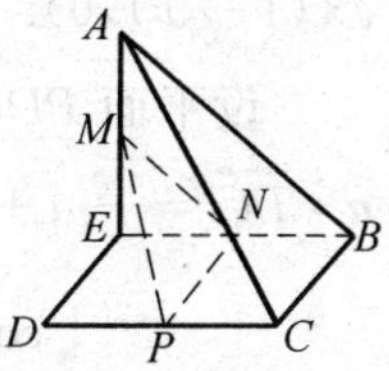

图 12

解法二:存在点 M,当 M 为线段 AE 的中点时,$PM\parallel$ 平面 ABC.

建立如图 13 所示的空间直角坐标系,则 $E(0,0,0)$,$A(0,0,2)$,$M(0,0,1)$,$P(2,1,0)$,$B(0,2,0)$,$C(2,2,0)$.

取 AB 的中点 F,则 $F(0,1,1)$,所以$\overrightarrow{PM}=(-2,-1,1)$,$\overrightarrow{BC}=(2,0,0)$,$\overrightarrow{AB}=(0,2,-2)$,$\overrightarrow{EF}=(0,1,1)$.

可知$\overrightarrow{EF}\cdot\overrightarrow{BC}=0$,$\overrightarrow{EF}\cdot\overrightarrow{AB}=0$,所以$\overrightarrow{EF}\perp$ 平面 ABC,又$\overrightarrow{EF}\cdot\overrightarrow{PM}=0$,所以 $PM\parallel$ 平面 ABC.

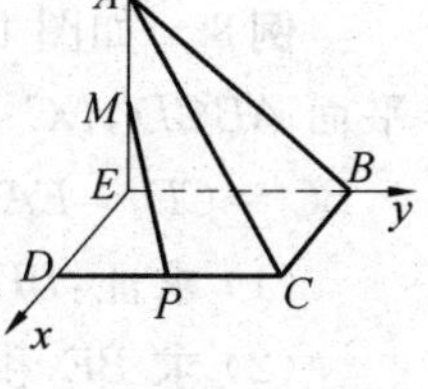

图 13

例 7　如图 14,在四棱锥 $P-ABCD$ 中,四边形 $ABCD$ 为菱形,$\angle DAB=60^\circ$,$AB=2$,$\triangle PAD$ 为等边三角形,平面 $PAD\perp$ 平面 $ABCD$.

(1) 求证:$AD\perp PB$;

(2) 在棱 AB 上是否存在点 F，使 DF 与平面 PDC 所成角的正弦值为 $\frac{2\sqrt{5}}{5}$？若存在，确定线段 AF 的长度；若不存在，请说明理由.

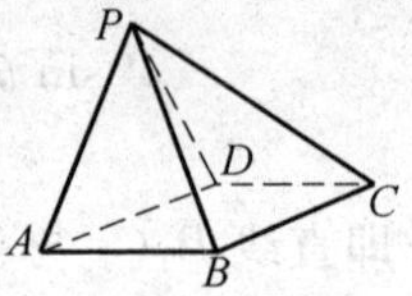

图 14

讲解 (1) 如图 15，取 AD 的中点 E，联结 PE，EB.

因为 $\triangle PAD$ 为等边三角形，E 为 AD 的中点，所以 $PE \perp AD$.

因为四边形 $ABCD$ 为菱形，且 $\angle DAB = 60°$，E 为 AD 的中点，所以 $BE \perp AD$.

因为 $PE \cap BE = E$，所以 $AD \perp$ 平面 PBE，所以 $AD \perp PB$.

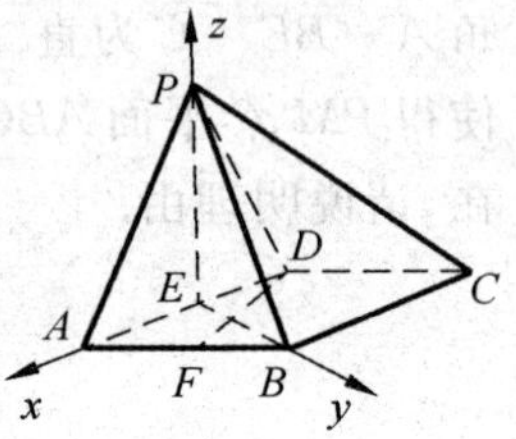

图 15

(2) 易知 $PE \perp$ 平面 $ABCD$，以 E 为原点，EA，EB，EP 所在直线分别为 x 轴、y 轴、z 轴建立空间直角坐标系，如图 15 所示，有 $A(1,0,0)$，$B(0,\sqrt{3},0)$，$C(-2,\sqrt{3},0)$，$D(-1,0,0)$，$P(0,0,\sqrt{3})$.

因为点 F 在棱 AB 上，所以可设 $F(x,\sqrt{3}(1-x),0)$，则 $\overrightarrow{DF}=(x+1,\sqrt{3}(1-x),0)$.

设平面 PDC 的一个法向量为 $\boldsymbol{n}=(a,b,c)$，则 $\boldsymbol{n}\cdot\overrightarrow{DP}=a+\sqrt{3}c=0$，$\boldsymbol{n}\cdot\overrightarrow{DC}=-a+\sqrt{3}b=0$，所以 $\boldsymbol{n}=(\sqrt{3},1,-1)$，所以

$$|\cos\langle \boldsymbol{n},\overrightarrow{DF}\rangle|=\frac{2\sqrt{3}}{\sqrt{5}\cdot\sqrt{(x+1)^2+3(1-x)^2}}=\frac{2\sqrt{5}}{5}$$

解得 $x=\frac{1}{2}$，所以存在点 F，且 $AF=1$.

例 8 如图 16，四棱锥 $E-ABCD$ 中，平面 $EAD \perp$ 平面 $ABCD$，$DC \parallel AB$，$BC \perp CD$，$EA \perp ED$，且 $AB=4$，$BC=CD=EA=ED=2$.

(1) 求证：$BD \perp$ 平面 ADE；

(2) 求 BE 和平面 CDE 所成角的正弦值；

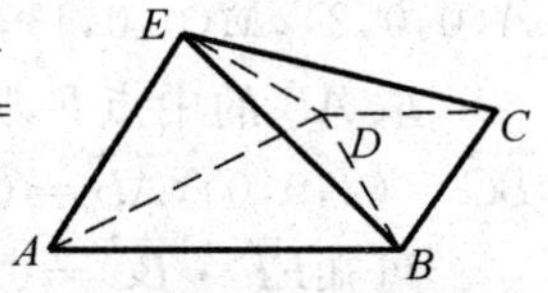

图 16

(3) 在线段 CE 上是否存在一点 F，使得平面 $BDF \perp$ 平面 CDE？请说明理由.

讲解 (1) 由 $BC \perp CD$，$BC=CD=2$，可得 $BD=2\sqrt{2}$.

由 $EA \perp ED$，且 $EA=ED=2$，可得 $AD=2\sqrt{2}$.

又 $AB=4$，所以 $BD \perp AD$.

又平面 $EAD\perp$ 平面 $ABCD$，平面 $ADE\cap$ 平面 $ABCD=AD$，$BD\subseteq$ 平面 $ABCD$，所以 $BD\perp$ 平面 ADE.

(2) 如图17，建立空间直角坐标系 $D-xyz$，则 $D(0,0,0)$，$B(0,2\sqrt{2},0)$，$C(-\sqrt{2},\sqrt{2},0)$，$E(\sqrt{2},0,\sqrt{2})$，$\overrightarrow{BE}=(\sqrt{2},-2\sqrt{2},\sqrt{2})$，$\overrightarrow{DE}=(\sqrt{2},0,\sqrt{2})$，$\overrightarrow{DC}=(-\sqrt{2},\sqrt{2},0)$.

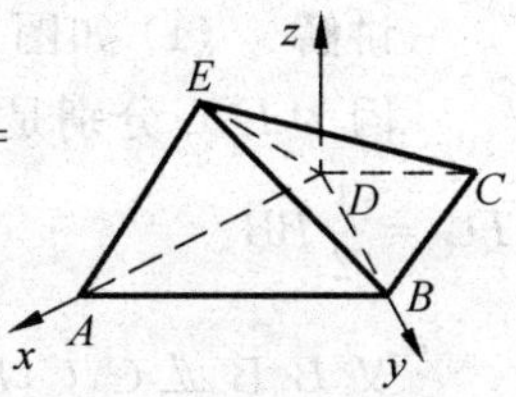

图 17

设 $\boldsymbol{n}=(x,y,z)$ 是平面 CDE 的一个法向量，则 $\boldsymbol{n}\cdot\overrightarrow{DE}=0$，$\boldsymbol{n}\cdot\overrightarrow{DC}=0$，即 $\begin{cases}x+z=0\\-x+y=0\end{cases}$，令 $x=1$，则 $\boldsymbol{n}=(1,1,-1)$.

设直线 BE 与平面 CDE 所成的角为 α，则

$$\sin\alpha=|\cos\langle\overrightarrow{BE},\boldsymbol{n}\rangle|=\frac{|\overrightarrow{BE}\cdot\boldsymbol{n}|}{|\overrightarrow{BE}|\cdot|\boldsymbol{n}|}=\frac{|\sqrt{2}-2\sqrt{2}-\sqrt{2}|}{2\sqrt{3}\times\sqrt{3}}=\frac{\sqrt{2}}{3}$$

所以 BE 和平面 CDE 所成的角的正弦值为 $\frac{\sqrt{2}}{3}$.

(3) 设 $\overrightarrow{CF}=\lambda\overrightarrow{CE}$，$\lambda\in[0,1]$.

$$\overrightarrow{DC}=(-\sqrt{2},\sqrt{2},0),\overrightarrow{CE}=(2\sqrt{2},-\sqrt{2},\sqrt{2}),\overrightarrow{DB}=(0,2\sqrt{2},0)$$

则

$$\overrightarrow{DF}=\overrightarrow{DC}+\overrightarrow{CF}=\overrightarrow{DC}+\lambda\overrightarrow{CE}=\sqrt{2}(2\lambda-1,-\lambda+1,\lambda)$$

设 $\boldsymbol{m}=(x',y',z')$ 是平面 BDF 的一个法向量，则 $\boldsymbol{m}\cdot\overrightarrow{DB}=0$，$\boldsymbol{m}\cdot\overrightarrow{DF}=0$，即

$$\begin{cases}y'=0\\(2\lambda-1)x'+(-\lambda+1)y'+\lambda z'=0\end{cases}.$$

令 $x'=1$，则 $\boldsymbol{m}=\left(1,0,-\frac{2\lambda-1}{\lambda}\right)$.

由(2)知平面 CDE 的一个法向量为 $\boldsymbol{n}=(1,1,-1)$.

若平面 $BDF\perp$ 平面 CDE，则 $\boldsymbol{m}\cdot\boldsymbol{n}=0$，即 $1+\frac{2\lambda-1}{\lambda}=0$，解得 $\lambda=\frac{1}{3}\in[0,1]$.

所以在线段 CE 上存在一点 F，使得平面 $BDF\perp$ 平面 CDE.

例 9　如图 18，三棱柱 $ABC-A_1B_1C_1$ 的侧棱 $AA_1\perp$ 底面 ABC，$\angle ACB=90^\circ$，E 是棱 CC_1 上的动点，F 是 AB 的中点，$AC=1$，$BC=2$，$AA_1=4$.

(1) 当 E 是棱 CC_1 的中点时，求证：CF // 平面 AEB_1；

(2) 在棱 CC_1 上是否存在点 E，使得二面角 $A-EB_1-B$ 的余弦值是

$\frac{2\sqrt{17}}{17}$？若存在,求出 CE 的长;若不存在,请说明理由.

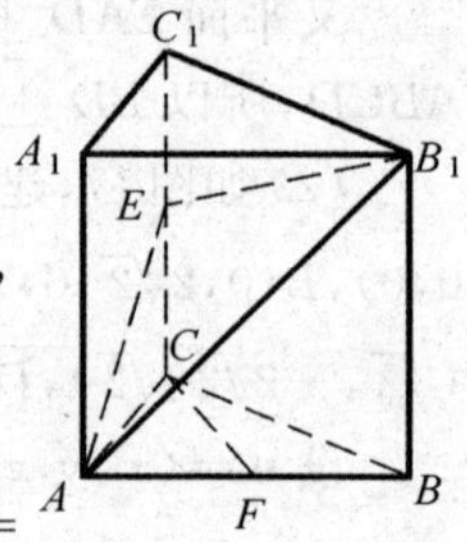

图 18

讲解 (1) 如图 19,取 AB_1 的中点 G,联结 EG,FG.

因为 F,G 分别是棱 AB,AB_1 的中点,所以 $FG \parallel BB_1$,$FG=\frac{1}{2}BB_1$.

又 $B_1B \underline{\parallel} C_1C$,$EC=\frac{1}{2}C_1C$,所以 $EC \parallel B_1B$,$EC=\frac{1}{2}B_1B$,所以 $FG \underline{\parallel} EC$,所以四边形 $FGEC$ 是平行四边形,所以 $CF \parallel EG$.

因为 $CF \not\subset$ 平面 AEB_1,$EG \subset$ 平面 AEB_1,所以 $CF \parallel$ 平面 AEB_1.

(2) 以 C 为坐标原点,射线 CA,CB,CC_1 为 x 轴、y 轴、z 轴的正半轴,建立如图 19 所示的空间直角坐标系 $C-xyz$,则 $C(0,0,0)$,$A(1,0,0)$,$B_1(0,2,4)$.

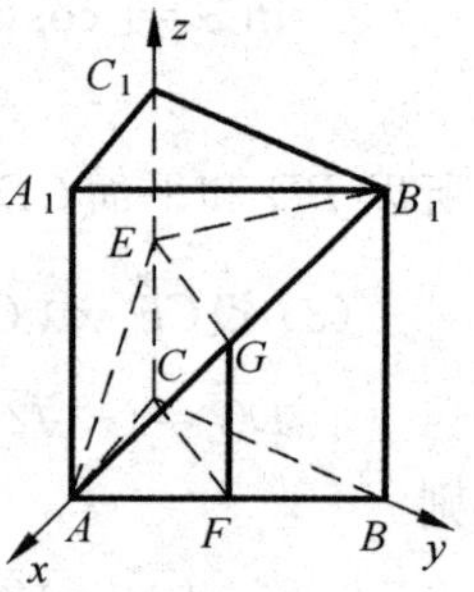

图 19

设 $E(0,0,m)(0\leqslant m\leqslant 4)$,平面 AEB_1 的一个法向量为 $\boldsymbol{n}_1=(x,y,z)$,则 $\overrightarrow{AB_1}=(-1,2,4)$,$\overrightarrow{AE}=(-1,0,m)$.

由 $\overrightarrow{AB_1}\perp \boldsymbol{n}_1$,$\overrightarrow{AE}\perp \boldsymbol{n}_1$,得 $\begin{cases}-x+2y+4z=0\\-x+mz=0\end{cases}$,令 $z=2$,则 $\boldsymbol{n}_1=(2m,m-4,2)$.

因为 $CA\perp$ 平面 C_1CBB_1,所以 $\overrightarrow{CA}$ 是平面 EBB_1 的一个法向量,令 $\boldsymbol{n}_2=\overrightarrow{CA}=(1,0,0)$.

因为二面角 $A-EB_1-B$ 的余弦值为 $\frac{2\sqrt{17}}{17}$,所以

$$\frac{2\sqrt{17}}{17}=\cos\langle \boldsymbol{n}_1,\boldsymbol{n}_2\rangle=\frac{|\boldsymbol{n}_1\cdot \boldsymbol{n}_2|}{|\boldsymbol{n}_1||\boldsymbol{n}_2|}=\frac{2m}{\sqrt{4m^2+(m-4)^2+4}}$$

解得 $m=1(0\leqslant m\leqslant 4)$,所以在棱 CC_1 上存在符合题意的点 E,此时 $CE=1$.

例 10 如图 20,在直三棱柱 $ABC-A_1B_1C_1$ 中,$AB=AC=1$,$\angle BAC=90°$.

(1) 若异面直线 A_1B 与 B_1C_1 所成的角为 $60°$,求棱柱的高;

(2) 设 D 是 BB_1 的中点,DC_1 与平面 A_1BC_1 所成的角为 θ,当棱柱的高 h 变化时,求 $\sin\theta$ 的最大值.

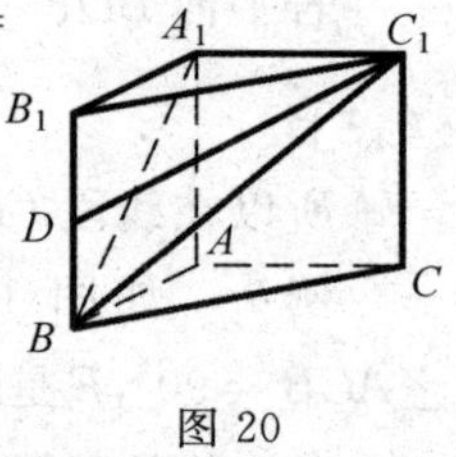

图 20

讲解 解法一:(1) 由三棱柱 $ABC-A_1B_1C_1$ 是直三棱柱可知,AA_1 即为

高,如图 21(a) 所示,因为 $BC /\!/ B_1C_1$,所以 $\angle A_1BC$ 是异面直线 A_1B 与 B_1C_1 所成的角(或其补角).

联结 A_1C. 因为 $AB=AC$,所以 $A_1B=A_1C=\sqrt{1+AA_1^2}$.

在 $\mathrm{Rt}\triangle ABC$ 中,由 $AB=AC=1$,$\angle BAC=90^\circ$,可得 $BC=\sqrt{2}$.

又异面直线 A_1B 与 B_1C_1 所成的角为 60°,所以 $\angle A_1BC=60^\circ$,即 $\triangle A_1BC$ 为正三角形,于是 $A_1B=BC=\sqrt{2}$.

在 $\mathrm{Rt}\triangle A_1AB$ 中,由 $\sqrt{1+AA_1^2}=A_1B=\sqrt{2}$,得 $AA_1=1$,即棱柱的高为 1.

(2) 设 $AA_1=h(h>0)$. 如图 21(a) 所示,过点 D 在平面 A_1B_1BA 内作 $DF\perp A_1B$ 于 F,则由 $A_1C_1\perp$ 平面 BAA_1B_1,$DF\subseteq$ 平面 BAA_1B_1,得 $A_1C_1\perp DF$.

而 $A_1C_1\cap A_1B=A_1$,所以 $DF\perp$ 平面 A_1BC_1.

故 $\angle DC_1F$ 就是 DC_1 与平面 A_1BC_1 所成的角,即 $\angle DC_1F=\theta$.

在 $\mathrm{Rt}\triangle DFB$ 中,由 $BD=\dfrac{h}{2}$,得 $DF=\dfrac{h}{2\sqrt{h^2+1}}$,在 $\mathrm{Rt}\triangle DB_1C_1$ 中,由 $B_1D=\dfrac{h}{2}$,$B_1C_1=\sqrt{2}$,得 $DC_1=\dfrac{1}{2}\sqrt{h^2+8}$,在 $\mathrm{Rt}\triangle DFC_1$ 中,

$$\sin\theta=\frac{DF}{DC_1}=\frac{\dfrac{h}{2\sqrt{h^2+1}}}{\dfrac{1}{2}\sqrt{h^2+8}}=\frac{h}{\sqrt{h^4+9h^2+8}}$$

令 $f(h)=\dfrac{h}{\sqrt{h^4+9h^2+8}}=\dfrac{1}{\sqrt{h^2+\dfrac{8}{h^2}+9}}$.

因为 $h^2+\dfrac{8}{h^2}+9\geqslant 2\sqrt{8}+9$,当且仅当 $h^2=\dfrac{8}{h^2}$,即 $h=\sqrt[4]{8}$ 时,等号成立.

所以 $f(h)\leqslant\dfrac{1}{\sqrt{9+2\sqrt{8}}}=\dfrac{1}{\sqrt{8}+1}=\dfrac{2\sqrt{2}-1}{7}$,故当 $h=\sqrt[4]{8}$ 时,$\sin\theta$ 的最大值为 $\dfrac{2\sqrt{2}-1}{7}$.

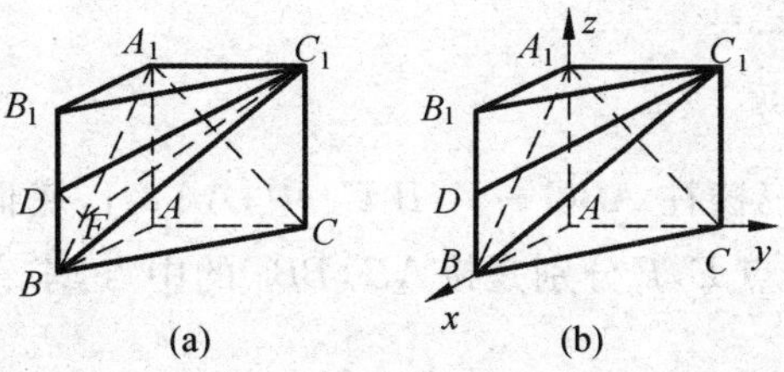

图 21

解法二:建立如图 21(b) 所示的空间直角坐标系.设 $AA_1=h(h>0)$,则有 $B(1,0,0)$,$B_1(1,0,h)$,$C_1(0,1,h)$,$A_1(0,0,h)$,$\overrightarrow{B_1C_1}=(-1,1,0)$,$\overrightarrow{A_1C_1}=(0,1,0)$,$\overrightarrow{A_1B}=(1,0,-h)$.

(1) 因为异面直线 A_1B 与 B_1C_1 所成的角为 60°,所以 $\cos 60°=\dfrac{|\overrightarrow{B_1C_1}\cdot\overrightarrow{A_1B}|}{|\overrightarrow{B_1C_1}|\cdot|\overrightarrow{A_1B}|}$,即$\dfrac{1}{\sqrt{2}\cdot\sqrt{h^2+1}}=\dfrac{1}{2}$,得$\sqrt{1+h^2}=\sqrt{2}$,解得 $h=1$.

(2) 由 D 是 BB_1 的中点,得 $D\left(1,0,\dfrac{h}{2}\right)$,于是$\overrightarrow{DC_1}=\left(-1,1,\dfrac{h}{2}\right)$.

设平面 A_1BC_1 的法向量为 $\boldsymbol{n}=(x,y,z)$.由 $\boldsymbol{n}\perp\overrightarrow{A_1B}$,$\boldsymbol{n}\perp\overrightarrow{A_1C_1}$,可得 $\begin{cases}\boldsymbol{n}\cdot\overrightarrow{A_1B}=0\\ \boldsymbol{n}\cdot\overrightarrow{A_1C_1}=0\end{cases}$,即$\begin{cases}x-hz=0\\ y=0\end{cases}$,可取 $\boldsymbol{n}=(h,0,1)$,于是 $\sin\theta=|\cos\langle\overrightarrow{DC_1},\boldsymbol{n}\rangle|$.

而

$$|\cos\langle\overrightarrow{DC_1},\boldsymbol{n}\rangle|=\frac{|\overrightarrow{DC_1}\cdot\boldsymbol{n}|}{|\overrightarrow{DC_1}|\cdot|\boldsymbol{n}|}=\frac{\left|-h+\dfrac{h}{2}\right|}{\sqrt{h^2+1}\cdot\sqrt{\dfrac{1}{4}h^2+2}}=$$

$$\frac{h}{\sqrt{h^4+9h^2+8}}$$

令 $f(h)=\dfrac{h}{\sqrt{h^4+9h^2+8}}=\dfrac{1}{\sqrt{h^2+\dfrac{8}{h^2}+9}}$.

因为 $h^2+\dfrac{8}{h^2}+9\geqslant 2\sqrt{8}+9$,当且仅当 $h^2=\dfrac{8}{h^2}$,即 $h=\sqrt[4]{8}$ 时,等号成立.

所以 $f(h)\leqslant\dfrac{1}{\sqrt{9+2\sqrt{8}}}=\dfrac{1}{\sqrt{8}+1}=\dfrac{2\sqrt{2}-1}{7}$,故当 $h=\sqrt[4]{8}$ 时,$\sin\theta$ 的最大值为$\dfrac{2\sqrt{2}-1}{7}$.

课外训练

1. 如图 22,在三棱柱 $ABC-A_1B_1C_1$ 中,$AA_1\perp$ 底面 ABC,$AB=BC=AA_1$,$\angle ABC=90°$,点 E,F 分别是棱 AB,BB_1 的中点,求直线 EF 和 BC_1 所成的角.

2. 正方体 $ABCD-A_1B_1C_1D_1$ 的棱长为 1，E，F 分别为 BB_1，CD 的中点，求点 F 到平面 A_1D_1E 的距离.

3. 已知直四棱柱 $ABCD-A_1B_1C_1D_1$ 中，底面 $ABCD$ 为正方形，$AB=2$，$CC_1=2\sqrt{2}$，E 为 CC_1 的中点，求点 A 到平面 BED 的距离.

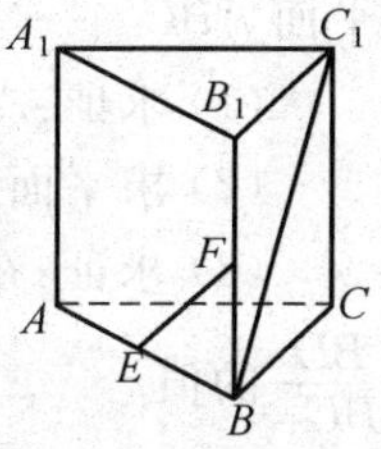

图 22

4. 过正方形 $ABCD$ 的顶点 A 作线段 $PA\perp$ 平面 $ABCD$，若 $AB=PA$，求平面 ABP 与平面 CDP 的夹角大小.

5. 在棱长为 2 的正方体 $ABCD-A_1B_1C_1D_1$ 中，O 是底面 $ABCD$ 的中点，E，F 分别是 CC_1，AD 的中点，求异面直线 OE 和 FD_1 所成的角的余弦值.

6. 设正方体 $ABCD-A_1B_1C_1D_1$ 的棱长为 2，求点 D_1 到平面 A_1BD 的距离.

7. 如图 23，在底面为直角梯形的四棱锥 $P-ABCD$ 中，$AD\parallel BC$，$\angle ABC=90°$，$PA\perp$ 平面 $ABCD$，$PA=3$，$AD=2$，$AB=2\sqrt{3}$，$BC=6$，则 BD ________ 平面 PAC，平面 BPD 与平面 ABD 的夹角为________.

8. 如图24，四棱锥 $P-ABCD$ 中，$PD\perp$ 平面 $ABCD$，PA 与平面 $ABCD$ 所成的角为 $60°$，在四边形 $ABCD$ 中，$\angle ADC=\angle DAB=90°$，$AB=4$，$CD=1$，$AD=2$.

(1) 建立适当的坐标系，并写出点 B，P 的坐标；

(2) 求异面直线 PA 与 BC 所成的角的余弦值.

9. 如图 25，四棱柱 $ABCD-A_1B_1C_1D_1$ 中，侧棱 $A_1A\perp$ 底面 $ABCD$，$AB\parallel DC$，$AB\perp AD$，$AD=CD=1$，$AA_1=AB=2$，E 为棱 AA_1 的中点.

(1) 证明：$B_1C_1\perp CE$；

(2) 求二面角 B_1-CE-C_1 的正弦值；

(3) 设点 M 在线段 C_1E 上，且直线 AM 与平面 ADD_1A_1 所成角的正弦值为 $\frac{\sqrt{2}}{6}$，求线段 AM 的长.

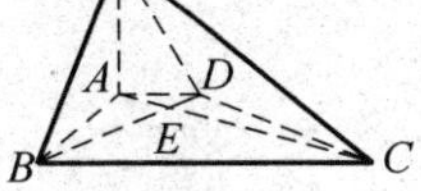

图 23

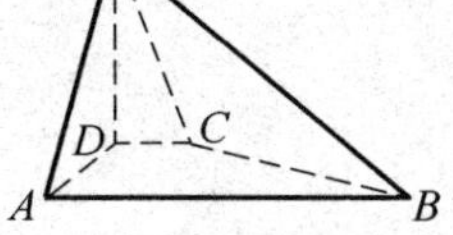

图 24

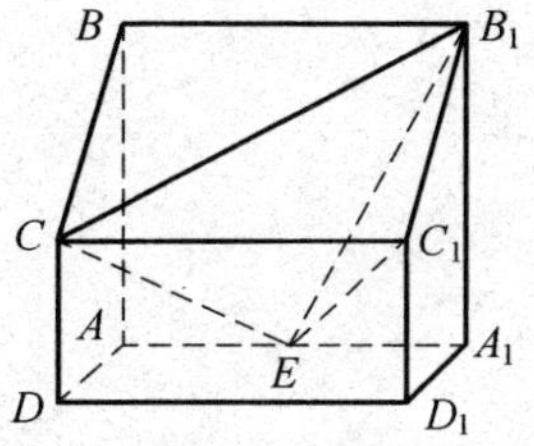

图 25

10. 如图 26，在三棱柱 $ABC-A_1B_1C_1$ 中，AA_1C_1C 是边长为 4 的正方形.

平面 $ABC\perp$ 平面 AA_1C_1C，$AB=3$，$BC=5$.

(1) 求证：$AA_1\perp$ 平面 ABC；

(2) 求平面 A_1BC_1 与平面 BB_1C_1 夹角的余弦值；

(3) 求证：在线段 BC_1 上存在点 D，使得 $AD\perp A_1B$，并求 $\dfrac{BD}{BC_1}$ 的值.

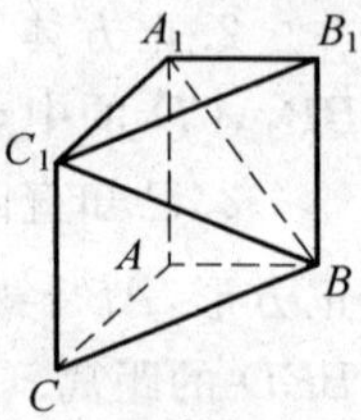

图 26

11. 如图 27，在直棱柱 $ABCD-A_1B_1C_1D_1$ 中，$AD\parallel BC$，$\angle BAD=90^\circ$，$AC\perp BD$，$BC=1$，$AD=AA_1=3$.

(1) 证明：$AC\perp B_1D$；

(2) 求直线 B_1C_1 与平面 ACD_1 所成角的正弦值.

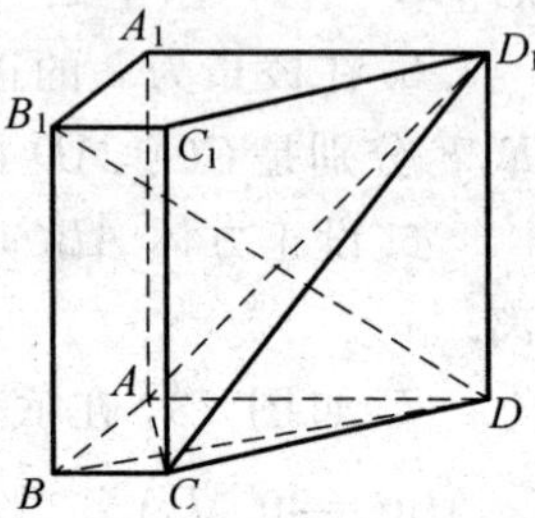

图 27

第 28 讲　空间几何体的三视图、直观图、表面积与体积

知识呈现

1. **空间几何体的结构特征(表 1)**

表 1　空间几何体的结构特征

多面体	(1) 棱柱的侧棱都平行且相等,上、下底面是全等的多边形 (2) 棱锥的底面是任意多边形,侧面是有一个公共顶点的三角形 (3) 棱台可由平行于底面的平面截棱锥得到,其上、下底面是相似多边形
旋转体	(1) 圆柱可以由矩形绕一边所在直线旋转得到 (2) 圆锥可以由直角三角形绕一条直角边所在直线旋转得到 (3) 圆台可以由直角梯形绕垂直于底边的腰所在直线旋转得到,也可由平行于底面的平面截圆锥得到 (4) 球可以由半圆或圆绕直径所在直线旋转得到

2. **空间几何体的直观图**

(1) 在已知图形中建立直角坐标系 xOy. 画直观图时,它们分别对应 x' 轴和 y' 轴,两轴交于点 O',使 $\angle x'O'y'=45°$,它们确定的平面表示水平平面;

(2) 已知图形中平行于 x 轴或 y 轴的线段,在直观图中分别画成平行于 x' 轴和 y' 轴的线段;

(3) 已知图形中平行于 x 轴的线段,在直观图中保持原长度不变;平行于 y 轴的线段,长度为原来的 $\frac{1}{2}$.

3. **空间几何体的三视图**

空间几何体的三视图是用正投影得到,这种投影下与投影面平行的平面图形留下的影子与平面图形的形状和大小是完全相同的,三视图包括主视图、左视图、俯视图.

4. 柱、锥、台和球的表面积和体积(表 2)

表 2　柱、锥、台和球的表面积和体积

名称几何体	表面积	体积
柱体(棱柱和圆柱)	$S_{表面积}=S_{侧}+2S_{底}$	$V=Sh$
锥体(棱锥和圆锥)	$S_{表面积}=S_{侧}+S_{底}$	$V=\frac{1}{3}Sh$
台体(棱台和圆台)	$S_{表面积}=S_{侧}+S_{上}+S_{下}$	$V=\frac{1}{3}(S_{上}+S_{下}+\sqrt{S_{上}S_{下}})h$
球	$S=4\pi R^2$	$V=\frac{4}{3}\pi R^3$

典例展示

例 1　(1) 下列说法正确的是(　　)

A. 有两个平面互相平行，其余各面都是平行四边形的多面体是棱柱

B. 四棱锥的四个侧面都可以是直角三角形

C. 有两个平面互相平行，其余各面都是梯形的多面体是棱台

D. 棱台的各侧棱延长后不一定交于一点

(2) 给出下列命题：

① 在圆柱的上、下底面的圆周上各取一点，则这两点的连线是圆柱的母线；

② 有一个面是多边形，其余各面都是三角形的几何体是棱锥；

③ 直角三角形绕其任一边所在直线旋转一周所形成的几何体都是圆锥；

④ 棱台的上、下底面可以不相似，但侧棱长一定相等.

其中正确命题的个数是(　　)

A. 0　　B. 1　　C. 2　　D. 3

分析　从多面体、旋转体的定义入手，可以借助实例或几何模型理解几何体的结构特征.

答案　(1)B　(2)A

讲解　(1)A 错，如图 1(a)；B 正确，如图 1(b)，其中底面 $ABCD$ 是矩形，可证明 $\angle PAB$，$\angle PCB$ 都是直角，这样四个侧面都是直角三角形；C 错，如图 1(c)；D 错，由棱台的定义知，其侧棱必相交于同一点.

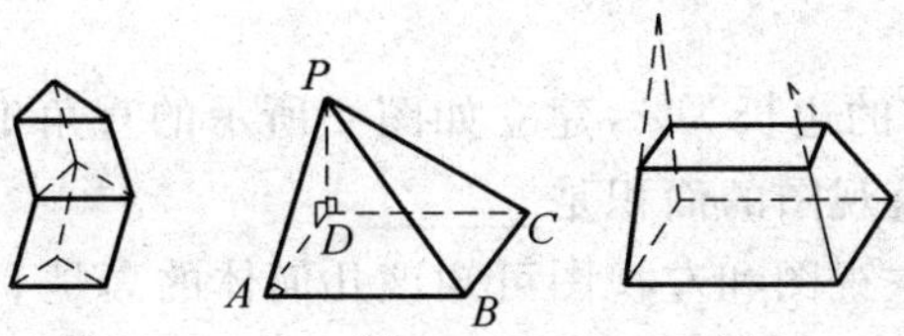

图 1

(2)① 不一定，只有这两点的连线平行于轴时才是母线；② 不一定，因为"其余各面都是三角形" 并不等价于"其余各面都是有一个公共顶点的三角形"，如图 2(a) 所示；③ 不一定，当以斜边所在直线为旋转轴时，其余两边旋转形成的面所围成的几何体不是圆锥，如图 2(b) 所示，它是由两个同底圆锥组成的几何体；④ 错误，棱台的上、下底面是相似且对应边平行的多边形，各侧棱延长线交于一点，但是侧棱长不一定相等.

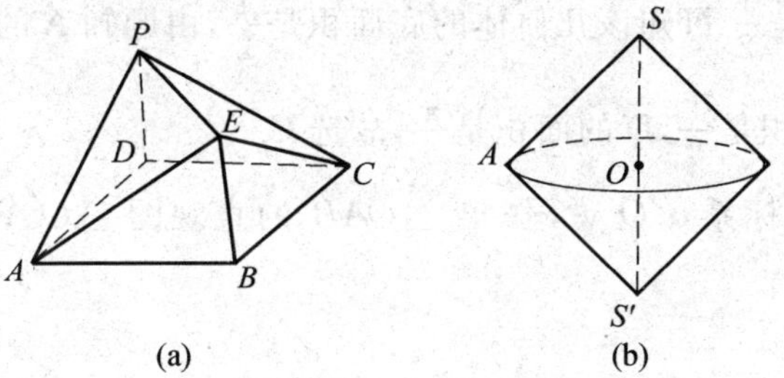

图 2

说明　(1) 有两个面互相平行，其余各面都是平行四边形的几何体不一定是棱柱.(2) 既然棱台是由棱锥定义的，所以在解决棱台问题时，要注意"还台为锥" 的解题策略.(3) 旋转体的形成不仅要看由何种图形旋转得到，还要看旋转轴是哪条直线.

例 2　(1) 如图 3，某几何体的主视图与左视图都是边长为 1 的正方形，且体积为 $\frac{1}{2}$，则该几何体的俯视图可以是(　　)

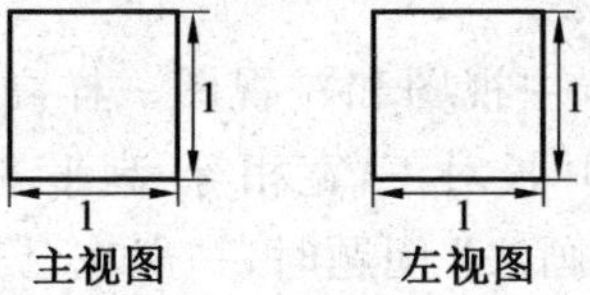

图 3

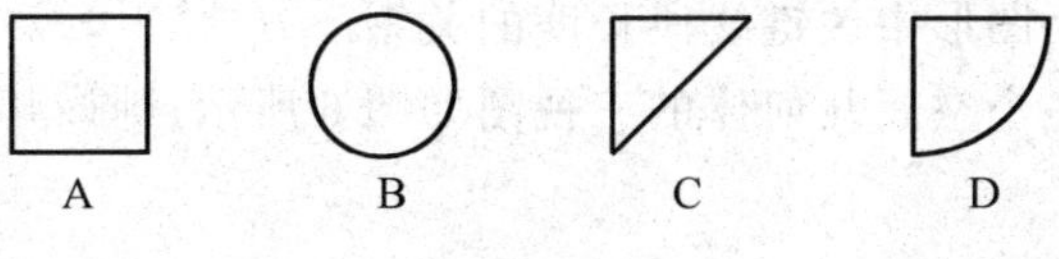

(2) 正 $\triangle AOB$ 的边长为 a，建立如图 4 所示的直角坐标系 xOy，则它的直观图的面积是________.

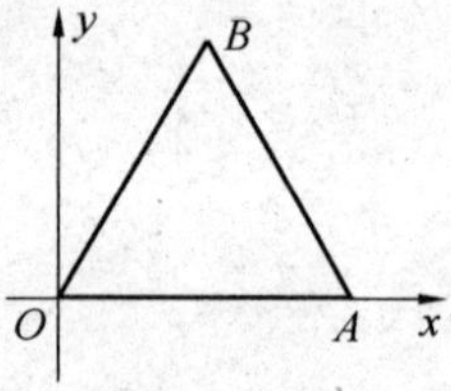

图 4

分析 (1) 由主视图和左视图可知该几何体的高是 1，由体积是 $\frac{1}{2}$ 可求出底面积. 由底面积的大小可判断其俯视图是哪一个.

(2) 按照直观图画法规则确定平面图形和其直观图面积的关系.

答案 (1)C (2) $\frac{\sqrt{6}}{16}a^2$

讲解 (1) 由该几何体的主视图和左视图可知该几何体是柱体，且其高为 1，由其体积是 $\frac{1}{2}$ 可知该几何体的底面积是 $\frac{1}{2}$，由题知 A 的面积是 1，B 的面积是 $\frac{\pi}{4}$，C 的面积是 $\frac{1}{2}$，D 的面积是 $\frac{\pi}{4}$，故选 C.

(2) 画出坐标系 $x'O'y'$，作出 $\triangle OAB$ 的直观图 $\triangle O'A'B'$(图 5). D' 为 $O'A'$ 的中点.

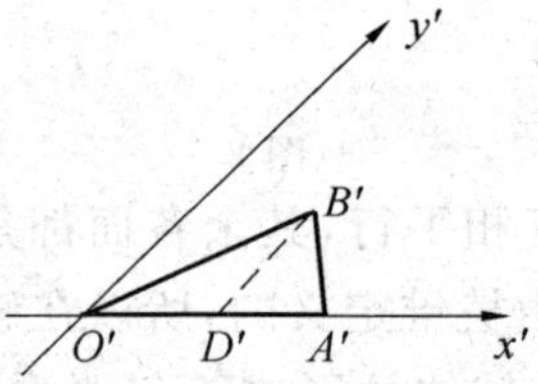

图 5

易知 $D'B' = \frac{1}{2}DB$，所以

$$S_{\triangle O'A'B'} = \frac{1}{2} \times \frac{\sqrt{2}}{2} S_{\triangle OAB} = \frac{\sqrt{2}}{4} \times \frac{\sqrt{3}}{4}a^2 = \frac{\sqrt{6}}{16}a^2$$

说明 (1) 三视图中，主视图和左视图一样高，主视图和俯视图一样长，左视图和俯视图一样宽，即“长对正，宽相等，高平齐”.

(2) 解决有关“斜二测画法”问题时，一般在已知图形中建立直角坐标系，尽量运用图形中原有的垂直直线或图形的对称轴为坐标轴，图形的对称中心为原点，注意两个图形中关键线段长度的关系.

例 3 (1) 一个空间几何体的三视图如图 6 所示，则该几何体的表面积为 (　　)

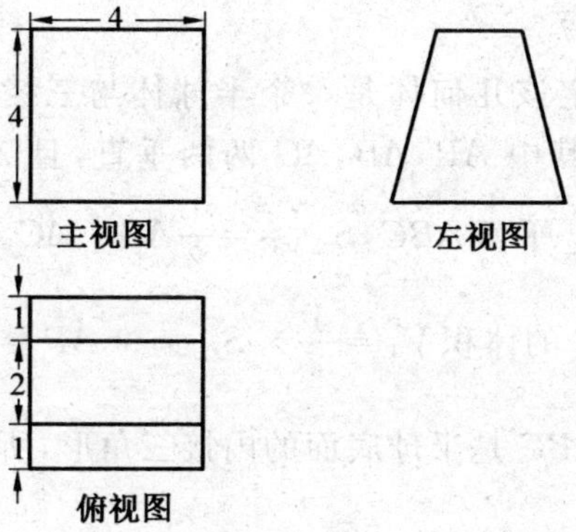

图 6

A. 48　　B. $32+8\sqrt{17}$　　C. $48+8\sqrt{17}$　　D. 80

(2) 已知某几何体的三视图如图 7 所示，其中主视图、左视图均由直角三角形与半圆构成，俯视图由圆与内接三角形构成，根据图中的数据可得几何体的体积为(　　)

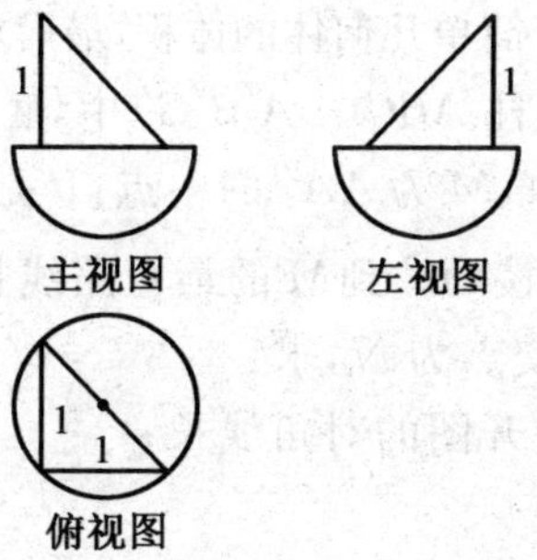

图 7

A. $\frac{\sqrt{2}\pi}{3}+\frac{1}{2}$　B. $\frac{4\pi}{3}+\frac{1}{6}$　C. $\frac{\sqrt{2}\pi}{6}+\frac{1}{6}$　D. $\frac{2\pi}{3}+\frac{1}{2}$

分析　先由三视图确定几何体的构成及度量，然后求表面积或体积.

答案　(1)C　(2)C

讲解　(1) 由三视图知该几何体的直观图如图 8 所示，该几何体的下底面是边长为 4 的正方形；上底面是长为 4、宽为 2 的矩形；两个梯形侧面垂直于底面，上底长为 2，下底长为 4，高为 4；另两个侧面是矩形，宽为 4，长为 $\sqrt{4^2+1^2}=\sqrt{17}$.

图 8

所以 $S_{表}=4^2+2\times4+\frac{1}{2}\times(2+4)\times4\times2+4\times$

$\sqrt{17}\times 2=48+8\sqrt{17}$.

(2) 由三视图确定该几何体是一个半球体与三棱锥构成的组合体,如图 9,其中 AP,AB,AC 两两垂直,且 $AP=AB=AC=1$,故 $AP\perp$ 平面 ABC,$S_{\triangle ABC}=\frac{1}{2}AB\times AC=\frac{1}{2}$,所以三棱锥 $P-ABC$ 的体积 $V_1=\frac{1}{3}\times S_{\triangle ABC}\times AP=\frac{1}{3}\times\frac{1}{2}\times 1=\frac{1}{6}$,又 Rt$\triangle ABC$ 是半球底面的内接三角形,所以球的直径 $2R=BC=\sqrt{2}$,解得 $R=\frac{\sqrt{2}}{2}$,所以半球的体积 $V_2=\frac{1}{2}\times\frac{4\pi}{3}\times(\frac{\sqrt{2}}{2})^3=\frac{\sqrt{2}\pi}{6}$,故所求几何体的体积 $V=V_1+V_2=\frac{1}{6}+\frac{\sqrt{2}\pi}{6}$.

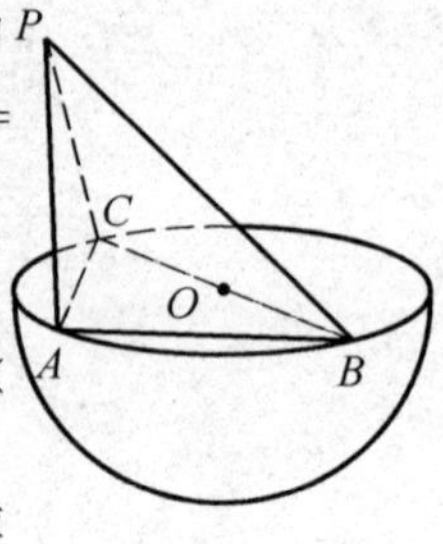

图 9

说明 解决此类问题需先由三视图确定几何体的结构特征,判断是否为组合体,由哪些简单几何体构成,并准确判断这些几何体之间的关系,将其切割为一些简单的几何体,再求出各个简单几何体的体积,最后求出组合体的体积.

例 4 如图 10,在直棱柱 $ABC-A'B'C'$ 中,底面是边长为 3 的等边三角形,$AA'=4$,M 为 AA' 的中点,P 是 BC 上一点,且由 P 沿棱柱侧面经过棱 CC' 到 M 的最短路线长为 $\sqrt{29}$,设这条最短路线与 CC' 的交点为 N,求:

(1) 该三棱柱的侧面展开图的对角线长;

(2) PC 与 NC 的长;

(3) 三棱锥 $C-MNP$ 的体积.

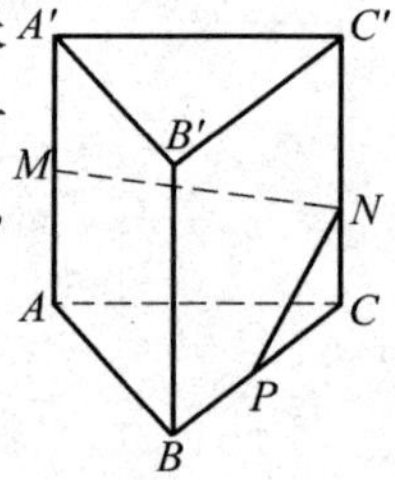

图 10

分析 (1) 侧面展开图从哪里剪开展平;

(2) $MN+NP$ 最短在展开图上呈现怎样的形式;

(3) 三棱锥以哪个面做底好.

讲解 (1) 该三棱柱的侧面展开图为一边长分别为 4 和 9 的矩形,故对角线长为 $\sqrt{4^2+9^2}=\sqrt{97}$.

(2) 将该三棱柱的侧面沿棱 BB' 展开,如图 11 所示,设 $PC=x$,则 $MP^2=MA^2+(AC+x)^2$.

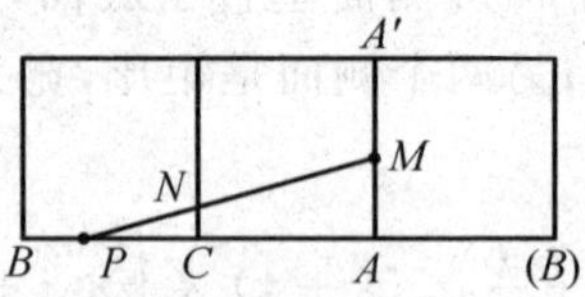

图 11

因为 $MP=\sqrt{29}$，$MA=2$，$AC=3$，所以 $x=2$，即 $PC=2$.

又 $NC\parallel AM$，故 $\frac{PC}{PA}=\frac{NC}{AM}$，即 $\frac{2}{5}=\frac{NC}{2}$.

所以 $NC=\frac{4}{5}$.

(3)

$$S_{\triangle PCN}=\frac{1}{2}\times CP\times CN=\frac{1}{2}\times 2\times\frac{4}{5}=\frac{4}{5}$$

在三棱锥 $M-PCN$ 中，M 到面 PCN 的距离，即 $h=\frac{\sqrt{3}}{2}\times 3=\frac{3\sqrt{3}}{2}$.

所以 $V_{C-MNP}=V_{M-PCN}=\frac{1}{3}\cdot h\cdot S_{\triangle PCN}=\frac{1}{3}\times\frac{3\sqrt{3}}{2}\times\frac{4}{5}=\frac{2\sqrt{3}}{5}$.

说明　(1) 解决空间几何体表面上的最值问题的根本思路是“展开”，即将空间几何体的“面”展开后铺在一个平面上，将问题转化为平面上的最值问题.

(2) 如果已知的空间几何体是多面体，则根据问题的具体情况可以将这个多面体沿多面体中某条棱或者两个面的交线展开，把不在一个平面上的问题转化到一个平面上.

如果是圆柱、圆锥，则可沿母线展开，把曲面上的问题转化为平面上的问题.

(3) 本题的易错点是，不知道从哪条侧棱剪开展平，不能正确地画出侧面展开图. 缺乏空间图形向平面图形的转化意识.

例 5　如图 12，有三个 12 cm×12 cm 的正方形，联结相邻两边的中点把正方形分割成 A，B 两块，再把它们粘在一个正六边形上，叠成一个多面体. 这个多面体的体积是多少？

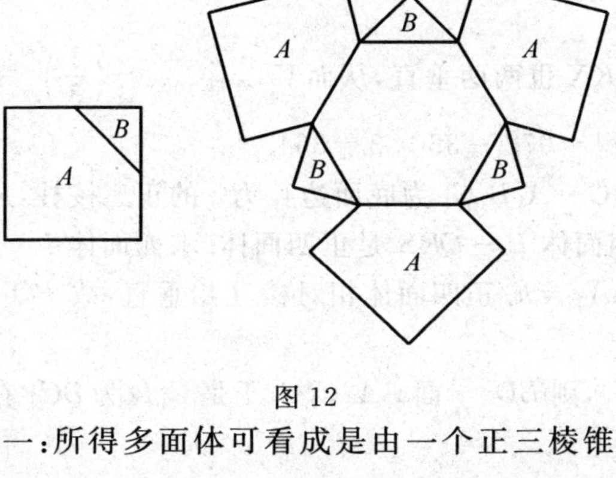

图 12

讲解　解法一：所得多面体可看成是由一个正三棱锥再截去三个角得

出.

据已知得，如图 13，正六边形底面的边长 $AB=6\sqrt{2}$，大正三棱锥的底面边长 $XY=18\sqrt{2}$，边心距 $OS=3\sqrt{6}$（图 14）.

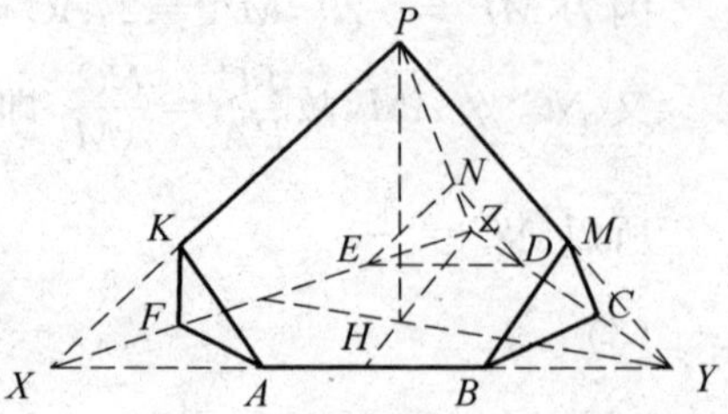

图 13

斜高 $=ST=\frac{3}{4}\times 12\sqrt{2}=9\sqrt{2}$.

高 $PH=\sqrt{(9\sqrt{2})^2-(3\sqrt{6})^2}=6\sqrt{3}$.

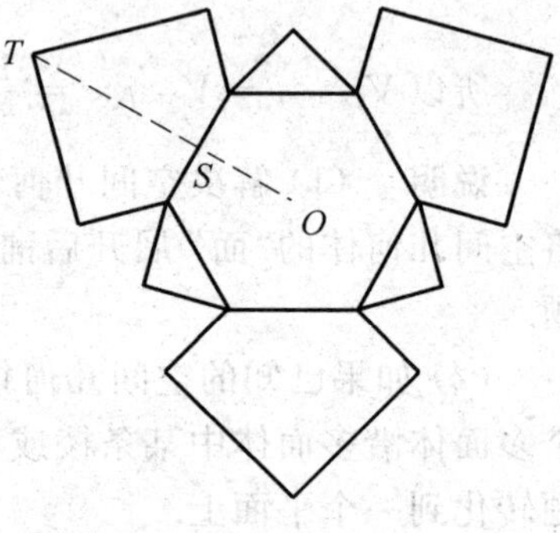

图 14

体积 $=\frac{1}{3}\times\frac{\sqrt{3}}{4}(18\sqrt{2})^2\times 6\sqrt{3}=972$.

截去的三个小三棱锥的底面是正三角形，边长 $XA=XF=AF=6\sqrt{2}$.

侧棱 $KF=KA=6$，$PX=\sqrt{PH^2+HX^2}=\sqrt{(6\sqrt{3})^2+(6\sqrt{6})^2}=18$，$KX=18-12=6$. 于是小三棱锥也是正三棱锥，其体积为 $972\times\left(\frac{1}{3}\right)^3=36$.

3 个小正三棱锥体积和为 $972\times\left(\frac{1}{3}\right)^3\times 3=108$.

所以所求体积 $=972-108=864$.

解法二：反过来看，PX，PY，PZ 两两垂直，知 $\triangle PXY$ 为等腰直角三角形. 于是由 $AB=6\sqrt{2}$，得 $XY=18\sqrt{2}$，从而 $PX=18$，其体积 $V_{三棱锥P-XYZ}=\frac{1}{6}\times 18^3=972$.

又 KA，KF，KX 也两两垂直，从而 $V_{三棱锥K-AFX}=\left(\frac{1}{3}\right)^3\times V_{三棱锥P-XYZ}=36$.

于是可得所求体积 $=972-36\times 3=864$.

例 6　设 $ABC-A_1B_1C_1$ 为底面边长为 a 的正三棱柱，P，Q 在 A_1C 上，R，S 在 BC_1 上，且四面体 $P-QRS$ 是正四面体. 求四面体 $P-QRS$ 的棱长.

讲解　设 $AA_1=h$. 正四面体相对棱互相垂直，故 $PQ\perp RS$，即 $A_1C\perp BC_1$.

取 AC 中点 D，则 $BD\perp$ 面 AA_1C_1C，于是 C_1D 为 BC_1 在面 AA_1C_1C 上的射影.

若 $A_1C \perp BC_1$，则 $A_1C \perp C_1D$.

在面 AA_1C_1C 中，$a : h = h : \frac{1}{2}a \Rightarrow h = \frac{\sqrt{2}}{2}a$. 设 C_1D 与 A_1C 交于点 M.

则 $CM = \frac{\sqrt{6}}{6}a$，$C_1M = \frac{\sqrt{3}}{3}a$，$BD = C_1D = \frac{\sqrt{3}}{2}a$.

过 M 作 $MN \perp BC_1$，交 BC_1 于 N，则 $MN \perp A_1C$（$A_1C \perp$ 面 BC_1D）及 $MN \perp BC_1$，知 MN 为 A_1C 及 BC_1 的公垂线.

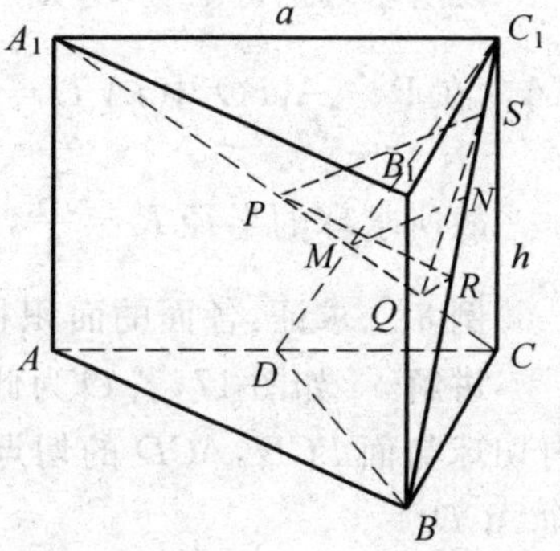

图 15

$$MN = C_1M \cdot \frac{\sqrt{2}}{2} = \frac{\sqrt{6}}{6}a$$

由于正四面体对棱中点连线为对棱的公垂线，故 MN 即 PQ 与 RS 中点的连线.

在正四面体中对棱的公垂线（对棱中点连线）等于边长的 $\frac{\sqrt{2}}{2}$ 倍，即 $PQ = RS = \sqrt{3}a$.

于是 $PM = MQ = RN = NS = \sqrt{3}a$.

又可由异面直线上两点距离公式求得四面体 $P-QRS$ 各棱长均为 $\frac{\sqrt{3}}{3}a$.

例 7　如图 16，在斜三棱柱 $ABC-A_1B_1C_1$ 中，$\angle A_1AB = \angle A_1AC$，$AB = AC$，$A_1A = A_1B = a$，侧面 B_1BCC_1 与底面 ABC 所成的二面角为 $120°$，E，F 分别是棱 B_1C_1，A_1A 的中点. 求经过 A_1，A，B，C 四点的球的体积.

分析　利用对称性找到外接球球心的位置.

讲解　联结 A_1C. 在 $\triangle A_1AC$ 和 $\triangle A_1AB$ 中，因为 $AC = AB$，$\angle A_1AB = \angle A_1AC$，所以 $\triangle A_1AC \cong \triangle A_1AB$，故 $A_1C = A_1B$. 由已知得 $A_1A = A_1B = A_1C = a$.

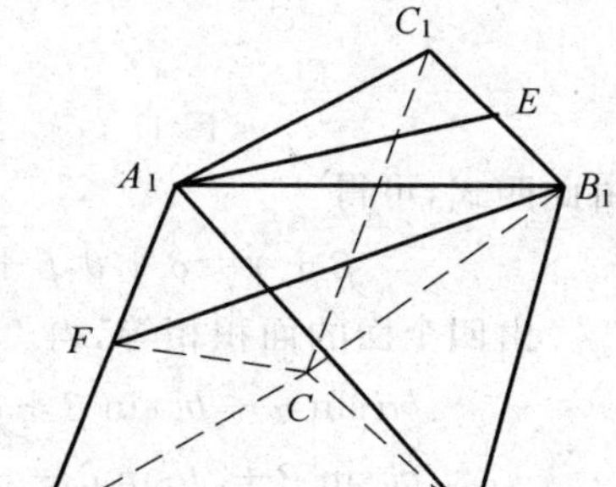

图 16

又因为 $A_1H \perp$ 平面 ABC，所以 H 为 $\triangle ABC$ 的外心.

设所求球的球心为 O,则 $O\in A_1H$,且球心 O 与 AA_1 中点的连线 $OF\perp AA_1$,在 $\mathrm{Rt}\triangle A_1FO$ 中,$A_1O=\dfrac{A_1F}{\cos\angle AA_1H}=\dfrac{\sqrt{3}}{3}a$.

故所求球的半径 $R=\dfrac{\sqrt{3}}{3}$,球的体积 $V=\dfrac{4}{3}\pi R^3=\dfrac{4\sqrt{3}}{27}\pi a^3$.

例 8 求证:各面的面积相等的四面体是等腰四面体.

讲解 如图 17,若 O 为此四面体内切球球心,内切球半径为 r,O_1,O_2 为内切球与面 BCD,ACD 的切点,则 $OO_1=OO_2=r$,且 $OO_1\perp$ 面 BCD,$OO_2\perp$ 面 ACD.

所以 $CO_1=CO_2$,$DO_1=DO_2$(从球外一点向球引的切线长相等),$\angle CO_1D=\angle CO_2D$.

即取内切球与四个面的切点,有公共棱的两个面上的切点对此公共棱张角相等.

把此四面体展开如图 18 所示,作出了其内切球与每个面相切的切点与此面上三个顶点的连线.于是有

$$\alpha+\beta+\gamma=\alpha+\delta+\varphi=\beta+\delta+\theta=\gamma+\theta+\varphi=360^\circ$$

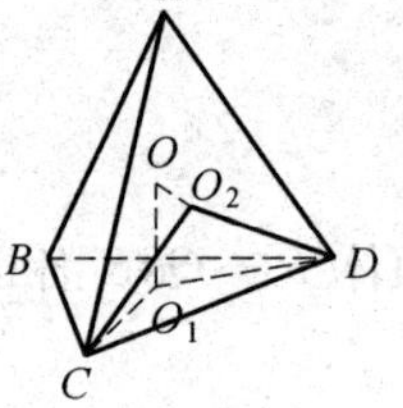

图 17

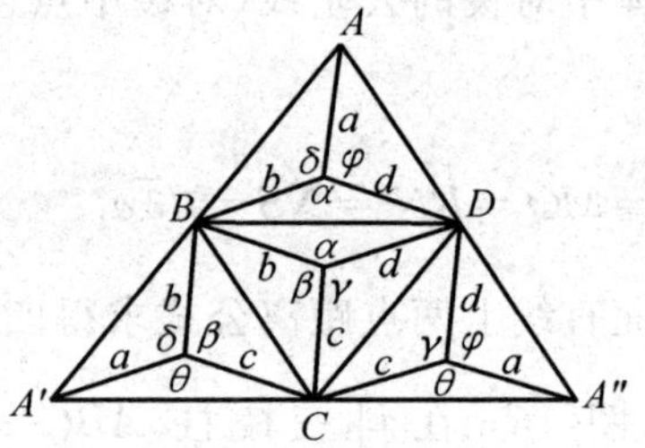

图 18

由此四式,可得

$$\beta+\gamma=\delta+\theta,\beta+\delta=\gamma+\varphi,\Rightarrow\beta=\varphi,\theta=\alpha,\gamma=\delta \quad ①$$

由四个面的面积相等,得

$$bd\sin\alpha+bc\sin\beta+cd\sin\gamma=bd\sin\alpha+ab\sin\delta+ad\sin\varphi=$$
$$bc\sin\beta+ab\sin\delta+ac\sin\theta=cd\sin\gamma+ad\sin\varphi+ac\sin\theta$$

以 ① 代入,得

$$\begin{aligned}&bd\sin\alpha+bc\sin\beta+cd\sin\gamma=\\&bd\sin\alpha+ab\sin\gamma+ad\sin\beta=\\&bc\sin\beta+ab\sin\gamma+ac\sin\alpha=\\&cd\sin\gamma+ad\sin\beta+ac\sin\alpha\end{aligned} \quad ②$$

由 ② 的前两式，得

$$bc\sin\beta + cd\sin\gamma = ab\sin\gamma + ad\sin\beta \Rightarrow$$

$$(bc - ad)\sin\beta = (ab - cd)\sin\gamma \qquad ③$$

由 ② 的后二式，得

$$bc\sin\beta + ab\sin\gamma = cd\sin\gamma + ad\sin\beta \Rightarrow$$

$$(bc - ad)\sin\beta = (cd - ab)\sin\gamma \qquad ④$$

比较 ③、④，得 $ab = cd$，$bc = ad$，$\Rightarrow b = d$，$a = c$，同理可得，$b = c$. 于是 $a = b = c = d$.

于是可得，$AB = BC$，$AC = BD$，$AD = BC$，即四面体 $ABCD$ 是等腰四面体.

例 9　已知一个四面体 $ABCD$，$AB = a$，$CD = b$，异面直线 AB，CD 的距离为 d，所成角为 δ，这个四面体被平行于棱 AB 与 CD 的平面 γ 截成两部分，如果 AB，CD 到 γ 的距离比为 k，试求这两部分的体积比.

分析　求体积比可以不用 a, b, d, δ 这些数据.

讲解　如图 19，截面 γ 分别与相应的棱交于 Q，R，S，T，设四面体 $ABCD$ 的体积为 V，$ABQRST$ 的体积为 V_1，$CDQRST$ 的体积为 V_2.

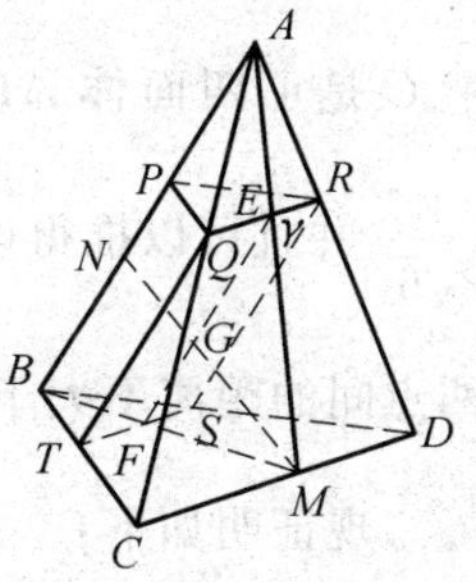

图 19

取面 PQR // 面 BCD，AB，CD 的公垂线为 MN，AB，MN 确定的平面与 $QRST$ 交于 EF，MN 与 EF 交于 G，则 EF // AB，$MN \perp$ 面 $\gamma \Rightarrow MN \perp EF$.

因为 AB，CD 与平面 γ 的距离之比为 $k \Rightarrow NG : GM = k$，所以

$$EF : AB = MG : MN = 1 : (k+1)$$

$$AP : AB = k : (k+1)$$

所以

$$V_{三棱锥A-PQR} : V = k^3 : (k+1)^3$$

$$V_{三棱锥A-PQR} = \frac{k^3}{(k+1)^3}V$$

三棱柱 $PQR - BTS$ 的高 : 三棱锥 $A - BCD$ 的高 $= 1 : (k+1)$

所以

$$V_{PQR-BTS} = \left(\frac{k}{k+1}\right)^2\left(\frac{1}{k+1}\right)V \cdot 3 = \frac{3k^2}{(k+1)^3}V$$

$$所以\ V_1 = \frac{k^3 + 3k^2}{(k+1)^3}V,\ V_2 = V - V_1 = \frac{3k+1}{(k+1)^3}V$$

所以

$$V_1 : V_2 = (k^3 + 3k^2) : (3k+1)$$

例10 以棱长为1的正四面体的各棱为直径作球，S是所作六个球的交集. 证明：S中没有一对点的距离大于$\frac{1}{\sqrt{6}}$.

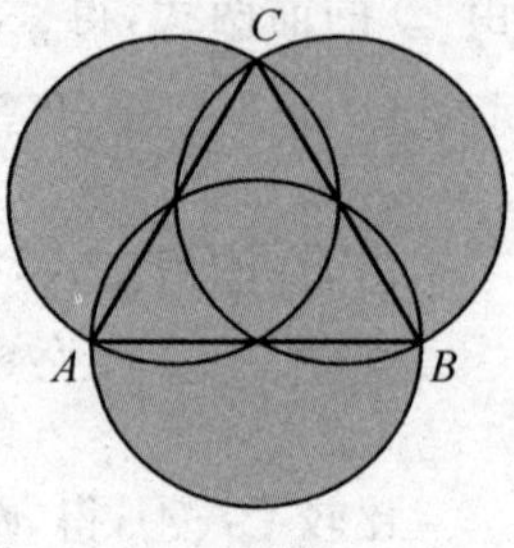

图 20

分析 考虑平面上的类比命题："边长为1的正三角形，以各边为直径作圆，S是所作三个圆的交集."(图20) 通过探索S的类似性质，以寻求本题的论证思路.

如图20，易知S包含于以正三角形重心为圆心，以$\frac{\sqrt{3}}{6}$为半径的圆内. 因此S内任意两点的距离不大于$\frac{\sqrt{3}}{3}$. 了解这个方法就可获得解决本题的思路.

讲解 如图21，正四面体$ABCD$中，M，N分别为BC，AD的中点，G为$\triangle BCD$的中心，$MN\cap AG=O$. 显然O是正四面体$ABCD$的中心. 易知$OG=\frac{1}{4}AG=\frac{1}{2\sqrt{6}}$，并且可以推得以$O$为球心、$OG$为半径的球内任意两点间的距离不大于$\frac{1}{\sqrt{6}}$. 球$O$必包含$S$.

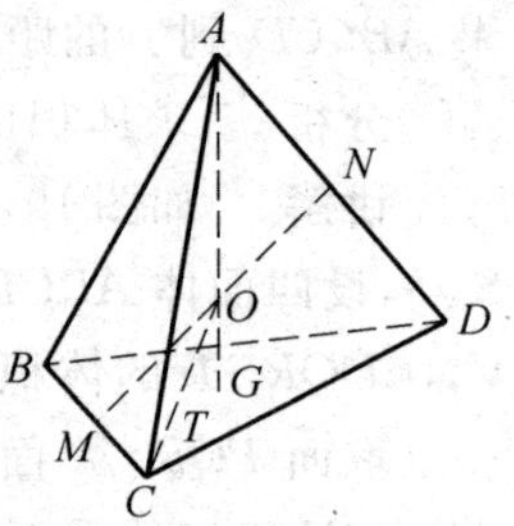

图 21

现证明如下：

根据对称性，不妨考察空间区域四面体$OMCG$. 设P为四面体$OMCG$内任一点，且P不在球O内，现证P亦不在S内. 若球O交OC于点T，$\triangle TON$中，$ON=\frac{\sqrt{2}}{4}$，$OT=\frac{1}{2\sqrt{6}}$，$\cos\angle TON=\cos(\pi-\angle TOM)=-\frac{OM}{OC}$. 由余弦定理$TN^2=ON^2+OT^2+2ON\cdot OT\cdot\frac{OM}{OC}=\frac{1}{4}$，所以$TN=\frac{1}{2}$. 又在$\text{Rt}\triangle AGD$中，$N$是$AD$的中点，所以$GN=\frac{1}{2}$. 由$GN=NT=\frac{1}{2}$，$OG=OT$，$ON=ON$，得$\triangle GON\cong\triangle TON$，所以$\angle TON=\angle GON$，且均为钝角. 于是显然在$\triangle GOC$内，不属于球$O$的任何点$P$，均有$\angle PON>\angle TON$，即有$PN>TN=\frac{1}{2}$，点$P$在$N$为球心，$AD$为直径的球外，点$P$不属于区域$S$. 由此可见，球$O$包含六个球的交集$S$，即$S$中不存在两点，使其距离大于$\frac{1}{\sqrt{6}}$.

课外训练

1. 如图 22，E，F 分别为正方体 $ABCD-A_1B_1C_1D_1$ 的面 ADD_1A_1、面 BCC_1B_1 的中心，则四边形 BFD_1E 在该正方体的面 DCC_1D_1 上的投影是________.（填序号）

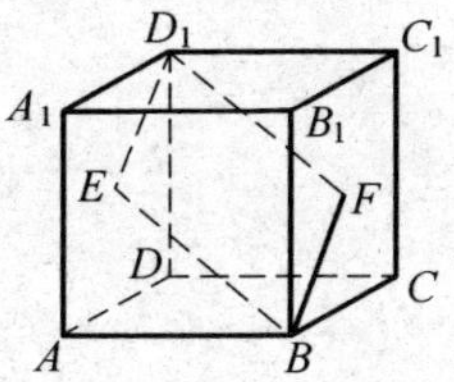

图 22

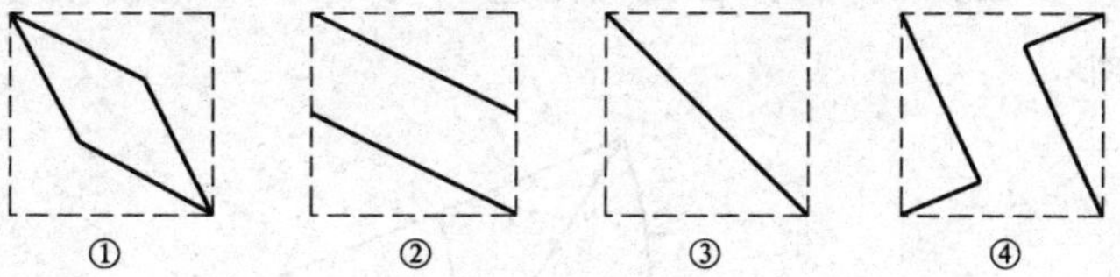

图 23

2. 已知三棱锥 $A-BCD$ 的所有棱长都为$\sqrt{2}$，则该三棱锥的外接球的表面积为________.

3. 如图 24，在三棱柱 $A_1B_1C_1-ABC$ 中，D，E，F 分别是 AB，AC，AA_1 的中点，设三棱锥 $F-ADE$ 的体积为 V_1，三棱柱 $A_1B_1C_1-ABC$ 的体积为 V_2，则 $V_1:V_2=$________.

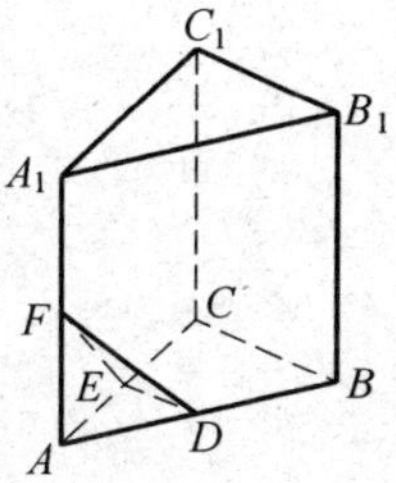

图 24

4. 已知一个圆锥的底面半径为 R，高为 H，在其内部有一个高为 x 的内接圆柱. 则圆柱的侧面积为________；当 $x=$________时，圆柱的侧面积最大.

5. 一个几何体的三视图及其相关数据如图 25 所示，求这个几何体的表面积.

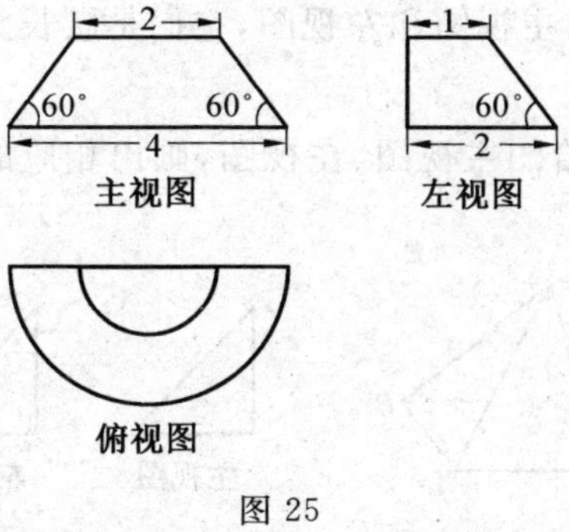

图 25

6. 如图 26，已知一个上、下底面为正三角形且两底面中心连线垂直于底面的三棱台的两底面边长分别为 30 cm 和 20 cm，且其侧面积等于两底面面积之和，求棱台的高.

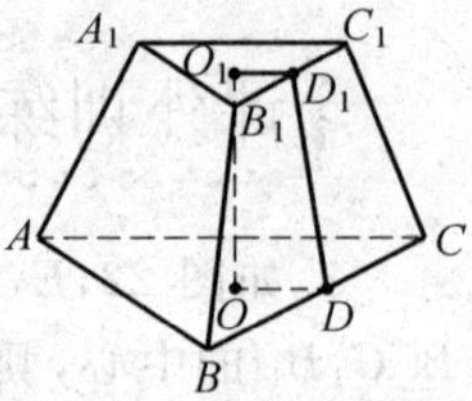

图 26

7. 如图 27，一个圆台的上底半径为 5，下底半径为 10，母线 $AA_1=20$. 一只蚂蚁从 AA_1 中点 M 绕圆台侧面一周到达 A.

(1) 求蚂蚁爬行的最短距离；

(2) 求蚂蚁在沿最短线爬行的过程中，它与上底圆周上点的最短距离.

8. 已知：四面体各面都是边长为 13，14，15 的全等三角形.

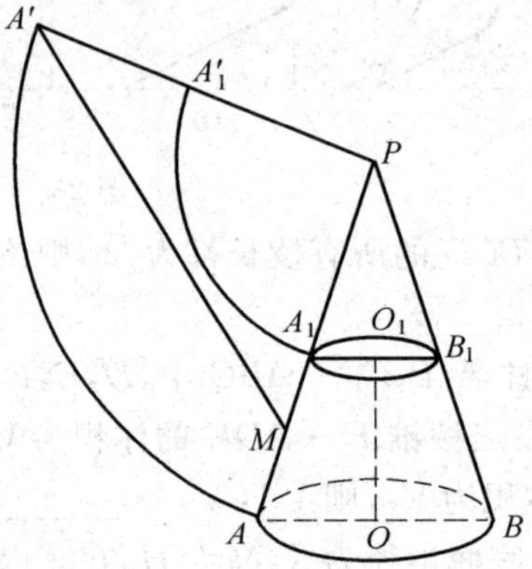

图 27

(1) 求三棱锥的体积；

(2) 求顶点 D 到底面的距离.

9. 如图 28，在四棱锥 $P-ABCD$ 中，底面为正方形，PC 与底面 $ABCD$ 垂直，图 29 为该四棱锥的主视图和左视图，它们是腰长为 6 cm 的全等的等腰直角三角形.

(1) 根据图 29 所给的主视图、左视图，画出相应的俯视图，并求出该俯视图的面积；

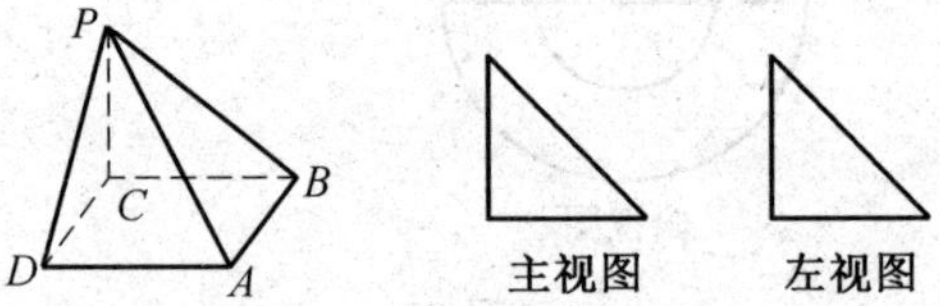

图 28　　图 29

(2) 求 PA.

10. 已知四棱锥 $P-ABCD$ 的三视图如图 30 所示，其中正视图和侧视图是直角三角形，俯视图是正方形，E 是侧棱 PC 上的动点.

(1) 求四棱锥 $P-ABCD$ 的体积；

(2) 不论点 E 在何位置，是否都有 $BD \perp AE$？证明你的结论.

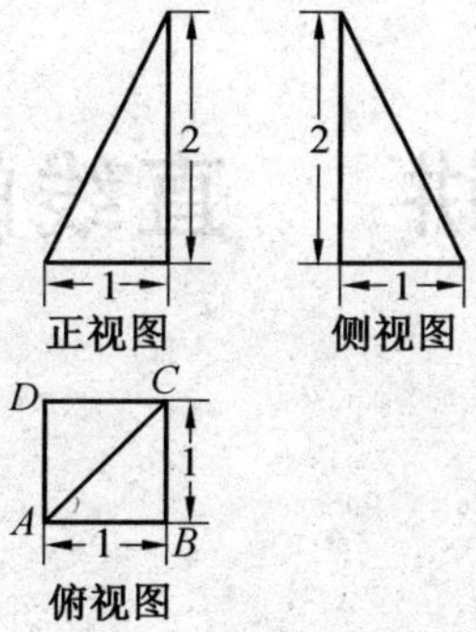

图 30

11. 在六条棱长分别为 2，3，3，4，5，5 的所有四面体中，最大体积是多少？证明你的结论.

第 29 讲　直线的方程

知识呈现

1. 直线的倾斜角与斜率

(1) 直线的倾斜角.

① 定义:在平面直角坐标系中,对于一条与 x 轴相交的直线 l,把 x 轴(正方向)按逆时针方向绕着交点旋转到和直线 l 重合所成的角,叫作直线 l 的倾斜角.当直线 l 与 x 轴平行或重合时,规定它的倾斜角为 $0°$.

② 倾斜角的范围为 $[0°,180°)$.

(2) 直线的斜率.

① 定义:一条直线的倾斜角 α 的正切值叫作这条直线的斜率,斜率常用小写字母 k 表示,即 $k=\tan\alpha$,倾斜角是 $90°$ 的直线斜率不存在.

② 过两点的直线的斜率公式:经过两点 $P_1(x_1,y_1)$,$P_2(x_2,y_2)$ $(x_1\neq x_2)$ 的直线的斜率公式为 $k=\dfrac{y_2-y_1}{x_2-x_1}$.

2. 直线方程的 5 种形式

名称	方　程	适用范围
点斜式	$y-y_0=k(x-x_0)$	不含垂直于 x 轴的直线
斜截式	$y=kx+b$	不含垂直于 x 轴的直线
两点式	$\dfrac{y-y_1}{y_2-y_1}=\dfrac{x-x_1}{x_2-x_1}$	不含直线 $x=x_1(x_1\neq x_2)$ 和直线 $y=y_1(y_1\neq y_2)$
截距式	$\dfrac{x}{a}+\dfrac{y}{b}=1$	不含垂直于坐标轴和过原点的直线
一般式	$Ax+By+C=0(A^2+B^2\neq 0)$	平面直角坐标系内的直线都适用

此外有时为了解决问题方便,还可能用到:

(1) 法线式:$x\cos\alpha+y\sin\alpha-p=0(\alpha\in[0,2\pi)$,$p\geqslant 0$,任何直线都可用

法线式表示)，α 为直线的法线角(法线与 x 轴正向所成的角)，p 为法线长(原点到直线的距离)；

(2) 参数式：$\begin{cases}x=x_0+at\\y=y_0+bt\end{cases}$($t$ 为参数)$\Rightarrow\begin{cases}x=x_0+t\cos\alpha\\y=y_0+t\sin\alpha\end{cases}$($t$ 为参数，t 表示点(x_0,y_0)到点(x,y)的线段的数量，α 为直线的倾斜角)；

(3) 向量式：$\overrightarrow{OP}=\overrightarrow{OA}+\lambda\overrightarrow{AB}(\lambda\in\mathbf{R})$，$\overrightarrow{OP}=\lambda\overrightarrow{OA}+(1-\lambda)\overrightarrow{OB}(\lambda\in\mathbf{R})$等.

在解决问题的过程中要注意灵活运用各种形式.

3. 过 $P_1(x_1,y_1)$，$P_2(x_2,y_2)$ 的直线方程

(1) 若 $x_1=x_2$，且 $y_1\neq y_2$ 时，直线垂直于 x 轴，方程为 $x=x_1$；

(2) 若 $x_1\neq x_2$，且 $y_1=y_2$ 时，直线垂直于 y 轴，方程为 $y=y_1$；

(3) 若 $x_1=x_2=0$，且 $y_1\neq y_2$ 时，直线即为 y 轴，方程为 $x=0$；

(4) 若 $x_1\neq x_2$，且 $y_1=y_2=0$ 时，直线即为 x 轴，方程为 $y=0$.

4. 线段的中点坐标公式

若点 P_1，P_2 的坐标分别为(x_1,y_1)，(x_2,y_2)，且线段 P_1P_2 的中点 M 的坐标为(x,y)，则$\begin{cases}x=\dfrac{x_1+x_2}{2}\\y=\dfrac{y_1+y_2}{2}\end{cases}$，此公式为线段 P_1P_2 的中点坐标公式.

5. 中心对称

点 $P(x_0,y_0)$ 关于点(h,k)的中心对称的点为$(2h-x_0,2k-y_0)$；点 $P(x_0,y_0)$ 关于原点$(0,0)$的中心对称的点为$(-x_0,-y_0)$；

6. 轴对称

(1) 点 $P(x_0,y_0)$ 关于 x 轴的对称点为$(x_0,-y_0)$；

(2) 点 $P(x_0,y_0)$ 关于 y 轴的对称点为$(-x_0,y_0)$；

(3) 点 $P(x_0,y_0)$ 关于直线 $x=a$ 的对称点为$(2a-x_0,y_0)$；

(4) 点 $P(x_0,y_0)$ 关于直线 $y=b$ 的对称点为$(x_0,2b-y_0)$；

(5) 点 $P(x_0,y_0)$ 关于直线 $y=x$ 的对称点为(y_0,x_0)；

(6) 点 $P(x_0,y_0)$ 关于直线 $y=-x$ 的对称点为$(-y_0,-x_0)$；

(7) 点 $P(x_0,y_0)$ 关于直线 $x+y=a$ 的对称点为$(a-y_0,a-x_0)$；

(8) 点 $P(x_0,y_0)$ 关于直线 $x-y=a$ 的对称点为$(a+y_0,x_0-a)$；

(9) 点 $P(x_0,y_0)$ 关于直线 $Ax+By+C=0$ 的对称点，可先设对称点为

(x,y),列出方程组$\begin{cases}\dfrac{y-y_0}{x-x_0}=\dfrac{B}{A}\\ A(x+x_0)+B(y+y_0)+2C=0\end{cases}$,解此方程组即可得对称点坐标.

典例展示

例1 经过 $P(0,-1)$ 作直线 l,若直线 l 与联结 $A(1,-2)$,$B(2,1)$ 的线段总有公共点,则直线 l 的斜率 k 和倾斜角 α 的取值范围分别为________,________.

分析 本题考查斜率求解公式以及 k 与 α 的函数关系,解题关键是在求倾斜角时要对其分锐角、钝角的讨论.

答案:$[-1,1]$ $[0,\frac{\pi}{4}]\cup[\frac{3\pi}{4},\pi)$

讲解 如图1,结合图形:为使 l 与线段 AB 总有公共点,则 $k_{PA}\leqslant k\leqslant k_{PB}$,而 $k_{PB}>0$,$k_{PA}<0$,故 $k<0$ 时,倾斜角 α 为钝角,$k=0$ 时,$\alpha=0$,$k>0$ 时,α 为锐角.

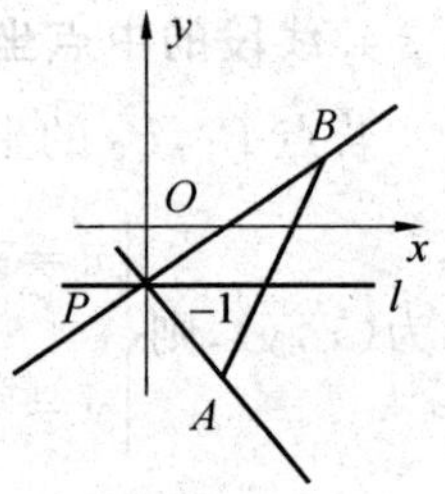

图1

又 $k_{PA}=\dfrac{-2-(-1)}{1-0}=-1$,$k_{PB}=\dfrac{-1-1}{0-2}=1$,所以 $-1\leqslant k\leqslant 1$.

又当 $0\leqslant k\leqslant 1$ 时,$0\leqslant\alpha\leqslant\dfrac{\pi}{4}$;

当 $-1\leqslant k<0$ 时,$\dfrac{3\pi}{4}\leqslant\alpha<\pi$.

故倾斜角 α 的取值范围为 $\alpha\in[0,\frac{\pi}{4}]\cup[\frac{3\pi}{4},\pi)$.

说明 直线倾斜角的范围是 $[0,\pi)$,而这个区间不是正切函数的单调区间,因此根据斜率求倾斜角的范围时,要分 $\left[0,\dfrac{\pi}{2}\right)$ 与 $\left(\dfrac{\pi}{2},\pi\right)$ 两种情况讨论.由正切函数图像可以看出当 $\alpha\in\left[0,\dfrac{\pi}{2}\right)$ 时,斜率 $k\in[0,+\infty)$;当 $\alpha=\dfrac{\pi}{2}$ 时,斜率不存在;当 $\alpha\in\left(\dfrac{\pi}{2},\pi\right)$ 时,斜率 $k\in(-\infty,0)$.

例2 根据所给条件求直线的方程:

(1) 直线过点$(-4,0)$,倾斜角的正弦值为$\dfrac{\sqrt{10}}{10}$;

(2) 直线过点$(-3,4)$，且在两坐标轴上的截距之和为 12；

(3) 直线过点$(5,10)$，且到原点的距离为 5.

分析　本题考查直线方程的 3 种形式，解题关键在于设出正确的方程形式.

讲解　(1) 由题设知，该直线的斜率存在，故可采用点斜式.

设倾斜角为 α，则 $\sin\alpha=\frac{\sqrt{10}}{10}(0<\alpha<\pi)$，从而 $\cos\alpha=\pm\frac{3\sqrt{10}}{10}$，则 $k=\tan\alpha=\pm\frac{1}{3}$.

故所求直线方程为 $y=\pm\frac{1}{3}(x+4)$.

即 $x+3y+4=0$ 或 $x-3y+4=0$.

(2) 由题设知截距不为 0，设直线方程为 $\frac{x}{a}+\frac{y}{12-a}=1$，又直线过点$(-3,4)$，从而 $\frac{-3}{a}+\frac{4}{12-a}=1$，解得 $a=-4$ 或 $a=9$.

故所求直线方程为 $4x-y+16=0$ 或 $x+3y-9=0$.

(3) 当斜率不存在时，所求直线方程为 $x-5=0$；

当斜率存在时，设其为 k，则所求直线方程为 $y-10=k(x-5)$，即 $kx-y+(10-5k)=0$.

由点线距离公式，得 $\frac{|10-5k|}{\sqrt{k^2+1}}=5$，解得 $k=\frac{3}{4}$.

故所求直线方程为 $3x-4y+25=0$.

综上知，所求直线方程为 $x-5=0$ 或 $3x-4y+25=0$.

说明　在求直线方程时，应先选择适当的直线方程的形式，并注意各种形式的适用条件. 用斜截式及点斜式时，直线的斜率必须存在，而两点式不能表示与坐标轴垂直的直线，截距式不能表示与坐标轴垂直或经过原点的直线. 故在解题时，若采用截距式，应注意分类讨论，判断截距是否为零；若采用点斜式，应先考虑斜率不存在的情况.

例 3　已知直线 l 过点 $P(3,2)$，且与 x 轴、y 轴的正半轴分别交于 A，B 两点，如图 2 所示，求 $\triangle ABO$ 的面积的最小值及此时直线 l 的方程.

分析　先求出 AB 所在的直线方程，再求出 A，B 两点的坐标，表示出 $\triangle ABO$ 的面积，然后利用相关的数学知识求最值.

讲解　解法一：设直线方程为 $\frac{x}{a}+\frac{y}{b}=1(a>0,b>0)$，点 $P(3,2)$ 代入

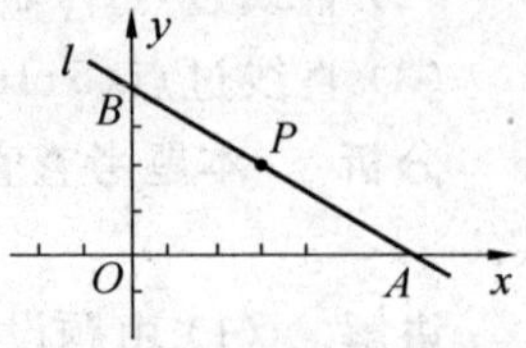

图 2

得$\frac{3}{a}+\frac{2}{b}=1\geqslant 2\sqrt{\frac{6}{ab}}$,得 $ab\geqslant 24$,从而 $S_{\triangle AOB}=\frac{1}{2}ab\geqslant 12$,当且仅当$\frac{3}{a}=\frac{2}{b}$ 时等号成立,这时 $k=-\frac{b}{a}=-\frac{2}{3}$,从而所求直线方程为 $2x+3y-12=0$.

解法二:依题意知,直线 l 的斜率 k 存在且 $k<0$,则直线 l 的方程为

$$y-2=k(x-3)\quad (k<0)$$

且有 $A\left(3-\frac{2}{k},0\right)$,$B(0,2-3k)$,所以

$$\begin{aligned}S_{\triangle ABO}&=\frac{1}{2}(2-3k)\left(3-\frac{2}{k}\right)=\\&\frac{1}{2}\left[12+(-9k)+\frac{4}{(-k)}\right]\geqslant\\&\frac{1}{2}\left[12+2\sqrt{(-9k)\cdot\frac{4}{(-k)}}\right]=\\&\frac{1}{2}\times(12+12)=12\end{aligned}$$

当且仅当 $-9k=\frac{4}{-k}$,即 $k=-\frac{2}{3}$ 时,等号成立.

即 $\triangle ABO$ 的面积的最小值为 12.

故所求直线的方程为 $2x+3y-12=0$.

说明　直线方程综合问题的两大类型及解法:

(1) 与函数相结合的问题:解决这类问题,一般是利用直线方程中的 x,y 的关系,将问题转化为关于 x(或 y) 的函数,借助函数的性质解决.

(2) 与方程、不等式相结合的问题:一般是利用方程、不等式的有关知识(如方程解的个数、根的存在问题、不等式的性质、基本不等式等)来解决.

例 4　求与点 $M(4,3)$ 的距离为 5,且在两坐标轴上的截距相等的直线方程.

分析　解答本题应抓住直线在两坐标轴上的截距相等,分类设出直线的方程求解.

解析　当截距不为 0 时,设所求直线方程为$\frac{x}{a}+\frac{y}{a}=1$,即 $x+y-a=0$,因为点 $M(4,3)$ 与所求直线的距离为 5,所以$\frac{|4+3-a|}{\sqrt{2}}=5$,所以 $a=7\pm$

$5\sqrt{2}$.

所以所求直线方程为 $x+y-7-5\sqrt{2}=0$ 或 $x+y-7+5\sqrt{2}=0$.

当截距为 0 时,设所求直线方程为 $y=kx$,即 $kx-y=0$.

同理可得 $\frac{|4k-3|}{\sqrt{1+k^2}}=5$,所以 $k=-\frac{4}{3}$.

所以所求直线方程为 $y=-\frac{4}{3}x$,即 $4x+3y=0$.

综上所述,所求直线方程为:

$x+y-7-5\sqrt{2}=0$ 或 $x+y-7+5\sqrt{2}=0$ 或 $4x+3y=0$.

答案 $x+y-7-5\sqrt{2}=0$ 或 $x+y-7+5\sqrt{2}=0$ 或 $4x+3y=0$.

说明 在选用直线方程时常易忽视的情况有:

(1) 选用点斜式与斜截式时忽视斜率不存在的情况;

(2) 选用截距式时,忽视截距为零的情况;

(3) 选用两点式时忽视与坐标轴垂直的情况.

例 5 如图 3,在平面直角坐标系中,在 y 轴的正半轴(坐标原点除外)上给定两点 $A(0,a)$,$B(0,b)(0<b<a)$. 试在 x 轴的正半轴(坐标原点除外)上求点 C,使 $\angle ACB$ 取得最大值.

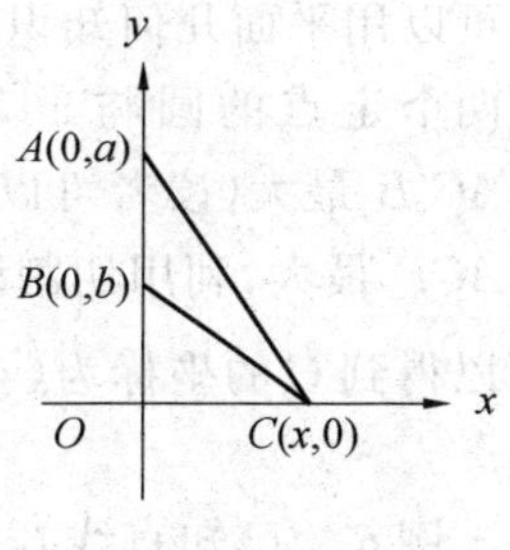

图 3

分析 已知两个定点的坐标和一个动点 $C(x,0)$ 的坐标,要求锐角 $\angle ACB$ 的最大值,而 $\angle ACB$ 恰好是直线 BC 与 AC 的倾斜角的差,故先求出直线 BC 与 AC 的斜率,即求出直线 BC 与 AC 的倾斜角的正切值,再利用三角函数的相关公式及不等式的性质求最值.

讲解 设所求点 C 的坐标为 $(x,0)(x>0)$,$\angle ACx=\alpha$,$\angle BCx=\beta$,$\alpha,\beta\in(\frac{\pi}{2},\pi)$.

$k_{BC}=\frac{b-0}{0-x}=-\frac{b}{x}$,$k_{AC}=\frac{a-0}{0-x}=-\frac{a}{x}$,即 $\tan\alpha=-\frac{b}{x}$,$\tan\beta=-\frac{a}{x}$,因为 $\angle ACB=\alpha-\beta$,则

$$\tan\angle ACB=\tan(\alpha-\beta)=\frac{\tan\alpha-\tan\beta}{1-\tan\alpha\tan\beta}$$

设 $y=\tan\angle ACB$,则

$$y=\frac{-\frac{b}{x}-(-\frac{a}{x})}{1+\frac{b}{x}\cdot\frac{a}{x}}=\frac{\frac{a}{x}-\frac{b}{x}}{1+\frac{ab}{x^2}}=\frac{a-b}{x+\frac{ab}{x}}\leqslant$$

$$\frac{a-b}{2\sqrt{x\cdot\frac{ab}{x}}}=\frac{a-b}{2\sqrt{ab}}=\frac{(a-b)\sqrt{ab}}{2ab}$$

当且仅当 $x=\frac{ab}{x}$,即 $x=\sqrt{ab}$ 时,$y_{\max}=\frac{(a-b)\sqrt{ab}}{2ab}$,即 $\tan\angle ACB$ 的最大值为$\frac{(a-b)\sqrt{ab}}{2ab}$.

因为 $\angle ACB$ 为锐角,在$(0,\frac{\pi}{2})$内,$y=\tan x$ 是增函数,故 $\angle ACB$ 的最大值为 $\arctan\frac{(a-b)\sqrt{ab}}{2ab}$,此时点 C 的坐标为$(\sqrt{ab},0)$.

说明　本题是采用斜率来解决的,事实上本题也可以用平面几何知识来解决,如图 4,当经过 A,B 这两个定点的圆与 x 轴相切时,切点为 C',此时 $\angle AC'B$ 最大(读者可以自行证明),故当 C 在 C' 时 $\angle ACB$ 最大,利用切割线定理,得 $|OC|^2=ab$,同样可以得到 C 的坐标为$(\sqrt{ab},0)$时,$\angle ACB$ 取得最大值.

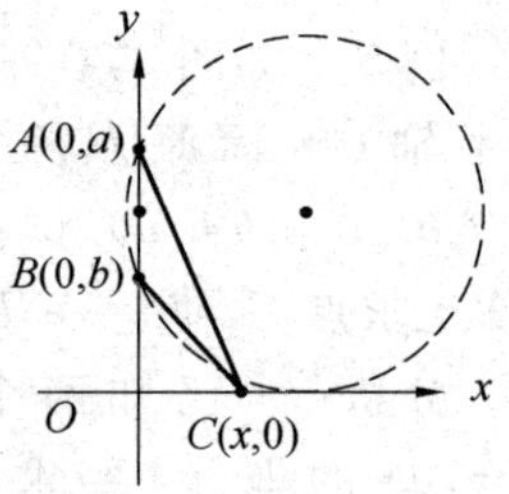

图 4

例 6　已知直线 $l_1:y=4x$ 和 $P(6,4)$. 在直线 l_1 上求一点 Q,使过 P,Q 的直线与 l_1,以及 x 轴,在第Ⅰ象限内围成的三角形的面积最小.

讲解　如图 5,设点 Q 坐标为(x_1,y_1),$y_1=4x_1$,则过 P,Q 的直线 l_2 的方程为$\frac{y-4}{4x_1-4}=\frac{x-6}{x_1-6}$,$PQ$ 与 x 轴交点 M 的坐标为$(\frac{5x_1}{x_1-1},0)$.

$\triangle OMQ$ 的面积 $S=\frac{1}{2}\cdot\frac{5x_1}{x_1-1}\cdot 4x_1$,即 $10x_1^2-Sx_1+S=0$.

要使此方程有实根,则 $S^2-40S\geqslant 0$,即 $S\geqslant 40$.

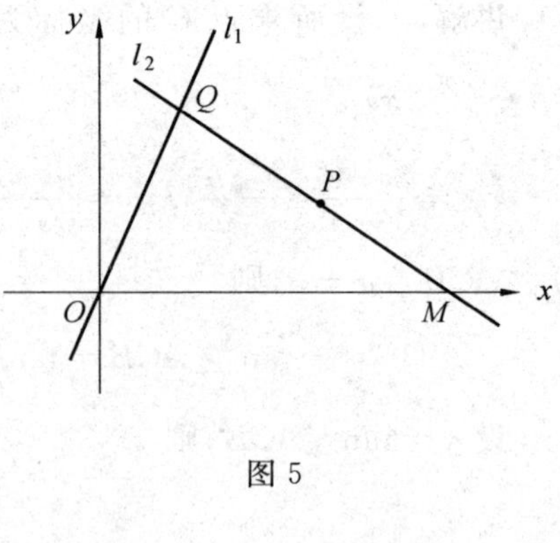

图 5

当 $S=40$ 时，$x_1=2$，即 $x_1=2$ 时，S 达到最小.

故所求点 Q 坐标为(2,8).

说明　本题的关键在于转化为求 $S=\frac{1}{2}\cdot\frac{5x_1}{x_1-1}\cdot 4x_1$ 的最小值，对于求 $S=\frac{1}{2}\cdot\frac{5x_1}{x_1-1}\cdot 4x_1$ 的最小值的方法很多，如

$$S=10(x_1-1)+\frac{10}{x_1-1}+20\geqslant 10\times 2+20=40\quad (x_1>1)$$

例 7　对任意正整数 n，联结原点 O 与点 $A_n(n,n+3)$，用 $f(n)$ 表示线段 OA_n 上的整点个数(不计端点)，试求 $f(1)+f(2)+\cdots+f(1\ 990)$.

讲解　线段 OA_n 的方程为 $y=\frac{n+3}{n}x\ (0\leqslant x\leqslant n)$，故 $f(n)$ 等于该线段内的格点数. 若 $n=3k(k\in\mathbf{N}^*)$，则得 $y=\frac{k+1}{k}x\ (0\leqslant x\leqslant n)(k\in\mathbf{N}^*)$，其内有两个整点 $(k,k+1)$，$(2k,2k+2)$，此时 $f(n)=2$；若 $n=3k\pm 1(k\in\mathbf{N}^*)$ 时，则由于 n 与 $n+3$ 互质，故 OA_n 内没有格点，此时 $f(n)=0$，从而

$$f(1)+f(2)+\cdots+f(1\ 990)=2\left[\frac{1\ 990}{3}\right]=1\ 326$$

例 8　已知 $\triangle ABC$ 是边长为 1 的正三角形，O 为其中心.

试问：过点 O 且两端落在 $\triangle ABC$ 边上的线段中，哪几条最长？哪几条最短？它们各有多长？证明你的结论.

讲解　如图 6，以 A 为原点建立直角坐标系 xAy，则直线 AB 的方程为 $y=\sqrt{3}x$，直线 AC 的方程为 $y=-\sqrt{3}x$，过点 O 的直线方程为 $y=kx+\frac{\sqrt{3}}{3}$. 不失一般性，我们可以考虑 $0\leqslant k\leqslant k_0$，其中 k_0 表示 OB 的斜率，于是得 D,E 的坐标分别为 $\left(\frac{1}{\sqrt{3}(\sqrt{3}-k)},\frac{1}{\sqrt{3}-k}\right)$，$\left(\frac{-1}{\sqrt{3}(\sqrt{3}+k)},\frac{1}{\sqrt{3}+k}\right)$，则

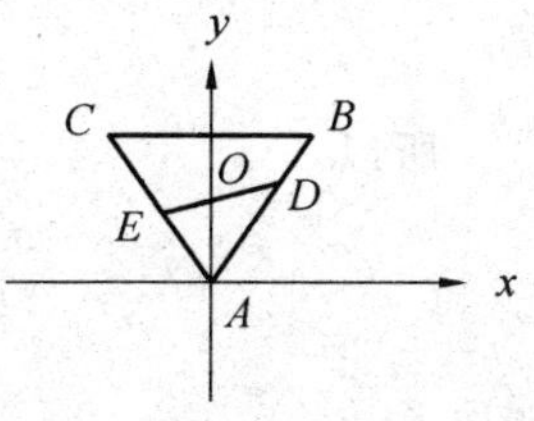

图 6

$$|DE|^2=\frac{1}{3}\left(\frac{1}{\sqrt{3}-k}+\frac{1}{\sqrt{3}+k}\right)^2+\left(\frac{1}{\sqrt{3}-k}-\frac{1}{\sqrt{3}+k}\right)^2=\frac{4(1+k)^2}{(3-k^2)^2}$$

可见当 k 最小即 $k=0$ 时，DE 最短，此时 $DE\parallel BC$，且 $DE=\frac{2}{3}$；当 k 最大即 $k=k_0$ 时，DE 最长，此时 DE 过顶点 B，且 $DE=\frac{\sqrt{3}}{2}$. 由图形的对称性，最长与最短的线段都各有 3 条.

例 9 设点 $B_i(i,y_i)(i\in\mathbf{N}^*)$ 是直线 $y=\frac{1}{4}x+\frac{1}{12}$ 上的点. 点 $A_i(x_i,0)$ 满足 $x_1=a(0<a<1)$,$\triangle A_iB_iA_{i+1}$ 是以 B_i 为顶点的等腰三角形.

(1) 试求数列 $\{x_n\}$ 的通项公式;

(2) 是否存在正数 a,使存在正整数 i,$\triangle A_iB_iA_{i+1}$ 为直角三角形.

讲解 (1) 满足 $x_1=a$,$x_{i+1}=2i-x_i(i=1,2,\cdots)$.

下标加 1:$x_{i+2}=2(i+1)-x_{i+1}$,相减得 $x_{i+2}-x_{i+1}=x_i-x_{i+1}+2$,即 $x_{i+2}=x_i+2$.

则数列 $x_1,x_3,\cdots,x_{2k-1},\cdots$ 与数列 $x_2,x_4,\cdots,x_{2k},\cdots$,分别为以 2 为公差的等差数列.(图 7)

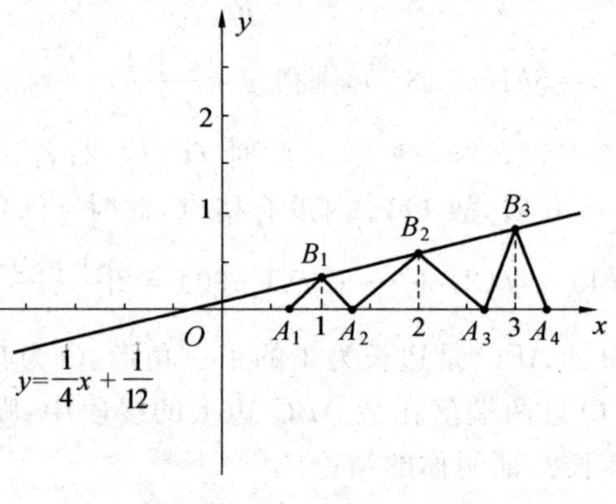

图 7

所以

$$x_{2k-1}=a+2(k-1)=2k+a-2$$
$$x_{2k}=2-a+2(k-1)=2k-a$$

所以

$$x_n=\begin{cases}n+a-1,(n\text{ 为奇数})\\ n-a,(n\text{ 为偶数})\end{cases}$$

也可写为

$$x_n=n+(-1)^{n+1}a-\frac{1}{2}[1+(-1)^{n+1}]$$

(2)

$$y_n=\frac{1}{4}n+\frac{1}{12}$$

当 n 为奇数时,取

$$\frac{1}{4}n+\frac{1}{12}=n-(n+a-1)=1-a$$

所以 $a=\frac{11}{12}-\frac{1}{4}n$. 当 $n=1$ 时,$a=\frac{2}{3}$;当 $n=3$ 时,$a=\frac{1}{6}$.

当 n 为偶数时,取 $\frac{1}{4}n+\frac{1}{12}=n-(n-a)=a$.

所以 $a=\frac{1}{4}n+\frac{1}{12}$,当 $n=2$ 时,$a=\frac{7}{12}$.

所以当 $a=\frac{2}{3},\frac{7}{12},\frac{1}{6}$ 时,分别存在 $i=1,2,3$,使 $\triangle A_iB_iA_{i+1}$ 为直角三角形.

例 10　在坐标平面上,是否存在一个含有无穷多条直线 $l_1,l_2,\cdots,l_n,\cdots$ 的直线族,它满足条件:

(1) 点 $(1,1)\in l_n(n=1,2,3,\cdots)$;

(2) $k_{n+1}=a_n-b_n$,其中 k_{n+1} 是 l_{n+1} 的斜率,a_n 和 b_n 分别是 l_n 在 x 轴和 y 轴上的截距 $(n=1,2,3,\cdots)$;

(3) $k_nk_{n+1}\geqslant 0(n=1,2,3,\cdots)$.

并证明你的结论.

讲解　设 $a_n=b_n\neq 0$,即 $k_{n-1}=-1$,或 $a_n=b_n=0$,即 $k_n=1$,就有 $k_{n+1}=0$,此时 a_{n+1} 不存在,故 $k_n\neq\pm 1$.

现设 $k_n\neq 0,1$,则 $y=k_n(x-1)+1$,得 $b_n=1-k_n$,$a_n=1-\frac{1}{k_n}$,所以 $k_{n+1}=k_n-\frac{1}{k_n}$,此时 $k_nk_{n+1}=k_n{}^2-1$.

所以 $k_n>1$ 或 $k_n<-1$,从而 $k_1>1$ 或 $k_1<-1$.

(1) 当 $k_1>1$ 时,由于 $0<\frac{1}{k_1}<1$,故 $k_1>k_2=k_1-\frac{1}{k_1}>0$,若 $k_2>1$,则又有 $k_1>k_2>k_3>0$,依此类推,知当 $k_m>1$ 时,有 $k_1>k_2>k_3>\cdots>k_m>k_{m+1}>0$,且 $0<\frac{1}{k_1}<\frac{1}{k_2}<\cdots<\frac{1}{k_m}<1$,$k_{m+1}=k_m-\frac{1}{k_m}<k_m-\frac{1}{k_1}=k_{m-1}-\frac{1}{k_{m-1}}-\frac{1}{k_1}<k_{m-1}-\frac{2}{k_1}<\cdots<k_1-\frac{m}{k_1}$.

由于 $k_1-\frac{m}{k_1}$ 随 m 的增大而线性减小,故必存在一个 m 值,$m=m_0$,使 $k_1-\frac{m_0}{k_1}\leqslant 1$,从而必存在一个 m 值 $m=m_1\leqslant m_0$,使 $k_{m_1-1}\geqslant 1$,而 $1>k_{m_1}=k_{m_1-1}-\frac{1}{k_{m_1-1}}>0$,此时 $k_{m_1}\cdot k_{m_1+1}<0$.

即此时不存在这样的直线族.

(2) 当 $k_1<-1$ 时,同样有 $-1<\frac{1}{k_1}<0$,得 $k_1<k_2=k_1-\frac{1}{k_1}<0$.

若 $k_2<-1$,又有 $k_1<k_2<k_3<0$,依此类推,知当 $k_m<-1$ 时,有 $k_1<k_2<k_3<\cdots<k_m<k_{m+1}<0$,且 $0>\frac{1}{k_1}>\frac{1}{k_2}>\cdots>\frac{1}{k_m}>-1$,$k_{m+1}=k_m-\frac{1}{k_m}>k_m-\frac{1}{k_1}=k_{m-1}-\frac{1}{k_{m-1}}-\frac{1}{k_1}>k_{m-1}-\frac{2}{k_1}>\cdots>k_1-\frac{m}{k_1}$.

由于 $k_1-\frac{m}{k_m}$ 随 m 的增大而线性增大,故必存在一个 m 值,$m=m_0$,使 $k_1-\frac{m_0}{k_1}\geqslant-1$,从而必存在一个 m 值,$m=m_1(m_1\leqslant m_0)$,使 $k_{m_1-1}\leqslant-1$,而 $-1<k_{m_1}=k_{m_1}-\frac{1}{k_{m_1-1}}<0$,此时 $k_{m_1}\cdot k_{m_1+1}<0$.

即此时不存在这样的直线族.

综上可知这样的直线族不存在.

说明　本题也可以这样解:由 $k_n\cdot k_{n+1}>0$ 知,k_n 的符号相同,当 $k_n>0$ 时,数列 $\{k_n\}$ 单调递减而有下界 0,当 $k_n<0$ 时,数列 $\{k_n\}$ 单调递增而有上界 0,所以当 $n\to\infty$ 时,k_n 有极限,不妨设为 k,于是 $\lim\limits_{n\to\infty}k_{n+1}=\lim\limits_{n\to\infty}(k_n-\frac{1}{k_n})$,即 $k=k-\frac{1}{k}$,则 $-\frac{1}{k}=0$,不可能.

故满足条件的直线族不存在.

课外训练

1. 直线 l 与两直线 $y=1$,$x-y-7=0$ 分别交于 P,Q 两点,线段 PQ 中点是 $(1,-1)$,则 l 的斜率是________.

2. 直线 l:$ax+(a+1)y+2=0$ 的倾斜角大于 $45°$,则 a 的取值范围是________.

3. 若 $ab>0$,且 $A(a,0)$,$B(0,b)$,$C(-2,-2)$ 三点共线,则 ab 的最小值为________.

4. 设点 $A(-1,0)$,$B(1,0)$,直线 $2x+y-b=0$ 与线段 AB 相交,则 b 的取值范围是________.

5. 已知直线 l 与两坐标轴围成的三角形的面积为 3,分别求满足下列条件的直线 l 的方程:

(1) 过定点 $A(-3,4)$;

(2) 斜率为$\frac{1}{6}$.

6. 如图 8,射线 OA,OB 分别与 x 轴正半轴成 45° 和 30° 角,过点 $P(1,0)$ 作直线 AB 分别交 OA,OB 于 A,B 两点,当 AB 的中点 C 恰好落在直线 $y=\frac{1}{2}x$ 上时,求直线 AB 的方程.

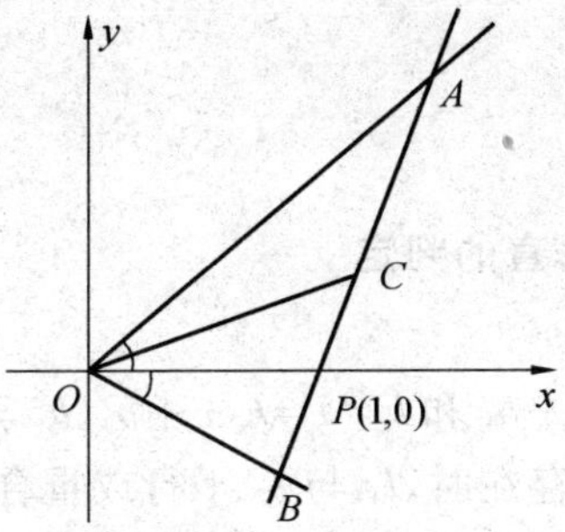

图 8

7. 直线 l 过点 $P(1,4)$,分别交 x 轴的正方向和 y 轴的正方向于 A,B 两点.

(1) 当 $|PA|\cdot|PB|$ 最小时,求 l 的方程;

(2) 当 $|OA|+|OB|$ 最小时,求 l 的方程.

8. 已知直线 l:$kx-y+1+2k=0(k\in\mathbf{R})$.

(1) 求证:直线 l 过定点;

(2) 若直线不经过第四象限,求 k 的取值范围;

(3) 若直线 l 交 x 轴负半轴于 A,交 y 轴正半轴于 B,$\triangle AOB$ 的面积为 S(O 为坐标原点),求 S 的最小值并求此时直线 l 的方程.

9. 在平面直角坐标系 xOy 中,给定两点 $M(-1,2)$ 和 $N(1,4)$,点 P 在 x 轴上移动,当 $\angle MPN$ 取最大值时,求点 P 的横坐标.

10. 直角坐标平面上,求满足不等式组$\begin{cases}y\leqslant 3x\\ y\geqslant \frac{x}{3}\\ x+y\leqslant 100\end{cases}$的整点个数.

11. 设有直线 l 及 l 同旁的两点 P,Q,求平面上一点 R,使 $RS\perp l$ 于点 S,且 $|RP|+|RQ|+|RS|$ 取最小值.

第 30 讲　两直线的位置关系

知识呈现

1.两条直线平行与垂直的判定

(1) 两条直线平行.

两条直线 $l_1:y=k_1x+b_1$ 和 $l_2:y=k_2x+b_2(b_1\neq b_2)$,则 $l_1 /\!/ l_2 \Leftrightarrow k_1=k_2$;当直线 l_1,l_2 的斜率都不存在时,l_1 与 l_2 平行或重合.

(2) 两条直线垂直.

两条直线 $l_1:y=k_1x+b_1$ 和 $l_2:y=k_2x+b_2$,则 $l_1\perp l_2\Leftrightarrow k_1\cdot k_2=-1$;当一条直线斜率为零,另一条直线斜率不存在时,两条直线垂直.

2.两直线相交

交点:直线 $l_1:A_1x+B_1y+C_1=0$ 和 $l_2:A_2x+B_2y+C_2=0$ 的公共点的坐标与方程组 $\begin{cases}A_1x+B_1y+C_1=0\\A_2x+B_2y+C_2=0\end{cases}$ 的解一一对应.

相交 $\Leftrightarrow$ 方程组有唯一解,交点坐标就是方程组的解;

平行 $\Leftrightarrow$ 方程组无解;

重合 $\Leftrightarrow$ 方程组有无数个解.

3.三种距离公式

(1) 点 $A(x_1,y_1)$,$B(x_2,y_2)$ 间的距离为

$$|AB|=\sqrt{(x_2-x_1)^2+(y_2-y_1)^2}$$

(2) 点 $P(x_0,y_0)$ 到直线 $l:Ax+By+C=0$ 的距离为

$$d=\frac{|Ax_0+By_0+C|}{\sqrt{A^2+B^2}}$$

(3) 两平行直线 $l_1:Ax+By+C_1=0$ 与 $l_2:Ax+By+C_2=0(C_1\neq C_2)$ 间的距离为

$$d=\frac{|C_2-C_1|}{\sqrt{A^2+B^2}}$$

典例展示

例 1　已知两条直线 $l_1: ax-by+4=0$ 和 $l_2: (a-1)x+y+b=0$，求满足下列条件的 a,b 的值.

(1) $l_1 \perp l_2$，且 l_1 过点 $(-3,-1)$；

(2) $l_1 /\!/ l_2$，且坐标原点到这两条直线的距离相等.

分析　本题考查两直线平行或垂直成立的充分必要条件，解题易错点在于忽略斜率不存在的情况.

讲解　(1) 由已知可得 l_2 的斜率存在，所以 $k_2=1-a$.

若 $k_2=0$，则 $1-a=0$，$a=1$.

因为 $l_1 \perp l_2$，直线 l_1 的斜率 k_1 必不存在，即 $b=0$.

又因为 l_1 过点 $(-3,-1)$，所以 $-3a+4=0$，即 $a=\frac{4}{3}$（矛盾）.

所以此种情况不存在，所以 $k_2 \neq 0$.

即 k_1，k_2 都存在，因为 $k_2=1-a$，$k_1=\frac{a}{b}$，$l_1 \perp l_2$，所以 $k_1k_2=-1$，即

$$\frac{a}{b}(1-a)=-1 \quad ①$$

又因为 l_1 过点 $(-3,-1)$，所以

$$-3a+b+4=0 \quad ②$$

由 ①② 联立，解得 $a=2$，$b=2$.

(2) 因为 l_2 的斜率存在，$l_1 /\!/ l_2$，所以直线 l_1 的斜率存在，$k_1=k_2$，即

$$\frac{a}{b}=1-a \quad ③$$

又因为坐标原点到这两条直线的距离相等，且 $l_1 /\!/ l_2$，所以 l_1，l_2 在 y 轴上的截距互为相反数，即

$$\frac{4}{b}=b \quad ④$$

联立 ③④，解得 $\begin{cases} a=2 \\ b=-2 \end{cases}$ 或 $\begin{cases} a=\frac{2}{3} \\ b=2 \end{cases}$.

所以 $a=2$，$b=-2$ 或 $a=\frac{2}{3}$，$b=2$.

说明　当直线的方程中存在字母参数时，不仅要考虑到斜率存在的一般情况，也要考虑到斜率不存在的特殊情况. 同时还要注意 x，y 的系数不能同时

为零这一隐含条件.

例 2 过点 $P(3,0)$ 作一直线 l,使它被两直线 $l_1:2x-y-2=0$ 和 $l_2:x+y+3=0$ 所截的线段 AB 以 P 为中点,求此直线 l 的方程.

分析 求直线的方程一般需要两个已知条件,本例已知直线 l 过一定点 $P(3,0)$,还需要寻求另一个条件.这一条件可以是斜率 k 或另一个定点,因此,有两种解法.

讲解 解法一:设直线 l 的方程为 $y=k(x-3)$,将此方程分别与 l_1,l_2 的方程联立,得

$$\begin{cases}y=k(x-3)\\2x-y-2=0\end{cases} 和 \begin{cases}y=k(x-3)\\x+y+3=0\end{cases}$$

解之得 $x_A=\dfrac{3k-2}{k-2}$ 和 $x_B=\dfrac{3k-3}{k+1}$.

因为 $P(3,0)$ 是线段 AB 的中点,由 $x_A+x_B=6$ 得

$$\frac{3k-2}{k-2}+\frac{3k-3}{k+1}=6$$

解得 $k=8$.

故直线 l 的方程为 $y=8(x-3)$,即 $8x-y-24=0$.

解法二:设 l_1 上的点 A 的坐标为 (x_1,y_1),因为 $P(3,0)$ 是线段 AB 的中点,则 l_2 上的点 B 的坐标为 $(6-x_1,-y_1)$,所以

$$\begin{cases}2x_1-y_1-2=0\\(6-x_1)+(-y_1)+3=0\end{cases}$$

解这个方程组,得 $\begin{cases}x_1=\dfrac{11}{3}\\y_1=\dfrac{16}{3}\end{cases}$.

所以点 A 的坐标为 $\left(\dfrac{11}{3},\dfrac{16}{3}\right)$,由两点式可得 l 的方程为 $8x-y-24=0$.

说明 (1) 两直线交点的求法.

求两直线的交点坐标,就是解由两直线方程组成的方程组,以方程组的解为坐标的点即为交点.

(2) 常见的三大直线系方程.

① 与直线 $Ax+By+C=0$ 平行的直线系方程是 $Ax+By+m=0(m\in\mathbf{R}$ 且 $m\neq C)$.

② 与直线 $Ax+By+C=0$ 垂直的直线系方程是 $Bx-Ay+m=0(m\in\mathbf{R})$.

③ 过直线 $l_1:A_1x+B_1y+C_1=0$ 与 $l_2:A_2x+B_2y+C_2=0$ 的交点的直线系方程为 $A_1x+B_1y+C_1+\lambda(A_2x+B_2y+C_2)=0(\lambda\in\mathbf{R})$，但不包括 l_2.

例 3　正方形的中心在 $C(-1,0)$，一条边所在的直线方程是 $x+3y-5=0$，求其他三边所在直线的方程.

分析　借助平行直线系和垂直直线系设出其他三边所在直线的方程，利用正方形的中心到各边距离相等列出方程求直线系中的参数.

讲解　点 C 到直线 $x+3y-5=0$ 的距离为

$$d=\frac{|-1-5|}{\sqrt{1+9}}=\frac{3\sqrt{10}}{5}$$

设与 $x+3y-5=0$ 平行的一边所在直线的方程是

$$x+3y+m=0\quad(m\neq-5)$$

则点 C 到直线 $x+3y+m=0$ 的距离为

$$d=\frac{|-1+m|}{\sqrt{1+9}}=\frac{3\sqrt{10}}{5}$$

解得 $m=-5$（舍去）或 $m=7$.

所以与 $x+3y-5=0$ 平行的边所在直线的方程是 $x+3y+7=0$.

设与 $x+3y-5=0$ 垂直的边所在直线的方程是 $3x-y+n=0$.

则点 C 到直线 $3x-y+n=0$ 的距离

$$d=\frac{|-3+n|}{\sqrt{1+9}}=\frac{3\sqrt{10}}{5}$$

解得 $n=-3$ 或 $n=9$.

所以与 $x+3y-5=0$ 垂直的两边所在直线的方程分别是 $3x-y-3=0$ 和 $3x-y+9=0$.

说明　正方形的四条边两两平行和垂直，设平行直线系和垂直直线系可以较方便地解决，解题时要结合图形进行有效取舍. 本题的解法可以推广到求平行四边形和矩形各边所在直线的方程.

运用点到直线的距离公式时，需把直线方程化为一般式；运用两平行线的距离公式时，需先把两平行线方程中 x,y 的系数化为相同的形式.

例 4　已知直线 $l:2x-3y+1=0$，点 $A(-1,-2)$. 求：

(1) 点 A 关于直线 l 的对称点 A' 的坐标；

(2) 直线 $m:3x-2y-6=0$ 关于直线 l 的对称直线 m' 的方程；

(3) 直线 l 关于点 $A(-1,-2)$ 对称的直线 l' 的方程.

分析　解决对称问题，不管是轴对称还是中心对称，一般都要转化为点之间的对称问题.

讲解 (1) 设 $A'(x,y)$，再由已知

$$\begin{cases}\dfrac{y+2}{x+1}\cdot\dfrac{2}{3}=-1\\ 2\times\dfrac{x-1}{2}-3\times\dfrac{y-2}{2}+1=0\end{cases}$$

解得 $\begin{cases}x=-\dfrac{33}{13}\\ y=\dfrac{4}{13}\end{cases}$，所以 $A'(-\dfrac{33}{13},\dfrac{4}{13})$.

(2) 在直线 m 上取一点，如 $M(2,0)$，则 $M(2,0)$ 关于直线 l 的对称点必在 m' 上.

设对称点为 $M'(a,b)$，则

$$\begin{cases}2\times(\dfrac{a+2}{2})-3\times(\dfrac{b+0}{2})+1=0\\ \dfrac{b-0}{a-2}\times\dfrac{2}{3}=-1\end{cases}$$

解得 $M'(\dfrac{6}{13},\dfrac{30}{13})$.

设 m 与 l 的交点为 N，则由 $\begin{cases}2x-3y+1=0\\ 3x-2y-6=0\end{cases}$ 得 $N(4,3)$.

又因为 m' 经过点 $N(4,3)$，所以由两点式得直线方程为 $9x-46y+102=0$.

(3) 设 $P(x,y)$ 为 l' 上任意一点，则 $P(x,y)$ 关于点 $A(-1,-2)$ 的对称点为 $P'(-2-x,-4-y)$，

因为 P' 在直线 l 上，所以

$$2(-2-x)-3(-4-y)+1=0$$

即

$$2x-3y-9=0$$

说明 解决成中心对称问题的关键在于运用中点坐标公式，而解决轴对称问题，一般是转化为求对称点的问题，在求对称点时，关键是抓住两点：一是两对称点的连线与对称轴垂直；二是两对称点的中心在对称轴上，即抓住"垂直平分"，由垂直列一方程，由平分列一方程，联立求解.

例 5 已知 $|a|<1$，$|b|<1$，$|c|<1$，求证：$abc+2>a+b+c$.

讲解 设线段的方程为 $y=f(x)=(bc-1)x+2-b-c$，其中 $|b|<1$，$|c|<1$，$|x|<1$，且 $-1<b<1$.

因为

$$f(-1)=1-bc+2-b-c=(1-bc)+(1-b)+(1-c)>0$$
$$f(1)=bc-1+2-b-c=(1-b)(1-c)>0$$

所以线段 $y=(bc-1)x+2-b-c(-1<x<1)$ 在 x 轴上方，这就是说，当 $|a|<1$，$|b|<1$，$|c|<1$ 时，恒有 $abc+2>a+b+c$.

例 6　抛物线有光学性质：由其焦点射出的光线经抛物线折射后，沿平行于抛物线对称轴的方向射出，今有抛物线 $y^2=2px(p>0)$. 一光源在点 $M\left(\frac{41}{4},4\right)$ 处，由其发出的光线沿平行于抛物线的轴的方向射向抛物线上的点 P，折射后又射向抛物线上的点 Q，再折射后，又沿平行于抛物线的轴的方向射出，途中遇到直线 $l:2x-4y-17=0$ 上的点 N，再折射后又射回点 M，如图 1 所示.

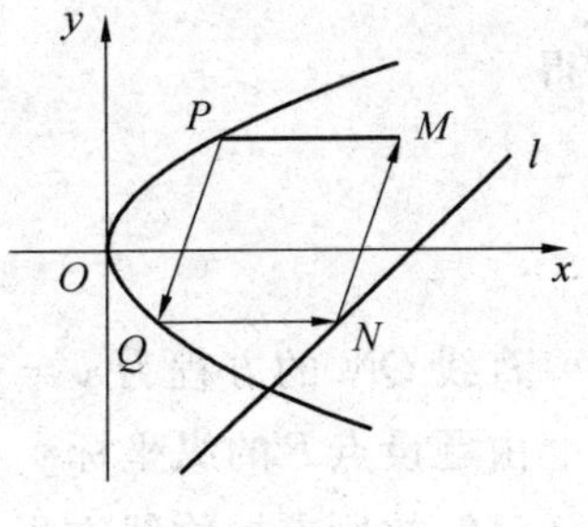

图 1

(1) 设 P,Q 两点坐标分别为 (x_1,y_1)，(x_2,y_2)，证明：$y_1y_2=-p^2$；

(2) 求抛物线的方程；

(3) 试判断在抛物线上是否存在一点，使该点与点 M 关于 PN 所在的直线对称？若存在，请求出此点的坐标；若不存在，请说明理由.

分析　对称问题是直线方程的又一个重要应用. 本题是一道与物理中的光学知识相结合的综合性题目，考查了学生理解问题、分析问题、解决问题的能力.

讲解　(1) 由抛物线的光学性质及题意知光线 PQ 必过抛物线的焦点 $F\left(\frac{p}{2},0\right)$，设直线 PQ 的方程为

$$y=k(x-\frac{p}{2}) \quad ①$$

由式 ① 得 $x=\frac{1}{k}y+\frac{p}{2}$，将其代入抛物线方程 $y^2=2px$ 中，整理，得 $y^2-\frac{2p}{k}y-p^2=0$，由韦达定理，$y_1y_2=-p^2$.

当直线 PQ 的斜率角为 $90°$ 时，将 $x=\frac{p}{2}$ 代入抛物线方程，得 $y=\pm p$，同样得到 $y_1y_2=-p^2$.

(2) 因为光线 QN 经直线 l 反射后又射向点 M，所以直线 MN 与直线 QN 关于直线 l 对称，设点 $M\left(\frac{41}{4},4\right)$ 关于 l 的对称点为 $M'(x',y')$，则

$$\begin{cases}\dfrac{y'-4}{x'-\dfrac{41}{4}}\times\dfrac{1}{2}=-1\\ 2\times\dfrac{x'+\dfrac{41}{4}}{2}-4\times\dfrac{y'+4}{2}-17=0\end{cases}$$

解得

$$\begin{cases}x'=\dfrac{51}{4}\\ y'=-1\end{cases}$$

直线 QN 的方程为 $y=-1$,点 Q 的纵坐标 $y_2=-1$.

由题设点 P 的纵坐标 $y_1=4$,且由(1)知:$y_1y_2=-p^2$,则 $4\cdot(-1)=-p^2$,得 $p=2$,故所求抛物线方程为 $y^2=4x$.

(3) 将 $y=4$ 代入 $y^2=4x$,得 $x=4$,故点 P 坐标为$(4,4)$.

将 $y=-1$ 代入直线 l 的方程为 $2x-4y-17=0$,得 $x=\dfrac{13}{2}$.

故点 N 坐标为$\left(\dfrac{13}{2},-1\right)$.

由 P,N 两点坐标得直线 PN 的方程为 $2x+y-12=0$.

设点 M 关于直线 NP 的对称点 $M_1(x_1,y_1)$,则

$$\begin{cases}\dfrac{y_1-4}{x_1-\dfrac{41}{4}}\times(-2)=-1\\ 2\times\dfrac{x_1+\dfrac{41}{4}}{2}+\dfrac{y_1+4}{2}-12=0\end{cases}$$

解得

$$\begin{cases}x_1=\dfrac{1}{4}\\ y_1=-1\end{cases}$$

又 $M_1\left(\dfrac{1}{4},-1\right)$ 的坐标是抛物线方程 $y^2=4x$ 的解,故抛物线上存在一点 $\left(\dfrac{1}{4},-1\right)$ 与点 M 关于直线 PN 对称.

例 7 已知过原点 O 的一条直线与函数 $y=\log_8 x$ 的图像交于 A,B 两点,分别过点 A,B 作 y 轴的平行线与函数 $y=\log_2 x$ 的图像交于 C,D 两点.

(1) 证明:点 C,D 和原点 O 在同一直线上.

(2) 当 BC 平行于 x 轴时，求点 A 的坐标.

讲解　(1) 设 A,B 的横坐标分别为 x_1,x_2，由题设知 $x_1>1,x_2>1$，点 $A(x_1,\log_8 x_1),B(x_2,\log_8 x_2)$.

因为 A,B 在过点 O 的直线上，所以 $\frac{\log_8 x_1}{x_1}=\frac{\log_8 x_2}{x_2}$，又点 C,D 的坐标分别为 $(x_1,\log_2 x_1),(x_2,\log_2 x_2)$.

由于 $\log_2 x_1=3\log_8 x_1,\log_2 x_2=3\log_8 x_2$，则

$$k_{OC}=\frac{\log_2 x_1}{x_1}=\frac{3\log_8 x_1}{x_1},k_{OD}=\frac{\log_2 x_2}{x_2}=\frac{3\log_8 x_2}{x_2}$$

由此得 $k_{OC}=k_{OD}$，即 O,C,D 在同一直线上.

(2) 由 BC 平行于 x 轴，有 $\log_2 x_1=\log_8 x_2$，又 $\log_2 x_1=3\log_8 x_1$，所以 $x_2=x_1^3$. 将其代入 $\frac{\log_8 x_1}{x_1}=\frac{\log_8 x_2}{x_2}$，得

$$x_1^3\log_8 x_1=3x_1\log_8 x_1$$

由于 $x_1>1$ 知 $\log_8 x_1\neq 0$，故 $x_1^3=3x_1x_2=\sqrt{3}$，于是 $A(\sqrt{3},\log_8\sqrt{3})$.

例 8　设数列 $\{a_n\}$ 的前 n 项和 $S_n=na+n(n-1)b,(n=1,2,\cdots)$，$a,b$ 是常数且 $b\neq 0$.

(1) 证明：$\{a_n\}$ 是等差数列；

(2) 证明：以 $(a_n,\frac{S_n}{n}-1)$ 为坐标的点 $P_n(n=1,2,\cdots)$ 都落在同一条直线上，并写出此直线的方程；

(3) 设 $a=1,b=\frac{1}{2}$，C 是以 (r,r) 为圆心，$r(r>0)$ 为半径的圆，求使得点 P_1,P_2,P_3 都落在圆 C 外时 r 的取值范围.

讲解　(1) 由条件，得 $a_1=S_1=a$，当 $n\geqslant 2$ 时，有

$$a_n=S_n-S_{n-1}=[na+n(n-1)b]-[(n-1)a+(n-1)(n-2)b]=a+2(n-1)b$$

因此，当 $n\geqslant 2$ 时，有

$$a_n-a_{n-1}=[a+2(n-1)b]-[a+2(n-2)b]=2b$$

所以 $\{a_n\}$ 是以 a 为首项，$2b$ 为公差的等差数列.

(2) 因为 $b\neq 0$，对于 $n\geqslant 2$，有

$$\frac{\left(\frac{S_n}{n}-1\right)-\left(\frac{S_1}{1}-1\right)}{a_n-a_1}=\frac{\frac{na+n(n-1)b}{a}-a}{a+2(n-1)b-a}=\frac{(n-1)b}{2(n-1)b}=\frac{1}{2}$$

所以所有的点 $P_n(a_n,\frac{S_n}{n}-1)(n=1,2,\cdots)$ 都落在通过 $P_1(a,a-1)$ 且以

$\frac{1}{2}$ 为斜率的直线上,此直线方程为

$$y-(a-1)=\frac{1}{2}(x-a)$$

即

$$x-2y+a-2=0$$

(3) 当 $a=1,b=\frac{1}{2}$ 时,P_n 的坐标为 $\left(n,\frac{n-2}{2}\right)$,使 $P_1(1,0)$,$P_2\left(2,\frac{1}{2}\right)$,$P_3(3,1)$ 都落在圆 C 外的条件是

$$\begin{cases}(r-1)^2+r^2>r^2\\(r-1)^2+(r-\frac{1}{2})^2>r^2\\(r-3)^2+(r-1)^2>r^2\end{cases}$$

即

$$\begin{cases}(r-1)^2>0 & ①\\r^2-5r+\frac{17}{4}>0 & ②\\r^2-8r+10>0 & ③\end{cases}$$

由不等式①,得 $r\neq 1$.

由不等式②,得 $r<\frac{5}{2}-\sqrt{2}$ 或 $r>\frac{5}{2}+\sqrt{2}$.

由不等式③,得 $r<4-\sqrt{6}$ 或 $r>4+\sqrt{6}$.

再注意到 $r>0,1<\frac{5}{2}-\sqrt{2}<4-\sqrt{6}=\frac{5}{2}+\sqrt{2}<4+\sqrt{6}$.

故使 P_1,P_2,P_3 都落在圆 C 外时,r 的取值范围是 $(0,1)\cup(1,\frac{5}{2}-\sqrt{2})\cup(4+\sqrt{6},+\infty)$.

例9 设 $n\in\mathbf{N}^*$,求 $|n-1\,949|+|n-1\,950|+\cdots+|n-2\,001|$ 的最小值.

讲解 可从绝对值的几何意义上去想,以 $|n-1|+|n-2|+|n-3|+|n-4|$ 为例,如图2所示.

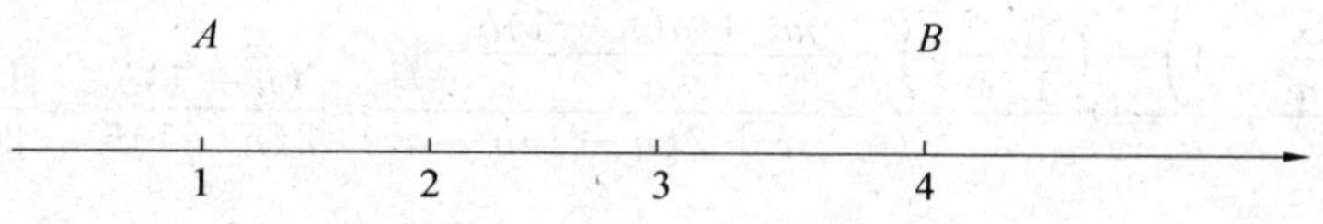

图2

所给的式子的几何意义是数轴上坐标为 n 的点 N 与坐标为 1,2,3,4 的 4 个点的距离的和. 显然,当 N 在线段 AB 之外时,和大于 N 在线段 AB 上时的和;当 N 在线段 AB 上时,N 接近 AB 的中点,和就逐渐变小,N 重合于 AB 的中点时,和达到最小. 因为 $n\in\mathbf{N}^*$,所以当 n 取 2 或 3 时,$|n-1|+|n-2|+|n-3|+|n-4|$ 最小.

对于和式 $S=|n-1\,949|+|n-1\,950|+\cdots+|n-2\,001|$,设数轴上的点 A,B 分别表示 1 949,2 001,则线段 AB 的中点的坐标是 $\frac{1\,949+2\,001}{2}=$ 1 975,所以

$$S_{最小}=|1\,975-1\,949|+|1\,975-1\,950|+\cdots+|1\,975-2\,001|=$$
$$(26+25+\cdots+1)+(1+2+\cdots+26)=$$
$$2\times\frac{(26+1)\cdot 26}{2}=702$$

说明　本题运用了数形结合的思想方法,根据两数差的绝对值的几何意义,很直观地解决了问题. 运用同样的思想方法,可以得到:

对于函数

$$f(x)=\sum_{i=1}^{n}|x-a_i|\quad(a_1<a_2<\cdots<a_n)$$

若 n 是奇数,则当 $x=a_{\frac{n+1}{2}}$ 时,$f(x)$ 取得最小值 $\sum\limits_{j=\frac{n+3}{2}}^{n}a_j-\sum\limits_{t=1}^{\frac{n-1}{2}}a_t$;

若 n 是偶数,则当 $x\in[a_{\frac{n}{2}},a_{\frac{n}{2}+1}]$ 时,$f(x)$ 取得最小值 $\sum\limits_{j=\frac{n}{2}+1}^{n}a_j-\sum\limits_{t=1}^{\frac{n}{2}}a_t$.

例 10　设函数 $f(x)=\sum\limits_{i=1}^{n}a_i|x-b_i|$ $(a_i,b_i\in\mathbf{R},i=1,2,\cdots,n,x\in\mathbf{R})$,则

(1) 当 $\sum\limits_{i=1}^{n}a_i>0$ 时,$f(x)$ 有最小值 $\min\{f(b_1),f(b_2),\cdots,f(b_n)\}$,但无最大值.

(2) 当 $\sum\limits_{i=1}^{n}a_i=0$ 时,$f(x)$ 有最大值 $\max\{f(b_1),f(b_2),\cdots,f(b_n)\}$,最小值 $\min\{f(b_1),f(b_2),\cdots,f(b_n)\}$.

(3) 当 $\sum\limits_{i=1}^{n}a_i<0$ 时,$f(x)$ 有最大值 $\max\{f(b_1),f(b_2),\cdots f(b_n)\}$,但无最小值.

讲解 不失一般性,设 $b_1 \leqslant b_2 \leqslant \cdots \leqslant b_n$,则

$$f(x)=\begin{cases}-\sum_{i=1}^{n}a_ix+\sum_{i=1}^{n}a_ib_i \quad (x \leqslant b_1)\\ (\sum_{j=1}^{i}a_j-\sum_{j=i+1}^{n}a_j)x-(\sum_{j=1}^{i}a_jb_j-\sum_{j=i+1}^{n}a_jb_j)\\ (b_i \leqslant x \leqslant b_{i+1}, i=1,2,\cdots,n-1)\\ \sum_{i=1}^{n}a_ix-\sum_{i=1}^{n}a_ib_i \quad (x \geqslant b_n)\end{cases}$$

由此可见,函数 $f(x)$ 的图像是左右两侧两射线和中间的 $(n-1)$ 条线段依次联结而成的"折线形".

(1) 若 $\sum_{i=1}^{n}a_i>0$,则函数 $f(x)$ 的图像中的左右两射线分别由点 $(b_1,f(b_1))$ 和点 $(b_n,f(b_n))$ 向上无限延伸,中间是 $(n-1)$ 条线段依次联结的折线,因此 $f(x)$ 有最小值 $\min\{f(b_1),f(b_2),\cdots,f(b_n)\}$,但无最大值.

(2) 若 $\sum_{i=1}^{n}a_i=0$,则函数 $f(x)$ 的图像中的左右两射线分别由点 $(b_1,f(b_1))$ 和点 $(b_n,f(b_n))$ 向左右沿平行于 x 轴方向无限延伸,中间是 $(n-1)$ 条线段依次联结的折线,因此 $f(x)$ 有最大值 $\max\{f(b_1),f(b_2),\cdots,f(b_n)\}$,最小值 $\min\{f(b_1),f(b_2),\cdots,f(b_n)\}$.

(3) 若 $\sum_{i=1}^{n}a_i<0$,则函数 $f(x)$ 的图像中的左右两射线分别由点 $(b_1,f(b_1))$ 和点 $(b_n,f(b_n))$ 向下无限延伸,中间是 $(n-1)$ 条线段依次联结的折线,因此 $f(x)$ 有最大值 $\max\{f(b_1),f(b_2),\cdots,f(b_n)\}$,但无最小值.

课外训练

1. 已知直线 $l_1: ax+3y-1=0$ 与直线 $l_2: 2x+(a-1)y+1=0$ 垂直,则实数 $a=$________.

2. 若直线 m 被两平行线 $l_1: x-y+1=0$ 与 $l_2: x-y+3=0$ 所截得的线段的长为 $2\sqrt{2}$,则 m 的倾斜角可以是

①15° ②30° ③45° ④60° ⑤75°

其中正确答案的序号是________.

3. 将一张坐标纸折叠一次,使得点 $(0,2)$ 与点 $(4,0)$ 重合,点 $(7,3)$ 与点 (m,n) 重合,则 $m+n=$________.

4. 光线沿直线 $l_1: x-2y+5=0$ 射入，遇直线 $l: 3x-2y+7=0$ 后反射，则反射光线所在的直线方程为____________.

5. 已知过点 $P(2,2)$ 的直线与圆 $(x-1)^2+y^2=5$ 相切，且与直线 $ax-y+1=0$ 垂直，则 a 等于________.

6. 如图 3，已知直线 $l_1 /\!/ l_2$，点 A 是 l_1，l_2 之间的定点，点 A 到 l_1，l_2 之间的距离分别为 3 和 2，点 B 是 l_2 上的一动点，作 $AC \perp AB$，且 AC 与 l_1 交于点 C，则 $\triangle ABC$ 的面积的最小值为________.

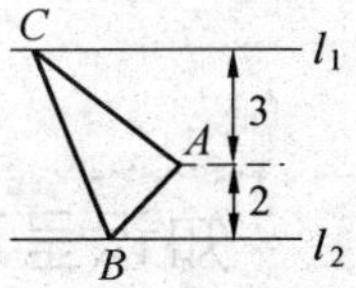

图 3

7. 点 $P(2,1)$ 到直线 $l: mx-y-3=0(m \in \mathbf{R})$ 的最大距离是________.

8. 若直线 l 过点 $A(1,-1)$，与已知直线 $l_1: 2x+y-6=0$ 相交于点 B，且 $|AB|=5$，求直线 l 的方程.

9. 已知 $\triangle ABC$ 的顶点 $A(5,1)$，AB 边上的中线 CM 所在直线方程为 $2x-y-5=0$，AC 边上的高 BH 所在直线方程为 $x-2y-5=0$，求直线 BC 的方程.

10. 如图 4，函数 $f(x)=x+\dfrac{\sqrt{2}}{x}$ 的定义域为 $(0,+\infty)$. 设点 P 是函数图像上任一点，过点 P 分别作直线 $y=x$ 和 y 轴的垂线，垂足分别为 M，N.

(1) 证明：$|PM| \cdot |PN|$ 为定值；

(2) O 为坐标原点，求四边形 $OMPN$ 面积的最小值.

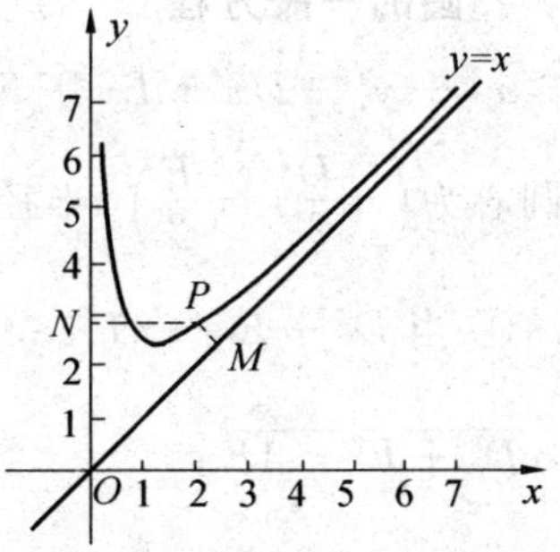

图 4

11. 已知直线 $l: x-2y+8=0$ 和两点 $A(2,0)$，$B(-2,-4)$.

(1) 在直线 l 上求一点 P，使 $|PA|+|PB|$ 最小；

(2) 在直线 l 上求一点 P，使 $||PB|-|PA||$ 最大.

第31讲　圆的方程

知识呈现

1.圆的定义

在平面内,到定点的距离等于定长的点的集合叫圆.

2.确定一个圆最基本的要素是圆心和半径

3.圆的标准方程

$(x-a)^2+(y-b)^2=r^2(r>0)$,其中(a,b)为圆心,r为半径.

4.圆的一般方程

$x^2+y^2+Dx+Ey+F=0$表示圆的充要条件是$D^2+E^2-4F>0$,其中圆心为$\left(-\frac{D}{2},-\frac{E}{2}\right)$,半径$r=\frac{\sqrt{D^2+E^2-4F}}{2}$.

①当$D^2+E^2-4F>0$时,该方程表示圆,圆心$(-\frac{D}{2},-\frac{E}{2})$,半径$r=\frac{1}{2}\sqrt{D^2+E^2-4F}$;

②当$D^2+E^2-4F=0$时,该方程表示点$(-\frac{D}{2},-\frac{E}{2})$(点圆);

③当$D^2+E^2-4F<0$时,该方程不表示任何曲线(虚圆).

5.以(x_1,y_1),(x_2,y_2)为直径端点的圆的方程

$$(x-x_1)(x-x_2)+(y-y_1)(y-y_2)=0$$

6.圆的参数方程

圆心为(a,b),半径为r的圆的参数方程为

$$\begin{cases}x=a+r\cos\theta\\y=b+r\sin\theta\end{cases}\quad(\theta\text{为参数})$$

7.确定圆的方程的方法和步骤

确定圆的方程的主要方法是待定系数法,大致步骤为:

(1) 根据题意,选择标准方程或一般方程;

(2) 根据条件列出关于 a,b,r 或 D,E,F 的方程组;

(3) 解出 a,b,r 或 D,E,F,代入标准方程或一般方程.

8.点和圆的位置关系

点和圆的位置关系有三种:

圆的标准方程为 $(x-a)^2+(y-b)^2=r^2$;

点 $M(x_0,y_0)$ 在圆上:$(x_0-a)^2+(y_0-b)^2=r^2$;

点 $M(x_0,y_0)$ 在圆外:$(x_0-a)^2+(y_0-b)^2>r^2$;

点 $M(x_0,y_0)$ 在圆内:$(x_0-a)^2+(y_0-b)^2<r^2$.

典例展示

例1　根据下列条件,求圆的方程:

(1) 经过 $P(-2,4)$,$Q(3,-1)$ 两点,并且在 x 轴上截得的弦长等于6;

(2) 圆心在直线 $y=-4x$ 上,且与直线 $l:x+y-1=0$ 相切于点 $P(3,-2)$.

分析　(1) 设圆的一般方程,利用待定系数法求解.

(2) 求圆心和半径,确定圆的标准方程.

讲解　(1) 设圆的方程为 $x^2+y^2+Dx+Ey+F=0$,将 P,Q 两点的坐标分别代入得

$$\begin{cases}2D-4E-F=20 & ①\\ 3D-E+F=-10 & ②\end{cases}$$

又令 $y=0$,得

$$x^2+Dx+F=0 \quad ③$$

设 x_1,x_2 是方程③的两根,由 $|x_1-x_2|=6$ 有

$$D^2-4F=36 \quad ④$$

由①,②,④解得 $D=-2,E=-4,F=-8$,或 $D=-6,E=-8,F=0$.故所求圆的方程为

$$x^2+y^2-2x-4y-8=0$$

或

$$x^2+y^2-6x-8y=0$$

(2) 解法一:如图1,设圆心 $(x_0,-4x_0)$,依题意得 $\frac{4x_0-2}{3-x_0}=1$,所以 $x_0=1$,即圆心坐标为 $(1,-4)$,半径 $r=2\sqrt{2}$,故圆的方程为 $(x-1)^2+(y+4)^2=$

8.

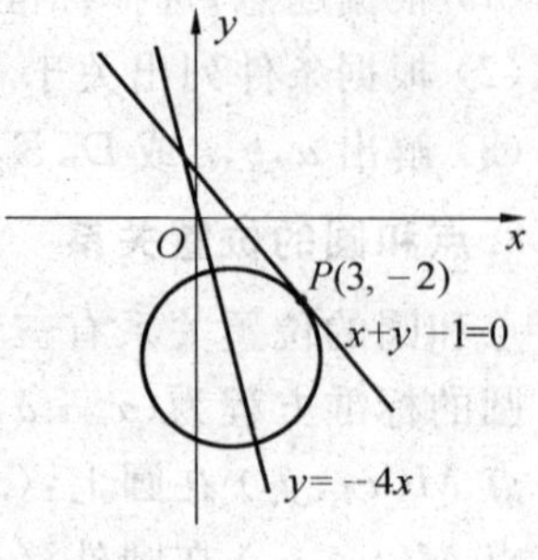

图 1

解法二:设所求方程为

$$(x-x_0)^2+(y-y_0)^2=r^2$$

根据已知条件得

$$\begin{cases} y_0=-4x_0 \\ (3-x_0)^2+(-2-y_0)^2=r^2 \\ \dfrac{|x_0+y_0-1|}{\sqrt{2}}=r \end{cases}$$

解得

$$\begin{cases} x_0=1 \\ y_0=-4 \\ r=2\sqrt{2} \end{cases}$$

因此所求圆的方程为

$$(x-1)^2+(y+4)^2=8$$

说明 求圆的方程时,应根据条件选用合适的圆的方程.一般来说,求圆的方程有两种方法:

(1) 几何法,通过研究圆的性质进而求出圆的基本量.确定圆的方程时,常用到的圆的三个性质:

① 圆心在过切点且垂直切线的直线上;

② 圆心在任一弦的中垂线上;

③ 两圆内切或外切时,切点与两圆圆心三点共线.

(2) 代数法,即设出圆的方程,用待定系数法求解.

例 2 已知实数 x,y 满足方程 $x^2+y^2-4x+1=0$.求:

(1) $\dfrac{y}{x}$ 的最大值和最小值;

(2) $y-x$ 的最小值;

(3) x^2+y^2 的最大值和最小值.

分析 显然实数 x,y 所确定的点在圆 $x^2+y^2-4x+1=0$ 上运动,而 $\dfrac{y}{x}$ 则可看成是圆上的点与原点连线的斜率,$y-x$ 可以转化为截距,x^2+y^2 可以看成是圆上点与原点距离的平方.

讲解 (1) 如图 2,方程 $x^2+y^2-4x+1=0$ 表示以点(2,0) 为圆心,以 $\sqrt{3}$ 为半径的圆.

设 $\dfrac{y}{x}=k$,即 $y=kx$,则圆心(2,0) 到直线 $y=kx$ 的距离为半径时直线与圆

相切，斜率取得最大、最小值.

由$\frac{|2k-0|}{\sqrt{k^2+1}}=\sqrt{3}$，解得 $k^2=3$，所以 $k_{\max}=\sqrt{3}$，$k_{\min}=-\sqrt{3}$.

（也可由平面几何知识，得 $OC=2$，$CP=\sqrt{3}$，$\angle POC=60^\circ$，直线 OP 的倾斜角为 60°，直线 OP' 的倾斜角为 120°.）

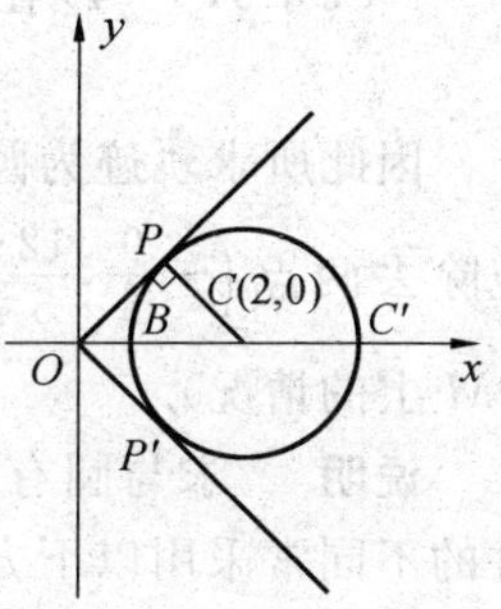

图 2

(2) 设 $y-x=b$，则 $y=x+b$，仅当直线 $y=x+b$ 与圆切于第四象限时，截距 b 取最小值，由点到直线的距离公式，得$\frac{|2-0+b|}{\sqrt{2}}=\sqrt{3}$，即 $b=-2\pm\sqrt{6}$，故$(y-x)_{\min}=-2-\sqrt{6}$.

(3) x^2+y^2 是圆上点与原点的距离的平方，故联结 OC，与圆交于点 B，并延长交圆于 C'，则

$$(x^2+y^2)_{\max}=|OC'|^2=(2+\sqrt{3})^2=7+4\sqrt{3}$$

$$(x^2+y^2)_{\min}=|OB|^2=(2-\sqrt{3})^2=7-4\sqrt{3}$$

说明　把有关式子进行转化或利用所给式子的几何意义解题，充分体现了数形结合以及转化的数学思想，其中以下几类转化极为常见，要注意熟记：

(1) 形如 $m=\frac{y-b}{x-a}$ 的最值问题，可转化为动直线斜率的最值问题；

(2) 形如 $t=ax+by$ 的最值问题，可转化为动直线截距的最值问题；

(3) 形如 $m=(x-a)^2+(y-b)^2$ 的最值问题，可转化为两点间距离的平方的最值问题.

例 3　设定点 $M(-3,4)$，动点 N 在圆 $x^2+y^2=4$ 上运动，以 OM，ON 为两边作平行四边形 $MONP$，求点 P 的轨迹.

分析　结合图形寻求点 P 和点 M 坐标的关系，用相关点法（代入法）解决.

讲解　如图 3，设 $P(x,y)$，$N(x_0,y_0)$，则线段 OP 的中点坐标为$\left(\frac{x}{2},\frac{y}{2}\right)$，线段 MN 的中点坐标为$\left(\frac{x_0-3}{2},\frac{y_0+4}{2}\right)$. 由于平行四边形的对角线互相平分，故$\frac{x}{2}=\frac{x_0-3}{2}$，$\frac{y}{2}=\frac{y_0+4}{2}$.

从而$\begin{cases}x_0=x+3\\y_0=y-4\end{cases}$.

$N(x+3,y-4)$在圆上,故$(x+3)^2+(y-4)^2=4$.

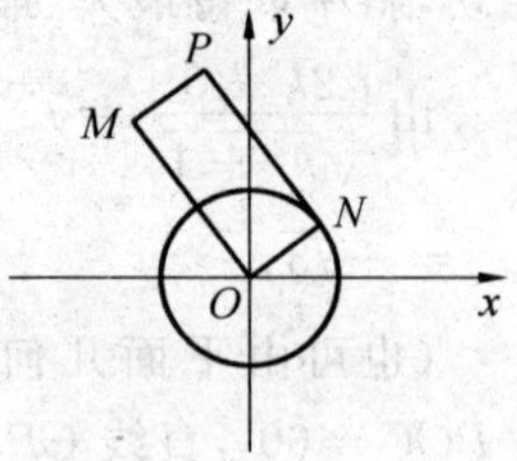

图 3

因此所求轨迹为圆:$(x+3)^2+(y-4)^2=4$,但应除去两点$\left(-\frac{9}{5},\frac{12}{5}\right)$和$\left(-\frac{21}{5},\frac{28}{5}\right)$(点$P$在直线$OM$上的情况).

说明 求与圆有关的轨迹问题时,根据题设条件的不同常采用以下方法:

① 直接法:直接根据题目提供的条件列出方程.

② 定义法:根据圆、直线等定义列方程.

③ 几何法:利用圆的几何性质列方程.

④ 代入法:找到要求点与已知点的关系,代入已知点满足的关系式等.

例 4 已知圆$x^2+y^2+x-6y+m=0$和直线$x+2y-3=0$交于P,Q两点,且$OP\perp OQ$(O为坐标原点),求该圆的圆心坐标及半径.

分析 (1) 求圆心及半径,关键是求m.

(2) 利用$OP\perp OQ$,建立关于m的方程求解.

(3) 利用$x_1x_2+y_1y_2=0$和根与系数的关系或利用圆的几何性质.

讲解 解法一:将$x=3-2y$,代入方程

$$x^2+y^2+x-6y+m=0$$

得

$$5y^2-20y+12+m=0$$

设$P(x_1,y_1)$,$Q(x_2,y_2)$,则y_1,y_2满足条件

$$y_1+y_2=4,y_1y_2=\frac{12+m}{5}$$

因为$OP\perp OQ$,所以$x_1x_2+y_1y_2=0$,而$x_1=3-2y_1$,$x_2=3-2y_2$.

所以$x_1x_2=9-6(y_1+y_2)+4y_1y_2=\frac{-27+4m}{5}$.

故$\frac{-27+4m}{5}+\frac{12+m}{5}=0$,解得$m=3$,此时$\Delta>0$,圆心坐标为$\left(-\frac{1}{2},3\right)$,半径$r=\frac{5}{2}$.

解法二:如图 4,设弦PQ中点为M,因为$O_1M\perp PQ$,所以$kO_1M=2$.

所以O_1M的方程为$y-3=2\left(x+\frac{1}{2}\right)$,即$y=2x+4$.

由方程组$\begin{cases}y=2x+4\\x+2y-3=0\end{cases}$,解得$M$的坐标为$(-1,2)$.

则以 PQ 为直径的圆可设为 $(x+1)^2+(y-2)^2=r^2$.

因为 $OP\perp OQ$，所以点 O 在以 PQ 为直径的圆上.

所以 $(0+1)^2+(0-2)^2=r^2$，即 $r^2=5$，$|MQ|^2=r^2$.

在 $\mathrm{Rt}\triangle O_1MQ$ 中，$|O_1Q|^2=|O_1M|^2+|MQ|^2$. 所以

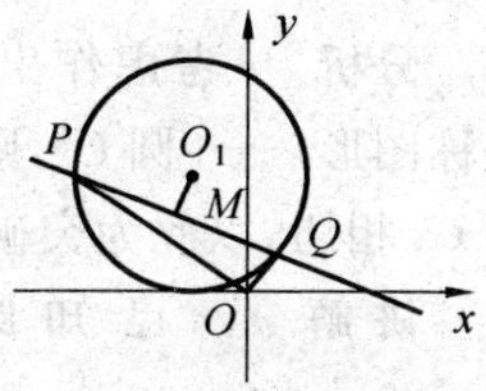

图 4

$$\frac{1+(-6)^2-4m}{4}=\left(-\frac{1}{2}+1\right)^2+(3-2)^2+5$$

所以 $m=3$.

所以半径为 $\frac{5}{2}$，圆心坐标为 $\left(-\frac{1}{2},3\right)$.

解法三：设过 P,Q 的圆系方程为

$$x^2+y^2+x-6y+m+\lambda(x+2y-3)=0$$

由 $OP\perp OQ$ 知，点 $O(0,0)$ 在圆上.

所以 $m-3\lambda=0$，即 $m=3\lambda$.

所以圆系方程可化为

$$x^2+y^2+x-6y+3\lambda+\lambda x+2\lambda y-3\lambda=0$$

即

$$x^2+(1+\lambda)x+y^2+2(\lambda-3)y=0$$

所以圆心 $M\left(-\frac{1+\lambda}{2},\frac{2(3-\lambda)}{2}\right)$，又圆心在 PQ 上.

所以 $-\frac{1+\lambda}{2}+2(3-\lambda)-3=0$，所以 $\lambda=1$，所以 $m=3$.

所以圆心坐标为 $\left(-\frac{1}{2},3\right)$，半径为 $\frac{5}{2}$.

说明　(1) 在解决与圆有关的问题中，借助于圆的几何性质，往往会使得思路简捷明了，简化思路，简便运算.

(2) 本题中 3 种解法都是用方程思想求 m 值，即 3 种解法围绕“列出 m 的方程”求 m 值.

(3) 本题的易错点：不能正确构建关于 m 的方程，找不到解决问题的突破口，或计算错误.

例 5　如图 5，自点 $A(-3,3)$ 发出的光线 L 射到 x 轴上，被 x 轴反射，其反射光线所在直线与圆 $x^2+y^2-4x-4y+7=0$ 相切，求光线 L 所在直线的

方程.

分析 考虑作出已知圆关于 x 轴的对称图形——圆 C',则两条入射光线均与圆 C' 相切,以此为突破口解决问题.

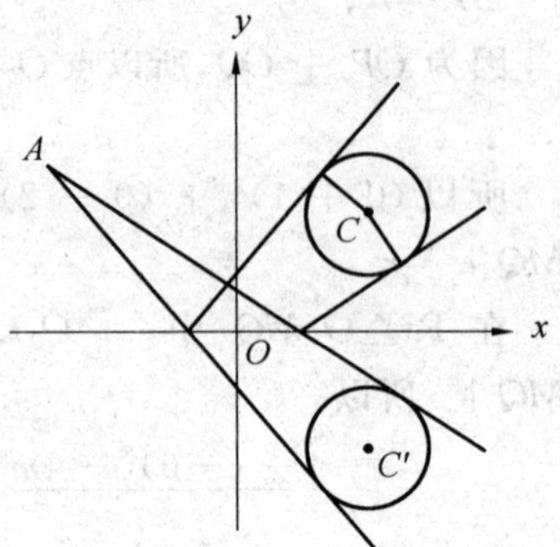

图 5

讲解 已知圆的标准方程是 $(x-2)^2+(y-2)^2=1$,它关于 x 轴的对称圆的方程是

$$(x-2)^2+(y+2)^2=1 \qquad ①$$

设光线 L 所在直线的方程是 $y-3=k(x+3)$(其中斜率 k 待定).

由题设知对称圆的圆心 $C'(2,-2)$ 到这条直线的距离等于 1,即 $d=\dfrac{|5k+5|}{\sqrt{1+k^2}}=1$.

整理得,$12k^2+25k+12=0$,解得 $k=-\dfrac{3}{4}$,或 $k=-\dfrac{4}{3}$.

故所求的直线方程是

$$y-3=-\frac{3}{4}(x+3)$$

或

$$y-3=-\frac{4}{3}(x+3)$$

即

$$3x+4y-3=0$$

或

$$4x+3y+3=0$$

例 6 设 a,b 是方程 $x^2+\cot\theta\cdot x-\csc\theta=0$ 的两个不等实根,试确定过点 $A(a,a^2)$ 和 $B(b,b^2)$ 的直线与圆 $x^2+y^2=1$ 的位置关系.

分析 可以先求出过 A,B 的直线方程,然后运用圆心到直线的距离与半径的大小比较,确定直线与圆的位置关系.

讲解 根据题意,得

$$\begin{cases}a^2+\cot\theta\cdot a-\csc\theta=0\\ b^2+\cot\theta\cdot b-\csc\theta=0\end{cases}$$

即

$$\begin{cases}a^2\sin\theta+a\cos\theta-1=0\\ b^2\sin\theta+b\cos\theta-1=0\end{cases}$$

因此,$A(a,a^2)$ 和 $B(b,b^2)$ 都在直线 $y\sin\theta+x\cos\theta-1=0$ 上.

所以过 A,B 的直线方程为

$$x\cos\theta + y\sin\theta - 1 = 0 \quad ①$$

因此原点到该直线的距离

$$d=\frac{|0\cdot\sin\theta+0\cdot\cos\theta-1|}{\sqrt{\cos^2\theta+\sin^2\theta}}=1$$

故过 A,B 的直线与单位圆相切. 故选 B.

说明　(1) 本题求过 A、B 的直线的方程的方法很重要,也很简洁. 读者也可以思考一下其他解法比较一下.

(2) 判断直线与圆的位置关系常用两种方法:① 消去 x 或 y 之一,得到一个一元二次方程,判断 Δ 的符号;② 运用圆心到直线的距离与半径的大小关系的比较进行判断.

(3) 式 ① 即是直线 l 的法线式方程,其中数字“1”就是原点与直线 l 的距离.

例 7　已知直角坐标平面上一点 $Q(2,0)$ 和圆 C:$x^2+y^2=1$,动点 M 到圆 C 的切线长与 $|MQ|$ 的比等于常数 $\lambda(\lambda>0)$. 求动点 M 的轨迹方程,说明它表示什么曲线.

分析　按求轨迹方程的常规方法,设动点 M 的坐标为 (x,y),将动点 M 满足的条件等式转化为解析表达式,化简得轨迹方程,特别要注意题中的隐含条件:二次方程的二次项系数为 0 时退化为一次方程,由此引起对 λ 的讨论.

讲解　如图 6,设 MN 切圆于 N,则动点 M 组成的集合为

$$P=\{M \mid |MN|=\lambda|MQ|\}$$

式中常数 $\lambda>0$.

因为圆的半径 $|ON|=1$,所以

$$|MN|^2=|MO|^2-|ON|^2=|MO|^2-1$$

设点 M 的坐标为 (x,y),则

$$\sqrt{x^2+y^2-1}=\lambda\sqrt{(x-2)^2+y^2}$$

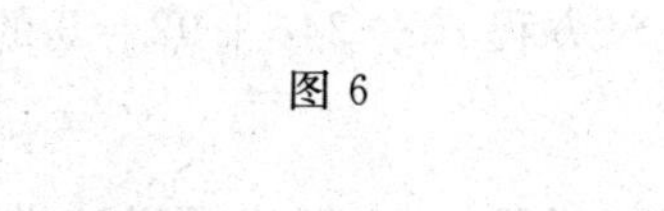

图 6

整理得

$$(\lambda^2-1)(x^2+y^2)-4\lambda^2x+(1+4\lambda^2)=0$$

经检验,坐标适合这个方程的点都属于集合 P,故这个方程为所求的轨迹方程.

当 $\lambda=1$ 时,方程化为 $x=\frac{5}{4}$,它表示一条直线,该直线与 x 轴垂直且相交于点 $(\frac{5}{4},0)$;

当$\lambda \neq 1$时,方程化为$(x-\frac{2\lambda^2}{\lambda^2-1})^2+y^2=\frac{1+3\lambda^2}{(\lambda^2-1)^2}$,它表示圆,该圆圆心的坐标为$(\frac{2\lambda^2}{\lambda^2-1},0)$,半径为$\frac{\sqrt{1+3\lambda^2}}{|\lambda^2-1|}$.

说明 本题中轨迹方程的探求,对λ的讨论及对轨迹所表示的曲线的研究都有一定的难度,应注意理解和掌握.

例 8 实数x,y满足方程$x^2+y^2=6x-4y-9$,求$2x-3y$的最大值与最小值的和.

分析 方程$x^2+y^2=6x-4y-9$,即$(x-3)^2+(y+2)^2=4$表示一个圆,可以写出这个圆的参数方程,从中求出$2x-3y$的最大值与最小值.

讲解 解法一:由$x^2+y^2=6x-4y-9$,得$(x-3)^2+(y+2)^2=4$,于是可设$\begin{cases}x-3=2\cos\theta\\y+2=2\sin\theta\end{cases}$,即$\begin{cases}x=3+2\cos\theta\\y=-2+2\sin\theta\end{cases}$.则

$$2x-3y=2(3+2\cos\theta)-3(-2+2\sin\theta)=$$
$$4\cos\theta-6\sin\theta+12=$$
$$2\sqrt{13}\cos(\theta+\varphi)+12$$

所以$2x-3y$的最大值为$12+2\sqrt{13}$,$2x-3y$的最小值为$12-2\sqrt{13}$.

因此,$2x-3y$的最大值与最小值之和为24.

解法二:设$2x-3y=c$,代入$x^2+y^2=6x-4y-9$,消去y,整理得

$$13x^2-(4c+30)x+(c^2-12c+81)=0$$

此关于x的方程$\Delta \geqslant 0$,即

$$(4c+30)^2-4\times 13\times(c^2-12c+81)\geqslant 0$$

即

$$c^2-24c+92\leqslant 0$$

方程$c^2-24c+92=0$的两根为$c_1,c_2(c_1<c_2)$,显然$c_1\leqslant c\leqslant c_2$,故

$$c_{\max}+c_{\min}=c_1+c_2=24$$

说明 本题也可以这样解决:$2x-3y=c$表示斜率为$\frac{2}{3}$的平行线族,从而只要求直线与圆有公共点的条件即可得出$c_{\max}$和$c_{\min}$.由$\frac{|2\times 3-3\times(-2)-c|}{\sqrt{2^2+3^2}}\leqslant 2$,解得$|12-c|\leqslant 2\sqrt{13}$,即$12-2\sqrt{13}\leqslant c\leqslant 12+2\sqrt{13}$,故$c_{\max}+c_{\min}=c_1+c_2=24$.

例 9 已知:正数m取不同的数值时,方程$x^2+y^2-(4m+2)x-2my+4m^2+4m+1=0$表示不同的圆.求这些圆的公切线的方程.

讲解　化圆方程为$(x-2m-1)^2+(y-m)^2=m^2$.

故圆心坐标为$(2m+1,m)$,半径为m.

若直线$y=kx+b$是这些圆的公切线,则必须而且只须对于一切正数m恒有

$$\frac{|k(2m+1)-m+b|}{\sqrt{k^2+1}}=m$$

两边平方并整理得

$$(3k^2-4k)m^2+2(k+b)(2k-1)m+(k+b)^2=0$$

从而

$$\begin{cases}3k^2-4k=0\\2(k+b)(2k-1)=0\\(k+b)^2=0\end{cases}$$

解得$\begin{cases}k_1=0\\b_1=0\end{cases}$或$\begin{cases}k_2=\dfrac{4}{3}\\b_2=-\dfrac{4}{3}\end{cases}$.

故这些圆有两条公切线,其方程分别为$y=0$或$y=\frac{4}{3}x-\frac{4}{3}$.

例 10　3 个圆半径都是 3,圆心分别在$(14,92)$,$(17,76)$,$(19,84)$,过点$(17,76)$作一条直线,使得这 3 个圆位于这条直线某一侧的部分的面积和等于这 3 个圆位于这条直线另一侧的部分的面积的和.求这条直线的斜率的绝对值.

讲解　首先注意到这 3 个圆是互相外离的等圆.记$O_1(14,92)$,$O_2(19,84)$,$O_3(17,76)$.

由于过O_3的直线总把$\odot O_3$分为等积的两部分,因此,只要考虑过平面上怎样一点所画的直线与$\odot O_1$,$\odot O_2$相交且使直线两侧的面积相等.

如图 7,记O_1O_2的中点为M,则M为两等圆$\odot O_1$和$\odot O_2$的对称中心,因此过M且与$\odot O_1$,$\odot O_2$都相交的直线能满足题目的要求.

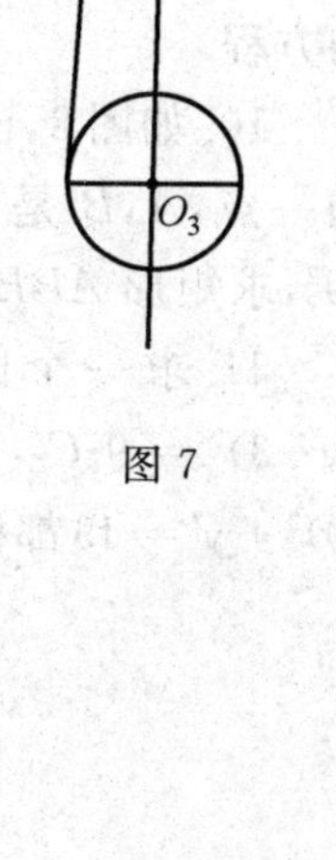

图 7

因此,所求直线应过M和O_3的直线,符合题设要求的唯一的.

由于$M(16.5,88)$,$O_3(17,76)$,则该直线的斜率的绝对值是

$$|k|=\left|\frac{88-76}{16.5-17}\right|=24$$

课外训练

1. 如果直线 l 将圆 $C:(x-2)^2+(y+3)^2=13$ 平分，那么坐标原点 O 到直线 l 的最大距离为________.

2. 若方程 $x^2+y^2-2x+2my+2m^2-6m+9=0$ 表示圆，则 m 的取值范围是________；当半径最大时，圆的方程为________________.

3. 已知圆 $x^2+y^2+2x-4y+a=0$ 关于直线 $y=2x+b$ 成轴对称，则 $a-b$ 的取值范围是________.

4. 与 x 轴相切，圆心在直线 $3x-y=0$ 上，且被直线 $x-y=0$ 截得的弦长为 $2\sqrt{7}$ 的圆的方程为________________.

5. 设 P 为直线 $3x+4y+3=0$ 上的动点，过点 P 作圆 $C:x^2+y^2-2x-2y+1=0$ 的两条切线，切点分别为 A,B，则四边形 $PACB$ 的面积的最小值为________.

6. 已知 D 是由不等式组 $\begin{cases}x-2y\geqslant 0\\ x+3y\geqslant 0\end{cases}$ 所确定的平面区域，则圆 $x^2+y^2=4$ 在区域 D 内的弧长为________.

7. 一圆经过 $A(4,2)$，$B(-1,3)$ 两点，且在两坐标轴上的 4 个截距的和为 2，求此圆的方程.

8. 已知圆 C 和直线 $x-6y-10=0$ 相切于点 $(4,-1)$，且经过点 $(9,6)$，求圆 C 的方程.

9. 在平面直角坐标系 xOy 中，已知圆 P 在 x 轴上截得线段长为 $2\sqrt{2}$，在 y 轴上截得线段长为 $2\sqrt{3}$.

(1) 求圆心 P 的轨迹方程；

(2) 若点 P 到直线 $y=x$ 的距离为 $\frac{\sqrt{2}}{2}$，求圆 P 的方程.

10. 如图 8，已知 $P(4,0)$ 是圆 $x^2+y^2=36$ 内的一点，A,B 是圆上两动点，且满足 $\angle APB=90°$，求矩形 $APBQ$ 的顶点 Q 的轨迹方程.

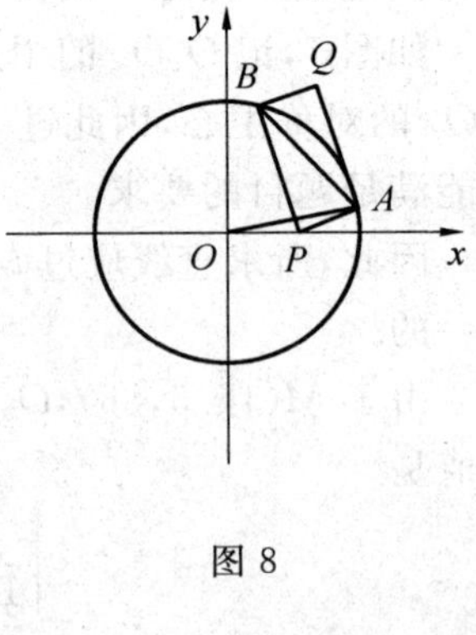

图 8

11. 求一个圆，它与 3 个圆 $C_1:(x-5)^2+(y-3)^2=9$；$C_2:(x-3)^2+(y-5)^2=25$；$C_3:(x-10)^2+y^2=19$ 都相交，且在交点处的切线互相垂直.

第 32 讲 曲线与方程

知识呈现

1. 曲线与方程

一般地，在平面直角坐标系中，如果某曲线 C（看作点的集合或适合某种条件的点的轨迹）上的点与一个二元方程 $f(x,y)=0$ 的实数解建立了如下关系：

(1) 曲线上点的坐标都是这个方程的解.

(2) 以这个方程的解为坐标的点都在曲线上，那么这个方程叫作曲线的方程，这条曲线叫作方程的曲线.

2. 求动点的轨迹方程的一般步骤

(1) 建系 —— 建立适当的坐标系.

(2) 设点 —— 设轨迹上的任一点 $P(x,y)$.

(3) 列式 —— 列出动点 P 所满足的关系式.

(4) 代换 —— 依条件式的特点，选用距离公式、斜率公式等将其转化为 x,y 的方程式，并化简.

(5) 证明 —— 证明所求方程即为符合条件的动点轨迹方程.

3. 两曲线的交点

(1) 由曲线方程的定义可知，两条曲线交点的坐标应该是两个曲线方程的公共解，即两个曲线方程组成的方程组的实数解；反过来，方程组有几组解，两条曲线就有几个交点；方程组无解，两条曲线就没有交点.

(2) 两条曲线有交点的充要条件是它们的方程所组成的方程组有实数解. 可见，求曲线的交点问题，就是求由它们的方程所组成的方程组的实数解问题.

典例展示

例1 已知两个定圆 O_1 和 O_2,它们的半径分别是1和2,且 $|O_1O_2|=4$. 动圆 M 与圆 O_1 内切,又与圆 O_2 外切,建立适当的坐标系,求动圆圆心 M 的轨迹方程,并说明轨迹是何种曲线.

分析 利用两圆内、外切的充要条件找出点 M 满足的几何条件,结合双曲线的定义求解.

讲解 如图所示,以 O_1O_2 的中点 O 为原点,O_1O_2 所在直线为 x 轴建立平面直角坐标系.

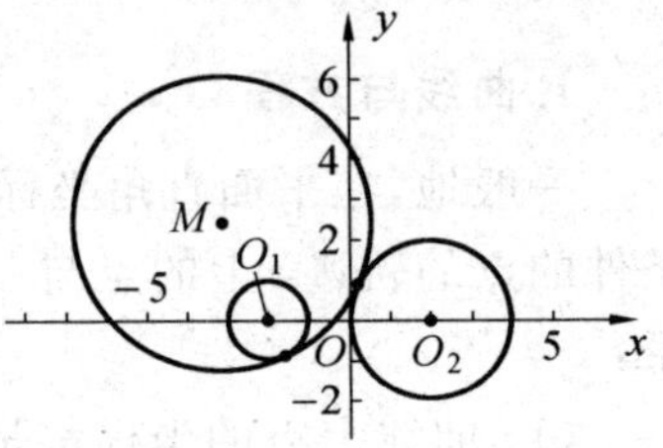

图1

由 $|O_1O_2|=4$,得 $O_1(-2,0)$,$O_2(2,0)$. 设动圆 M 的半径为 r,则:

由动圆 M 与圆 O_1 内切,有 $|MO_1|=r-1$;

由动圆 M 与圆 O_2 外切,有 $|MO_2|=r+2$.

所以 $|MO_2|-|MO_1|=3$.

所以点 M 的轨迹是以 O_1,O_2 为焦点,实轴长为3的双曲线的左支.

所以 $a=\dfrac{3}{2}$,$c=2$,所以 $b^2=c^2-a^2=\dfrac{7}{4}$.

所以点 M 的轨迹方程为 $\dfrac{4x^2}{9}-\dfrac{4y^2}{7}=1\left(x\leqslant-\dfrac{3}{2}\right)$.

说明 求曲线的轨迹方程时,应尽量地利用几何条件探求轨迹的曲线类型,从而再用待定系数法求出轨迹的方程,这样可以减少运算量,提高解题速度与质量.

例2 如图2,设直线 $x-y=4a$ 与抛物线 $y^2=4ax$ 交于两点 A,B(a 为定值),C 为抛物线上任意一点,求 $\triangle ABC$ 的重心的轨迹方程.

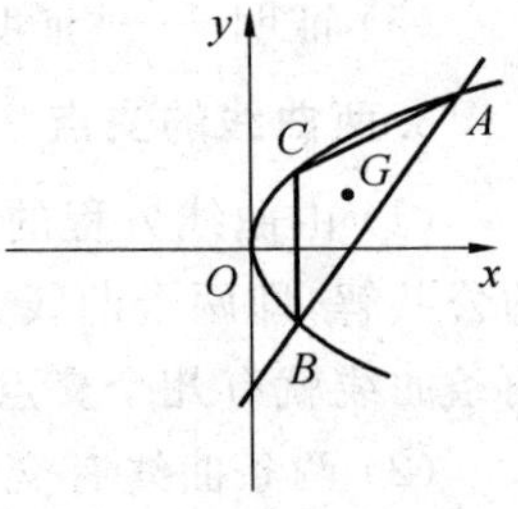

图2

分析 设 $\triangle ABC$ 的重心坐标为 $G(x,y)$,利用重心坐标公式建立 x,y 与 $\triangle ABC$ 的顶点 C 的关系,再将点 C 的坐标(用 x,y 表示)代入抛物线方程即得所求.

讲解 设 $\triangle ABC$ 的重心为 $G(x,y)$,点 C 的坐标为 $C(x_0,y_0)$,$A(x_1,$

y_1),$B(x_2,y_2)$.

由方程组$\begin{cases}x-y=4a\\ y^2=4ax\end{cases}$消去 y 并整理得

$$x^2-12ax+16a^2=0$$

所以

$$x_1+x_2=12a$$

$$y_1+y_2=(x_1-4a)+(x_2-4a)=(x_1+x_2)-8a=4a$$

由于 $G(x,y)$ 为 $\triangle ABC$ 的重心,所以

$$\begin{cases}x=\dfrac{x_0+x_1+x_2}{3}=\dfrac{x_0+12a}{3}\\ y=\dfrac{y_0+y_1+y_2}{3}=\dfrac{y_0+4a}{3}\end{cases}$$

所以

$$\begin{cases}x_0=3x-12a\\ y_0=3y-4a\end{cases}$$

又点 $C(x_0,y_0)$ 在抛物线上,所以将点 C 的坐标代入抛物线的方程得

$$(3y-4a)^2=4a(3x-12a)$$

即

$$\left(y-\frac{4a}{3}\right)^2=\frac{4a}{3}(x-4a)$$

又点 C 与 A,B 不重合,所以 $x\neq(6\pm2\sqrt{5})a$,所以 $\triangle ABC$ 的重心的轨迹方程为

$$\left(y-\frac{4a}{3}\right)^2=\frac{4a}{3}(x-4a)\quad(x\neq(6\pm2\sqrt{5})a)$$

说明　"相关点法"的基本步骤为:

(1) 设点:设被动点坐标为(x,y),主动点坐标为(x_1,y_1);

(2) 求关系式:求出两个动点坐标之间的关系式为

$$\begin{cases}x_1=f(x,y)\\ y_1=g(x,y)\end{cases}$$

(3) 代换:将上述关系式代入已知曲线方程,便可得到所求动点的轨迹方程.

例 3　已知动圆过定点 $A(4,0)$,且在 y 轴上截得弦 MN 的长为 8.

(1) 求动圆圆心的轨迹 C 的方程;

(2) 已知点 $B(-1,0)$,设不垂直于 x 轴的直线 l 与轨迹 C 交于不同的两点 P,Q,若 x 轴是 $\angle PBQ$ 的角平分线,证明:直线 l 过定点.

分析 (1) 利用曲线的求法求解轨迹方程,但要注意结合图形寻求等量关系;

(2) 设出直线方程,结合直线与圆锥曲线的位置关系转化为方程的根与系数的关系求解,要特别注意判别式与位置关系的联系.

讲解 (1) 如图 3,设动圆圆心为 $O_1(x,y)$,由题意,得 $|O_1A|=|O_1M|$,当 O_1 不在 y 轴上时,过 O_1 作 $O_1H\perp MN$ 交 MN 于 H,则 H 是 MN 的中点,所以 $|O_1M|=\sqrt{x_2+4^2}$,又 $|O_1A|=\sqrt{(x-4)^2+y^2}$,所以 $\sqrt{(x-4)^2+y^2}=\sqrt{x^2+4^2}$,化简得 $y^2=8x(x\neq 0)$.

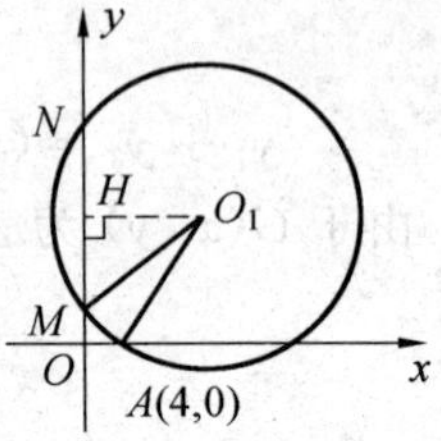

图 3

又当 O_1 在 y 轴上时,O_1 与 O 重合,点 O_1 的坐标为(0,0)也满足方程 $y^2=8x$,所以动圆圆心的轨迹 C 的方程为 $y^2=8x$.

(2) 由题意,如图 4,设直线 l 的方程为

$$y=kx+b(k\neq 0)$$

$P(x_1,y_1)$,$Q(x_2,y_2)$,将 $y=kx+b$ 代入 $y^2=8x$ 中,得

$$k^2x^2+(2bk-8)x+b^2=0$$

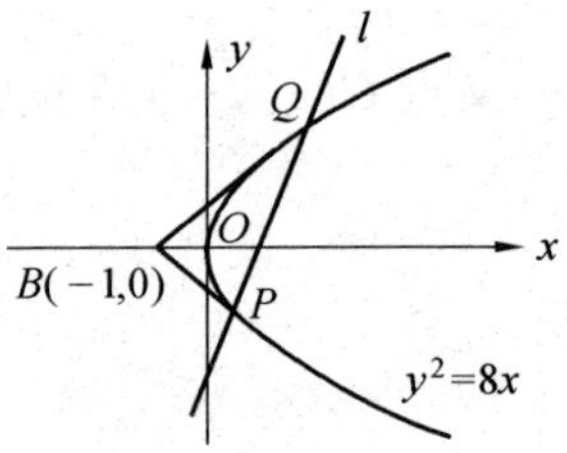

图 4

其中 $\Delta=-32kb+64>0$.

由根与系数的关系得

$$x_1+x_2=\frac{8-2bk}{k^2} \quad ①$$

$$x_1x_2=\frac{b^2}{k^2} \quad ②$$

因为 x 轴是 $\angle PBQ$ 的角平分线,所以 $\frac{y_1}{x_1+1}=-\frac{y_2}{x_2+1}$,即

$$y_1(x_2+1)+y_2(x_1+1)=0$$

$$(kx_1+b)(x_2+1)+(kx_2+b)(x_1+1)=0$$

$$2kx_1x_2+(b+k)(x_1+x_2)+2b=0 \quad ③$$

将 ①,② 代入 ③ 得 $2kb^2+(k+b)(8-2bk)+2k^2b=0$,所以 $k=-b$,此时 $\Delta>0$,所以直线 l 的方程为 $y=k(x-1)$,即直线 l 过定点(1,0).

评注 直接法求曲线方程时最关键的就是把几何条件或等量关系翻译为代数方程,要注意翻译的等价性. 通常将步骤简记为建系设点、列式、代换、化简、证明这 5 个步骤,但最后的证明可以省略. 如果给出了直角坐标系则可

省去建系这一步. 求出曲线的方程后还需注意检验方程的纯粹性和完备性.

例 4　已知直线 $l: y=kx+1$, 圆 $C: (x-1)^2+(y+1)^2=12$.

(1) 试证明:不论 k 为何实数,直线 l 和圆 C 总有两个交点;

(2) 求直线 l 被圆 C 截得的最短弦长.

分析　直线与圆的交点个数即为直线方程与圆方程联立而成的方程组解的个数,最短弦长可用代数法或几何法判定.

讲解　(1) 证法一:由

$$\begin{cases} y=kx+1 \\ (x-1)^2+(y+1)^2=12 \end{cases}$$

消去 y 得

$$(k^2+1)x^2-(2-4k)x-7=0$$

因为 $\Delta=(2-4k)^2+28(k^2+1)>0$,所以不论 k 为何实数,直线 l 和圆 C 总有两个交点.

证法二:圆心 $C(1,-1)$ 到直线 l 的距离 $d=\dfrac{|k+2|}{\sqrt{1+k^2}}$,圆 C 的半径 $R=2\sqrt{3}$, $R^2-d^2=12-\dfrac{k^2+4k+4}{1+k^2}=\dfrac{11k^2-4k+8}{1+k^2}$,而在 $S=11k^2-4k+8$ 中, $\Delta=(-4)^2-4\times 11\times 8<0$,故 $11k^2-4k+8>0$ 对 $k\in \mathbf{R}$ 恒成立,所以 $R^2-d^2>0$,即 $d<R$,所以不论 k 为何实数,直线 l 和圆 C 总有两个交点.

证法三:因为不论 k 为何实数,直线 l 总过点 $P(0,1)$,而 $|PC|=\sqrt{5}<2\sqrt{3}=R$,所以点 $P(0,1)$ 在圆 C 的内部,即不论 k 为何实数,直线 l 总经过圆 C 内部的定点 P.

所以不论 k 为何实数,直线 l 和圆 C 总有两个交点.

(2) 解法一:设直线与圆交于 $A(x_1,y_1)$, $B(x_2,y_2)$ 两点,则直线 l 被圆 C 截得的弦长

$$|AB|=\sqrt{1+k^2}\,|x_1-x_2|=2\sqrt{\frac{8-4k+11k^2}{1+k^2}}=2\sqrt{11-\frac{4k+3}{1+k^2}}$$

令 $t=\dfrac{4k+3}{1+k^2}$,则 $tk^2-4k+(t-3)=0$,当 $t=0$ 时, $k=-\dfrac{3}{4}$,当 $t\neq 0$ 时,因为 $k\in \mathbf{R}$,所以 $\Delta=16-4t(t-3)\geqslant 0$,解得 $-1\leqslant t\leqslant 4$,且 $t\neq 0$,故 $t=\dfrac{4k+3}{1+k^2}$ 的最大值为 4,此时 $|AB|$ 最小为 $2\sqrt{7}$.

解法二:由平面几何知识,知 $|AB|=2\sqrt{R^2-d^2}=2\sqrt{\dfrac{8-4k+11k^2}{1+k^2}}$,下

同解法一.

解法三:由平面几何知识知过圆内定点 $P(0,1)$ 的弦,只有和 AC(C 为圆心)垂直时才最短,而此时点 $P(0,1)$ 为弦 AB 的中点,由勾股定理,知 $|AB|=2\sqrt{12-5}=2\sqrt{7}$,即直线 l 被圆 C 截得的最短弦长为 $2\sqrt{7}$.

说明 (1) 利用圆心到直线的距离可判断直线与圆的位置关系,也可利用直线的方程与圆的方程联立后得到的一元二次方程的判别式来判断直线与圆的位置关系;

(2) 勾股定理是解决有关弦问题的常用方法.

例 5 已知点 $M(3,1)$,直线 $ax-y+4=0$ 及圆 $(x-1)^2+(y-2)^2=4$.

(1) 求过点 M 的圆的切线方程;

(2) 若直线 $ax-y+4=0$ 与圆相切,求 a 的值;

(3) 若直线 $ax-y+4=0$ 与圆相交于 A,B 两点,且弦 AB 的长为 $2\sqrt{3}$,求 a 的值.

分析 在求过某点的圆的切线方程时,应首先确定点与圆的位置关系,再求直线方程.若点在圆上,则过该点的切线只有一条;若点在圆外,则过该点的切线有两条,此时应注意斜率不存在的切线.在处理直线和圆相交所得的弦的弦长问题时,常考虑几何法.

讲解 (1) 圆心 $C(1,2)$,半径 $r=2$,当直线的斜率不存在时,方程为 $x=3$.

由圆心 $C(1,2)$ 到直线 $x=3$ 的距离 $d=3-1=2=r$ 知,此时,直线与圆相切.

当直线的斜率存在时,设方程为 $y-1=k(x-3)$,即 $kx-y+1-3k=0$.

由题意知 $\frac{|k-2+1-3k|}{\sqrt{k^2+1}}=2$,解得 $k=\frac{3}{4}$.

所以圆的切线方程为 $y-1=\frac{3}{4}(x-3)$,即 $3x-4y-5=0$.

故过点 M 的圆的切线方程为 $x=3$ 或 $3x-4y-5=0$.

(2) 由题意得 $\frac{|a-2+4|}{\sqrt{a^2+1}}=2$,解得 $a=0$ 或 $a=\frac{4}{3}$.

(3) 因为圆心到直线 $ax-y+4=0$ 的距离为 $\frac{|a+2|}{\sqrt{a^2+1}}$,所以 $\left(\frac{|a+2|}{\sqrt{a^2+1}}\right)^2+\left(\frac{2\sqrt{3}}{2}\right)^2=4$,解得 $a=-\frac{3}{4}$.

说明 (1) 求过某点的圆的切线问题时,应首先确定点与圆的位置关系,再求直线方程.若点在圆上(即为切点),则过该点的切线只有一条;若点在圆外,则过该点的切线有两条,此时应注意斜率不存在的切线.

(2) 求直线被圆所截得的弦长时,通常考虑由弦心距垂线段作为直角边的直角三角形,利用勾股定理来解决问题.

例 6　(1) 已知两圆 $C_1: x^2+y^2-2x+10y-24=0$, $C_2: x^2+y^2+2x+2y-8=0$,求两圆公共弦所在的直线方程是____________________;

(2) 两圆 $x^2+y^2-6x+6y-48=0$ 与 $x^2+y^2+4x-8y-44=0$ 公切线的条数是________;

(3) 已知 $\odot O$ 的方程是 $x^2+y^2-2=0$, $\odot O'$ 的方程是 $x^2+y^2-8x+10=0$,由动点 P 向 $\odot O$ 和 $\odot O'$ 所引的切线长相等,则动点 P 的轨迹方程是________.

分析　求动点的轨迹方程关键是寻找与动点有关的等量关系,然后将等量关系用坐标表示出来.

答案　(1)$x-2y+4=0$　(2)2　(3)$x=\frac{3}{2}$

解析　(1) 两圆的方程相减得: $x-2y+4=0$.

(2) 两圆圆心距 $d=\sqrt{74}<\sqrt{66}+\sqrt{64}$,所以两圆相交,故有 2 条切线.

(3)$\odot O$ 的圆心为$(0,0)$,半径为$\sqrt{2}$, $\odot O'$ 的圆心为$(4,0)$,半径为$\sqrt{6}$,设点 P 为(x,y),由已知条件和圆切线性质得 $x^2+y^2-2=(x-4)^2+y^2-6$,化简得 $x=\frac{3}{2}$.

说明　判断两圆的位置关系时常用几何法,即利用两圆圆心之间的距离与两圆半径之间的关系,一般不采用代数法.若两圆相交,则两圆公共弦所在直线的方程可由两圆的方程作差消去 x^2, y^2 项得到.

例 7　(1) 设 $M=\{(x,y) \mid y=\sqrt{2a^2-x^2}, a>0\}$, $N=\{(x,y) \mid (x-1)^2+(y-\sqrt{3})^2=a^2, a>0\}$,则 $M\cap N\neq\varnothing$ 时,a 的最大值与最小值分别为________、________.

分析　本题条件 $M\cap N\neq\varnothing$ 反映了两个集合所表示的曲线之间的关系,即半圆与圆之间的关系,因此可以直接利用数形结合的思想求解.

讲解　因为集合 $M=\{(x,y) \mid y=\sqrt{2a^2-x^2}, a>0\}$,所以集合 M 表示以 $O(0,0)$ 为圆心,半径为 $r_1=\sqrt{2}a$ 的上半圆.

同理,集合 N 表示以 $O'(1,\sqrt{3})$ 为圆心,半径为 $r_2=a$ 的圆上的点.

这两个圆的半径随着 a 的变化而变化,但 $|OO'|=2$.如图 5 所示,当两圆

外切时，由$\sqrt{2}a+a=2$，得$a=2\sqrt{2}-2$；

当两圆内切时，由$\sqrt{2}a-a=2$，得$a=2\sqrt{2}+2$.

所以a的最大值为$2\sqrt{2}+2$，最小值为$2\sqrt{2}-2$.

答案 $2\sqrt{2}+2$ $2\sqrt{2}-2$

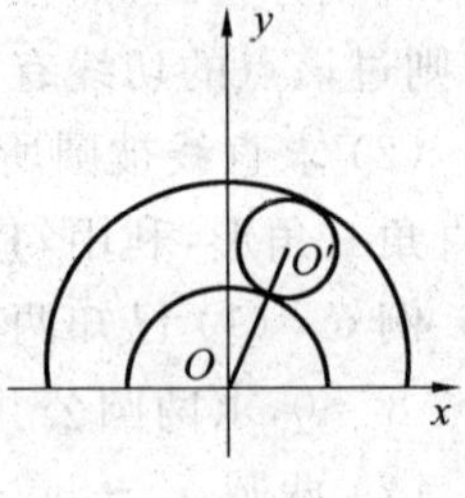

图 5

说明 本题主要考查集合的运算及圆与圆相切的相关知识，考查考生综合运用知识解决问题的能力.借助数形结合的思想方法求解本题较为简捷，在求解时要注意对$M\cap N\neq\varnothing$意义的理解，若题中未指明集合非空时，要考虑到空集的可能性，例如$A\subseteq B$，则$A=\varnothing$或$A\neq\varnothing$两种可能，应分类讨论.本题的设计亮点就是将集合的关系与圆的位置关系较好地结合起来.

(2) 如果点P在平面区域$\begin{cases}2x-y+2\geqslant 0\\x-2y+1\leqslant 0\\x+y-2\leqslant 0\end{cases}$上，点$Q$在曲线$x^2+(y+2)^2=1$上，那么$|PQ|$的最小值为________.

分析 求解本题应先画出点P所在的平面区域，再画出点Q所在的圆，最后利用几何意义将问题转化为圆上的点到定直线的距离的最值问题，即可求出$|PQ|$的最小值.

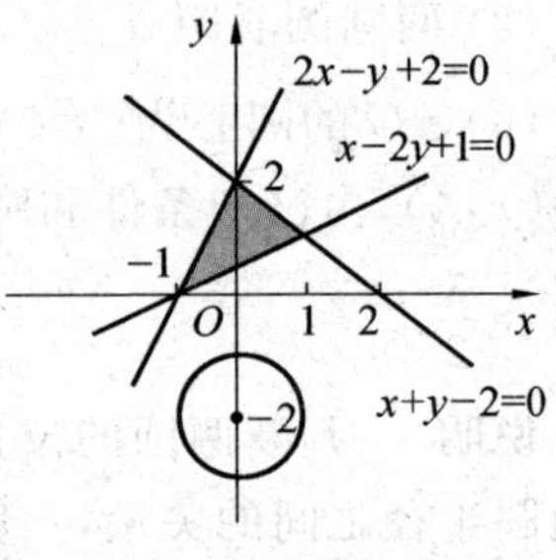

图 6

讲解 由点P在平面区域$\begin{cases}2x-y+2\geqslant 0\\x-2y+1\leqslant 0\\x+y-2\leqslant 0\end{cases}$上，画出点$P$所在的平面区域.由点$Q$在圆$x^2+(y+2)^2=1$上，画出点$Q$所在的圆，如图6所示.

由题意，得$|PQ|$的最小值为圆心$(0,-2)$到直线$x-2y+1=0$的距离减去半径1.

又圆心$(0,-2)$到直线$x-2y+1=0$的距离为

$$\frac{|0-2\times(-2)+1|}{\sqrt{1^2+2^2}}=\sqrt{5}$$

此时垂足$(-1,0)$在满足条件的平面区域内，故$|PQ|$的最小值为$\sqrt{5}-1$.

答案 $\sqrt{5}-1$

说明 本题考查线性规划及圆、点到直线的距离等知识，并考查考生综

合应用知识解决问题的能力.本题的突出特点就是将圆与线性规划问题有机地结合起来,为我们展现了数学知识相互交汇的新天地,求解时既要注意使用线性规划的基本思想,又要利用圆上各点的特殊性.实际上是对数形结合思想的提升,即利用线性或非线性函数的几何意义,通过作图来解决最值问题.

例 8　如图 7,正方体 $ABCD-A_1B_1C_1D_1$ 的棱长为 1,点 M 在 AB 上,且 $AM=\frac{1}{3}AB$,点 P 在平面 $ABCD$ 上,且动点 P 到直线 A_1D_1 的距离的平方与点 P 到点 M 的距离的平方差为 1,在平面直角坐标系 xAy 中,求动点 P 的轨迹方程.

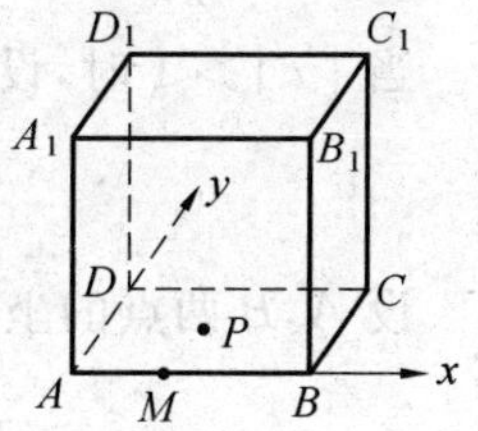

图 7

讲解　如图 8,过 P 作 $PQ\perp AD$ 于 Q,再过 Q 作 $QH\perp A_1D_1$ 于 H,联结 PH,PM,可证 $PH\perp A_1D_1$,设 $P(x,y)$,由 $|PH|^2-|PM|^2=1$,得

$$x^2+1-\left[\left(x-\frac{1}{3}\right)^2+y^2\right]=1$$

化简得

$$y^2=\frac{2}{3}x-\frac{1}{9}$$

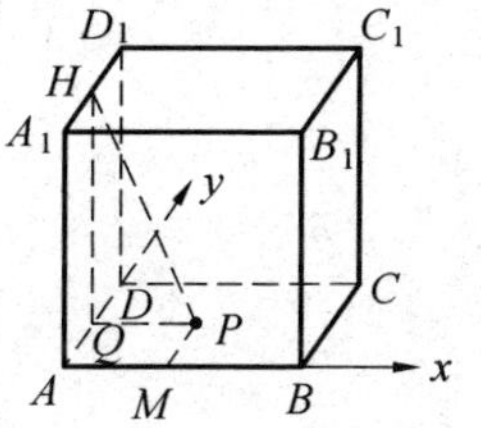

图 8

例 9　如图 9,$DP\perp x$ 轴,点 M 在 DP 的延长线上,且 $|DM|=2|DP|$.当点 P 在圆 $x^2+y^2=1$ 上运动时.

(1) 求点 M 的轨迹 C 的方程;

(2) 过点 $T(0,t)$ 作圆 $x^2+y^2=1$ 的切线 l 交曲线 C 于 A,B 两点,求 $\triangle AOB$ 面积 S 的最大值和相应的点 T 的坐标.

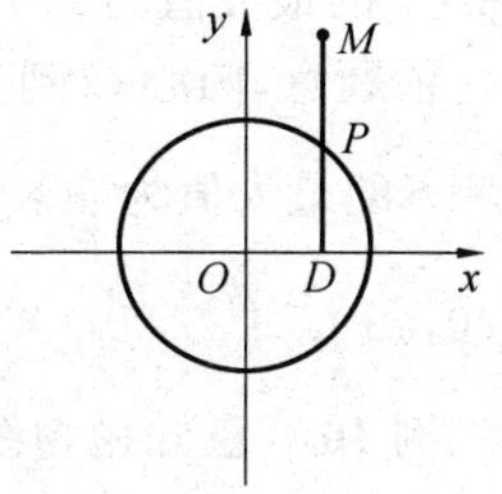

图 9

讲解　(1) 设点 M 的坐标为 (x,y),点 P 的坐标为 (x_0,y_0),则 $x=x_0$,$y=2y_0$,所以

$$x_0=x,y_0=\frac{y}{2} \quad ①$$

因为 $P(x_0,y_0)$ 在圆 $x^2+y^2=1$ 上,所以

$$x_0^2+y_0^2=1 \quad ②$$

将 ① 代入 ②,得点 M 的轨迹 C 的方程为

$$x^2+\frac{y^2}{4}=1$$

(2) 由题意知,$|t|\geqslant 1$.

当 $t=1$ 时，切线 l 的方程为 $y=1$，点 A,B 的坐标分别为 $(-\frac{\sqrt{3}}{2},1)$，$(\frac{\sqrt{3}}{2},1)$，此时 $|AB|=\sqrt{3}$，当 $t=-1$ 时，同理可得 $|AB|=\sqrt{3}$.

当 $|t|>1$ 时，设切线 l 的方程为 $y=kx+t,k\in\mathbf{R}$，由 $\begin{cases}y=kx+t\\x^2+\frac{y^2}{4}=1\end{cases}$ 得

$$(4+k^2)x^2+2ktx+t^2-4=0 \quad ③$$

设 A,B 两点的坐标分别为 $(x_1,y_1),(x_2,y_2)$，则由 ③ 得

$$x_1+x_2=-\frac{2kt}{4+k^2},x_1x_2=\frac{t^2-4}{4+k^2}$$

又由 l 与圆 $x^2+y^2=1$ 相切，得 $\frac{|t|}{\sqrt{k^2+1}}=1$，即 $t^2=k^2+1$，所以

$$|AB|=\sqrt{(x_2-x_1)^2+(y_2-y_1)^2}=$$

$$\sqrt{(1+k^2)\left[\frac{4k^2t^2}{(4+k^2)^2}-\frac{4(t^2-4)}{4+k^2}\right]}=$$

$$\frac{4\sqrt{3}|t|}{t^2+3}$$

因为 $|AB|=\frac{4\sqrt{3}|t|}{t^2+3}=\frac{4\sqrt{3}}{|t|+\frac{3}{|t|}}$，且当 $t=\pm\sqrt{3}$ 时，$|AB|=2$，所以 $|AB|$ 的最大值为 2.

依题意，圆心 O 到直线 AB 的距离为圆 $x^2+y^2=1$ 的半径，所以 $\triangle AOB$ 面积 S 的最大值为 $\frac{1}{2}\times2\times1=1$，此时 $t=\pm\sqrt{3}$，相应的点 T 的坐标为 $(0,-\sqrt{3})$ 或 $(0,\sqrt{3})$.

例 10 已知抛物线 $y^2=2px$ 经过点 $M(2,-2\sqrt{2})$，椭圆 $\frac{x^2}{a^2}+\frac{y^2}{b^2}=1$ 的右焦点恰为抛物线的焦点，且椭圆的离心率为 $\frac{1}{2}$.

(1) 求抛物线与椭圆的方程；

(2) 若 P 为椭圆上一个动点，Q 为过点 P 且垂直于 x 轴的直线上的一点，$\frac{|OP|}{|OQ|}=\lambda(\lambda\neq0)$，试求 Q 的轨迹.

分析 由含参数的方程讨论曲线类型时，关键是确定分类标准，一般情况下，分类标准的确立有两点：一是二次项系数分别为 0 时的参数值，二是二

次项系数相等时的参数值，然后确定分类标准进行讨论，讨论时注意表述准确.

讲解　(1) 因为抛物线 $y^2=2px$ 经过点 $M(2,-2\sqrt{2})$，所以 $(-2\sqrt{2})^2=4p$，解得 $p=2$.

所以抛物线的方程为 $y^2=4x$，其焦点为 $F(1,0)$，即椭圆的右焦点为 $F(1,0)$，得 $c=1$.

又椭圆的离心率为 $\frac{1}{2}$，所以 $a=2$，可得 $b^2=4-1=3$，故椭圆的方程为 $\frac{x^2}{4}+\frac{y^2}{3}=1$.

(2) 设 $Q(x,y)$，其中 $x\in[-2,2]$，设 $P(x,y_0)$，因为 P 为椭圆上一点，所以 $\frac{x^2}{4}+\frac{y_0^2}{3}=1$，解得 $y_0^2=3-\frac{3}{4}x^2$.

由 $\frac{|OP|}{|OQ|}=\lambda$ 可得 $\frac{|OP|^2}{|OQ|^2}=\lambda^2$，故 $\frac{x^2+3-\frac{3}{4}x^2}{x^2+y^2}=\lambda^2$，得

$$(\lambda^2-\frac{1}{4})x^2+\lambda^2y^2=3,x\in[-2,2]$$

当 $\lambda^2=\frac{1}{4}$，即 $\lambda=\frac{1}{2}$ 时，得 $y^2=12$，点 Q 的轨迹方程为 $y=\pm2\sqrt{3}$，$x\in[-2,2]$，此轨迹是两条平行于 x 轴的线段；

当 $\lambda^2<\frac{1}{4}$，即 $0<\lambda<\frac{1}{2}$ 时，得到 $\frac{\frac{x^2}{3}}{\lambda^2-\frac{1}{4}}+\frac{y^2}{\frac{3}{\lambda^2}}=1$，此轨迹表示实轴在 y 轴上的双曲线满足 $x\in[-2,2]$ 的部分；

当 $\lambda^2>\frac{1}{4}$，即 $\lambda>\frac{1}{2}$ 时，得到 $\frac{\frac{x^2}{3}}{\lambda^2-\frac{1}{4}}+\frac{y^2}{\frac{3}{\lambda^2}}=1$，此轨迹表示长轴在 x 轴上的椭圆满足 $x\in[-2,2]$ 的部分.

说明　此题求轨迹既有直接法，又有相关点法. 求出轨迹方程后，容易忽略 x 的范围，导致轨迹图形出错. 解题建议：(1) 区分求轨迹方程与求轨迹的问题；(2) 对常见的曲线特征要熟悉掌握；(3) 除此之外，正确进行化简与计算是必须具备的基本能力.

课外训练

1. 若直线 $y=x+b$ 与曲线 $y=3-\sqrt{4x-x^2}$ 有公共点，则 b 的取值范围是________.

2. 过点 $(\sqrt{2},0)$ 引直线 l 与曲线 $y=\sqrt{1-x^2}$ 相交于 A,B 两点，O 为坐标原点，当 $\triangle AOB$ 的面积取最大值时，直线 l 的斜率等于________.

3. 设 P 是圆 $x^2+y^2=100$ 上的动点，点 $A(8,0)$，线段 AP 的垂直平分线交半径 OP 于点 M，则点 M 的轨迹为________________.

4. 已知 $\triangle ABC$ 的顶点 $B(0,0)$，$C(5,0)$，AB 边上的中线长 $|CD|=3$，则顶点 A 的轨迹方程为________________.

5. P 是椭圆 $\dfrac{x^2}{a^2}+\dfrac{y^2}{b^2}=1$ 上的任意一点，F_1，F_2 是它的两个焦点，O 为坐标原点，$\overrightarrow{OQ}=\overrightarrow{PF_1}+\overrightarrow{PF_2}$，则动点 Q 的轨迹方程是________________.

6. 如图 10，过点 $P(2,4)$ 作互相垂直的直线 l_1，l_2，若 l_1 交 x 轴于 A，l_2 交 y 轴于 B，线段 AB 中点 M 的轨迹方程是________________.

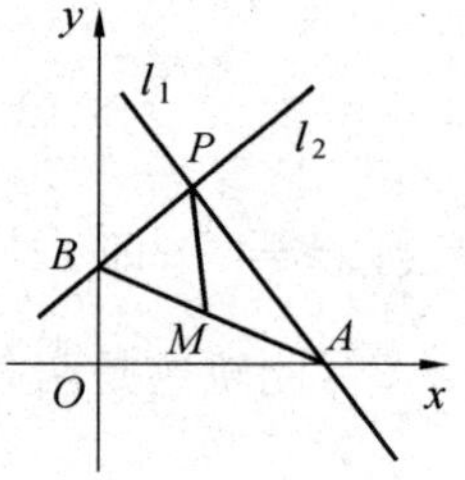

图 10

7. 已知以点 $C(t,\dfrac{2}{t})(t\in\mathbf{R},t\neq 0)$ 为圆心的圆与 x 轴交于点 O,A，与 y 轴交于点 O,B，其中 O 为原点.

(1) 求证：$\triangle OAB$ 的面积为定值；

(2) 设直线 $y=-2x+4$ 与圆 C 交于点 M,N，若 $OM=ON$，求圆 C 的方程.

8. 已知矩形 $ABCD$ 的对角线交于点 $P(2,0)$，边 AB 所在直线的方程为 $x-3y-6=0$，点 $(-1,1)$ 在边 AD 所在的直线上.

(1) 求矩形 $ABCD$ 的外接圆的方程；

(2) 已知直线 $l:(1-2k)x+(1+k)y-5+4k=0(k\in\mathbf{R})$，求证：直线 l 与矩形 $ABCD$ 的外接圆恒相交，并求出相交的弦长最短时的直线 l 的方程.

9. 已知点 $P(0,5)$ 及圆 $C:x^2+y^2+4x-12y+24=0$.

(1) 若直线 l 过点 P 且被圆 C 截得的线段长为 $4\sqrt{3}$，求 l 的方程；

(2) 求过点 P 的圆 C 的弦的中点的轨迹方程.

10. 已知圆 $O:x^2+y^2=4$ 和点 $M(1,a)$.

(1) 若过点 M 有且只有一条直线与圆 O 相切，求实数 a 的值，并求出切线方程；

(2) 若 $a=\sqrt{2}$，过点 M 的圆的两条弦 AC，BD 互相垂直，求 $|AC|+|BD|$ 的最大值.

11. 已知点 P 是圆 $O: x^2+y^2=9$ 上的任意一点，过点 P 作 PD 垂直 x 轴于 D，动点 Q 满足 $\overrightarrow{DQ}=\frac{2}{3}\overrightarrow{DP}$.

(1) 求动点 Q 的轨迹方程；

(2) 已知点 $E(1,1)$，在动点 Q 的轨迹上是否存在两个不重合的点 M，N，使 $\overrightarrow{OE}=\frac{1}{2}(\overrightarrow{OM}+\overrightarrow{ON})$（$O$ 是坐标原点）. 若存在，求出直线 MN 的方程；若不存在，请说明理由.

第33讲　圆锥曲线的概念

知识呈现

1. 各曲线的定义

(1) 椭圆：$\{P \mid |PF_1|+|PF_2|=2a, 2a>|F_1F_2|, F_1, F_2$ 为定点，$2a$ 为正常数$\}$；

(2) 双曲线：$\{P \mid ||PF_1|-|PF_2||=2a, 2a<|F_1F_2|, F_1, F_2$ 为定点，$2a$ 为正常数$\}$；

(3) 抛物线：$\left\{P \,\middle|\, \frac{|PF|}{|PH|}=1, F\right.$ 为定点，$|PH|$ 是 P 到定直线 l 的距离$\}$.

圆锥曲线的统一定义：平面上，到一个定点 F 的距离与到一条定直线 l 的距离之比为一个常数 e 的点的轨迹叫作圆锥曲线(椭圆、双曲线、抛物线).

当 $0<e<1$ 时，曲线是椭圆；当 $e>1$ 时，曲线是双曲线；当 $e=1$ 时，曲线是抛物线. 这个定点 F 叫作曲线的焦点，定直线 l 叫作曲线的准线，定点 F 到定直线的距离 p 叫作焦参数.

2. 标准方程

(1) 椭圆：$\frac{x^2}{a^2}+\frac{y^2}{b^2}=1(a>b>0)$，$\frac{y^2}{a^2}+\frac{x^2}{b^2}=1(a>b>0)$；

(2) 双曲线：$\frac{x^2}{a^2}-\frac{y^2}{b^2}=1$，$\frac{y^2}{a^2}-\frac{x^2}{b^2}=1(a>0,b>0)$；

(3) 抛物线：$y^2=2px$，$y^2=-2px$，$x^2=2py$，$x^2=-2py(p>0)$.

3. 直线与椭圆、双曲线、抛物线间关系的判别方法

判断直线与椭圆、双曲线、抛物线的关系的方法主要有两种：一种是由它们的方程消去一个未知数(如 y)，得到另一个未知数(如 x)的一元二次方程，利用其根的判别式 $\Delta>0$，$\Delta=0$，$\Delta<0$ 可分别判断直线与椭圆、双曲线、抛物线有两个不同的公共点，只有一个公共点，没有公共点.

对于双曲线、抛物线还要特别注意二次项系数是否为零的讨论.

另一种是取椭圆、双曲线的参数方程，再转化为三角方程是否有解的问题.

典例展示

例 1　椭圆$\frac{x^2}{12}+\frac{y^2}{3}=1$的焦点为$F_1$和$F_2$，点$P$在椭圆上，如果线段$PF_1$的中点在$y$轴上，那么$|PF_1|$是$|PF_2|$的几倍？

分析　本题涉及椭圆的几何性质、焦半径长、中点坐标公式等，也可以用椭圆的第二定义来求解.

讲解　由已知得F_1，F_2的坐标分别为$(-3,0)$，$(3,0)$.

设$P(x,y)$，线段PF_1的中点的横坐标为0，那么$\frac{x_1-3}{2}=0$，$x_1=3$.

将$x_1=3$代入椭圆方程得$y_1=\pm\frac{\sqrt{3}}{2}$，所以$P(3,\pm\frac{\sqrt{3}}{2})$，则$|PF_2|=|y_1|=\frac{\sqrt{3}}{2}$.

因为$|PF_1|+|PF_2|=4\sqrt{3}$，则$|PF_1|=\frac{7\sqrt{3}}{2}$，故$|PF_1|=7|PF_2|$.

说明　本题也可以用焦半径公式求解.

例 2　设双曲线$\frac{x^2}{a^2}-\frac{y^2}{b^2}=1(0<a<b)$的半焦距为$c$，直线$l$过$(a,0)$，$(0,b)$两点，已知原点到直线$l$的距离为$\frac{\sqrt{3}}{4}c$，求双曲线的离心率.

讲解　因为直线l过点$(a,0)$，$(0,b)$，则l的方程为$bx+ay-ab=0$，所以原点到直线l的距离为$\frac{|-ab|}{\sqrt{a^2+b^2}}=\frac{\sqrt{3}}{4}c$，因为$c^2=a^2+b^2(b>a>0)$，所以$\frac{ab}{c}=\frac{\sqrt{3}}{4}c$，整理得，$3e^4-16e^2+16=0$，解得$e^2=4$或$e^2=\frac{4}{3}$.

因为$b>a>0$，所以$c^2=a^2+b^2>2a^2$，所以$e^2=\frac{c^2}{a^2}>2$，故$e^2=4$，即$e=2$.

例 3　已知椭圆$\frac{x^2}{a^2}+\frac{y^2}{b^2}=1(a>b>0)$的一个顶点为$B(0,4)$，离心率$e=\frac{\sqrt{5}}{5}$，直线$l$交椭圆于$M$，$N$两点.

(1) 若直线l的方程为$y=x-4$，求弦MN的长；

(2) 如果$\triangle BMN$的重心恰好为椭圆的右焦点F，求直线l方程的一般式.

分析 直线与圆锥曲线的关系问题，一般可以直接联立方程，“设而不求”，把方程组转化成关于x或y的一元二次方程，利用根与系数的关系及弦长公式求解.

解析 (1) 由已知得$b=4$，且$\frac{c}{a}=\frac{\sqrt{5}}{5}$，即$\frac{c^2}{a^2}=\frac{1}{5}$，所以$\frac{a^2-b^2}{a^2}=\frac{1}{5}$，解得$a^2=20$，所以椭圆方程为$\frac{x^2}{20}+\frac{y^2}{16}=1$.

则$4x^2+5y^2=80$与$y=x-4$联立，消去y得$9x^2-40x=0$，所以$x_1=0$，$x_2=\frac{40}{9}$，所以所求弦长$|MN|=\sqrt{1+1^2}\ |x_2-x_1|=\frac{40\sqrt{2}}{9}$.

(2) 如图1，椭圆右焦点F的坐标为(2,0)，设线段MN的中点为$Q(x_0,y_0)$，由三角形重心的性质知$\overrightarrow{BF}=2\overrightarrow{FQ}$，又$B(0,4)$，所以$(2,-4)=2(x_0-2,y_0)$，故得$x_0=3$，$y_0=-2$，即得$Q$的坐标为$(3,-2)$.

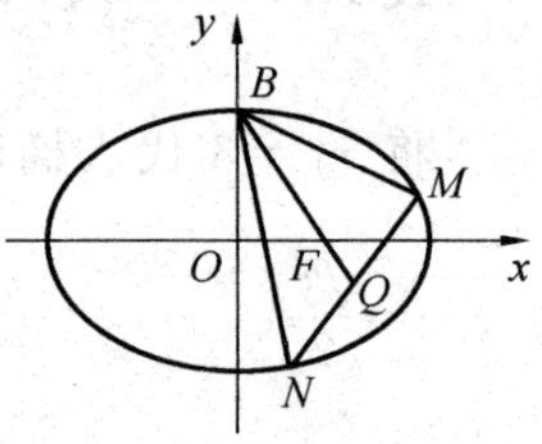

图1

设$M(x_1,y_1)$，$N(x_2,y_2)$，则$x_1+x_2=6$，$y_1+y_2=-4$，且$\frac{x_1^2}{20}+\frac{y_1^2}{16}=1$，$\frac{x_2^2}{20}+\frac{y_2^2}{16}=1$，以上两式相减得$\frac{(x_1+x_2)(x_1-x_2)}{20}+\frac{(y_1+y_2)(y_1-y_2)}{16}=0$，

所以$k_{MN}=\frac{y_1-y_2}{x_1-x_2}=-\frac{4}{5}\cdot\frac{x_1+x_2}{y_1+y_2}=-\frac{4}{5}\times\frac{6}{-4}=\frac{6}{5}$，故直线$MN$的方程为$y+2=\frac{6}{5}(x-3)$，即$6x-5y-28=0$.

说明 (1) 解决直线与椭圆的位置关系的相关问题，其常规思路是先把直线方程与椭圆方程联立，消元、化简，然后应用根与系数的关系建立方程，解决相关问题. 涉及弦中点的问题常常用“点差法”解决，往往会更简单.

(2) 设直线与椭圆的交点坐标为$A(x_1,y_1)$，$B(x_2,y_2)$，则$|AB|=\sqrt{(1+k^2)[(x_1+x_2)^2-4x_1x_2]}=\sqrt{\left(1+\frac{1}{k^2}\right)[(y_1+y_2)^2-4y_1y_2]}$($k$为直线斜率)

提醒：利用公式计算直线被椭圆截得的弦长是在方程有解的情况下进行的，不要忽略判别式.

例4 已知抛物线$y^2=2px(p>0)$，过动点$M(a,0)$且斜率为1的直线l与该抛物线交于不同的两点A，B，$|AB|\leqslant 2p$.

(1) 求 a 的取值范围；

(2) 若线段 AB 的垂直平分线交 x 轴于点 N，求 $\triangle NAB$ 面积的最大值.

讲解　(1) 直线 l 的方程为：$y=x-a$，将 $y=x-a$ 代入 $y^2=2px$，得

$$x^2-2(a+p)x+a^2=0$$

设直线 l 与抛物线两个不同的交点坐标分别为 $A(x_1,y_1)$，$B(x_2,y_2)$，则

$$\begin{cases}\Delta=4(a+p)^2-4a^2>0\\ x_1+x_2=2(a+p)\\ x_1x_2=a^2\end{cases}$$

又 $y_1=x_1-a$，$y_2=x_2-a$，则

$$|AB|=\sqrt{(x_1-x_2)^2+(y_1-y_2)^2}=$$
$$\sqrt{2[(x_1+x_2)^2-4x_1x_2]}=$$
$$\sqrt{8p(p+2a)}$$

因为 $\begin{cases}0<|AB|\leqslant 2p\\ 8p(p+2a)>0\end{cases}$，解得 $-\dfrac{p}{2}<a\leqslant-\dfrac{p}{4}$.

(2) 设 AB 的垂直平分线交 AB 于点 Q，令 Q 坐标为 (x_3,y_3)，则由中点坐标公式得

$$x_3=\frac{x_1+x_2}{2}=a+p$$

$$y_3=\frac{y_1+y_2}{2}=\frac{(x_1-a)+(x_2-a)}{2}=p$$

所以

$$|QN|^2=(a+p-a)^2+(p-0)^2=2p^2$$

又 $\triangle MQN$ 为等腰直角三角形，则 $|QN|=|QM|=\sqrt{2}p$，所以

$$S_{\triangle NAB}=\frac{1}{2}|AB|\cdot|QN|=\frac{\sqrt{2}}{2}p\cdot|AB|\leqslant\frac{\sqrt{2}}{2}p\cdot 2p=\sqrt{2}p^2$$

即当 $|AB|=2p$ 时 $\triangle NAB$ 面积的最大，最大值为 $\sqrt{2}p^2$.

说明　平面解析几何是通过研究二次方程来研究二次曲线的，常常解题根据根与系数的关系整体利用两根的和与积. 由于不论一元二次方程有无实根，根与系数的关系总成立，而解析几何中曲线的交点坐标是实数，因此使用根与系数关系时要注意检查该方程是否有实根.

正确使用这一方法解题，大致有 3 个步骤：

(1) 把已知条件、要计算的对象、要证明的结论，写成 x_1+x_2，x_1x_2（或 y_1+y_2，y_1y_2）的式子；

(2) 由两条曲线(含直线)的方程消去一个未知数,得到另一个未知数的一元二次方程,根据根与系数关系写出 x_1+x_2,x_1x_2(或 y_1+y_2,y_1y_2)的表达式,代入第(1)步中的式子,并求出结果;

(3) 检查(2)中的结果是否违背(2)中的一元二次方程根的判别式 $\Delta\geqslant 0$.

例 5 给定点 $A(-2,2)$,已知点 B 是椭圆 $\frac{x^2}{25}+\frac{y^2}{16}=1$ 上的一点,F_1 是椭圆的左焦点,求当 $|AB|+\frac{5}{3}|BF_1|$ 取最小值时,点 B 的坐标.

分析 由于椭圆的离心率为 $\frac{3}{5}$,结合待求式子中有 $\frac{5}{3}$ 的特点,可以考虑将 $\frac{5}{3}|BF_1|$ 利用椭圆的第二定义转化为点 B 到相应准线的距离.

讲解 此椭圆的 $a=5,b=4,c=3,e=\frac{3}{5}$,作椭圆的左准线 $l:x=-\frac{25}{3}$.

如图 2,对于椭圆上任一点 B',联结 AB',$B'F_1$,作 $B'H\perp l$ 于 H,则 $\frac{|B'F_1|}{|B'H|}=\frac{3}{5}$,即 $|B'H|=\frac{5}{3}|B'F_1|$,从而

$$|AB'|+\frac{5}{3}|B'F_1|=|AB'|+|B'H|$$

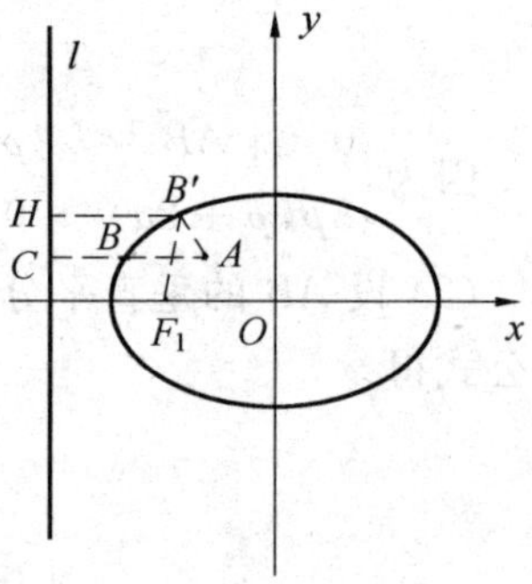

图 2

于是问题变为求 $|AB'|+|B'H|$ 的最小值.

作 $AC\perp l$ 于 C,交椭圆于 B,则 $|AC|\leqslant|AB'|+|B'H|$,即 $|AC|$ 为所求最小值

$$|AC|=(-2)-(-\frac{25}{3})=\frac{19}{3}$$

此时点 B 的纵坐标 $y=2$,代入椭圆方程,得点 B 的横坐标为 $x=-\frac{5}{2}\sqrt{3}$.

则当 $|AB|+\frac{5}{3}|BF_1|$ 取最小值时,点 B 的坐标为 $(-\frac{5}{2}\sqrt{3},2)$.

例 6 如图 3,直线 l 的方程为 $x=-\frac{p}{2}$,其中 $p>0$;椭圆的中心为 $D(2+\frac{p}{2},0)$,焦点在 x 轴上,长半轴长为 2,短半轴长为 1,它的一个顶点为

$A(\frac{p}{2},0)$.

问 p 在哪个范围内取值时，椭圆上有 4 个不同的点，它们中每一个点到点 A 的距离等于该点到直线 l 的距离.

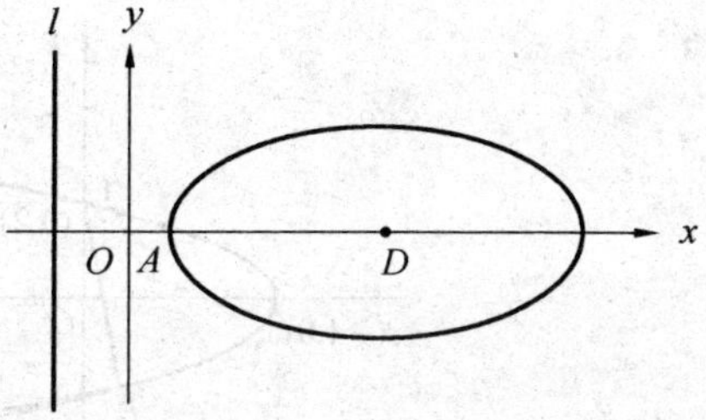

图 3

讲解　假定椭圆上有符合题意的 4 点，则这 4 个点的坐标都应满足下面的椭圆方程：

$$\frac{[x-(2+\frac{p}{2})]^2}{4}+y^2=1$$

又这 4 个点的坐标应满足下面的抛物线方程 $y^2=2px$，从而椭圆上有 4 个点符合题意的充要条件是下面的方程组有 4 个不同的实数解：

$$\begin{cases}\frac{[x-(2+\frac{p}{2})]^2}{4}+y^2=1 & ①\\ y^2=2px & ②\end{cases}$$

将式 ② 代入式 ①，得 $[x-(2+\frac{p}{2})]^2+8px=4$，即

$$x^2+(7p-4)x+\frac{p^2}{4}+2p=0 \quad ③$$

所以原方程组有 4 个不同的实数解，当且仅当方程 ③ 有两个不相等的正根，而这又等价于

$$\begin{cases}\Delta=(7p-4)^2-4(\frac{p^2}{4}+2p)>0\\ x_1x_2=\frac{p^2}{4}+2p>0\\ x_1+x_2=7p-4<0\\ p>0\end{cases}$$

解得 $0<p<\frac{1}{3}$.

所以，所求的 p 的取值范围为 $(0,\frac{1}{3})$.

例 7　如图 4，已知点 $A(0,2)$ 和抛物线 $y^2=x+4$ 上两点 B,C，使得 $AB\perp BC$，求点 C 的纵坐标的取值范围.

讲解　设 $B(y_0^2-4,y_0)$，$C(y_1^2-4,y_1)$，则

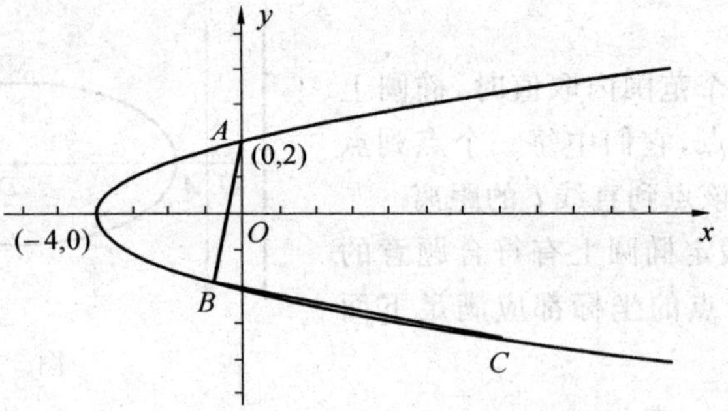

图 4

$$k_{AB}=\frac{y_0-2}{y_0^2-4}=\frac{1}{y_0+2}$$

$$k_{BC}=\frac{y_1-y_0}{y_1^2-y_0^2}=\frac{1}{y_1+y_0}$$

由 $k_{AB}\cdot k_{BC}=-1$,得$(y_1+y_0)(y_0+2)=-1$.

则 ${y_0}^2+(y_1+2)y_0+(2y_1+1)=0$.

则得 $\Delta=(y_1+2)^2-4(2y_1+1)={y_1}^2-4y_1\geqslant 0$,故 $y_1\leqslant 0,y_1\geqslant 4$.

当 $y_1=0$ 时,得 $B(-3,-1)$,当 $y_1=4$ 时,得 $B(5,-3)$ 均满足要求,故点 C 的纵坐标的取值范围是$(-\infty,0]\cup[4,+\infty)$.

例 8 点 $P(x_0,y_0)$ 是抛物线 $y^2=2px$ 上的任意一定点,PA,PB 是抛物线的两条互相垂直的弦,求证:AB 过定点.

分析 由于 $PA\perp PB$,故可考虑引入参数 k(斜率).

讲解 设点 A,B 的坐标分别为 $A(x_1,y_1)$,$B(x_2,y_2)$,PA 的斜率为 k,则 PA 的方程为

$$y-y_0=k(x-x_0)$$

则

$$y-y_0=k(x-x_0)$$

可得

$$x=\frac{y-y_0}{k}+x_0 \quad ①$$

$y^2=2px$,以 ① 代入得

$$y^2-\frac{2p}{k}(y-y_0)-2px_0=0 \quad ②$$

$y_0^2=2px_0$,代入 ② 得

$$y^2-y_0^2-\frac{2p}{k}(y-y_0)=0 \quad ③$$

由于 $y\neq y_0$，则

$$y+y_0=\frac{2p}{k} \quad ④$$

即得点 A 的坐标为：$A(x_1,\frac{2p}{k}-y_0)$；同理得 B 的坐标为 $B(x_2,-2py-y_0)$.

因为 $y_{AB}=\frac{y_2-y_1}{x_2-x_1}=\frac{y_2-y_1}{\frac{y_1^2}{2p}-\frac{y_2^2}{2p}}=\frac{2p}{y_2+y_1}$，故 AB 的方程为

$$y-y_1=\frac{2p}{y_2+y_1}(x-x_1)$$

即

$$(y_1+y_2)y-y_1y_2=2px \quad ⑤$$

(其中 $y_1{}^2=2px_1$) 又

$$y_1+y_2=\frac{2p}{k}-2py-2y_0 \quad ⑥$$

$$y_1y_2=(\frac{2p}{k}-y_0)(-2py-y_0)=-4p^2-\frac{2p}{k}y_0+2pyy_0+y_0{}^2=$$
$$-(\frac{2p}{k}-2py-2y_0)y_0-4p^2-2px_0 \quad ⑦$$

将 ⑥,⑦ 两式代入 ⑤，得

$$(\frac{2p}{k}-2py-2y_0)(y+y_0)-2p(x-x_0-2p)=0 \quad ⑧$$

则 $x=x_0+2p,y=-y_0$ 时，此式恒成立，故直线 AB 恒过定点$(x_0+2p,-y_0)$.

思考 1　上述解法运算量很大，原因之一是将 ①$x=\frac{y-y_0}{k}+x_0$ 代入较繁. 如果能避免此步代入，则运算可得到简化：

改进 1　将 ②－③：$y^2-y_0^2=2p(x-x_0)$，再将 ① 代入，即可得式 ④.

思考 2　将 ⑥、⑦ 两式代入较烦琐，如不用此式代入，则可减少运算量：

改进 2　由 ④ 式知：$y_1+y_0=\frac{2p}{k}$，$y_2+y_0=-2py$，两式相乘，得

$$y_1y_2+(y_1+y_2)y_0+y_0{}^2=-4p^2 \quad ⑨$$

将 ⑨ 代入 ⑤，并以 $y_0{}^2=2px_0$ 代入得

$$(y_1+y_2)y+(y_1+y_2)y_0+2px_0+4p^2-2px=0$$

就是式 ⑧.

思考3 运算过程中,设了斜率k,又消去了y,如果一开始不设k,行吗?

改进3 由$PA\perp PB$,得

$$\frac{y_1-y_0}{x_1-x_0}\cdot\frac{y_2-y_0}{x_2-x_0}=-1$$

但

$$\frac{y_i-y_j}{x_i-x_j}=\frac{y_i-y_j}{\frac{y_j^2}{2p}-\frac{y_i^2}{2p}}=\frac{2p}{y_i+y_j}$$

于是就有$(y_1+y_0)(y_2+y_0)=-4p^2$.这就是式⑨,不需要用k.

因此有如下简洁的证法:

证明:设$P(x_0,y_0)$,$A(x_1,y_1)$,$B(x_2,y_2)$,则得$y_0^2=2px_0$,$y_1^2=2px_1$,$y_2^2=2px_2$.由于

$$k_{AB}=\frac{y_2-y_1}{x_2-x_1}=\frac{y_2-y_1}{\frac{y_1^2}{2p}-\frac{y_2^2}{2p}}=\frac{2p}{y_2+y_1}$$

则直线AB方程为

$$y-y_1=\frac{y_2-y_1}{x_2-x_1}(x-x_1)$$

即

$$(y_1+y_2)y-y_1y_2=2px \qquad ⑩$$

因为$PA\perp PB$,故有

$$\frac{y_1-y_0}{x_1-x_0}\cdot\frac{y_2-y_0}{x_2-x_0}=-1$$

但

$$\frac{y_i-y_j}{x_i-x_j}=\frac{2p}{y_i+y_j}$$

于是就有

$$(y_1+y_0)(y_2+y_0)=-4p^2$$

即

$$y_1y_2+(y_1+y_2)y_0+y_0^2=-4p^2$$

代入式⑩,即得

$$(y_1+y_2)(y+y_0)-2p(x-x_0-2p)=0$$

从而可得当$x=x_0+2p$,$y=-y_0$时,此式恒成立,故直线AB恒过定点$(x_0+2p,-y_0)$.

例9 已知抛物线C:$y=mx^2(m>0)$,焦点为F,直线$2x-y+2=0$交抛物线C于A,B两点,P是线段AB的中点,过P作x轴的垂线交抛物线C于

点 Q.

(1) 求抛物线 C 的焦点坐标；

(2) 若抛物线 C 上有一点 $R(x_R,2)$ 到焦点 F 的距离为 3，求此时 m 的值；

(3) 是否存在实数 m，使 $\triangle ABQ$ 是以 Q 为直角顶点的直角三角形？若存在，求出 m 的值；若不存在，说明理由.

分析　抛物线上的点到抛物线的焦点距离，往往转化为该点到准线的距离.

解析　(1) 因为抛物线 $C:x^2=\frac{1}{m}y$，所以它的焦点为 $F(0,\frac{1}{4m})$.

(2) 因为 $|RF|=y_R+\frac{1}{4m}$，所以 $2+\frac{1}{4m}=3$，得 $m=\frac{1}{4}$.

(3) 存在，联立方程 $\begin{cases}y=mx^2\\2x-y+2=0\end{cases}$.

消去 y 得 $mx^2-2x-2=0$，依题意，有

$$\Delta=(-2)^2-4\times m\times(-2)>0\Rightarrow m>-\frac{1}{2}$$

设 $A(x_1,mx_1^2)$，$B(x_2,mx_2^2)$，则

$$\begin{cases}x_1+x_2=\dfrac{2}{m}\\x_1x_2=-\dfrac{2}{m}\end{cases}\qquad(*)$$

因为 P 是线段 AB 的中点，所以 $P(\frac{x_1+x_2}{2},\frac{mx_1^2+mx_2^2}{2})$，即 $P(\frac{1}{m},y_P)$，所以 $Q(\frac{1}{m},\frac{1}{m})$.

得 $\overrightarrow{QA}=(x_1-\frac{1}{m},mx_1^2-\frac{1}{m})$，$\overrightarrow{QB}=(x_2-\frac{1}{m},mx_2^2-\frac{1}{m})$，若存在实数 m，使 $\triangle ABQ$ 是以 Q 为直角顶点的直角三角形，则 $\overrightarrow{QA}\cdot\overrightarrow{QB}=0$，即

$$(x_1-\frac{1}{m})(x_2-\frac{1}{m})+(mx_1^2-\frac{1}{m})(mx_2^2-\frac{1}{m})=0$$

结合式($*$)化简得 $-\frac{4}{m^2}-\frac{6}{m}+4=0$，即 $2m^2-3m-2=0$，所以 $m=2$ 或 $m=-\frac{1}{2}$，而 $2\in(-\frac{1}{2},+\infty)$，$-\frac{1}{2}\in(-\frac{1}{2},+\infty)$.

所以存在实数 $m=2$，使 $\triangle ABQ$ 是以 Q 为直角顶点的直角三角形.

说明　(1) 直线与抛物线的位置关系和直线与椭圆、双曲线的位置关系类似，一般要用到根与系数的关系；

(2) 有关直线与抛物线的弦长问题,要注意直线是否过抛物线的焦点,若过抛物线的焦点,可直接使用公式 $|AB|=x_1+x_2+p$,若不过焦点,则必须用一般弦长公式.

(3) 涉及抛物线的弦长、中点、距离等相关问题时,一般利用根与系数的关系采用“设而不求”“整体代入”等解法.

提醒:涉及弦的中点、斜率时一般用“点差法”求解.

例 10 设曲线 $C_1:\dfrac{x^2}{a^2}+y^2=1$($a$ 为正常数)与 $C_2:y^2=2(x+m)$ 在 x 轴上方仅有一个公共点 P.

(1) 求实数 m 的取值范围(用 a 表示);

(2)O 为原点,若 C_1 与 x 轴的负半轴交于点 A,当 $0<a<\dfrac{1}{2}$ 时,试求 $\triangle OAP$ 的面积的最大值(用 a 表示).

讲解 (1) 由

$$\begin{cases}\dfrac{x^2}{a^2}+y^2=1\\ y^2=2(x+m)\end{cases}$$

消去 y 得

$$x^2+2a^2x+2a^2m-a^2=0 \quad ①$$

设 $f(x)=x^2+2a^2x+2a^2m-a^2$,问题(1) 转化为方程 ① 在 $x\in(-a,a)$ 上有唯一解或等根.

只需讨论以下 3 种情况:

(ⅰ)$\Delta=0$ 得 $m=\dfrac{a^2+1}{2}$,此时 $x_p=-a^2$,当且仅当 $-a<-a^2<a$,即 $0<a<1$ 时适合;

(ⅱ)$f(a)\cdot f(-a)<0$ 当且仅当 $-a<m<a$;

(ⅲ)$f(-a)=0$ 得 $m=a$,此时 $x_p=a-2a^2$,当且仅当 $-a<a-2a^2<a$,即 $0<a<1$ 时适合.

由 $f(a)=0$ 得 $m=-a$,此时 $x_p=-a-2a^2$,由于 $-a-2a^2<-a$,从而 $m\neq-a$.

综上可知,当 $0<a<1$ 时,$m=\dfrac{a^2+1}{2}$ 或 $-a<m\leqslant a$;当 $a\geqslant 1$ 时,$-a<m<a$.

(2)$\triangle OAP$ 的面积 $S=\dfrac{1}{2}ay_p$.

因为 $0<a<\frac{1}{2}$，故 $-a<m\leqslant a$ 时，$0<-a^2+a\sqrt{a^2+1-2m}<a$，由唯一性得

$$x_p=-a^2+a\sqrt{a^2+1-2m}$$

显然当 $m=a$ 时，x_p 取值最小.

由于 $x_p>0$，从而 $y_p=\sqrt{1-\frac{x_p^2}{a^2}}$ 取值最大，此时 $y_p=2\sqrt{a-a^2}$，故 $S=a\sqrt{a-a^2}$.

当 $m=\frac{a^2+1}{2}$ 时，$x_p=-a^2$，$y_p=\sqrt{1-a^2}$，此时 $S=\frac{1}{2}a\sqrt{1-a^2}$.

下面比较 $a\sqrt{a-a^2}$ 与 $\frac{1}{2}a\sqrt{1-a^2}$ 的大小：

令 $a\sqrt{a-a^2}=\frac{1}{2}a\sqrt{1-a^2}$，得 $a=\frac{1}{3}$.

故当 $0<a\leqslant\frac{1}{3}$ 时，$a\sqrt{a-a^2}\leqslant\frac{1}{2}a\sqrt{1-a^2}$，此时 $S_{\max}=\frac{1}{2}a\sqrt{1-a^2}$.

当 $\frac{1}{3}<a<\frac{1}{2}$ 时，$a\sqrt{a-a^2}>\frac{1}{2}a\sqrt{1-a^2}$，此时 $S_{\max}=a\sqrt{a-a^2}$.

课外训练

1. 若点 P 到直线 $y=-1$ 的距离比它到点 $(0,3)$ 的距离小 2，则点 P 的轨迹方程是________.

2. 已知抛物线的方程为 $y^2=4x$，直线 l 的方程为 $x-y+5=0$，在抛物线上有一动点 P 到 y 轴的距离为 d_1，到直线 l 的距离为 d_2，则 d_1+d_2 的最小值为________.

3. 设 F_1,F_2 是双曲线 $C:\frac{x^2}{a^2}-\frac{y^2}{b^2}=1(a>0,b>0)$ 的两个焦点，P 是 C 上一点，若 $|PF_1|+|PF_2|=6a$ 且 $\triangle PF_1F_2$ 的最小内角为 $30°$，则双曲线 C 的离心率为________.

4. 已知圆 $C_1:(x+3)^2+y^2=1$ 和圆 $C_2:(x-3)^2+y^2=9$，动圆 M 同时与圆 C_1 及圆 C_2 相外切，则动圆圆心 M 的轨迹方程为____________.

5. 已知椭圆 $\frac{x^2}{a^2}+\frac{y^2}{b^2}=1(a>b>0)$ 的离心率等于 $\frac{1}{3}$，其焦点分别为 A,B；C 为椭圆上异于长轴端点的任意一点，则在 $\triangle ABC$ 中，$\frac{\sin A+\sin B}{\sin C}$ 的值等

于________.

6.已知中心在原点,焦点在 x 轴上的椭圆 C 的离心率为 $\frac{1}{2}$,且经过点 $M(1,\frac{3}{2})$.

(1) 求椭圆 C 的方程;

(2) 是否存在过点 $P(2,1)$ 的直线 l_1 与椭圆 C 相交于不同的两点 A,B,满足 $\overrightarrow{PA}\cdot\overrightarrow{PB}=\overrightarrow{PM}^2$? 若存在,求出直线 l_1 的方程;若不存在,请说明理由.

7.已知中心在原点的双曲线 C 的右焦点为 $(2,0)$,实轴长为 $2\sqrt{3}$.

(1) 求双曲线 C 的方程;

(2) 若直线 $l:y=kx+\sqrt{2}$ 与双曲线 C 左支交于 A,B 两点,求 k 的取值范围;

(3) 在(2)的条件下,线段 AB 的垂直平分线 l_0 与 y 轴交于 $M(0,m)$,求 m 的取值范围.

8.已知椭圆的焦点为 $F_1(-1,0)$,$F_2(1,0)$,直线 $x=4$ 是它的一条准线.

(1) 求椭圆的方程;

(2) 设 A_1,A_2 分别是椭圆的左顶点和右顶点,P 是椭圆上满足 $|PA_1|-|PA_2|=2$ 的一点,求 $\cos\angle A_1PA_2$ 的值.

9.椭圆 $x^2+4y^2=8$ 中,AB 是长为 $\frac{5}{2}$ 的动弦,O 为坐标原点,求 $\triangle AOB$ 的面积的取值范围.

10.如图5,设椭圆的方程 $\frac{x^2}{a^2}+\frac{y^2}{b^2}=1(a>b>0)$,线段 PQ 是过左焦点 F 且不与 x 轴垂直的焦点弦,若在左准线上存在点 R,使 $\triangle PQR$ 为正三角形,求离心率 e 的取值范围,并用 e 表示直线 PQ 的斜率.

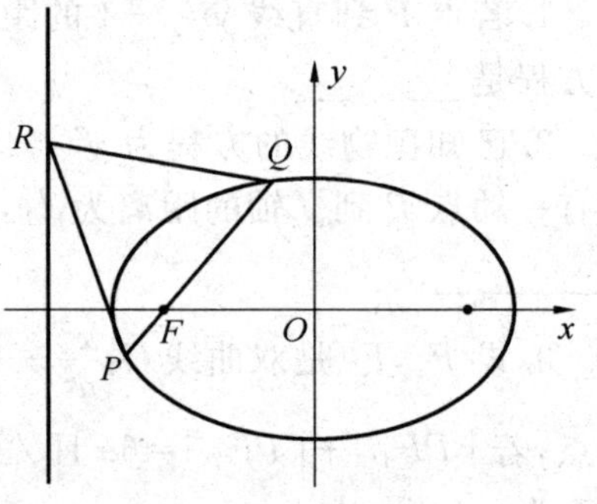

图 5

11.已知抛物线 $y^2=2px(p>0)$ 的焦点为 F,$A(x_1,y_1)$,$B(x_2,y_2)$ 是过 F 的直线与抛物线的两个交点,求证:

(1) $y_1y_2=-p^2$,$x_1x_2=\frac{p^2}{4}$;

(2) $\frac{1}{|AF|}+\frac{1}{|BF|}$ 为定值;

(3) 以 AB 为直径的圆与抛物线的准线相切.

第 34 讲　圆锥曲线的性质

知识呈现

1. 焦半径公式

设 P 为圆锥曲线上任一点，r，d 分别为点 P 到焦点及相应准线的距离，则 $r=ed$.

(1) 对于椭圆 $\frac{x^2}{a^2}+\frac{y^2}{b^2}=1(a>b>0)$，$F_1(-c,0)$，$F_2(c,0)$ 是它的两个焦点. 设 $P(x,y)$ 是椭圆上的任一点，则有 $r_1=|PF_1|=a+ex$，$r_2=|PF_2|=a-ex$.

由椭圆的焦半径公式可知，椭圆上的某一点的焦半径的长是这一点的横坐标(对 $\frac{y^2}{a^2}+\frac{x^2}{b^2}=1$ 是纵坐标) 的一次函数.

焦半径公式的另一种形式(对于 $\frac{x^2}{a^2}+\frac{y^2}{b^2}=1$，$a>b>0$) 为 $r_1=|PF_1|=\frac{b^2}{a-c\cos\theta}$($\theta$ 是以 F_1x 为始边，F_1P 为终边的角，不是 F_1P 的倾斜角).

(2) 对于双曲线 $\frac{x^2}{a^2}-\frac{y^2}{b^2}=1(a>0,b>0)$，$F_1(-c,0)$，$F_2(c,0)$ 是它的两个焦点. 设 $P(x,y)$ 是双曲线上的任一点，若点 P 在双曲线的右支上，则有 $r_1=|PF_1|=ex+a$，$r_2=|PF_2|=ex-a$；若点 P 在双曲线的左支上，则有 $r_1=|PF_1|=-ex-a$，$r_2=|PF_2|=-ex+a$.

焦半径公式的另一种形式(对于 $\frac{x^2}{a^2}-\frac{y^2}{b^2}=1$，$a>0$，$b>0$) 为 $r_2=|PF_2|=\left|\frac{b^2}{a-c\cos\theta}\right|$($\theta$ 是以 F_2x 为始边，F_2P 为终边的角，不是 F_2P 的倾斜角).

注意：当 $\frac{b^2}{a-c\cos\theta}>0$ 时，点 P 在右支上；当 $\frac{b^2}{a-c\cos\theta}<0$ 时，点 P 在左

支上.

(3) 对于抛物线 $y^2=2px(p>0)$, $F(\frac{p}{2},0)$ 是它的焦点,设 $P(x,y)$ 是抛物线上的任一点,则 $r=|PF|=x+\frac{p}{2}$. 设 $\angle xFP=\theta$,则 $r=\frac{p}{1-\cos\theta}$.

2. 共轭直径

二次曲线平行弦的中点轨迹称为它的直径. 若两直径中的每一直径平分与另一直径平行的弦,则称此两直径为共轭直径.

(1) 设椭圆的方程为 $\frac{x^2}{a^2}+\frac{y^2}{b^2}=1(a>b>0)$,互为共轭直径的斜率关系为 $kk'=-\frac{b^2}{a^2}$;

(2) 设双曲线的方程为 $\frac{x^2}{a^2}-\frac{y^2}{b^2}=1(a>0,b>0)$,互为共轭直径的斜率关系为 $kk'=\frac{b^2}{a^2}$;

(3) 设抛物线的方程为 $y^2=2px(p>0)$,一组斜率为 k 的平行弦的中点轨迹为射线 $y=\frac{p}{k}$.

3. 过焦点的弦

(1) 设椭圆的方程为 $\frac{x^2}{a^2}+\frac{y^2}{b^2}=1(a>b>0)$,过 $F_1(-c,0)$ 的弦长为 $2a+e(x_1+x_2)$,过 $F_2(c,0)$ 的弦长为 $2a-e(x_1+x_2)$. 过焦点的弦长是一个仅与它的中点横坐标有关的数.

焦点弦长的另一种形式为 $l=\frac{2ab^2}{a^2-c^2\cos^2\theta}$($\theta$ 是以 F_1x 为始边,F_1P 为终边的角,不是 F_1P 的倾斜角).

(2) 设双曲线的方程为 $\frac{x^2}{a^2}-\frac{y^2}{b^2}=1(a>0,b>0)$,过 $F_1(-c,0)$ 的弦长为 $|2a+e(x_1+x_2)|$,过 $F_2(c,0)$ 的弦长为 $|2a-e(x_1+x_2)|$.

焦点弦长的另一种形式为 $l=\left|\frac{2ab^2}{a^2-c^2\cos^2\theta}\right|$($\theta$ 是以 F_2x 为始边,F_2P 为终边的角,不是 F_2P 的倾斜角).

(3) 设抛物线的方程为 $y^2=2px(p>0)$, $F(\frac{p}{2},0)$,设 $\angle xFP=\theta$,则焦点弦长为 $l=\frac{2p}{\sin^2\theta}$.

4. 双曲线的渐近线

(1) 如果曲线上的点无限远离原点时，存在一条直线 l，使得 P 与此直线的距离无限趋向于零，则这条直线称为曲线 C 的一条渐近线.

双曲线 $\frac{x^2}{a^2}-\frac{y^2}{b^2}=1$ 的渐近线方程为 $\frac{x^2}{a^2}-\frac{y^2}{b^2}=0$.

(2) 共轭双曲线的方程为 $\frac{x^2}{a^2}-\frac{y^2}{b^2}=\pm 1$，共渐近线的双曲线系方程为：$\frac{x^2}{a^2}-\frac{y^2}{b^2}=\lambda$.

互为共轭的两条双曲线有以下性质：

①$\lambda>0$ 时得焦点在 x 轴上的双曲线；$\lambda<0$ 时得焦点在 y 轴上的双曲线；$\lambda=0$ 时即是双曲线的渐近线；

② 两共轭的双曲线的离心率 e_1, e_2 满足 $\frac{1}{e_1^2}+\frac{1}{e_2^2}=1$；

③ 它们的 4 个焦点在同一个圆上.

典例展示

例 1　设 $A(x_1, y_1)$ 为椭圆 $x^2+2y^2=2$ 上的一点，过点 A 作一条斜率为 $-\frac{x}{2y_1}$ 的直线 l，又设 d 为原点到直线 l 的距离，r_1, r_2 分别为点 A 到椭圆两焦点的距离. 求证：$\sqrt{r_1 r_2}\cdot d$ 为常数.

分析　根据题意利用焦半径公式计算 r_1, r_2.

讲解　由椭圆方程 $\frac{x^2}{2}+y^2=1$ 得，$a^2=2, b=1, c=1$，则 $e=\frac{\sqrt{2}}{2}$.

由 $r_1=a+ex_1, r_2=a-ex_1$，得

$$r_1 r_2=a^2-e^2 x_1^2 \qquad ①$$

直线 l 的方程为 $y-y_1=-\frac{x}{2y_1}(x-x_1)$，即 $x_1 x+2y_1 y=x_1^2+2y_1^2$.

又 $A(x_1, y_1)$ 在椭圆上，则 $x_1^2+2y_1^2=2$，则 $x_1 x+2y_1 y=2$，从而得

$$d=\frac{2}{\sqrt{x_1^2+4y_1^2}}-\frac{2}{\sqrt{4-x_1^2}} \qquad ②$$

将 ①，② 代入 $\sqrt{r_1 r_2}\cdot d$ 得

$$\sqrt{r_1 r_2}\cdot d=\sqrt{2-\frac{1}{2}x_1^2}\cdot\frac{2}{\sqrt{4-x_1^2}}=\sqrt{2}$$

说明　本题也可以先由点斜式求得直线 l 的方程，求出 d；然后再根据点 A 的坐标，结合椭圆的方程分别解出 r_1 和 r_2，但这样计算量比较大.

例 2　已知 F 是椭圆 $\frac{x^2}{a^2}+\frac{y^2}{b^2}=1(a>b>0)$ 的右焦点，弦 A_1B_1，A_2B_2，A_3B_3 过焦点 F，M_1，M_2，M_3 分别是弦 A_1B_1，A_2B_2，A_3B_3 的中点.

求证：$|A_1B_1|$，$|A_2B_2|$，$|A_3B_3|$ 成等差数列的充要条件是点 M_1，M_2，M_3 的横坐标 x_1，x_2，x_3 成等差数列.

分析　利用中点公式和椭圆的第二定义进行转化.

讲解　作椭圆的右准线 l：

$$x=x_0\left(x_0=\frac{a^2}{c}\right)$$

如图 1，作 $A_1C_1\perp l$ 于 C_1，作 $B_1D_1\perp l$ 于 D_1，作 $M_1N_1\perp l$ 于 N_1，记 $|A_1C_1|=d_1$，$|B_1D_1|=d_2$，$|M_1N_1|=d$.

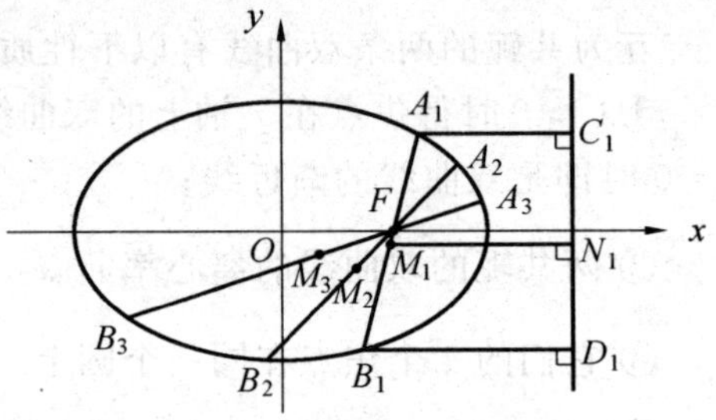

图 1

则 $|A_1B_1|=|A_1F|+|B_1F|=e(d_1+d_2)=2ed=2e(x_0-x_1)$，同理，$|A_2B_2|=|A_2F|+|B_2F|=2e(x_0-x_2)$，$|A_3B_3|=|A_3F|+|B_3F|=2e(x_0-x_3)$，于是，$|A_1B_1|$，$|A_2B_2|$，$|A_3B_3|$ 成等差数列的充要条件是 $(x_0-x_1)+(x_0-x_3)=2(x_0-x_2)$，即 $x_1+x_3=2x_2$，即 x_1，x_2，x_3 成等差数列. 从而得证！

例 3　直线 l 经过点 $(1,1)$，若抛物线 $y^2=x$ 上存在两点关于直线 l 对称，求直线 l 的斜率 k 的取值范围.

讲解　设直线 l 的方程为 $y-1=k(x-1)$，直线 l 垂直平分抛物线的弦 AB，且 $A(x_1,y_1)$，$B(x_2,y_2)$，$M(x_0,y_0)$ 是 AB 的中点，则

$$y_1^2=x_1 \quad ①$$

$$y_2^2=x_2 \quad ②$$

$$\frac{y_1-y_2}{x_1-x_2}=-\frac{1}{k} \quad ③$$

$$x_1+x_2=2x_0 \quad ④$$

$$y_1+y_2=2y_0 \quad ⑤$$

①－②得

$$(y_1-y_2)(y_1+y_2)=x_1-x_2$$

即

$$\frac{y_1-y_2}{x_1-x_2}=\frac{1}{y_1+y_2}$$

所以

$$\frac{1}{y_1+y_2}=-\frac{1}{k}$$

又由 ⑤ 知

$$y_0=\frac{y_1+y_2}{2}=-\frac{k}{2}$$

由于 M 在直线 l 上，则 $y_0-1=k(x_0-1)$，则可得 $x_0=\frac{1}{2}-\frac{1}{k}$.

又 M 在抛物线的内部，即 $y_0^2<x_0$，所以 $(-\frac{k}{2})^2<\frac{1}{2}-\frac{1}{k}$，即 $\frac{k^3-2k+4}{k}<0$，也就是 $\frac{(k+2)(k^2-2k+2)}{k}<0$，解得 $-2<k<0$.

说明　在解涉及弦的中点等相关问题时，可以采用这样的方法：设弦的两个端点坐标为 (x_1,y_1)，(x_2,y_2)，然后列出 5 个方程来解：此两点在椭圆上可得两个方程，弦的中点又可得两个方程，关于斜率再得一个方程，利用消去参数以求出解.

例 4　已知点 P 在双曲线 $\frac{x^2}{16}-\frac{y^2}{9}=1$ 上，并且 P 到这条双曲线的右准线的距离恰好是 P 到这条双曲线的两个焦点的距离的等差中项，求点 P 的横坐标.

分析　由于题中出现了圆锥曲线上一点到焦点的距离，故可以考虑利用焦半径的相关知识.

讲解　记半实轴、半虚轴、半焦距的长分别为 a,b,c，离心率为 e，点 P 到右准线 l 的距离为 d，它到左、右准线的距离分别为 r_1,r_2，则 $a=4,b=3,c=5$，$e=\frac{c}{a}=\frac{5}{4}$，右准线 l 为 $x=\frac{a^2}{c}=\frac{16}{5}$.

于是 $r_1-r_2=\pm 2a$（点 P 在双曲线右支取"+"号，在左支取"−"号）.

故 $r_2=ed$，$r_1=ed\pm 2a$.

由 $2d=r_1+r_2$，得 $d=\frac{\pm a}{1-e}$.

但 $e>1$，故"−"号，即点 P 在双曲线左支上.

得 $d=\frac{a}{e-1}=\frac{4}{\frac{5}{4}-1}=16$.

因此,P 的横坐标为$\frac{16}{5}-16=-\frac{64}{5}$.

例5 过双曲线 $x^2-\frac{y^2}{2}=1$ 的右焦点作直线 l 交双曲线于 A,B 两点,若实数 λ 使得 $|AB|=\lambda$ 的直线 l 恰有 3 条,求 λ 的值.

讲解 右支内最短的焦点弦为$\frac{2b^2}{a}=4$.

又 $2a=2$,故与左、右两支相交的焦点弦长大于等于 $2a=2$,这样的弦由对称性有两条.

故 $\lambda=4$ 时,设 AB 的倾斜角为 θ,则右支内的焦点弦

$$\lambda=\frac{2ab^2}{a^2-c^2\cos 2\theta}=\frac{4}{1-3\cos^2\theta}\geqslant 4$$

当 $\theta=90^\circ$ 时,$\lambda=4$.

与左支相交时,$\theta=\pm\arccos\sqrt{\frac{2}{3}}$ 时

$$\lambda=\left|\frac{2ab^2}{a^2-c^2\cos^2\theta}\right|=\left|\frac{4}{1-3\cos^2\theta}\right|=4$$

故 $\lambda=4$.

说明 本题要充分考虑特殊位置和对称性.

例6 已知抛物线 C_1 的顶点为$(\sqrt{2}-1,1)$,焦点为$(\sqrt{2}-\frac{3}{4},1)$,另一抛物线 C_2 的方程为 $y^2-ay+x+2b=0$,C_1 与 C_2 在一个交点处它们的切线互相垂直,求证:C_2 必过定点,并求该点的坐标.

讲解 C_1 的 $p=\frac{1}{2}$,方程$(y-1)^2=x-(\sqrt{2}-1)$,即

$$y^2-2y-x+\sqrt{2}=0$$

设交点为(x_0,y_0),则 C_1 的切线方程为

$$y_0y-(y+y_0)-\frac{1}{2}(x+x_0)+\sqrt{2}=0$$

即

$$2(y_0-1)y-x-2y_0-x_0+2\sqrt{2}=0$$

同理可得,C_2 的切线方程为 $y_0y-\frac{1}{2}a(y_0+y)+\frac{1}{2}(x+x_0)+2b=0$,即

$$(2y_0-a)y+x-ay_0+x_0+4b=0$$

由题意知二者垂直,从而可得 $1(-1)+2(y_0-1)(2y_0-a)=0$,整理得

$$4{y_0}^2-2(a+2)y_0+2a-1=0 \quad ①$$

由 $y_0{}^2-2y_0-x_0+\sqrt{2}=0$ 和 $y_0{}^2-ay_0+x_0+2b=0$，相加得

$$2y_0{}^2-(a+2)y_0+2b+\sqrt{2}=0 \quad ②$$

①－②×2 得：$2a-1-4b-2\sqrt{2}=0$，可得

$$4b=2a-1-2\sqrt{2} \quad ③$$

代入 C_2 方程整理即可得 $2y^2-2ay+2x+2a-1-2\sqrt{2}=0$，即

$$2y^2+2x-2\sqrt{2}-1-2a(y-1)=0$$

取方程组 $\begin{cases}2y^2+2x-2\sqrt{2}-1=0\\ y-1=0\end{cases}$，解得 $(\sqrt{2}-\frac{1}{2},1)$.

即对任何满足 ③ 的 a,b，点 $(\sqrt{2}-\frac{1}{2},1)$ 在曲线 C_2 上，即 C_2 过定点，该定点的坐标为 $(\sqrt{2}-\frac{1}{2},1)$.

说明　解决与二次曲线的切线有关的问题时通常有如下的方法求得切线：

(1) 替换原则：二次曲线上的一点 (x_0,y_0) 处的切线方程：可把原二次曲线的方程中各含未知数的项按如下规则替换：

$$x^2\to x_0x;y^2\to y_0y;xy\to\frac{1}{2}(x_0y+xy_0);x\to\frac{1}{2}(x+x_0);y\to\frac{1}{2}(y+y_0)$$

(2) 已知斜率的切线方程：

椭圆 $\frac{x^2}{a^2}+\frac{y^2}{b^2}=1$ 的斜率为 k 的切线方程为 $y=kx\pm\sqrt{a^2k^2+b^2}$；

双曲线 $\frac{x^2}{a^2}-\frac{y^2}{b^2}=1$ 的斜率为 k 的切线方程为 $y=kx\pm\sqrt{a^2k^2-b^2}$；

抛物线 $y^2=2px$ 的斜率为 k 的切线方程为 $y=kx+\frac{p}{2k}$.

(3) 一般的切线方程可以用求导的方法解决.

例 7　已知双曲线 C：$x^2-y^2=1$ 及直线 l：$y=kx-1$.

(1) 若 l 与 C 有两个不同的交点，求实数 k 的取值范围；

(2) 若 l 与 C 交于 A,B 两点，O 是坐标原点，且 $\triangle AOB$ 的面积为 $\sqrt{2}$，求实数 k 的值.

分析　本题主要考查直线与双曲线的位置关系，解题关键是联立方程，用根与系数的关系求解.

讲解　(1) 双曲线 C 与直线 l 有两个不同的交点，则方程组 $\begin{cases}x^2-y^2=1\\ y=kx-1\end{cases}$ 有两个不同的实数根，整理得 $(1-k^2)x^2+2kx-2=0$，所以

$$\begin{cases}1-k^2\neq 0\\ \Delta=4k^2+8(1-k^2)>0\end{cases}$$

解得 $-\sqrt{2}<k<\sqrt{2}$ 且 $k\neq\pm 1$.

双曲线 C 与直线 l 有两个不同的交点时,k 的取值范围是 $(-\sqrt{2},-1)\cup(-1,1)\cup(1,\sqrt{2})$.

(2) 设交点 $A(x_1,y_1)$,$B(x_2,y_2)$,直线 l 与 y 轴交于点 $D(0,-1)$,由(1)知,C 与 l 联立的方程为 $(1-k^2)x^2+2kx-2=0$,所以

$$\begin{cases}x_1+x_2=\dfrac{-2k}{1-k^2}\\ x_1x_2=\dfrac{-2}{1-k^2}\end{cases}$$

当 A,B 在双曲线的一支上且 $|x_1|>|x_2|$ 时

$$S_{\triangle OAB}=S_{\triangle OAD}-S_{\triangle OBD}=\frac{1}{2}(|x_1|-|x_2|)=\frac{1}{2}|x_1-x_2|$$

当 A,B 在双曲线的两支上且 $x_1>x_2$ 时

$$S_{\triangle OAB}=S_{\triangle ODA}+S_{\triangle OBD}=\frac{1}{2}(|x_1|+|x_2|)=\frac{1}{2}|x_1-x_2|$$

所以 $S_{\triangle OAB}=\frac{1}{2}|x_1-x_2|=\sqrt{2}$,所以 $(x_1-x_2)^2=(2\sqrt{2})^2$,即 $\left(\frac{-2k}{1-k^2}\right)^2+\frac{8}{1-k^2}=8$,解得 $k=0$ 或 $k=\pm\frac{\sqrt{6}}{2}$.

又因为 $-\sqrt{2}<k<\sqrt{2}$,且 $k\neq\pm 1$,所以当 $k=0$ 或 $k=\pm\frac{\sqrt{6}}{2}$ 时,$\triangle AOB$ 的面积为 $\sqrt{2}$.

说明 (1) 研究直线与双曲线位置关系问题的通法:将直线方程代入双曲线方程,消元,得关于 x 或 y 的一元二次方程.当二次项系数等于0时,直线与双曲线相交于某支上一点,这时直线平行于一条渐近线;当二次项系数不等于0时,用判别式 Δ 来判定.

(2) 用"点差法"可以解决弦中点和弦斜率的关系问题,但需要检验.

例 8 (1) 如图2,椭圆 C:$\frac{x^2}{a^2}+\frac{y^2}{b^2}=1(a>b>0)$ 的左焦点为 F_1,上顶点为 B_2,右顶点为 A_2,过点 A_2 作 x 轴的垂线交直线 F_1B_2 于点 P,若 $|PA_2|=3b$,求椭圆 C 的离心率;

(2) 已知椭圆 $\frac{x^2}{a^2}+\frac{y^2}{b^2}=1(a>b>0)$ 的左、右焦点分别为 $F_1(-c,0)$,

$F_2(c,0)$，若椭圆上存在点 P 使 $\frac{a}{\sin\angle PF_1F_2}=\frac{c}{\sin\angle PF_2F_1}$，求该椭圆的离心率的取值范围.

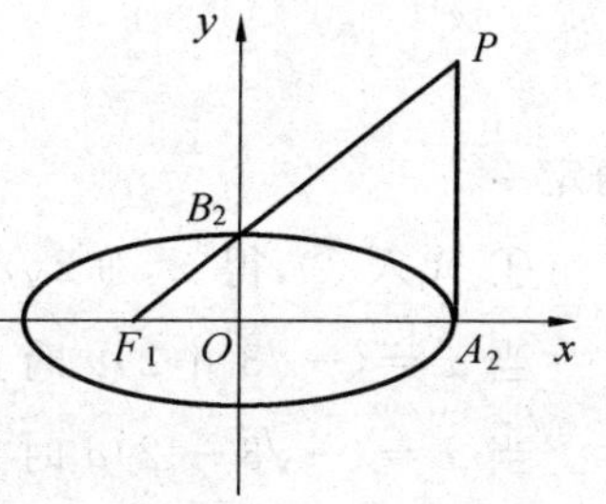

图 2

分析　椭圆的离心率利用方程思想，只需利用题目条件得到 a,b,c 的一个关系式即可. 若得到的关系式含 b，可利用 $a^2=b^2+c^2$ 转化为只含 a,c 的关系式.

讲解　(1) 由题设知 $\frac{|B_2O|}{|PA_2|}=\frac{|F_1O|}{|F_1A_2|}\Rightarrow\frac{b}{3b}=\frac{c}{a+c}=\frac{1}{3}$，$e=\frac{1}{2}$.

(2) 依题意及正弦定理，得 $\frac{|PF_2|}{|PF_1|}=\frac{a}{c}$（注意到 P 不与 F_1F_2 共线)，即 $\frac{|PF_2|}{2a-|PF_2|}=\frac{a}{c}$，所以 $\frac{2a}{|PF_2|}-1=\frac{c}{a}$，所以 $\frac{2a}{|PF_2|}=\frac{c}{a}+1>\frac{2a}{a+c}$，即 $e+1>\frac{2}{1+e}$，所以 $(e+1)^2>2$.

又 $0<e<1$，因此 $\sqrt{2}-1<e<1$.

答案　(1) $\frac{1}{2}$　(2) $(\sqrt{2}-1,1)$

说明　离心率是椭圆的重要几何性质，是高考重点考查的一个知识点. 这类问题一般有两类：一类是根据一定的条件求椭圆的离心率；另一类是根据一定的条件求离心率的取值范围. 无论是哪类问题，其难点都是建立关于 a，b，c 的关系式（等式或不等式)，并且最后要把其中的 b 用 a，c 表达，转化为关于离心率 e 的关系式，这是化解有关椭圆的离心率问题难点的根本方法.

例 9　已知双曲线 $C_1:\frac{x^2}{a^2}-\frac{y^2}{2a^2}=1(a>0)$，抛物线 C_2 的顶点在原点 O，C_2 的焦点是 C_1 的左焦点 F_1.

(1) 求证：C_1 与 C_2 总有两个不同的交点；

(2) 是否存在过焦点 F_1 的 C_2 的弦 AB，使 $\triangle AOB$ 的面积有最大值或最小值？如果存在，求出 AB 所在直线的方程；如果不存在，说明理由.

讲解　(1) 双曲线焦点 $(\pm\sqrt{3}a,0)$，抛物线方程 $y^2=-4\sqrt{3}ax$，C_1，C_2 的交点坐标由方程组

$$\begin{cases} y^2=-4\sqrt{3}ax & ① \\ 2x^2-y^2=2a^2 & ② \end{cases}$$

确定.

① 代入 ②,得 $x^2+2\sqrt{3}ax-a^2=0$,解得 $x=(-\sqrt{3}\pm 2)a$.

当 $x=(-\sqrt{3}+2)a$ 时方程组无解;

当 $x=(-\sqrt{3}-2)a$ 时方程组有两个解,从而 C_1 与 C_2 有两个不同交点.

(2) 当 $AB\perp Ox$ 时,$|AB|=4\sqrt{3}a$,$S_{\triangle AOB}=6a^2$.

当 AB 不与 x 轴垂直时,设 AB 的斜率为 k,则 $y=k(x+\sqrt{3}a)$,代入抛物线方程得

$$y^2=-4\sqrt{3}a(\frac{y}{k}-\sqrt{3}a)$$

即

$$y^2+\frac{4\sqrt{3}a}{k}y-12a^2=0$$

则 $\Delta=48a^2(\frac{1}{k_2}+1)$,从而

$$|y_2-y_1|=4\sqrt{3}a\sqrt{\frac{1}{k_2}+1}$$

则

$$S_{\triangle AOB}=\frac{1}{2}|y_2-y_1|\cdot|OF_1|=6a^2\sqrt{\frac{1}{k_2}+1}\geqslant 6a^2$$

即 $\triangle AOB$ 的面积没有最大值,但有最小值,最小值为 $6a^2$.

此时直线 AB 的方程为 $x=-\sqrt{3}a$.

例 10 已知 l_1,l_2 是双曲线 $\frac{x^2}{a^2}-\frac{y^2}{b^2}=1$ 的两条渐近线,过椭圆 $\frac{x^2}{a^2}+\frac{y^2}{b^2}=1(a>b>0)$ 的右焦点 F 作直线 m,使 $m\perp l_1$,m 与 l_2 的交点为 P,m 与已知椭圆的交点记作 A 与 B,如图 3 所示,求 $\frac{|PB|}{|PA|}$ 的最大值及此时椭圆的离心率.

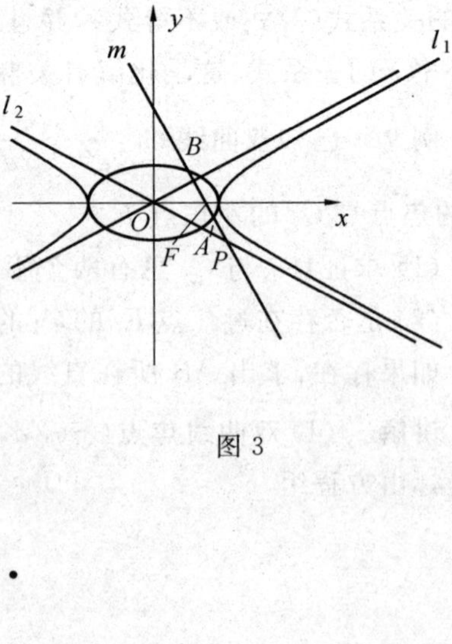

图 3

讲解 由题意可设 $l_1:bx-ay=0$,$l_2:bx+ay=0$.

则直线 m 的方程为：$ax+by-ac=0(c=\sqrt{a^2-b^2},e=\frac{c}{a},0<e<1)$.

从而 $P(\frac{a^2}{c},\frac{ab}{c})$，则 P 在椭圆的右准线上.

记$\frac{FA}{AP}=\lambda(\lambda>0)$，则由定比分点公式得点 A 坐标为

$$x=\frac{c+\lambda\cdot\frac{a^2}{c}}{1+\lambda},y=\lambda\frac{\lambda\cdot\frac{ab}{c}}{1+\lambda}$$

此坐标满足椭圆方程，代入得

$$(c^2+\lambda a^2)^2+\lambda^2a^4=a^2c^2(1+\lambda)^2$$

整理得

$$c^4+2\lambda a^2c^2+2\lambda^2a^4=a^2c^2+2\lambda a^2c^2+\lambda^2a^2c^2$$

两边同除以 a^4 得

$$e^4+2\lambda^2=e^2+\lambda^2e^2$$

整理得

$$\lambda^2=\frac{e^2-e^4}{2-e^2}=e^2+1-\frac{2}{2-e^2}=3-(2-e^2+\frac{2}{2-e^2})\leqslant 3-2\sqrt{2}$$

当且仅当 $2-e^2=\sqrt{2}$ 时取等号，即 $e=\sqrt{2-\sqrt{2}}$ 时，$\lambda_{\max}=\sqrt{2}-1$.

记 $t=\frac{|PB|}{|PA|}$，作椭圆的右准线，分别过 A,B 作此准线的垂线，交准线于 M,N. 由 P 在此准线上，知

$$t=\frac{|PB|}{|PA|}=\frac{|NB|}{|MA|}=\frac{|FB|}{|FA|}$$

即

$$|BF|=t|AF|$$

故

$$|AB|=(1+t)|AF|$$

又 $|AB|=(t-1)|PA|$，故$\frac{|AF|}{|PA|}=\frac{t-1}{t+1}$，即 $\lambda=\frac{t-1}{t+1}$，从而$\frac{t-1}{t+1}\leqslant\sqrt{2}-1$，解得 $t\leqslant\sqrt{2}+1$.

从而当椭圆的离心率等于$\sqrt{2-\sqrt{2}}$ 时，$\frac{|PB|}{|PA|}$ 取得最大值$\sqrt{2}+1$.

课外训练

1. 已知双曲线$\frac{x^2}{n}-\frac{y^2}{12-n}=1$的离心率是$\sqrt{3}$，则 $n=$________.

2. 椭圆$\frac{x^2}{4}+y^2=1$的左、右焦点分别为 F_1，F_2，点 P 为椭圆上一动点，若$\angle F_1PF_2$ 为钝角，则点 P 的横坐标的取值范围是________.

3. 已知椭圆 C：$\frac{x^2}{a^2}+\frac{y^2}{b^2}=1(a>b>0)$ 的左焦点为 F，椭圆 C 与过原点的直线相交于 A，B 两点，联结 AF，BF. 若 $|AB|=10$，$|AF|=6$，$\cos\angle ABF=\frac{4}{5}$，则 C 的离心率 $e=$________.

4. 已知抛物线 C：$y^2=2px(p>0)$ 的准线为 l，过 $M(1,0)$ 且斜率为$\sqrt{3}$ 的直线与 l 相交于点 A，与 C 的一个交点为 B，若$\overrightarrow{AM}=\overrightarrow{MB}$，则 $p=$________.

5. 定长为m的线段AB两个端点在双曲线$\frac{x^2}{a^2}-\frac{y^2}{b^2}=1$的右支上移动$\left(m>\frac{2b^2}{a}\right)$，那么，$AB$ 中点 M 的横坐标的最小值为________(用 a，b，m 表示).

6. 如图 4，过椭圆 C：$\frac{x^2}{a^2}+\frac{y^2}{b^2}=1$ $(a>b>0)$ 上的动点 P 引圆 O：$x^2+y^2=b^2$ 的两条切线 PA，PB，A，B 分别为切点，直线 AB 分别与 x 轴、y 轴交于 M，N 两点. 求：

(1) $\triangle OMN$ 面积的最小值；

(2) 椭圆 C 上是否存在点 P'，由 P' 向圆 O 所引两切线就否互相垂直？证明你的结论.

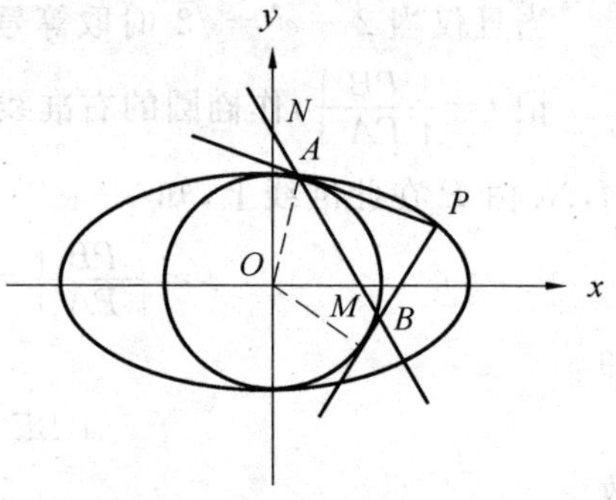

图 4

7. 已知椭圆 C：$\frac{(x-1)^2}{9}+\frac{(y-2)^2}{4}=1$ 上存在关于直线 l：$y=2x+m$ 对称的两点，试求 m 的取值范围.

8. 已知方向向量为 $\boldsymbol{v}=(1,\sqrt{3})$ 的直线 l 过点$(0,-2\sqrt{3})$ 和椭圆 C：$\frac{x^2}{a^2}+$

$\frac{y^2}{b^2}=1(a>b>0)$ 的焦点，且椭圆 C 的中心关于直线 l 的对称点在椭圆 C 的右准线上.

(1) 求椭圆 C 的方程；

(2) 是否存在过点 $E(-2,0)$ 的直线 m 交椭圆 C 于点 M,N，满足 $\overrightarrow{OM}\cdot\overrightarrow{ON}<\frac{4}{3}\sqrt{6}\cot\angle MON\neq 0$（$O$ 为原点）. 若存在，求直线 m 的方程；若不存在，请说明理由.

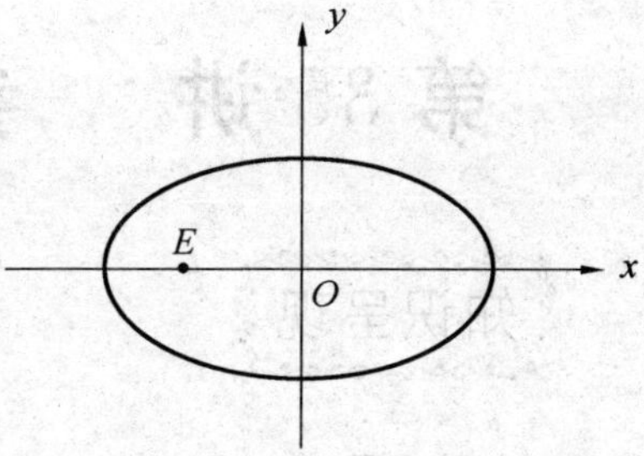

图 5

9. 已知抛物线 $y^2=2px(p>0)$ 的一条长为 l 的弦 AB，求 AB 中点 M 到 y 轴的最短距离，并求出此时点 M 的坐标.

10. 已知 AB,BC,AC 是抛物线 $y^2=2px(p>0)$ 的任意 3 条切线，它们交成一个 $\triangle ABC$，求证：$\triangle ABC$ 的垂心在某条固定的直线上.

第35讲 参数方程与曲线系

知识呈现

1. 参数方程

参数方程是联系多个变量之间关系的桥梁，在解题过程中引入参数或参数方程，使多个变量单一化，达到简化计算，解决问题的目的. 几种常见的参数方程的形式如下：

(1) 直线的参数方程为$\begin{cases}x=x_0+t\cos\theta\\ y=y_0+t\sin\theta\end{cases}$($t$为参数). 其中$\theta$是直线的倾斜角，参数$t$表示有向线段$\overrightarrow{AP}$的数量(其中点$A$，$P$的坐标为$A(x_0,y_0)$，$P(x,y)$)，如图1所示.

(2) 圆的参数方程$\begin{cases}x=x_0+r\cos\theta\\ y=y_0+r\sin\theta\end{cases}$($\theta$为参数). 其中$r$是半径，圆心是$(x_0,y_0)$，参数$\theta$表示圆心角，如图2所示.

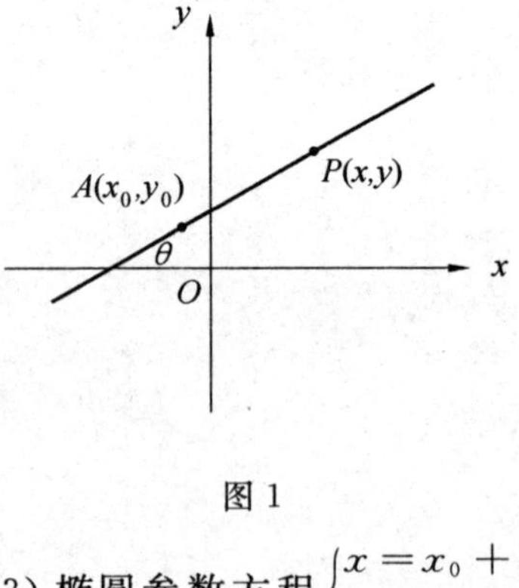

图1

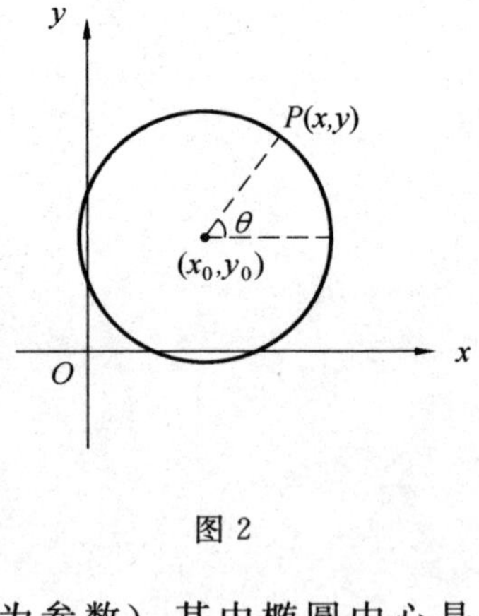

图2

(3) 椭圆参数方程$\begin{cases}x=x_0+a\cos\theta\\ y=y_0+b\sin\theta\end{cases}$($\theta$为参数). 其中椭圆中心是$(x_0,y_0)$，长半轴长为$a$，短半轴长为$b(a>b)$，参数$\theta$表示离心角，如图3所示.

(4) 双曲线参数方程$\begin{cases}x=x_0+a\sec\theta\\y=y_0+b\tan\theta\end{cases}$($\theta$为参数). 其中双曲线中心是$(x_0,y_0)$, 实半轴长为$a$, 虚半轴长为$b$, θ是参数.

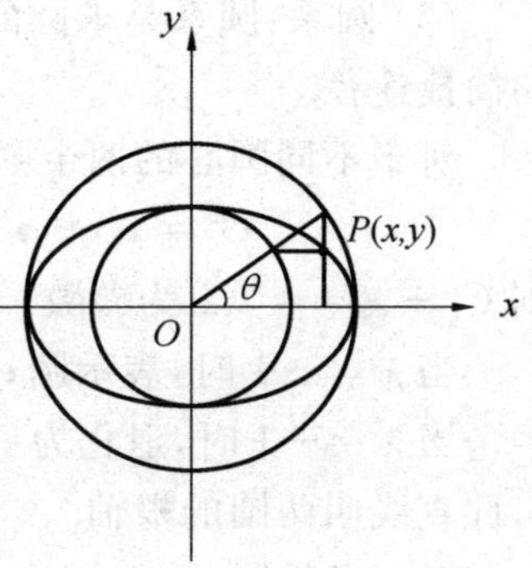

图 3

(5) 抛物线的参数方程为$\begin{cases}x=2pt^2\\y=2pt\end{cases}$($t$为参数). 其中焦点坐标为$(\frac{p}{2},0)$, 准线为$x=-\frac{p}{2}$.

参数或参数方程在求轨迹方程、求极值、求变量取值范围、简化计算或证明方面具有突出的作用.

2. 常用的直线系方程

(1) 过定点(x_0,y_0)的直线系为:

$\lambda_1(y-y_0)+\lambda_2(x-x_0)=0$, 其中$\lambda_1,\lambda_2$为参数.

(2) 与直线$Ax+By+C=0$平行的直线系为:

$Ax+By+\lambda=0$, 其中$\lambda\neq C$, λ为参数.

(3) 与直线$Ax+By+C=0$垂直的直线系为:

$Bx-Ay+\lambda=0$, 其中λ为参数.

(4) 当直线l_1与l_2的一般式分别为$f_1(x,y)=0$, $f_2(x,y)=0$时, 曲线系为:

$\lambda_1 f_1(x,y)+\lambda_2 f_2(x,y)=0$, 其中$\lambda_1,\lambda_2$为参数.

① 当l_1与l_2相交时表示通过l_1与l_2交点的所有直线;

② 当$l_1 /\!/ l_2$时, 表示与l_1平行的一组平行直线.

(5) 在两坐标轴上截距和为a的直线系为:

$\frac{x}{\lambda}+\frac{y}{a-\lambda}=1$, 其中$\lambda$为参数.

(6) 与原点距离等于$r(r>0)$的直线系为:

$x\cos\theta+y\sin\theta=r$, 其中$\theta$为参数.

3. 曲线系与圆系

(1) 方程$f_1(x,y)+\lambda f_2(x,y)=0$表示的曲线一定经过两条曲线$f_1(x,y)=0$与$f_2(x,y)=0$的交点.(反过来, 经过它们交点的曲线不一定能用此方程表示).

当需要解决"求过两条曲线的交点作的一条曲线"时, 常用此曲线系来解题, 可以避免解方程组求交点而直接得出结果.

(2) 圆系:圆系是求圆的方程的一个重要的方法,同时也是证明四点共圆的简捷途径.

对于不同圆心的两个圆

$$C_i = x^2 + y^2 + D_i x + E_i y + F_i = 0 \quad (i=1,2)$$

则 $C_1 + \lambda C_2 = 0$(λ 为参数)表示共轴圆系.

当 $\lambda \neq -1$ 时,表示圆;

当 $\lambda = -1$ 时,退化为一条直线 $(D_1 - D_2)x + (E_1 - E_2)y + (F_1 - F_2) = 0$,此直线叫两圆的根轴.

对于已知圆 C_1 及圆上一点 (m,n),则

$$C_1 + \lambda[(x-m)^2 + (y-n)^2] = 0 \text{(}\lambda\text{ 为参数)}$$

表示与 C_1 相切于点 (m,n) 的圆系.

4.二次曲线系

一般二次曲线的方程由 6 个参数确定:

$$Ax^2 + Bxy + Cy^2 + Dx + Ey + F = 0(A^2 + B^2 + C^2 \neq 0)$$

但只要 5 个独立参数即可确定唯一的二次曲线.

(1) 给定 5 个点,如果其中有三点共线,另两点不在此直线上,则经过此 5 点的二次曲线是唯一的,是两条直线(退化二次曲线).

(2) 给定 5 个点,无三点共线,则经过此 5 点的二次曲线是唯一的.

(3) 若有两个二次曲线——$C_1: F_1(x,y)=0$;$C_2: F_2(x,y)=0$,且 C_1 与 C_2 交于不共线 4 点,则 $\lambda F_1(x,y) + \mu F_2(x,y) = 0$ 表示所有经过此 4 个交点的二次曲线.

5.用直线方程构成二次曲线系

(1) 如果两条直线 $l_i: l_i(x,y) = A_i x + B_i y + C_i = 0(i=1,2)$ 与一条二次曲线:$F(x,y)=0$ 有交点,那么,曲线系 $\lambda F + \mu l_1 \cdot l_2 = 0$ 经过这些交点,若它们有四个不共线的交点,则此曲线系包含所有的过此四点的二次曲线.

(2) 若有不共线 4 点 $P_i(i=1,2,3,4)$,记直线 $P_iP_{i+1}(P_5 = P_1)$ 为 $l_i(x,y)$.则曲线系 $\lambda l_1 \cdot l_3 + \mu l_2 \cdot l_4 = 0$ 包括了所有过此 4 点的二次曲线系.

(3) 若有不共线 3 点 $P_i(i=1,2,3)$,记直线 $P_iP_{i+1}(P_4 = P_1)$ 为 $l_i(x,y)$.则曲线系 $\lambda l_1 \cdot l_2 + \mu l_2 \cdot l_3 + \eta l_3 \cdot l_1 = 0$ 包括了所有过此 3 点的二次曲线系.

(4) 与两条直线 $l_i(x,y) = A_i x + B_i y + C_i = 0(i=1,2)$ 交于两点 M_1, M_2 的二次曲线系为 $\lambda l_1 \cdot l_2 + \mu l_3^2 = 0$.(其中 l_3 为经过 M_1, M_2 的直线方程)

6.部分常用的二次曲线系

(1) 共焦二次曲线系:$\dfrac{x^2}{m^2-\lambda} + \dfrac{y^2}{n^2-\lambda} = 1$;

(2) 共顶点二次曲线系：$\frac{x^2}{a^2}+\frac{y^2}{\lambda}=1$；

(3) 共离心率二次曲线系：$\frac{x^2}{a^2}+\frac{y^2}{b^2}=\lambda(\lambda>0)$；

(4) 共渐近线的双曲线系：$\frac{x^2}{a^2}-\frac{y^2}{b^2}=\lambda$.

7. 极线方程

从二次曲线外一点引二次曲线的切线，过两个切点的直线.

利用曲线系解题实质上是取曲线方程中的特征量(如直线方程中的斜率 k、截距 b，圆的半径 R，二次曲线中的 a、b 等)作为变量，得到曲线系，根据所给的已知量，采用待定系数法，达到解决问题的目的. 常常体现的是参数变换的数学观点和整体处理的解题策略. 通常的题型有求点的坐标，求曲线的方程，求图形的性质等.

典例展示

例 1　已知直线 C_1：$\begin{cases}x=1+t\cos\alpha\\y=t\sin\alpha\end{cases}$($t$ 为参数)，C_2：$\begin{cases}x=\cos\theta\\y=\sin\theta\end{cases}$($\theta$ 为参数).

(1) 当 $\alpha=\frac{\pi}{3}$ 时，求 C_1 与 C_2 的交点坐标；

(2) 过坐标原点 O 作 C_1 的垂线，垂足为 A，P 为 OA 中点，当 α 变化时，求点 P 的轨迹的参数方程，并指出它是什么曲线.

讲解　(1) 当 $\alpha=\frac{\pi}{3}$ 时，C_1 的普通方程为 $y=\sqrt{3}(x-1)$，C_2 的普通方程为 $x^2+y^2=1$. 联立方程组 $\begin{cases}y=\sqrt{3}(x-1)\\x^2+y^2=1\end{cases}$，解得 C_1 与 C_2 的交点为 $(1,0)$，$\left(\frac{1}{2},-\frac{\sqrt{3}}{2}\right)$.

(2) C_1 的普通方程为 $x\sin\alpha-y\cos\alpha-\sin\alpha=0$.

点 A 坐标为 $(\sin^2\alpha,-\cos\alpha\sin\alpha)$，故当 α 变化时，点 P 轨迹的参数方程为

$$\begin{cases}x=\frac{1}{2}\sin^2\alpha\\y=-\frac{1}{2}\sin\alpha\cos\alpha\end{cases}$$

点 P 轨迹的普通方程为

$$(x-\frac{1}{4})^2+y^2=\frac{1}{16}$$

故点 P 轨迹是圆心为$(\frac{1}{4},0)$,半径为$\frac{1}{4}$ 的圆.

例 2 (1) 求经过两直线 $2x-3y=1,3x+2y=2$ 的交点,且平行于直线 $y+3x=0$ 的直线方程.

(2) 抛物线 $y^2=2px\ (p>0)$ 的内接 $\triangle AOB$ 的垂心为抛物线的焦点 F,O 为原点,求点 A,B 的坐标.

讲解 (1) 设所求的直线方程为$(2x-3y-1)+\lambda(3x+2y-2)=0$,整理得

$$(2+3\lambda)x+(-3+2\lambda)y+(-1-2\lambda)=0 \quad ①$$

由于已知直线 $y+3x=0$ 的斜率为 -3,所以

$$-\frac{2+3\lambda}{-3+2\lambda}=-3$$

解得 $\lambda=\frac{11}{3}$.

将 $\lambda=\frac{11}{3}$ 代入 ① 化简得

$$39x+13y-25=0$$

此即为所求的直线方程.

(2) 由题设条件可知 AB 与 x 轴垂直. 设点 $A(2pt^2,2pt)$,则点 B 的坐标为 $(2pt^2,-2pt)$.

由于焦点 F 的坐标为 $F(\frac{p}{2},0)$,则 AF 的斜率为 $k_1=\dfrac{2pt}{2pt^2-\dfrac{p}{2}}=\dfrac{4t}{4t^2-1}$;

而 OB 的斜率为 $k_2=-\frac{1}{t}$.

因为 AF 与 OB 垂直,则 $k_1k_2=-1$,即$\frac{4t}{4t^2-1}\cdot(-\frac{1}{t})=-1$,解得 $t=\frac{\sqrt{5}}{2}$.

所以点 A 的坐标为 $A(\frac{5}{2}p,\sqrt{5}p)$,点 B 的坐标为 $B(\frac{5}{2}p,-\sqrt{5}p)$.

说明 本题(1) 还可以采用以下两种思路来求直线方程:

思路 1:设所求的直线方程为 $y+3x+\lambda=0$. 解出直线 $2x-3y=1,3x+2y=2$ 的交点,代入到 $y+3x+\lambda=0$,解出 λ 即可.

思路 2:过直线 $2x-3y=1,3x+2y=2$ 的交点的直线系为$(2x-3y-$

1) $+\lambda(3x+2y-2)=0$，即 $(2+3\lambda)x+(-3+2\lambda)y+(-1-2\lambda)=0$. 与直线 $y+3x=0$ 平行的直线系为 $y+3x+\mu=0(\mu\neq 0)$. 比较系数 $\dfrac{2+3\lambda}{3}=\dfrac{-3+2\lambda}{1}=\dfrac{-1-2\lambda}{\mu}$，解出 μ 即可.

例 3　如图 4 放置的边长为 1 的正方形 $PABC$ 沿 x 轴正方向滚动一周，即先以顶点 A 为中心顺时针旋转，当顶点 B 落到 x 轴上时，再以顶点 B 为中心顺时针旋转，依此类推.

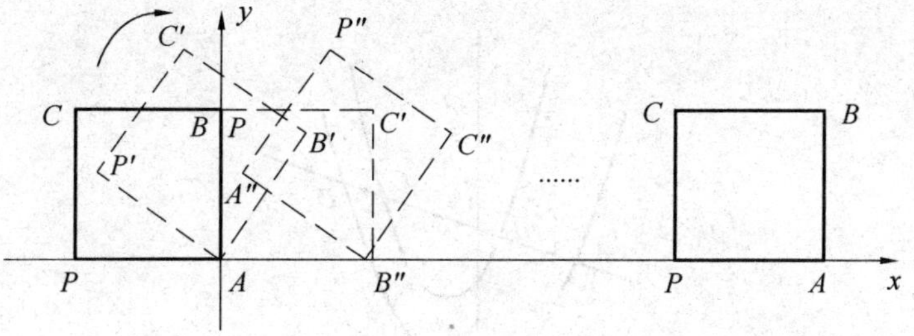

图 4

(1) 以 A 为极点，求点 P 运动轨迹曲线 C 的极坐标方程；

(2) 求曲线 C 与 x 轴所围区域的面积.（参考数据：$\tan 27^\circ=\dfrac{1}{2}$，$\tan 63^\circ=2$）

讲解　(1) 轨迹曲线如图 4 所示，分三段：

当 $\theta\in[0,27^\circ]$ 时，$\rho^2-4\rho\cos\theta+3=0$；

当 $\theta\in[27^\circ,90^\circ]$ 时，$\rho^2-2\rho\cos\theta-1=0$；

当 $\theta\in[90^\circ,180^\circ]$ 时，$\rho=1$.

(2) 区域由两个四分之一圆、一个扇形和两个三角形构成（图 5），所以

$$S=\frac{1}{2}\pi\cdot 1^2+\frac{1}{4}\pi\cdot(\sqrt{2})^2+1=\pi+1$$

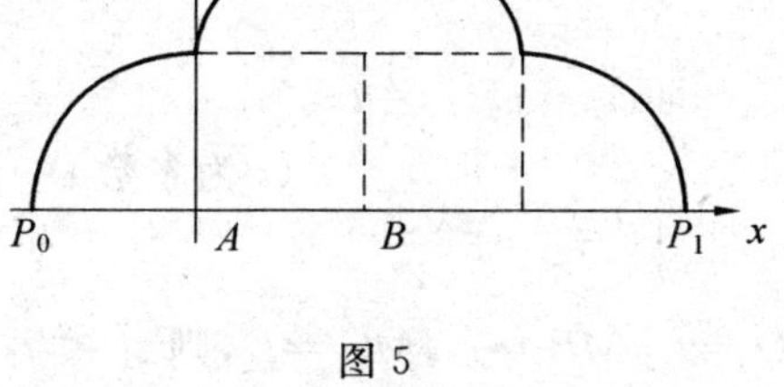

图 5

例4 (1) 椭圆$\frac{x^2}{16}+\frac{y^2}{4}=1$有两点$P,Q$. O是原点,若OP,OQ斜率之积为$-\frac{1}{4}$.

求证:$|OP|^2+|OQ|^2$为定值.

(2) 斜率为$\sqrt{3}$的动直线l和两抛物线$y=x^2$,$y=2x^2-3x+3$交于四个不同的点,设这四个点顺次为A,B,C,D(图6). 求证:$|AB|$与$|CD|$之差为定值.

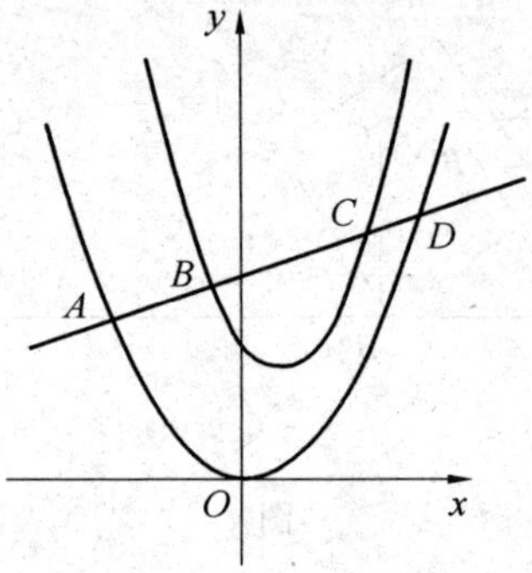

图6

讲解 (1) 设$P(4\cos\alpha,2\sin\alpha)$,$Q(4\cos\beta,2\sin\beta)$,因为$k_{OP}\cdot k_{OQ}=-\frac{1}{4}$,所以$\frac{2\sin\alpha}{4\cos\alpha}\cdot\frac{2\sin\beta}{4\cos\beta}=-\frac{1}{4}$,即$\cos(\alpha-\beta)=0$,则$\alpha-\beta=\pm\frac{\pi}{2}+2k\pi,k\in\mathbf{Z}$.

所以

$$|OP|^2+|OQ|^2=16\cos^2\alpha+4\sin^2\alpha+16\cos^2\beta+4\sin^2\beta=$$
$$16\cos^2(\beta\pm\frac{\pi}{2})+4\sin^2(\beta\pm\frac{\pi}{2})+16\cos^2\beta+4\sin^2\beta=$$
$$20\cos^2\beta+20\sin^2\beta=20$$

为定值. 得证.

(2) 设AD的中点为$M(x_0,y_0)$,因为直线l的斜率为$\sqrt{3}$,所以直线l的参数方程为

$$\begin{cases}x_0=x_0+\frac{1}{2}t\\ y=y_0+\frac{\sqrt{3}}{2}t\end{cases}\quad(t\text{ 为参数})\qquad①$$

设$MA=t_1$,$MD=t_2$,$MB=t_3$,$MC=t_4$,则$t_1<t_2<t_3<t_4$,因而

$$|AB|-|CD|=(t_3-t_1)-(t_2-t_4)=$$
$$(t_3+t_4)-(t_1+t_2) \quad ②$$

将式 ① 代入 $y=x^2$，整理得

$$t^2+4(x_0-\frac{\sqrt{3}}{2})t+4(x_0^2-y_0)=0$$

由 $t_1+t_2=0$，得 $x_0=\frac{\sqrt{3}}{2}$.

将式 ① 代入 $y=2x^2-3x+3$，整理得

$$t^2+(4x_0-3-\sqrt{3})t+4(x_0^2-6x_0-2y_0+6)=0$$

所以 $t_3+t_4=-4x_0+3+\sqrt{3}$，因为 $x_0=\frac{\sqrt{3}}{2}$，所以 $t_3+t_4=3-\sqrt{3}$，代入 ② 得：$|AB|-|CD|=3-\sqrt{3}$ 是定值.

例 5　设直线 $ax+by+c=0$ 与抛物线 $y^2=4px$ 相交于 A,B 两点，F 是抛物线的焦点，直线 AF,BF 交抛物线（异于 A,B 两点）于 C,D 两点（异于 A，B 两点）. 求直线 CD 的方程.

讲解　设 $A(pt_1^2,2pt_1)$，$B(pt_2^2,2pt_2)$，$C(pt_3^2,2pt_3)$，$D(pt_4^2,2pt_4)$.

直线 AC 的方程为：$y-2pt_1=\frac{2p(t_1-t_3)}{p(t_1^2-t_3^2)}(x-pt_1^2)$，即

$$2x-(t_1+t_3)y+2pt_1t_3=0$$

因为 AC 经过焦点 $F(p,0)$，所以 $t_3=-\frac{1}{t_1}$；

同理

$$t_4=-\frac{1}{t_2} \quad ①$$

因为点 A,B 在直线 $ax+by+c=0$ 上，则

$$apt_1^2+2pbt_1+c=0$$
$$apt_2^2+2pbt_2+c=0$$

即 t_1,t_2 是方程 $apt^2+2pbt+c=0$ 的两根.

根据根与系数关系，得 $t_1+t_2=-\frac{2b}{a}$，$t_1t_2=\frac{c}{ap}$.

设 CD 的方程为

$$ex+fy+g=0 \quad ②$$

同理有 $t_3+t_4=-\frac{2f}{e}$，$t_1t_2=\frac{g}{ep}$.

所以 $-\frac{2f}{e}=-(\frac{1}{t_1}+\frac{1}{t_2})=-\frac{t_1+t_2}{t_1t_2}=\frac{2bp}{c}$，则

$$f=-\frac{bpe}{c};\frac{g}{ep}=\frac{1}{t_1t_2}=\frac{ap}{c}$$

则 $g=\frac{ep^2a}{c}$.

把 $f=-\frac{bpe}{c}$，$g=\frac{ep^2a}{c}$ 代入 ②，并整理得 CD 的方程为

$$x-bpy+ap^2=0$$

例 6　给定曲线族 $2(2\sin\theta-\cos\theta+3)x^2-(8\sin\theta+\cos\theta+1)y=0$，$\theta$ 为参数，求该曲线在直线 $y=2x$ 上所截得的弦长的最大值.

讲解　显然，该曲线族恒过原点，而直线 $y=2x$ 也过原点，所以曲线族在 $y=2x$ 上所截得的弦长仅取决于曲线族与 $y=2x$ 的另一个交点的坐标.

把 $y=2x$ 代入曲线族方程得

$$(2\sin\theta-\cos\theta+3)x^2-(8\sin\theta+\cos\theta+1)x=0$$

又 $2\sin\theta-\cos\theta+3=\sqrt{5}\sin(\theta-\arctan\frac{1}{2})+3\neq 0$，当 $x\neq 0$ 时，就有

$$x=\frac{8\sin\theta+\cos\theta+1}{2\sin\theta-\cos\theta+3} \qquad ①$$

令 $\sin\theta=\frac{2u}{1+u^2}$，$\cos\theta=\frac{1-u^2}{1+u^2}$，则 $x=\frac{8u+1}{2u^2+2u+1}$，得

$$2xu^2+2(x-4)u+(x-1)=0$$

由 $u\in\mathbf{R}$ 知，当 $x\neq 0$ 时

$$\Delta=[2(x-4)]^2-8x(x-1)=4(-x^2-6x+16)\geqslant 0$$

即 $x^2+6x-16\leqslant 0$ 且 $x\neq 0$，故 $-8\leqslant x\leqslant 2$ 且 $x\neq 0$，则 $|x|_{\max}=8$.

由 $y=2x$ 得 $|y|_{\max}=16$，所以所求弦长的最大值为 $\sqrt{8^2+16^2}=8\sqrt{5}$.

说明　对于式 ① 还可以这样处理：整理得 $(2x-8)\sin\theta-(x+1)\cos\theta=1-3x$，于是只有当 $(2x-8)^2+(x+1)^2\geqslant(1-3x)^2$ 时方程才有解，即 $x^2+6x-16\leqslant 0$. 以下同题中解法.

例 7　已知椭圆 $E:\frac{x^2}{a^2}+\frac{y^2}{b^2}=1(a>b>0)$，动圆 $\Gamma:x^2+y^2=R^2$，其中 $b<R<a$，若 A 是椭圆上的点，B 是动圆 Γ 上的点(图 7)，且使直线 AB 与椭圆和动圆 Γ 均相切，求 A,B 两点距离 $|AB|$ 的最大值.

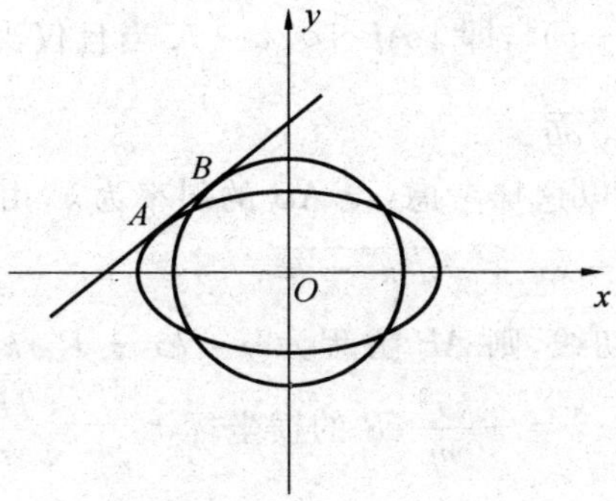

图 7

讲解　设 $A(a\cos\theta, b\sin\theta)$，则直线 AB 方程为

$$(b^2 a\cos\theta)x + (a^2 b\sin\theta)y = a^2b^2$$

即

$$l:(b\cos\theta)x + (a\sin\theta)y = ab$$

l 也是圆 Γ 的切线，故 $OB \perp l$，故直线 OB 的方程为

$$(a\sin\theta)x - (b\cos\theta)y = 0$$

于是点 B 坐标为

$$B\left(\frac{ab^2\cos\theta}{b^2\cos^2\theta + a^2\sin^2\theta}, \frac{a^2b\sin\theta}{b^2\cos^2\theta + a^2\sin^2\theta}\right)$$

故

$$|AB|^2 = \left(a\cos\theta - \frac{ab^2\cos\theta}{b^2\cos^2\theta + a^2\sin^2\theta}\right)^2 + \left(b\sin\theta - \frac{a^2b\sin\theta}{b^2\cos^2\theta + a^2\sin^2\theta}\right)^2 =$$

$$a^2\cos^2\theta\frac{(b^2\cos^2\theta + a^2\sin^2\theta - b^2)^2}{(b^2\cos^2\theta + a^2\sin^2\theta)^2} +$$

$$b^2\sin^2\theta\frac{(b^2\cos^2\theta + a^2\sin^2\theta - a^2)^2}{(b^2\cos^2\theta + a^2\sin^2\theta)^2} =$$

$$\frac{(a^2 - b^2)^2\cos^2\theta\sin^2\theta}{b^2\cos^2\theta + a^2\sin^2\theta} =$$

$$(a-b)^2\frac{(a+b)^2\cos^2\theta\sin^2\theta}{b^2\cos^2\theta + a^2\sin^2\theta}$$

而

$$b^2\cos^2\theta + a^2\sin^2\theta \geqslant (a+b)^2\cos^2\theta\sin^2\theta$$

等价于

$$b^2\cos^2\theta - b^2\cos^2\theta\sin^2\theta + a^2\sin^2\theta - a^2\sin^2\theta\cos^2\theta \geqslant 2ab\cos^2\theta\sin^2\theta$$

即

$$b^2\cos^4\theta + a^2\sin^4\theta \geqslant 2ab\cos^2\theta\sin^2\theta$$

最后一式显然成立.

故 $|AB|^2 \leqslant (a-b)^2$,即 $|AB| \leqslant a-b$. 当且仅当 $\tan^2\theta=\frac{b}{a}$ 时等号成立,此时 $R=|OB|=\sqrt{ab}$.

说明　本题也可以这样考虑:设 AB 的斜率为 k,由直线 AB 是椭圆 E 的切线,则 AB 方程为 $y=kx \pm \sqrt{a^2k^2+b^2}$.

由 AB 是圆 Γ 的切线,则 AB 方程为 $y=kx \pm R\sqrt{k^2+1}$.

切点 A 的横坐标 $x_1=-\frac{ka^2}{m}$;B 的横坐标 $x_2=-\frac{kR^2}{m}$.

由 $\sqrt{a^2k^2+b^2}=R\sqrt{k^2+1}$,得 $k^2=\frac{R^2-b^2}{a^2-R^2}$,故

$$|AB|^2=\frac{k^2}{m^2}(a^2-R^2)^2(1+k^2)=\frac{R^2-b^2}{a^2-R^2}\times\frac{(a^2-R^2)^2}{R^2}=$$

$$\frac{1}{R^2}(a^2-R^2)(R^2-b^2)=$$

$$a^2+b^2-R^2-\frac{a^2b^2}{R^2}=$$

$$(a-b)^2-(R-\frac{ab}{R})^2 \leqslant (a-b)^2$$

从而可得上述结果.

例 8　已知圆 $(x-2\cos\theta)^2+(y+2\cos 2\theta-2)^2=1$.

(1) 求圆心的轨迹 C 的方程;

(2) 若存在过点 $P(0,a)$ 的直线交轨迹 C 于点 A,B,且 $|PA|$,$|AB|$,$|PB|$ 构成等比数列,求 a 的取值范围.

讲解　(1) 圆 $(x-2\cos\theta)^2+(y+2\cos 2\theta-2)^2=1$ 的圆心 (x,y) 的坐标为 $(2\cos\theta,2-2\cos 2\theta)$,所以 $\begin{cases}x=2\cos\theta\\y=2-2\cos 2\theta\end{cases}$,消去参数 θ 得轨迹 C 的方程为 $y=4-x^2(-2 \leqslant x \leqslant 2)$.

(2) 设直线 AB 的方程为 $\begin{cases}x=t\cos\alpha\\y=a+t\sin\alpha\end{cases}$($\alpha$ 为直线 AB 的倾斜角).

代入 $y=4-x^2$,得 $t^2\cos^2\alpha+t\sin\alpha+a-4=0$,显然 $\cos\alpha \neq 0$,即 $\alpha \neq \frac{\pi}{2}$,设其两根为 t_1,t_2. 又因为 $|PA|$,$|AB|$,$|PB|$ 构成等比数列,所以

$$|AB|^2=|PA|\cdot|PB|=|t_1t_2|$$

$$|AB|^2=|t_1-t_2|^2=\frac{\sin^2\alpha}{\cos^4\alpha}-4\cdot\frac{a-4}{\cos^2\alpha}=\frac{\sin^2\alpha-4(a-4)\cos^2\alpha}{\cos^4\alpha}$$

所以

$$\frac{\sin^2\alpha-4(a-4)\cos^2\alpha}{\cos^4\alpha}=\left|\frac{a-4}{\cos^2\alpha}\right|$$

即

$$\sin^2\alpha=[4(a-4)+|a-4|]\cos^2\alpha$$

所以

$$\tan^2\alpha=4(a-4)+|a-4|$$

① 若 $a\geqslant 4$，则 $\tan^2\alpha=5(a-4)$.

容易知道直线 AB 的斜率的范围是 $\left(\frac{a}{2}\right)^2\leqslant k^2<4(a-4)$，解得 $4<a\leqslant 10-2\sqrt{5}$ 或 $a\geqslant 10+2\sqrt{5}$；

但当切点在 $(-2,0)$ 时，切线方程为 $y=4(x+2)$，故 a 的最大值为 8，故 $a\geqslant 10+2\sqrt{5}$（舍去），所以 $4<a\leqslant 10-2\sqrt{5}$.

② 若 $a<4$，$\tan^2\alpha=3(a-4)\geqslant 0$，这与 $a<4$ 矛盾.

所以 $a\geqslant 10+2\sqrt{5}$.

例 9　已知点 $P_0(0,2)$ 和圆 $O_1:(x+2)^2+y^2=1$，圆 $O_2:(x-2)^2+y^2=1$，过点 P_0 分别作倾斜角为 α 的 $\alpha+\frac{\pi}{2}$ 的两条直线 l_1,l_2，设 l_1 交圆 O_1 于 A,B，l_2 交圆 O_2 于 C,D.

(1) 求直线 l_1,l_2 的参数方程；

(2) 求证：$|P_0A|\cdot|P_0B|=|P_0C|\cdot|P_0D|$，且 $|AB|=|CD|$.

讲解　(1) 直线 l_1 的参数方程为 $\begin{cases}x=t\cos\alpha\\ y=2+t\sin\alpha\end{cases}$（$t$ 为参数）.

直线 l_2 的参数方程 $\begin{cases}x=t\cos(\alpha+\frac{\pi}{2})\\ y=2+t\sin(\alpha+\frac{\pi}{2})\end{cases}$（$t$ 为参数）.

(2) 把直线 l_1 的参数方程 $\begin{cases}x=t\cos\alpha\\ y=2+t\sin\alpha\end{cases}$ 代入 $O_1:(x+2)^2+y^2=1$，得

$$(t\cos\alpha+2)^2+(t\sin\alpha+2)^2=1$$

整理得

$$t^2+4(\cos\alpha+\sin\alpha)\cdot t+7=0$$

设 A,B 对应参数分别为 t_1,t_2，则

$$t_1+t_2=-4(\cos\alpha+\sin\alpha),t_1\cdot t_2=7$$

所以

$$|P_0A|\cdot|P_0B|=|t_1\cdot t_2|=7$$

$|AB|=|t_1-t_2|=\sqrt{(t_1+t_2)^2-4t_1\cdot t_2}=\sqrt{16(\cos\alpha+\sin\alpha)^2-28}$

把直线 l_2 的参数方程 $\begin{cases}x=t\cos(\alpha+\dfrac{\pi}{2})\\ y=2+t\sin(\alpha+\dfrac{\pi}{2})\end{cases}$，即 $\begin{cases}x=-t\sin\alpha\\ y=2+t\cos\alpha\end{cases}$ 代入 O_2：$(x-2)^2+y^2=1$，得

$$(-t\sin\alpha-2)^2+(t\cos\alpha+2)^2=1$$

整理得

$$t^2+4(\cos\alpha+\sin\alpha)\cdot t+7=0$$

设 C,D 对应参数分别为 t_3,t_4，则

$$t_3+t_4=-4(\cos\alpha+\sin\alpha),t_3\cdot t_4=7$$

所以

$$|P_0C|\cdot|P_0D|=|t_3\cdot t_4|=7$$

$|CD|=|t_3-t_4|=\sqrt{(t_3+t_4)^2-4t_3\cdot t_4}=\sqrt{16(\cos\alpha+\sin\alpha)^2-28}$

所以 $|P_0A|\cdot|P_0B|=|P_0C|\cdot|P_0D|$，且 $|AB|=|CD|$.

例 10 设通过定点 $A(a-\dfrac{1}{4},0)$ 的直线 l 与抛物线 $y^2=x+\dfrac{1}{4}$ 有两个不同的公共点 P,Q，若 $k=\dfrac{1}{|AP|}+\dfrac{1}{|AQ|}$ 是不随 l 改变的常数.

(1) 求 a 与 k 的值；

(2) 设直线的倾斜角为 θ，求证：$|PQ|=\dfrac{1}{\sin^2\theta}$.

讲解 (1) 设 l 参数方程为

$$\begin{cases}x=a-\dfrac{1}{4}+t\cos\alpha\\ y=t\sin\alpha\end{cases}(t\text{ 为参数},\alpha\text{ 是倾斜角且 }\alpha\neq\dfrac{\pi}{2})$$

代入 $y^2=x+\dfrac{1}{4}$，整理得 $\sin^2\alpha\cdot t^2-\cos\alpha\cdot t-a=0$.

因为 $\sin^2\alpha\neq0$，所以当 $\Delta=(4a-1)\sin^2\alpha+1\geqslant0$ 时，设两根为 t_1,t_2，则

$$t_1+t_2=\frac{\cos\alpha}{\sin^2\alpha},t_1t_2=\frac{-a}{\sin^2\alpha}$$

所以

$$k=\frac{1}{|AP|}+\frac{1}{|AQ|}=\frac{1}{|t_1|}+\frac{1}{|t_2|}=\frac{|t_1|+|t_2|}{|t_1||t_2|}=$$

$$\frac{\sqrt{(t_1+t_2)^2+2|t_1||t_2|-2t_1t_2}}{|t_1||t_2|}=$$

$$\frac{1}{|a|}\sqrt{2(a+|a|)\sin^2\alpha+\cos^2\alpha}\quad (a\neq 0)$$

若 $a<0$，则 $a+|a|=0$，所以 $k=\frac{|\cos\alpha|}{|a|}$ 是与 l 有关的变量；

若 $a=0$，则 $|PA|$，$|PQ|$ 中必有一个为零，这时 k 无意义；

若 $a>0$，则 $k=\frac{1}{a}\sqrt{4a\sin^2\alpha+\cos^2\alpha}=\frac{1}{a}\sqrt{1+(4a-1)\sin^2\alpha}$，要使 k 与 l 无关，必有 $4a-1=0$.

所以 $a=\frac{1}{4}$，$k=4$（此时 $\Delta>0$）.

综合上述：若 k 是不随 l 改变的常数时，$a=\frac{1}{4}$，$k=4$.

(2) 由(1) 得 $A(0,0)$，以点 A 为极点，x 轴正半轴向为极轴，建立极坐标系，则 $\begin{cases}x=\rho\cos\theta\\y=\rho\sin\theta\end{cases}$，代入抛物线方程得

$$\rho^2\sin^2\theta=\rho\cos\theta+\frac{1}{4}$$

解得 $\rho=\frac{\cos\theta\pm 1}{2\sin^2\theta}$，设直线 l 的倾斜角为 θ，则可设 $P(\rho_1,\theta)$，$Q(\rho_2,\theta+\pi)$（ρ_1，ρ_2 均为正数），所以

$$|PQ|=\rho_1+\rho_2=\frac{\cos\theta+1}{2\sin^2\theta}+\frac{\cos(\theta+\pi)+1}{2\sin^2\theta}=\frac{2}{2\sin^2\theta}=\frac{1}{\sin^2\theta}$$

课外训练

1. 已知直线 l：$\begin{cases}x=a+t\sin\alpha\\y=b+t\cos\alpha\end{cases}$（$t$ 为参数）.

(1) 当 $\alpha=\frac{\pi}{3}$ 时，求直线 l 的斜率；

(2) 若 $P(a,b)$ 是圆 O：$x^2+y^2=4$ 内部一点，l 与圆 O 交于 A，B 两点，且 $|PA|$，$|OP|$，$|PB|$ 成等比数列，求动点 P 的轨迹方程.

2. 已知曲线 $\begin{cases}x=2\sqrt{2}\cos\theta\\y=2\sin\theta\end{cases}$（$\theta$ 为参数）和定点 $P(4,1)$，过点 P 的直线与曲线交于 A，B 两点，若线段 AB 上的点 Q 使得 $\frac{PA}{PB}=\frac{AQ}{QB}$ 成立，求动点 Q 的轨迹方程.

3.(1) 已知动圆 C 的参数方程为

$$\begin{cases}x=m+\cos\theta\\ y=2m+\sin\theta\end{cases}\quad(\theta\text{ 为参数},0\leqslant\theta<2\pi)$$

证明:平面上被这些圆所覆盖的点的坐标 (x,y) 必满足,$2x-\sqrt{5}\leqslant y\leqslant 2x+\sqrt{5}$;

(2) 已知曲线 C_1:$\begin{cases}x=1+\cos\theta\\ y=\sin\theta\end{cases}$($\theta$ 为参数),直线 C_2:$\begin{cases}x=-2\sqrt{2}+\dfrac{1}{2}t\\ y=1-\dfrac{1}{2}t\end{cases}$($t$ 为参数),在曲线 C_1 上求一点,使它到直线 C_2 的距离最小,并求出该点的直角坐标和最小距离.

4. 自点 P_1 向椭圆引两条切线,切点为 Q_1,R_1,又自点 P_2 向这椭圆引两条切线,切点为 Q_2,R_2. 证明:P_1,Q_1,R_1,P_2,Q_2,R_2 六点在一条二次曲线上.

5. 求证:若轴垂直的两条抛物线如果有 4 个交点,则此 4 个交点共圆.

6. 设 AB,CD 是椭圆$\dfrac{x^2}{a^2}+\dfrac{y^2}{b^2}=1$ 的两条弦,若它们的倾斜角互补,求证:A,B,C,D 四点共圆.

7. 已知二次曲线 $C:Ax^2+Bxy+Cy^2+Dx+Ey+F=0$ 与两条直线 $l_1x+m_1y+n_1=0$,$l_2x+m_2y+n_2=0$ 有 4 个不同的交点.

求证:

$$Ax^2+Bxy+Cy^2+Dx+Ey+F+\lambda(l_1x+m_1y+n_1)(l_2x+m_2y+n_2)=0\qquad(*)$$

是过 4 个交点的曲线系.

8. 如图 8,过不在圆锥上的一定点 P 引已知圆锥曲线的任意相互垂直的两弦 AB 与 CD.

求证:$\dfrac{1}{PA\cdot PB}+\dfrac{1}{PC\cdot PD}$ 是定值.

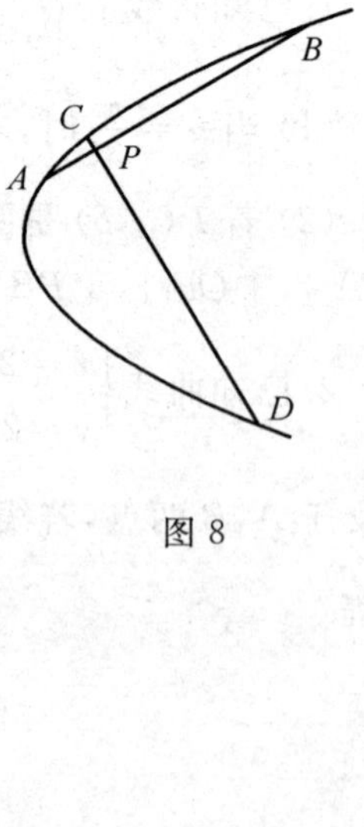

图 8

9. 已知 MN 是圆 O 的一条弦,R 是 MN 的中点,过 R 作两弦 AB 和 CD,过 A,B,C,D 四点的二次曲线 MN 于 P,Q. 求证:R 是 PQ 的中点.

10. 设 P,Q 为给定二次曲线 $ax^2+bxy+cy^2+dx+ey+f=0$ 上任两点,过 P,Q 任作一圆,该圆与所给二次曲线交于另外两点 M,N,求证:直线 MN

有定向.(1978 年上海市竞赛题)

11. 如图 9,过点 $A(-2,m)$ 作直线 l 交椭圆 $\frac{x^2}{2}+y^2=1$ 于 B,C. 点 Q 在弦 BC 上,且满足 $\frac{BQ}{QC}=\frac{AB}{AC}$.

(1) 求 $m=0$ 时,点 Q 的轨迹方程;

(2) 若 M 变动,则证明不论 m 为何实数,点 Q 的轨迹恒过一个定点.

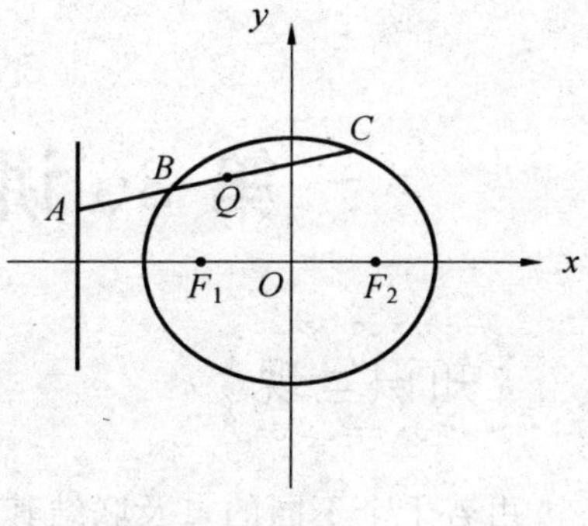

图 9

第36讲　图论问题

知识呈现

由若干个不同的点及联结其中某些点对的线所组成的图形就称为图.图中的点的集合称为图的点集,记为V:$V=\{v_1,v_2,\cdots,v_n,\cdots\}$;图中的线的集合称为图的线集(边的集合),记为$E$:$E=\{v_iv_j\}(v_i,v_j\in V)$.故一个图由其点集$V$和线集$E$所决定,若用$G$表示图,则记为$G=G(V;E)$.含有$n$个点的图称为$n$阶图.

在一个图中,如果某点v共连了k条线,则说此点的"次数"(或"度数")为k,记为$\deg v=k$.如果一个p阶图的每两个顶点间都连且只连了1条线,则称该图为p阶完全图,记为K_p.

若对每条线确定一个方向(即确定了线的两个端点中一个为"起点",另一个为"终点".这时,线是点的"有序对"),则得到"有向图";对有向图的一个顶点v,$\deg v=k$,若v是其中n条边的起点,m条边的终点($m+n=k$),则称v的出次为n,入次为m.

链:若在一个图$G=G(V;E)$中取$n+1$个顶点$v_1,v_2,\cdots,v_{n+1}$,每两个相邻的顶点v_i,v_{i+1}间连有一条边l_i,则边$l_1,l_2,\cdots,l_n$就称为从v_1到v_{n+1}的一条链.n称为链的长度.

偶图:取图$G=(V,E)$,如果$V=X\cup Y$,$X\cap Y=\varnothing$,其中$X=\{x_1,x_2,\cdots,x_n\}$,$Y=\{y_1,y_2,\cdots,y_m\}$,且x_i与$x_j(1\leqslant i<j\leqslant n)$,$y_s$与$y_t(1\leqslant s<t\leqslant m)$均互不相邻,则称$G$为偶图.

色数:将图G的顶点涂上颜色,如果至少要k种颜色才能使任意两个相邻的顶点颜色不同,则称G的色数为k.显然,偶图的色数小于等于2.即偶图色数不超过2.

典例展示

例1　(1) 求证:任意的6人中一定有3个人互相认识或互不认识(约定甲

认识乙就意味着乙认识甲)；

(2)K_6 的边染成红蓝两色，求证：其中必有两个三角形，其三边同色.

分析　(1) 以点表示人，连红、蓝两色的线分别表示“认识”与“不认识”，问题转化成图的问题. 要会把题目的语言转译成图的语言：“三人互相认识”就表示三点间都连红线，“三人互不认识”就表示三点间都连蓝线.

(2) 考虑每个异色三角形的三个角，其中两个角是异色角，而同色三角形的三个角都是同色角.

讲解　(1) 用6个点 $v_1, v_2, \cdots, v_6$ 表示这6个人，如果某两人相互认识，则在表示此二人的点间连一条红线，否则连一条蓝线. 于是问题转化为证明此6点间一定连出了三边均为红色或蓝色的三角形.

在点 v_1 连出的5条线中，由抽屉原理知，必有某色线连有3条或3条以上. 不妨设红线连了至少3条. 设 v_1 与 v_2, v_3, v_4 连的红线. 现考虑点 v_2, v_3, v_4 连线的情况，如果此三点间有任两点连的红线，则出现红色三角形(例如，v_2v_3 连红线，则 $\triangle v_1v_2v_3$ 是红色三角形)，如果这三点间都不连红线，则出现蓝色三角形($\triangle v_2v_3v_4$ 是蓝色三角形). 故证.

(2) 考虑 K_6 共连了 $C_6^2=15$ 条线，共得到 $C_6^3=20$ 个三角形. 设第 i 个顶点连了 $r_i(0 \leqslant i \leqslant 5)$ 条红线，$5-r_i$ 条蓝线. 由于 $r_i(5-r_i) \leqslant 6$，所以，连出的异色角个数小于等于 $6\times6=36$(个). 由于每个异色的三角形有2个异色角，所以图中异色三角形个数小于等于18，故图中同色三角形个数大于等于 $20-18=2$.

说明　题(1) 是早期匈牙利的一个图论竞赛题. 解这类“实际问题”时，重要的是会用图的语言解释题意，把实际问题改写为图的问题. (2) 用异色角来解相关问题是较好的方法.

例 2　由 5 人组成一个公司，其中任意三人总有 2 人彼此认识，也总有 2 人彼此不认识. 求证：这 5 人可以围桌而坐，使每人两旁都是他认识的人.

讲解　用5个点表示这5个人，若两人互相认识，则在表示这2个人的点间连 1 条线. 题目的条件即是：任三点间至少连 1 条线，但不能连 3 条线.

首先，每点都至少连了 2 条线，若点 v_1 只连出 1 条线，则它至少与某三点(设为 v_2, v_3, v_4) 未连线，则此 3 点间都要连线(若 v_2 与 v_3 没有连线，则 v_1 与 v_2, v_3 就都没有连线，与已知矛盾). 出现了以 v_2, v_3, v_4 为顶点的三角形，矛盾.

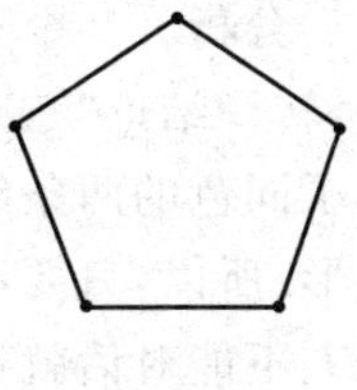

图 1

其次，若某点连出了 3 条线，则此三点间都不能连线，与已知矛盾.

故知:每点都恰连 2 条线.它不能连成三角形,也不能连成四边形,否则余下的点无法连线,故只能如图 1 所示,证毕.

说明　仔细体会上述两例的特点,明白什么时候应该用图来解相关的题:当涉及多个元素的某些相互关系时,就可以用图来解释.

例 3　平面上给定 7 个点,用一些线段联结它们,每三个点中至少有两点相连,问至少要有多少条线段?试给出一个图.

分析　首先找到连线条数的下界(即至少要连出多少条线),再寻找是否可能达到这个下界,可以分别枚举可能的连线方法,讨论每种方法的连线条数,得到最小的结果.

讲解　7 个点中共有三点组 $C_7^3=35$ 个.每条线段共与其余 5 点组成 5 个三角形.故线段条数大于等于 $\frac{35}{5}=7$(条).

如果有一个点没有连线,则其余 6 点两两都必须连线,要 $C_6^2=15$(条).

如果有一点只连了一条线,其余 5 点必须两两连线,连线数大于 $C_5^2=10$(条).

设某点只连了 2 条线,如点 A 只连了 AB,AC 这 2 条线,则其余 4 点均未与 A 连线,于是它们必须两两互连,应连 $C_4^2=6$(条).此时,取 B,C 两点及其余 4 点中的任一点,尚不满足条件,故 BC 应连线,此时连了 9 条线,所得图 2 满足题目要求.

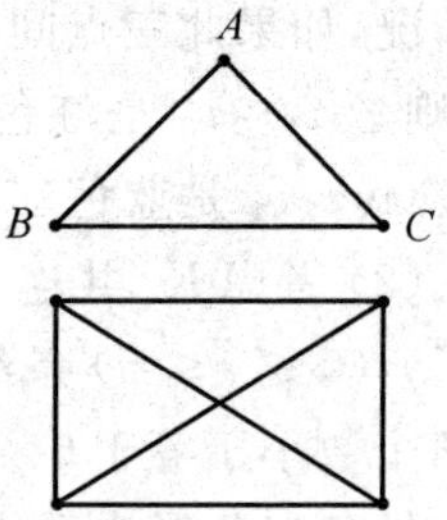

图 2

若每点都至少连出 3 条线,则总度数大于等于 21,即至少连了 $[\frac{21}{2}]+1=11$ 条线.

所以,至少连 9 条线.

例 4　9 名数学家在一次国际会议上相遇,发现他们中的任三人中至少有两人能用同一种语言对话,如果每个数学家至多会用 3 种语言.求证:至少有 3 人可用同一种语言对话.

分析　9 个人用 9 个点表示.证法一中,多种语言则用多种颜色的线来表示,转译结论"三人可用同一种语言对话"时,应注意:如果从一点向另两点连出了同色的两条线,表示另两人也能用相应的语言对话,从而就出现了同色三角形.所以,只要证明从一点一定引出了同色的线即可.而在证法二中,改设若二人不能对话就连 1 条线(即不存在二人都会的语言).此时结论就应转译为"存在三点,两两都没有连线".

讲解　证法一：用 9 个点表示这 9 个人，某二人如能用第 r 种语言交谈，则在表示此二人的点间连一条线，并涂上第 r 种颜色，于是，本题即是证明，存在一个同色的三角形.

首先，若 v_1 与 v_2，v_1 与 v_3 间都连了第 k 种颜色线，则 v_2 与 v_3 间也要连第 k 种颜色线. 此时即出现同色的三角形. 所以只要证明从其中某一点出发的线中必有两条线的颜色相同.

反设从任一点出发的线中没有同色的线，由于每个人至多会用 3 种语言. 即 $\deg v_i \leqslant 3$，于是 v_1 至少与 5 个点不邻接，设为 $v_2,\cdots,v_6$，同样，v_2 至少与 5 个点不相邻接，于是 $v_3,\cdots,v_6$ 中至少有一点与 v_2 不相邻接. 设为 v_3，于是 v_1，v_2，v_3 不相邻接. 与已知"任三人中都至少有两人能用同一种语言对话"矛盾. 故证.

证法二：取 9 个点 $v_1,v_2,\cdots,v_9$ 表示 9 个人，如果某二人不能对话，则在表示此二人的点间连一条线，于是在任何三点间，都有两个点不相邻，即不存在三角形.

如果有人至少与 4 个点不连线，由于他最多只能讲 3 种语言，则他必与其中某两人讲同一种语言. 于是相应 3 人可以用同一种语言来对话.

下面证明存在一点，其度不大于 4. 从而该点至少与 4 点不相邻. 如果 $\deg v_1 \leqslant 4$，则 v_1 即为所求. 若 $\deg v_1 > 4$，则至少 $\deg v_1 = 5$，即至少有 5 个点与之连线，设为 $v_2,\cdots,v_6$，由于这些点不能连出三角形，故 $v_2,\cdots,v_6$ 的任何两个之间都不能连线，从而 v_2 与 $v_3,\cdots,v_6$ 均无连线，于是 $\deg v_2 \leqslant 4$. 即可证得原题.

说明　两点间连了一条线，则说这两点相邻. 本题的两种证明方法从两个方向出发，一种是两人可用同一种语言通话，就在相应两点间连一条边，证法二是反过来，两人不能通话时则连一条边，都能应用图解决问题.

例 5　某足球赛有 16 个城市参加，每市派出 2 个队，根据比赛规则，每两队之间至多赛一场，同城两队之间不进行比赛. 赛过一段时间后，发现除 A 城甲队外，其他各队已赛过的场数各不相同. 问 A 城乙队已赛过几场？证明你的结论.

分析　注意分析"各队赛过场次各不相同"的含义，即能推知比赛场次的取值情况. 再从比赛场次最多的队开始讨论，与之比赛的队是哪些队？

讲解　如图 3，用 32 个点表示这 32 个队，如果某两队比赛了一场，则在表示这两个队的点间连一条线. 否则就不连线.

由于，这些队比赛场次最多 30 场，最少 0 场，共有 31 种情况，现除 A 城甲队外还有 31 个队，这 31 个队比赛场次互不相同，故这 31 个队比赛的场次恰好从 0 到 30 都有.就在表示每个队的点旁注上这队的比赛场次.

考虑比赛场次为 30 的队,这个队除自己与同城的队外,与不同城的队都进行了比赛,于是,它只可能与比赛 0 场的队同城;再考虑比赛 29 场的队,这个队除与同城队及比赛 0 场、1 场(只赛 1 场的队已经与比赛 30 场的队赛过 1 场,故不再与其他队比赛)的队不比赛外,与其余各队都比赛,故它与比赛 1 场的队同城;依此类推,知比赛 k 场的队与比赛 $30-k$ 场的队同城,这样,把各城都配对后,只有比赛 15 场的队没有与其余的队同城,故比赛 15 场的队就是 A 城乙队.即 A 城乙队比赛了 15 场.

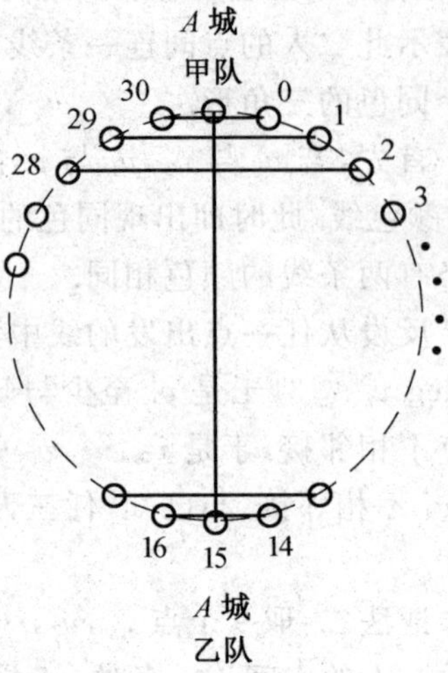

图 3

说明 有些题的已知条件讨论起来头绪纷繁,如果利用图来讨论则可以化繁为简.利用点与线的相邻与否来研究这一类题目需要一定的技巧,也需要相当的抽象概括能力与逻辑推理能力.

例 6 $n(n>3)$ 名乒乓球选手单打若干场后,任意两个选手已赛过的对手恰好都不完全相同,求证:总可以从中去掉一名选手,而使在余下的选手中,任意两个选手已赛过的对手仍然都不完全相同.

分析 本题的求证暗示要用反证法,设去掉任一个选手,都会有两个选手赛过的对手完全相同.于是这两人组成一个点对.这样就会得到 n 个点对.每个点对连一条线,n 个点连出了 n 条线,就可用图的性质得到圈,使问题得证.这是证法一的思路.

每个选手的对手可以组成集合,研究对手集的性质,用最小数原理来证明,这是证法二的思路.

讲解 证法一:把这些选手编为 1 至 n 号,以 n 个点表示这 n 个人,各点也相应编为 1 至 n 号.

反设去掉任何一个选手后,都有两个选手的已赛过的对手完全相同.于是,如果先去掉 1 号选手,则有两个选手的已赛过的对手完全相同,设为第 i 号与第 j 号,在表示此二人的点间连一条线,并在线上注上“1 号”.这说明,此二人在去掉 1 号选手之前必是一人与 1 号赛过,另一人与 1 号没有赛过.而且不可能在去掉 1 号后有三人都相同,否则,此三人与 1 号选手比赛的情况只有两种:赛过或没有赛过,如果去掉 1 号后,此三人的情况完全相同,则去掉 1 号之前必有 2 人赛过的对手完全相同.(如果去掉 1 号后有不只一对选手的已赛过对手完全相同,则只任取其中的一对连线,其余的对则不连线.)

同样,如果再依次去掉2号,3号,……,直至n号,每去掉1个选手,都会在某两点之间连1条线.这样,就在n个点间连了n条线.且这些线上分别标注了1至n号,每条线标注了1个号码,每个号码只标注在1条线上.

由于在10个点间连了10条线,故图中必存在一圈.

现从圈上一点i出发,经过点$j,k,\cdots$最后回到点i.注意到点i与点j所代表的两个选手中1个是与1号比赛的,另一个是没有与1号比赛的,不妨设i号没有与1号比赛过,j号与1号比赛过.而j与k所连线上注的号码不是1,故j与k与1号比赛的情况相同,即k号与1号比赛过,……,这样沿线走一圈后回到i,就应该得出i号与1号比赛过,矛盾.故证.

证法二:用$A,B,\cdots$表示选手,而用$\alpha(A),\alpha(B)$表示A,B已赛过的对手集合(图4).显然,若$A\in\alpha(B)$,则$B\in\alpha(A)$.

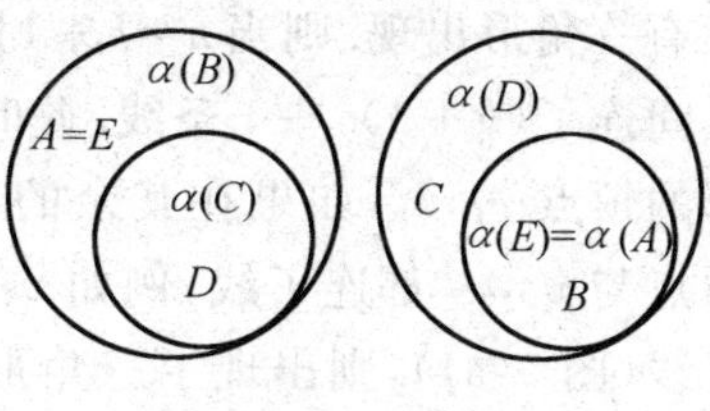

图 4

设A是对手集中元素最多的选手.

若命题不成立,则存在两个选手B,C使去掉A后,B,C的对手集相同,由于$\alpha(B)\neq\alpha(C)$,故A必属于$\alpha(B)$与$\alpha(C)$之一.不妨设$A\in\alpha(B)$,于是,$B\in\alpha(A)$,$C\notin\alpha(A)$且$\alpha(C)=\alpha(B)\setminus\{A\}$(在$\alpha(B)$中去掉它的一个元素$A$后的集合表示为$\alpha(B)\setminus\{A\}$).

同样对于选手C后,存在D,E,使去掉C后,D,E的对手集相同,即去掉C后,$\alpha(D)=\alpha(E)$,又设$C\in\alpha(D)$且$C\notin\alpha(E)$,于是$D\in\alpha(C)$,$E\notin\alpha(C)$.

由于$A\notin\alpha(C)$,$D\in\alpha(C)$,故$D\neq A$,又$D\in\alpha(C)$,故$D\in\alpha(B)$,即$B\in\alpha(D)=\alpha(E)\cup\{C\}$,从而$B\in\alpha(E)$,$C\notin\alpha(E)$,而去掉$A$后,$B,C$的对手集相同,从而$E=A$.

于是$\alpha(A)=\alpha(E)=\alpha(D)\setminus\{C\}$,即$\alpha(A)$比$\alpha(D)$少一个元素$C$,这与$A$是"对手集中元素最多的"矛盾.故证.

说明　证法一是根据如下结论:如果n个点间连了n条线,则必出现"圈",即从某一点出发,沿边前进,最后还能回到出发点.

证法二用最小数原理对集合的元素进行讨论,较难理解,可对照图理解相应的结论.

例 7　在空间中给定$2n$个不同的点$A_1,A_2,\cdots,A_{2n}$,$n>1$,其中任意三点不共线.设M是n^2+1条以给定的点为端点的线段的集合.

(1) 求证:存在一个三角形,其顶点为给定的点,其边都属于M;

(2) 求证:若集合 M 的元素不超过 n^2 个,则这样的三角形可能不存在.

分析 可以从简单的情况开始试验,发现规律再证明.从 K_4(4 阶完全图)共有多少条线及多少个三角形、擦去 1 条线去掉几个三角形入手得出结论,对于 K_5,K_6 也能用此法得到结论,但对于 $p>6$,K_p 难用此法,如何过渡到一般情况?可以用数学归纳法.

讲解 $n=2$ 时,在 4 个点间连了 5 条线,由于 4 阶完全图在 4 个点间共可连出 6 条线,这 6 条线连出了 4 个以此 4 个点中的某 3 个点为顶点的三角形.而每条线的两个端点与(除这条线的两个端点外的)另两个顶点可以连出共 2 个三角形,故去掉任何一条边都使连出三角形数减少 2,于是在 4 个点间连 5 条线必连出了以此 4 个点中的 3 个点为顶点的三角形.

设 $n=k$ 时,$2k$ 个点间连有 k^2+1 条线时,必有三角形出现.则当 $n=k+1$ 时,$2(k+1)$ 个点间连了 $(k+1)^2+1$ 条线.此时,任取两个相邻的顶点 v_1,v_2,如果在其余的顶点中有某个顶点与 v_1,v_2 都连了线,例如 v_3 与 v_1,v_2 都连了线(图 5(a)),则出现了三角形.如果其余所有的点与此两点都至多连出 1 条线(图 5(b)),则去掉点 v_1,v_2 及与这两点相邻的边,此时,余下 $2k$ 个点,至多去掉了 $2k+1$ 条边,余下至少 $(k+1)^2+1-(2k+1)=k^2+1$ 条边,由归纳假设知,其中必有三角形.

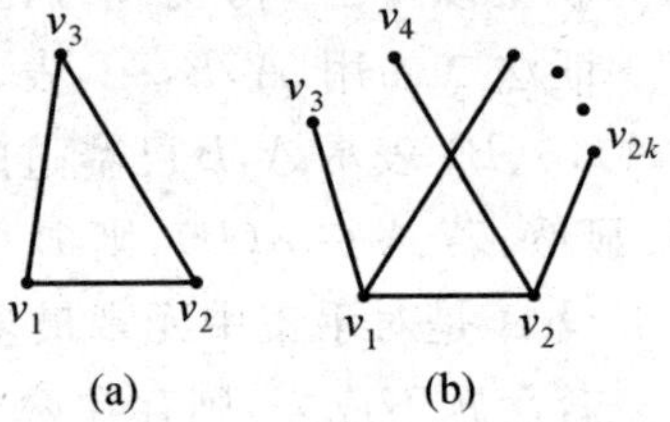

图 5

综上可知,命题成立.

说明 若 $2n$ 个点间连了 n^2 条边,可以把这 $2n$ 个点分成两组,每组 n 个点,规定同组的点间都不连线,不同组的任何两点都连 1 条线,这样得到了一个完全偶图 $K_{n,n}$,此时共计连了 n^2 条线,但任取三点,必有两点在同一组,它们之间没有连线,于是不出现三角形.

例 8 一个国家的国王打算建 n 个城市且修 $(n-1)$ 条道路,使每条道路连接两个城市而不经过其他城市.而每两个城市都可以互相到达,其间的最短距离恰是 $1,2,\cdots,C_n^2=\frac{1}{2}n(n-1)$ 这些数,问在下列情况下,国王的打算能否实现:(1)$n=6$;(2)$n=1\ 998$.

分析 就是要画一个树,使任两个顶点的距离都不能相同.对于顶点数少的情况估计是可能存在的,而要得到 $n=6$ 图可以用构造法.对于 $n=1\ 998$,估计不会存在,所以可以用反证法证明.

为了得到 $n=6$ 的情形,长度为 1 与 2 的线段是要取的,否则得不到 1,2,这两条线段联结可以得到长度 3，为得到距离为 15，14，… 的线段，可以取某两个城市间距离为 8(15 的一半)，此时 $8+7=15$，$8+6=14$，$8+5=13$，可以通过增加一条长度为 5 的线段如图 6 得到，再增加一条长为 4 的线即可得到全部的 15 个数(图 7).

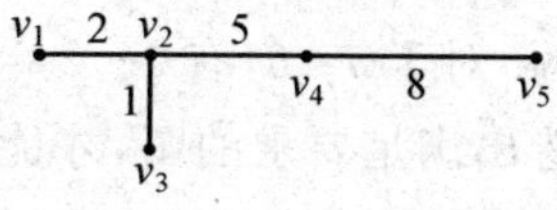

图 6

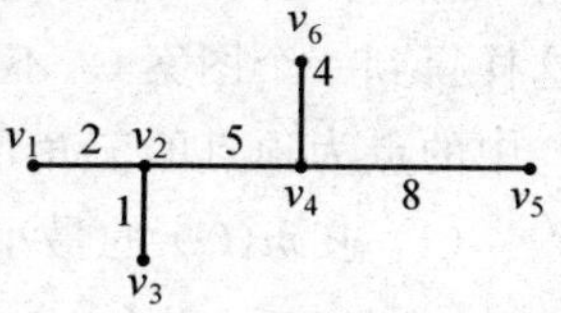

图 7

讲解　(1)$n=6$ 时，国王的打算可以实现，城市和道路的分布可依据图 7 所示.

(2)$n=1\,998$ 时，国王的打算不能实现，因为符合要求的道路网存在的必要条件是：n 或$(n-2)$ 是完全平方数，证明如下：

用点表示城市，用线表示连接城市的道路，得到一个图 G. 由题设，知 G 是 n 阶连通图，又其线的数目恰为$(n-1)$，故 G 是 n 阶树，因而 G 的任两点之间只存在唯一的通道. 把 G 的顶点二染色：任取一个点 A，对于图中任一点，若它沿唯一的通道到 A 的距离是一个偶数，则把此点染红(A 也应染红，因 A 到 A 的距离为 0，0 是偶数)，否则染蓝.

设红点的数目为 x，则蓝点的数目为 $y=n-x$. 考虑距离为奇数的点对，易知：两点之间的距离为奇数，当且仅当这两个点一红一蓝. 由一个红点和一个蓝点组成的点对有 xy 个. 又在 $1,2,\cdots,\frac{1}{2}n(n-1)$ 中，当$\frac{1}{2}n(n-1)$ 为偶数时，其中的奇数有$\frac{1}{4}n(n-1)$ 个；当$\frac{1}{2}n(n-1)$ 为奇数时，奇数有$\frac{1}{4}[n(n-1)+2]$ 个. 于是，如果国王的打算可以实现，则必须满足

$$xy=\frac{1}{4}n(n-1) \qquad ①$$

或

$$xy=\frac{1}{4}[n(n-1)+2] \qquad ②$$

此时，对于 ①，有 $4x(n-x)=n(n-1)$，即 $4x^2-4nx+n^2-n=0$，解得 $x=\frac{n\pm\sqrt{n}}{2}$，相应的 $y=\frac{n\mp\sqrt{n}}{2}$.

同样，对于 ②，有 $x=\frac{n\pm\sqrt{n-2}}{2}$，$y=\frac{n\mp\sqrt{n-2}}{2}$.

故只有 n 或 $n-2$ 是完全平方数时，国王的愿望才可能实现. 但 1 998 和 1 998－2＝1 996 都不是完全平方数，故当 $n=1\,998$ 时，国王的打算不可能实现.

说明 我们只证明了这个条件是必要条件,没有证明这个条件是充分的.对于$n=6$,有$6-2=4$是完全平方数,有可能存在满足要求的图,再通过构造出满足要求的图,才能确定解存在.

例9 给定平面上的点集$P=\{P_1,P_2,\cdots,P_{1\,994}\}$,$P$中任三点均不共线,将$P$中的所有的点任意分成83组,使得每组至少有3个点,且每点恰好属于一组,然后将在同一组的任两点用一条线段相连,不在同一组的两点不连线段,这样得到一个图案G,不同的分组方式得到不同的图案,将图案G中所含的以P中的点为顶点的三角形个数记为$m(G)$.

(1) 求$m(G)$的最小值m_0;

(2) 设G^*是使$m(G^*)=m_0$的一个图案,若G^*中的线段(指以P的点为端点的线段)用4种颜色染色,每条线段恰好染一种颜色.求证:存在一个染色方案,使G^*染色后不含以P的点为顶点的三边颜色相同的三角形.

分析 估计当各组点数尽可能接近时三角形个数最少.因此只要证明当两组点数差大于等于2时,不能达到最小值.可以用逐步调整法来证明.第(2)小问可以用构造法来解.注意K_5的边2染色时,可以找到不存在同色三角形的染色法,于是可以据此构造出满足要求的图来.

讲解 设G中分成的83个子集的元素个数分别为$n_i(1\leqslant i\leqslant 83)$,$\sum\limits_{i=1}^{83}n_i=1\,994$,且$3\leqslant n_1\leqslant n_2\leqslant\cdots\leqslant n_{83}$.

则$m(G)=\sum\limits_{i=1}^{83}\mathrm{C}_{n_i}^3$,即求此式的最小值.

设$n_{k+1}>n_k+1$,即$n_{k+1}-1\geqslant n_k+1$,则

$$\mathrm{C}_{n_k+1}^3+\mathrm{C}_{n_{k+1}-1}^3-(\mathrm{C}_{n_k}^3+\mathrm{C}_{n_{k+1}}^3)=\mathrm{C}_{n_k}^2-\mathrm{C}_{n_{k+1}-1}^2<0$$

这就是说,当n_{k+1}与n_k的差大于1时,可用$n_{k+1}-1$及n_k+1代替n_{k+1}及n_k,而其余的数不变.此时,$m(G)$的值变小.

于是可知,只有当各n_i的值相差不超过1时,$m(G)$才能取得最大值.

$1\,994=83\times24+2$.故当81个组中有24个点,2个组中有25个点时,$m(G)$达到最小值.

$$m_0=81\mathrm{C}_{24}^3+2\mathrm{C}_{25}^3=81\times2\,024+2\times2\,300=168\,544$$

(2) 取5个点为一小组,按图8染成a,b二色.这样的5个小组,如图9,每个小圆表示一个五点小组.同组间染色如图8,不同组的点间的连线按图9染成c,d两色.这25个点为一组,共得83组.染色法相同.其中81组去掉1个点及与此点相连的所有线.即得一种满足要求的染色.

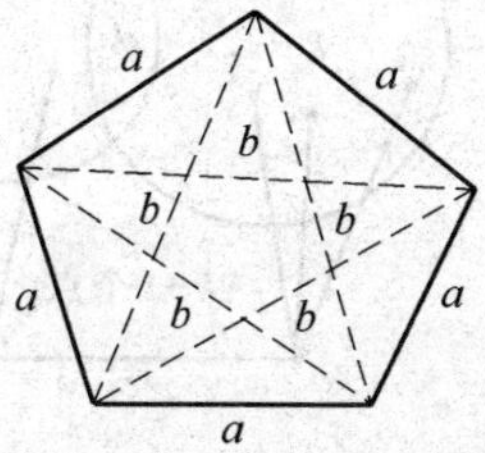

图 8

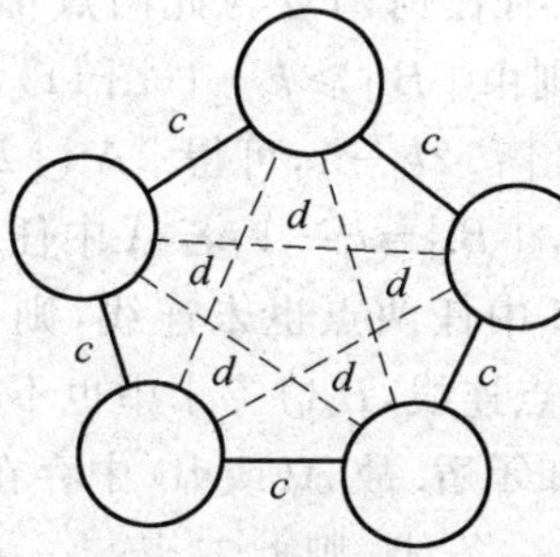

图 9

例 10　有 n 人聚会，已知每人至少认识其中的 $\left[\frac{n}{2}\right]$ 个人. 而对任意的 $\left[\frac{n}{2}\right]$ 个人，或者其中有两人认识，或者余下的 $n-\left[\frac{n}{2}\right]$ 人中有两人相识. 求证：当 $n \geqslant 6$ 时，这 n 个人中必有 3 人两两认识.

分析　本题与例 6 类似，要通过分析连线的情况找出三角形来. 由于题中给出了 $\left[\frac{n}{2}\right]$，故应分 n 为偶数或奇数的情况分别讨论.

讲解　作一个图，用 n 个点表示这 n 个人，凡二人认识，则在表示此二人的点间连一条线. 问题即，在题设条件下，存在以这 n 点中的某三点为顶点的三角形. 设点 a 连线条数最多，在与 a 连线的所有点中点 b 连线最多，与 a 连线的点除 b 外的集合为 A，与 b 连线的点除 a 外的集合为 B.

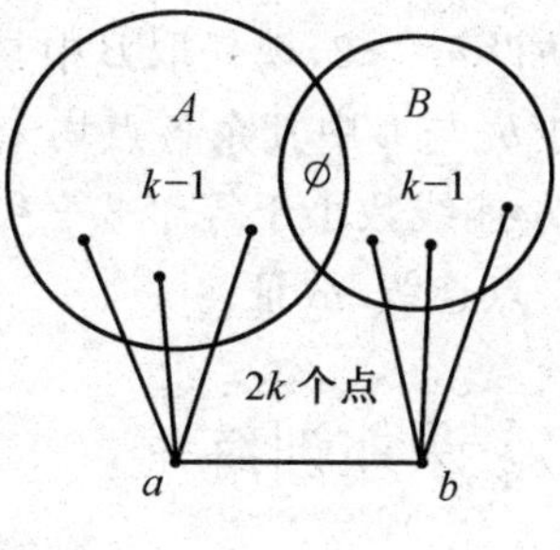

图 10

(1) 设 $n=2k$，则每点至少连 k 条线，集合 A,B 中都至少有 $k-1$ 个点.

① 若存在一点 c，与 a,b 都连线，则 a,b,c 满足要求；

② 若没有任何两点与 a,b 两点都连线(图 10)，则由 $A \cap B=\varnothing$，$|A \cup B| \leqslant 2k-2$，$|A| \geqslant k-1$，$|B| \geqslant k-1$，故得 $|A|=|B|=k-1$，且图中每点都连 k 条线. 若 A 中任何两点间均未连线，B 中任两点也未连线，则 $A \cup \{b\}$ 中不存在两点连线，$B \cup \{a\}$ 中也不存在两点连线. 与已知矛盾. 故在 A(或 B) 中必存在两点，这两点间连了一条线，则此两点与 $a(b)$ 连出三角形.

(2) 设 $n=2k+1$，则每点至少连 k 条线，A,B 中都至少有 $k-1$ 个点.

① 若存在一点 c，与 a,b 都连线，则 a,b,c 满足要求；

② 若没有任何两点与此两点都连线,且 $|A|\geqslant k$,则由 $|B|\geqslant k-1$(图11),$A\cap B=\varnothing$,$|A\cup B|\leqslant 2k-1$,可得 $|A\cup B|=2k-1$,$|A|=k$,$|B|=k-1$,若 A 中任何两点间均未连线,B 中任两点也未连线,则 $A\cup\{b\}$ 中不存在两点连线,$B\cup\{a\}$ 中也不存在两点连线.与已知矛盾.故 A(或 B)中存在两点,这两点间连了一条线,则此二点与 a 连出三角形.

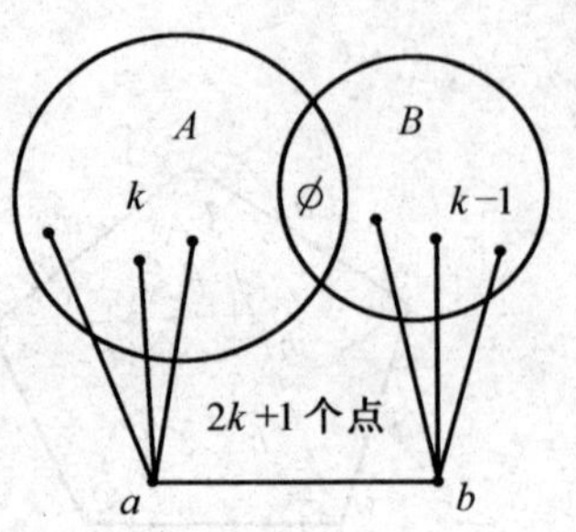

图 11

(3) 若没有任何两点与此二点都连线,且 $|A|=k-1$,即每点都只连 k 条线.这时,必有一点与 a,b 均未连线,设为 c(图12).c 与 A 中 k_1 个点连线,与 B 中 k_2 个点连线,$k_1+k_2=k$,且 $1\leqslant k_1,k_2\leqslant k-1$.否则若 $k_2=0$,则 $A\cup\{b\}$ 中各点均未连线,$B\cup\{a,c\}$ 中各点也未连线.矛盾.故 $k_1,k_2\geqslant 1$.且由于 $n\geqslant 6$,则 $k_1+k_2\geqslant 3$,故 k_1,k_2 中至少有一个不小于 2,不妨设 $k_1\geqslant 2$,现任取 B 中与 c 连线的一点 b_1,由于 b_1 与 B 中其余各点均未连线,若 b_1 与 A 中的所有与 c 连线的点均未连线,则 b_1 连线数小于等于 $2+k-1-k_1\leqslant k-1$,矛盾,故 b_1 至少与此 k_1 个点中的一点连线.故证.

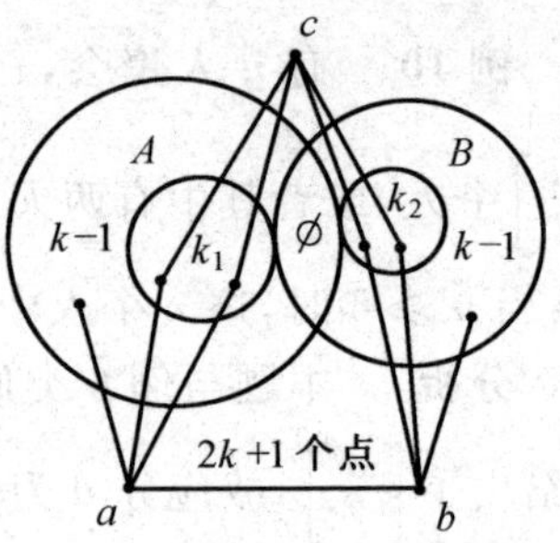

图 12

课外训练

1. 如果每个点的出次都是 2,那么一个点经过两条弧就可以到达的点至多有几个?经过一条弧或两条弧可以到达的点至多有几个?

2. 亚洲区足球小组赛,每组有 4 个队,进行循环赛,每两个队赛一场,胜者得 3 分,负者得 0 分,平局各得 1 分,赛完后,得分最高的前两名出线.如果几个队得分相同,那么便抽签决定这些队的名次,问一个队至少要得多少分,才能保证一定出线?

3. 在 8×8 棋盘上填入 $1\sim 64$ 的所有整数,每格一数,每数只填一次,求证:总可以找到两个相邻的方格(具有公共边的两个方格叫相邻),在此两个方格中填入的数的差不小于 5?

4. 平面上有 n 条直线,把平面分成若干个区域.求证:用两色就足以使相邻的区域都涂上不同的颜色.

5. 在某个国家，任意两个城市之间用下列交通工具之一进行联络：汽车、火车和飞机. 已知没有一个城市拥有这 3 种交通工具，并且不存在这样 3 个城市，其中任意两个在联络时都用同一种交通工具，而且这个国家用了这 3 种工具. 这个国家最多有多少个城市？

6. 一个大三角形的 3 个顶点分别涂红、黑、蓝三色，在三角形内部取若干点也任意涂红、黑、蓝三色之一，这些点间连有一 些线段，把大三角形分成若干互相没有重叠部分的一些小三角形. 求证：不论怎样涂，都有一个小三角形，其 3 个顶点涂的颜色全不同.

7. 某个国家有 21 个城市，由若干个航空公司担负着这些城市之间的空运任务. 每家公司都在 5 个城市之间设有直达航线(无需着陆，且两城市间允许有几家航空公司的航线)，而每两个城市之间都至少有一条直达航线. 问至少应有多少家航空公司？

8. 在 $n\times n$ 棋盘的方格中分别填写 $1,2,\cdots,n^2(n\geqslant 2)$，每格一个数. 求证：必有两个相邻方格(有公共边的方格)，方格中的两个数的差至少为 n.

9. 用黑白两种颜色去涂正九边形的顶点，每个顶点只涂黑、白两色之一，求证：在以这九点为顶点的所有三角形中，必有两个顶点同色的全等三角形.

10. 某团体中任意两个认识的人都没有共同的熟人，而任意两个不认识的人都恰有两个彼此共同的熟人. 求证：该团体中每个人认识的人数都相同.

11. 排球比赛中，每两队都各比赛一场. 对两个球队 A 与 B，如果 A 胜 B，或者存在某个球队 C，使得 A 胜 C，C 胜 B，则称 A 优于球队 B. 比赛结束后，优于其他所有球队的球队即被授予冠军称号. 比赛结束后能否恰有两个冠军队？

第37讲　无限递降法

知识呈现

无限递降法的理论根据是最小数原理:

命题一　有限个实数中,必有一个最小数(也必有一个最大数).

根据这一原理,又可得出:

命题二　任意有限个两两不同的实数可以按从小到大排列顺序.(排序原理)

对于自然数集,有:

最小数原理　若 M 是正整数数集 $\mathbf{N}^*$ 的任一非空子集(有限或无限均可),则 M 中必有最小的数.

最小数原理常用于论证存在性命题.在解题时,也常用由最小数原理演化出的最优化原则(极端原理).

典例展示

例1　求方程 $x^3+2y^3+4z^3=6xyz$ 的所有整数解.

分析　要求此方程的所有整数解,但这个方程的解的情况我们并不清楚,但其解的情况不外以下几种:

(1) 方程没有整数解:对这种情况,我们必须证明一切整数都不是这个方程的解;

(2) 方程只有有限组解:对这种情况,我们必须把所有的解都求出来,并证明方程没有别的解;

(3) 方程有无数组解:对这种情况,我们应给出如何找到这无数组解中的任一组解的方法,并证明没有其他类型的解了.

情形(1)是很容易否定的,因为我们可以发现 $x=y=z=0$ 就是方程的一组解.那么方程还有没有其他的解呢?一时找不到其他的解,那么,是否只有这一组解呢?不妨设方程还有一组解,试着推出这组解的特点.从而确定方程的所有的解.

讲解　显然 $x=y=z=0$ 是方程的一组解.

如果方程有一组解 (x,y,z)，则必有一组解 $(-x,-y,-z)$，故只要考虑方程的正整数解即可.

设 (x_0,y_0,z_0) 是方程的一组解，其中 $x_0>0$，则

$$x_0^3=6x_0y_0z_0-2y_0^3-4z_0^3 \quad ①$$

由于 x_0,y_0,z_0 为整数，故 x_0 为偶数，设 $x_0=2x_1$，其中 x_1 为正整数，又得

$$8x_1^3+2y_0^3+4z_0^3=12x_1y_0z_0$$

从而得

$$y_0^3=6x_1y_0z_0-2z_0^3-4x_1^3 \quad ②$$

故 y_0 也为偶数，设 $y_0=2y_1$，其中 y_1 为整数. 于是又有

$$2z_0^3=12x_1y_1z_0-4x_1^3-8y_1^3$$

故又有 z_0 为偶数，设 $z_0=2z_1$，其中 z_1 为整数，代入即得

$$x_1^3+y_1^3+z_1^3=6x_1y_1z_1 \quad ③$$

从而 (x_1,y_1,z_1) 也满足此方程，由于 x_1,y_1,z_1 均是整数，且 $x_1>0$，故 (x_1,y_1,z_1) 也是方程的一组满足 $x_1>0$ 的解，即 $\left(\frac{1}{2}x_0,\frac{1}{2}y_0,\frac{1}{2}z_0\right)$ 也是方程的满足 $\frac{1}{2}x_0>0$ 的整数解. 依此类推，可知 $\left(\frac{1}{4}x_1,\frac{1}{4}y_1,\frac{1}{4}z_1\right)$ 仍是方程的满足 $\frac{1}{4}x_0>0$ 的整数解，由此 $\left(\frac{1}{2^n}x_0,\frac{1}{2^n}y_0,\frac{1}{2^n}z_0\right)(n\in\mathbf{N}^*)$ 都是方程的满足 $\frac{1}{2^n}x_0>0$ 的整数解.

但对于任何确定的正整数 x_0，$\frac{1}{2^n}x_0$ 不可能永远是正整数，从而方程没有使 $x_0>0$ 的整数解，即原方程只有唯一一组解 $(0,0,0)$.

说明　本例所用的方法就是无限递降法，又称无限下推法.

例 2　在 $m\times n(m,n\in\mathbf{N}^*)$ 的方格表的每个格子中都填入一个数. 以后可以每次改变表中某一行或某一列的所有数的符号. 求证：只要经过有限次的改变符号，就可以使每一行、每一列的各数之和都非负.

分析　这是一类操作题，是要证明经过有限次操作达到某个目标. 我们可以为此目标设一上限（或下限），从初始状态到此上限之间只有有限个中间状态，再证明每次操作都向此上限接近一步，从而此操作不能无限延续下去.

讲解　设第 i 行第 j 列填的数为 $a_{ij}(1\leqslant i\leqslant m,1\leqslant j\leqslant n,i,j\in\mathbf{N}^*)$，

且此方格表中所有各数的和为 $S=\sum\limits_{\substack{1\leqslant i\leqslant m\\1\leqslant j\leqslant n}}a_{ij}$.

无论怎样改变其中每个格子中的数的符号(不改变此数的绝对值),此和都是在和式 $\sum\limits_{\substack{1\leqslant i\leqslant m\\1\leqslant j\leqslant n}}(\pm a_{ij})$ 中适当选取每个数的符号的结果,从而只有有限个可能的和的值(显然该和至多有 2^{mn} 种可能),但所有这些和都不大于 $\sum\limits_{\substack{1\leqslant i\leqslant m\\1\leqslant j\leqslant n}}|a_{ij}|$,即这些和有上限.

如果填好后发现每行、每列的数的和都已经非负,则经过 0 次改变符号即已达到题目的要求.

如果某一行(或列)的数的和为负,则可改变这一行(或列)的所有各数的符号.这时这一行(或列)中的数的和变大,而其余的行(或列)上的数不变,这样,操作一次就使这个表格中所有的数的和变大.

由于可能的和式只有有限个值,故这种变大的过程不可能无限延续下去.必到某一时刻即无法再变大.此时,每一行、每一列的各数之和均非负.

说明　本例是无限递降的另一种叙述形式.在例 1 中说明了:只要有一组非零整数解,就一定有无穷多组整数解,这些解有递降(递升)关系;本例中每次操作的目标也存在递降(递升)关系,但是知道操作只有有限种可能的结果,因此经过有限次递降就必然得到满足要求的解答.这种形式更明白地说明了无限递降法与最小数原理的血缘关系.

例 3　11 块铁,质量都是整数克,如果任意取其中 10 块,都可以把它们分成两组,每组 5 块铁,且这两组铁的质量相等.求证:这 11 块铁中的每块质量都相等.

分析　有的同学认为先任取 10 块,可以分成两组,若把其中未取的一块与某组中的一块交换,两组质量相等,从而换入的一块与换出的一块质量相等,于是所有各块质量相等.这一想法为什么是错的?由于交换一块后,可以把此 10 块重新分组,因此不能说换出的一块与换入的一块质量相等.

但是,这能说明,各块质量数的奇偶性相同.所以如果各块质量为偶数,可以把每块质量减半,而如果各块质量为奇数,则可以把各块质量减去相同的质量,这样做不影响问题的结论.为此考虑减去谁能使问题得到简化?

讲解　首先,满足条件的铁块具有以下三个性质:

(1) 这 11 块铁的质量数的奇偶性相同.这是因为,任何 10 块铁的和必须是偶数.否则分成质量相等的两组,每组的质量就不是整数,但每组 5 块铁的质量都是整数,其和应该是整数,二者矛盾.如 A,B 两块铁质量的奇偶性不同，则当去掉 A，用 B 与其余 9 块组成一组时其质量的和为偶数，如用 A 换 B，其余 9 块不变，则由于 A，B 的奇偶性不同，这个新的组的质量的和就会是奇数了.

(2) 如果某 11 块铁满足题目要求，则将每块铁的质量都减去相同的某个质量后，仍能满足题目要求.

(3) 当各块铁的质量都是偶数时，把每块铁的质量减半后，所得铁块仍然满足题目的要求.

于是，若各块铁的质量为奇数时，可都先减去一个奇数的质量，使各块铁的质量数变为偶数再减半.

现在，设这些铁块的质量不全相等，则其中必有一块铁的质量最小，设其质量为 m，把每块铁都减去 m. 则至少有一块铁的质量为 0. 这时由(1) 知，每块铁的质量都是偶数. 如果这时各块铁的质量不全相同，则必有质量不为 0 的铁块，把这些铁块的质量数记为 $2^k \times q$ 的形式，其中 k 为正整数，q 为奇数. 在所有的 k 中，必有最小的一个 k 值，设此 k 值为 k_0. 这时我们对这 11 块铁，连续减半 k_0 次. 则所得铁块仍能满足题目要求，但此时这 11 块铁的质量的奇偶性不同(因为有铁块的质量已经减成了奇数，但有的铁块质量为 0，是偶数)，这与(1) 产生矛盾.

这说明，原来每块铁的质量都是 m.

例 4　求证：方程 $x^2+y^2+z^2=3xyz$ 有无穷多组正整数解 (x,y,z).

分析　要说明方程有无穷多组正整数解，或者给出一个解的通式，满足此通式的数都是解，而此通式可以取无穷多组值. 或者给出一个递推的方法，由此方法可以从一组解推出第二组解，这两种想法都是解决数列问题的常用想法. 本题即是用第二种递推的想法，先找出易于发现的解，再寻找这些解的规律，由此得到寻找一般解的方法.

讲解　若 $x=y=z=a(a\in \mathbf{N}^*)$，则 $3a^2=3a^3$，解得 $a=1$，即方程有解 $(1,1,1)$；

若 $x=y=1$，则有 $2+z^2=3z$，得方程的另一组解 $(1,1,2)$；

若 $x=1$，$y=2$，则有方程 $z^2-6z+5=0$，又得方程的另一组解 $(1,2,5)$.

现设 (a_0,b_0,c_0)(其中 $a_0<b_0<c_0$) 是方程的一组正整数解，即 $a_0^2+b_0^2+c_0^2=3a_0b_0c_0$ 成立，考虑方程 $b_0^2+c_0^2+z^2=3b_0c_0z$，即 $z^2-3b_0c_0z+(b_0^2+c_0^2)=0$，此方程必有一正整数解 $z=a_0$，由韦达定理，其另一解为 $z_1=3b_0c_0-a_0$ 必为正整数.

于是原方程必有解 $(b_0,c_0,3b_0c_0-a_0)$，且这一组解也满足 $b_0<c_0<3b_0c_0-a_0$.

令 $a_1=b_0,b_1=c_0,c_1=3b_0c_0-a_0$ 为方程的一组满足 $a_1<b_1<c_1$ 的正整数解,则又可从此解出发得到方程的另一组解$(b_1,c_1,3b_1c_1-a_1)$,这组解也满足 $b_1<c_1<3b_1c_1-a_1$,从而这组解与前面的解不同.

这一过程可以无限延续下去,从而原方程有无穷多组解.

例 5 设 α 为任一无理数,$a_n=\{n\alpha\}$($\{x\}$ 表示数 x 的"小数部分",即记 $[x]$ 为不超过 x 的最大整数,则 $\{x\}=x-[x]$),求证:存在无数个正整数 n 使 $a_n>\frac{1}{2}$.

讲解 不妨设 $\alpha>0$. 设只有有限个整数 n 使 $a_n>\frac{1}{2}$,m 是其中最大的一个,即对于任何 $t>m$,都有

$$\{t\alpha\}<\frac{1}{2} \quad ①$$

取正整数 t,使 $t>m$,令 $\{t\alpha\}=\beta$,则根据 ①,$0<\beta<\frac{1}{2}$.

此时,$2t>m$,于是由 ①,有 $\{2t\alpha\}<\frac{1}{2}$,但由于 $0<\beta<\frac{1}{2}$,故 $0<2\beta<1$,所以 $\{2t\alpha\}=\{2\beta\}=2\beta$,于是由 ① 知,$0<2\beta<\frac{1}{2}$.

再取 $\{2^2t\alpha\}$,同理,由 $2^2t\alpha>m$,得 $\{2^2t\alpha\}<\frac{1}{2}$,又因 $0<2\beta<\frac{1}{2}$,知 $0<2^2\beta<1$,从而 $\{2^2t\alpha\}=\{2^2\beta\}=2^2\beta$,又有 $0<2^2\beta<\frac{1}{2}$,……,这一过程可以无限继续下去,于是得到 $0<2^n\beta<\frac{1}{2}(n\in\mathbf{N}^*)$.

这是不可能的,因为只要 $\beta\neq 0$,就必存在正整数 k,使 $2^{-k}<\beta<2^{-k+1}$,此时有 $2^{k-1}\beta>\frac{1}{2}$. 命题得证.

说明 本题实际上说明了,无理数 $\{n\alpha\}$(n 取全体正整数时)在区间 $(0,1)$ 上是处处"稠密"的.

例 6 正五边形的每个顶点对应着一个整数,使得这五个数的和为正. 若其中 3 个相连顶点对应的整数依次为 x,y,z,且 $y<0$,则要进行如下的操作:把整数 x,y,z 分别换为 $x+y,-y,z+y$,这算一次操作. 只要所得五个整数中至少有一个整数为负数时,操作就要继续进行. 问这种操作是否经过有限次后就一定能终止.

分析 选定一个目标函数,证明每次操作目标函数值向某方向进一步,

但又只能有有限种取值可能.

讲解　解法一:不妨设某次 5 个顶点上的数分别为 x_1,x_2,x_3,x_4,x_5,且 $S=x_1+x_2+x_3+x_4+x_5>0$. 又设 $x_1<0$,进行一次操作后的 5 个数为 $-x_1,x_1+x_2,x_3,x_4,x_1+x_5$,此时 S 保持不变.

取函数 $f(x_1,x_2,x_3,x_4,x_5)=(x_1-x_3)^2+(x_2-x_4)^2+(x_3-x_5)^2+(x_4-x_1)^2+(x_5-x_2)^2$,显然 $f\geqslant 0$,则

$$f(-x_1,x_1+x_2,x_3,x_4,x_1+x_5)-f(x_1,x_2,x_3,x_4,x_5)=$$
$$2x_1(x_1+x_2+x_3+x_4+x_5)\leqslant -2$$

这说明,每操作一次 f 的值至少减少 2,但 f 恒大于等于 0,故这样的操作经过有限次就一定终止.

解法二:　取目标函数

$$\begin{aligned}f(x_1,x_2,x_3,x_4,x_5)=&|x_1|+|x_2|+|x_3|+|x_4|+|x_5|+\\&|x_1+x_2|+|x_2+x_3|+|x_3+x_4|+|x_4+x_5|+|x_5+x_1|+\\&|x_1+x_2+x_3|+|x_2+x_3+x_4|+|x_3+x_4+x_5|+|x_4+x_5+x_1|+\\&|x_5+x_1+x_2|+|x_1+x_2+x_3+x_4|+|x_2+x_3+x_4+x_5|+\\&|x_3+x_4+x_5+x_1|+|x_4+x_5+x_1+x_2|+|x_5+x_1+x_2+x_3|+\\&|x_1+x_2+x_3+x_4+x_5|\end{aligned}$$

显然 $f(x_1,x_2,x_3,x_4,x_5)\geqslant 0$.

则 $f(-x_1,x_2+x_3,x_3,x_4,x_5+x_1)-f(x_1,x_2,x_3,x_4,x_5)=|x_1+x_2+x_3+x_4+x_5+x_1|-|x_2+x_3+x_4+x_5|=|s+x_1|-|s-x_1|$.(记 $s=x_1+x_2+x_3+x_4+x_5$,由于 $s>0,x_1<0$,故 $|s+x_1|-|s-x_1|<0$. 下同解法一.)

例 7　设 a 是给定的正整数,A,B 是两个实数,试确定方程组

$$\begin{cases}x^2+y^2+z^2=(13a)^2 & ①\\ x^2(Ax^2+By^2)+y^2(Ay^2+Bz^2)+z^2(Az^2+Bx^2)=\\ \dfrac{1}{4}(2A+B)(13a)^4 & ②\end{cases}$$

有正整数解的充分必要条件(用 A,B 的关系式表示,并予以证明).

讲解　② 即 $A(x^4+y^4+z^4)+B(x^2y^2+y^2z^2+z^2x^2)=\frac{1}{4}(2A+B)(13a)^4$. 故消去 $(x^2y^2+y^2z^2+z^2x^2)$ 项.

② $-$ ①$^2\times\frac{1}{2}B$:

$$\left(A-\frac{1}{2}B\right)(x^4+y^4+z^4)=\frac{1}{2}\left(A-\frac{1}{2}B\right)(13a)^4$$

如果 $2A-B\neq 0$,则得

$$2(x^4+y^4+z^4)=(13a)^4 \quad ③$$

③ 如果有正整数解,设为(x_0,y_0,z_0),显然 a 为偶数,令 $a=2a_1$,则 $x_0^4+y_0^4+z_0^4=8(13a_1)^4$.

由于奇数的4次方被8除余1,偶数的4次方被8除余0,故 x_0,y_0,z_0 都是偶数.

令 $x_0=2x_1,y_0=2y_1,z_0=2z_1$,于是得 $2(x_1^4+y_1^4+z_1^4)=(13a_1)^4$,即$(x_1,y_1,z_1)$ 也是正整数解.

由此可知,这个方程有无数组解.且对于一切正整数 n,$\frac{1}{2^n}x_0$ 都是正整数.这是不可能的.于是 $2A-B\neq 0$ 时方程 ③ 无正整数解.

当 $2A-B=0$ 时,无论 $A=0$ 或 $A\neq 0$,均有解 $x=3a,y=4a,z=12a$.

即所求充要条件为 $2A-B=0$.

例8 已知对任意实数 x,函数 $f(x)$ 都有定义,且 $f^2(x)\leqslant 2x^2f(\frac{x}{2})$.如果集合 $A=\{a\mid f(a)>a^2\}$ 不是空集,求证:A 是无限集.

讲解 由于 $f^2(0)\leqslant 2\cdot 0^2\cdot f(\frac{0}{2})$,即 $f(0)=0$,即 $0\notin A$.

设 $a\in A$,显然 $a\neq 0$,又由 $a\in A$,知

$$f(a)>a^2 \quad ①$$

由 $f(x)$ 定义,有

$$f^2(a)\leqslant 2a^2f(\frac{a}{2}) \quad ②$$

比较 ①,②,有

$$f(\frac{a}{2})\geqslant\frac{f^2(a)}{2a^2}>\frac{a^2}{2}>(\frac{a}{2})^2$$

于是$\frac{a}{2}\in A$.但由 $a\neq 0$,故$\frac{a}{2}\neq a$,即$\frac{a}{2}$与 a 是 A 的(相异的)两个元素.

同理,由$\frac{a}{2}\in A$,$\frac{a}{2}\neq 0$,又可得$\frac{a}{4}\in A$.由此可知,$a,\frac{a}{2},\frac{a}{2^2},\frac{a}{2^3},\cdots,\frac{a}{2^n},\cdots(n\in\mathbf{N})$ 都是 A 的元素,即 A 为无限集.

例9 空间有 1 989 个点,其中无三点共线,把它们分成点数互不相同的30 组,取任意 3 个不同组的点为顶点作三角形,问各组点数应为多少时,才能使所得三角形总数最多?

讲解 设分成各组的点数分别为 $n_1,n_2,\cdots,n_{30}$,且 $n_1<n_2<\cdots<n_{30}$,

$n_1+n_2+\cdots+n_{30}=1\ 989$，则可得三角形总数 $S=\sum\limits_{1\leqslant i<j<k\leqslant 30}$.

现固定 $n_3,\cdots,n_{30}$，则

$$S=n_1n_2\sum_{k=1}^{30}n_k+(n_1+n_2)\sum_{3\leqslant i<j<k\leqslant 30}n_jn_k+\sum_{3\leqslant i<j<k\leqslant 30}n_in_jn_k$$

故要使 S 最大，n_2-n_1 应尽可能小，故 $n_2-n_1=1$ 或 2. 同法可知应有 $n_{i+1}-n_i=1$ 或 2，且至多有 1 组相邻两数差为 2.

由于若所有相邻两数差为 1 时，此 30 个数的和为 15 的倍数，而 1 989 不是 15 的倍数. 故设此 30 组的点数为 $n,n+1,\cdots n+k-1,n+k+1,\cdots,n+30$. 于是前 k 个数都加 1 后，30 个数的和 $=1\ 989+k$，且 $15\mid 1\ 989+k\Rightarrow k=6$. $2n+31=133\Rightarrow n=51$. 即分成数为 51，52，…，56，58，59，…，81.

例 10 亚瑟王（传说中的英国国王）在王宫中召见他的 $2n$ 名骑士，其中某些骑士之间互相有仇，已知每个骑士的仇人不超过 $n-1$ 个，求证：摩尔林（亚瑟王的谋士）能够让这些骑士围着圆桌坐下，使每个骑士都不与他的仇人相邻.（本题也可用以下方式叙述：G 为简单图，顶点数 $n\geqslant 3$，且对每个不相邻的顶点 V 与 V'，它们的次数和都大于等于 n，那么，G 有哈密尔顿圈.）

讲解 如果两人不是仇人，就称这两人为朋友. 把这 $2n$ 个人任意排列成一圈，如果相邻两人是朋友，就把他们连一条线. 这时这个圈就断成若干段.

现从某人出发，顺时针检查，遇到第一个断开的地方，例如相邻的 A_1 与 B_1 间断开. 现从 B_1 下面的人开始检查每个 A_1 的朋友：必能找到相邻两人 A_2，B_2，其中 A_1 与 A_2 是朋友，B_1 与 B_2 也是朋友，这样的两个人是能找到的：反设每个与 A_1 是朋友的人后面的人都是 B_1 的仇人，由于 A_1 的朋友至少有 n 个，而 B_1 的仇人不超过 $n-1$ 个，故不会出现这种情况.

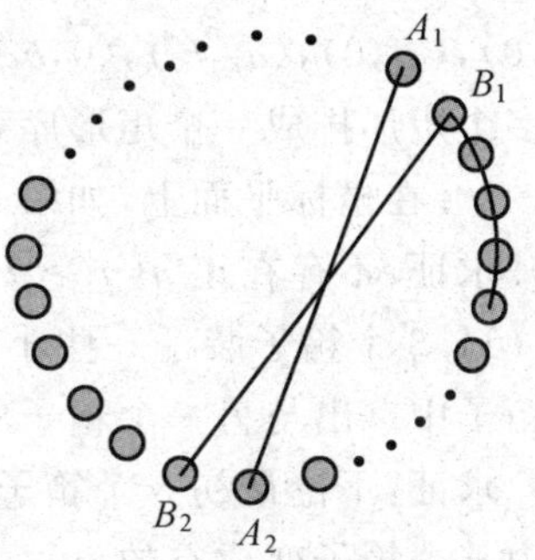

图 1

现在把此圆周上从 B_2 顺时针向后直到 A_1 的一段不动，而把从 B_1 到 A_2 的一段保持相邻关系翻转，使 A_2 转到 A_1 后面而 B_1 转到 B_2 前面. 这样，除 A_1，A_2 及 B_1，B_2 由原来不相邻变为相邻外，其余的人的相邻关系没有改变，而此时原来 A_1B_1 断开之处已被 A_1A_2 联结替代，即断开处至少减少了 1 处.

由于圆圈上断开处只有有限处，而每经过这样一次调整可以使断开处减少 1 处. 故经过有限次调整，就能得到满足要求的坐法.

课外训练

1.用无限递降法求证:$\sqrt{2}$ 是无理数.

2.试求方程 $x^3-2y^3-4z^3=0$ 的所有整数解.

3.求证:四元二次不定方程 $x^2+y^2=3(u^2+v^2)$ 不存在正整数解.

4.确定(并证明)方程 $a^2+b^2+c^2=a^2b^2$ 的所有整数解.

5.求证:方程 $6(x^2+y^2)=z^2+t^2$ 无正整数解.

6.若干个球装在 $2n+1$ 个口袋中,如果任意取走1袋,总可以把余下的 $2n$ 袋分成两组,每组 n 袋,并且这两组的球的个数相等.求证:每个袋中的球的个数都相等.

7.一群小孩围坐一圈分糖果,老师让他们先每人任取偶数块糖,然后按下列方法调整:所有小孩同时把自己手中的糖分一半给左边的小孩,糖块数变成奇数的小孩向老师要1块,这算一次调整.求证:经过有限次调整后,大家的糖块数就变得一样多了.

8.已知 $f(x)$ 是定义在 $\mathbf{N}^*$ 上又在 $\mathbf{N}^*$ 上取值的单调递增函数,且对于任何 $m\in\mathbf{N}^*$,有 $f(2^m)=2^m$,求证:$f(x)=x$ 在 $\mathbf{N}^*$ 上恒成立.

9.有无数个长与宽都是正整数的矩形 $S_1,S_2,\cdots,S_n,\cdots$.其中 S_i 的顶点为 $(0,0),(a_i,0),(a_i,b_i),(0,b_i)(a_i,b_i\in\mathbf{N}^*,i=1,2,\cdots.)$.求证:可从中选出无穷多个矩形排成一个矩形序列,使前一个矩形在后一个矩形之内.

10.在坐标平面上,如果 x_0,y_0 都是整数,则把点(x_0,y_0)称为整点(或格点).求证:不存在正 $n(n\geqslant7)$ 边形,其所有顶点都是整点.

11.3个箱子装了一些小球,每个箱子都足够大,可以进行如下操作:从任一箱子中拿出与另一个箱子中数目相等的小球放入后者.

求证:不论最初3个箱子中各有多少个小球,总可以经过有限次操作,使其中某个箱子变成空的.

第 38 讲　局部调整法

知识呈现

在中学数学竞赛中,局部调整法(又称磨光法)是证明不等式常用的手段与技巧,它主要指以下性质:

设 D 是 $x_1+x_2+\cdots+x_n=m$ 上的对称凸域,在 D 上的连续对称函数 $f(x_1,x_2,\cdots,x_n)$ 满足:对任意的 $(x_1,x_2,\cdots,x_n)$ 都有

$$f(x_1,x_2,x_3,\cdots,x_n)\geqslant f\left(\frac{x_1+x_2}{2},\frac{x_1+x_2}{2},x_3,\cdots,x_n\right)$$

则必有

$$f(x_1,x_2,\cdots,x_n)\geqslant f\left(\frac{m}{n},\frac{m}{n},\cdots,\frac{m}{n}\right)$$

比如著名的公式:$a,b\in\mathbf{R},\frac{a^2+b^2}{2}\geqslant\left(\frac{a+b}{2}\right)^2$,可以理解成

$$\frac{a^2+b^2}{2}\geqslant\frac{\left(\frac{a+b}{2}\right)^2+\left(\frac{a+b}{2}\right)^2}{2}$$

典例展示

例 1　已知 $n\geqslant 2,n\in\mathbf{N},x_i(i=1,2,\cdots,n)\geqslant 0$,求证:$\frac{x_1+x_2+\cdots+x_n}{n}\geqslant\sqrt[n]{x_1x_2\cdots x_n}$.

讲解

$$\frac{x_1+x_2+\cdots+x_n}{n}-\sqrt[n]{x_1x_2\cdots x_n}\geqslant$$

$$\frac{\frac{x_1+x_2}{2}+\frac{x_1+x_2}{2}+x_3\cdots+x_n}{n}-\sqrt[n]{\frac{x_1+x_2}{2}\cdot\frac{x_1+x_2}{2}\cdot x_3\cdot\cdots\cdot x_n}\Leftrightarrow$$

$$\sqrt[n]{\left(\frac{x_1+x_2}{2}\right)^2\cdot x_3\cdot\cdots\cdot x_n}\geqslant\sqrt[n]{x_1x_2\cdot\cdots\cdot x_n}\Leftrightarrow$$

$$\left(\frac{x_1+x_2}{2}\right)^2\geqslant x_1x_2$$

成立，所以无限次调整下去，左边减去右边会越来越小，直至所有的 $x_i(i=1,2,\cdots,n)$ 都相等，此时左边减右边为 0，所以原命题成立.

例 2 设 a,b,c,d 为正数，$a+b+c+d=1$，求证

$$\left(a+\frac{1}{a}\right)\left(b+\frac{1}{b}\right)\left(c+\frac{1}{c}\right)\left(d+\frac{1}{d}\right)\geqslant\left(\frac{17}{4}\right)^4$$

讲解 首先我们证明

$$\left(a+\frac{1}{a}\right)\left(b+\frac{1}{b}\right)\geqslant\left(\frac{a+b}{2}+\frac{2}{a+b}\right)^2 \quad ①$$

$$\Leftrightarrow ab+\frac{a}{b}+\frac{b}{a}+\frac{1}{ab}-\frac{(a+b)^2}{4}-\frac{4}{(a+b)^2}-2\geqslant 0$$

$$\Leftrightarrow (a-b)^2\left[4(a+b)^2+4-ab(a+b)^2\right]\geqslant 0$$

由于 $0<a,b<1$，上式为真，所以式 ① 为真，由局部调整法知

$$\left(a+\frac{1}{a}\right)\left(b+\frac{1}{b}\right)\left(c+\frac{1}{c}\right)\left(d+\frac{1}{d}\right)\geqslant$$

$$\left(\frac{a+b+c+d}{4}+\frac{4}{a+b+c+d}\right)^4=\left(\frac{17}{4}\right)^4$$

例 3 $a,b,c>0$，求证：$\dfrac{63}{2}+\dfrac{(a+b+c)(a^2+b^2+c^2)}{abc}\geqslant\dfrac{27}{2}\cdot\dfrac{a+b+c}{\sqrt[3]{abc}}$.

讲解 由于欲证不等式为齐次不等式，所以不妨设 $abc=1$. 设

$$f(a,b,c)=(a+b+c)(a^2+b^2+c^2)-\frac{27}{2}(a+b+c)+\frac{63}{2}$$

我们有

$f(a,b,c)-f(a,\sqrt{bc},\sqrt{bc})=(a+b+c)(a^2+b^2+c^2)-\dfrac{27}{2}(a+b+c)-$

$(a+2\sqrt{bc})(a^2+2bc)+\dfrac{27}{2}(a+2\sqrt{bc})=$

$a(b-c)^2+a^2(\sqrt{b}-\sqrt{c})^2+(b+c)(b^2+c^2)-$

$4bc\sqrt{bc}-\dfrac{27}{2}(\sqrt{b}-\sqrt{c})^2=$

$(\sqrt{b}-\sqrt{c})^2\left[(b+c+\sqrt{bc})^2+bc+a(\sqrt{b}+\sqrt{c})^2+a^2-\dfrac{27}{2}\right]\geqslant$

$(\sqrt{b}-\sqrt{c})^2\left(10bc+4a\sqrt{bc}+a^2-\dfrac{27}{2}\right)=$

$$(\sqrt{b}-\sqrt{c})^2\left(\frac{10}{a}+4\sqrt{a}+a^2-\frac{27}{2}\right)=$$

$$(\sqrt{b}-\sqrt{c})^2\left(\frac{10}{3a}+\frac{10}{3a}+\frac{10}{3a}+2\sqrt{a}+2\sqrt{a}+a^2-\frac{27}{2}\right)\geqslant$$

$$(\sqrt{b}-\sqrt{c})^2\left(6\sqrt[6]{\frac{10}{3a}\cdot\frac{10}{3a}\cdot\frac{10}{3a}\cdot2\sqrt{a}\cdot2\sqrt{a}\cdot a^2}-\frac{27}{2}\right)\geqslant$$

$$(\sqrt{b}-\sqrt{c})^2\left(6\sqrt[6]{\frac{4\ 000}{27}}-\frac{27}{2}\right)\geqslant 0$$

下面继续调整$\sqrt{bc}$ 和 a，反复调整其中的两个变量，直至无穷，由有极限知识知

$$f(a,b,c)\geqslant f(\sqrt[3]{abc},\sqrt[3]{abc},\sqrt[3]{abc})=f(1,1,1)=8$$

注 1　证明后半部分，也可直接证 $f(a,\sqrt{bc},\sqrt{bc})\geqslant 0$. 若令$\sqrt{bc}=t,a=\frac{1}{t^2}$，只要证

$$\left(\frac{1}{t^2}+2t\right)\left(\frac{1}{t^4}+2t^2\right)-\frac{27}{2}\left(\frac{1}{t^2}+2t\right)+\frac{63}{2}\geqslant 0$$

$$(t-1)^2(8t^7+16t^6-30t^5-9t^4+12t^3+6t^2+4t+2)\geqslant 0$$

此时易由

$$16t^6+8t^3=8t^6+8t^6+8t^3\geqslant 3\sqrt[3]{8t^6\cdot 8t^6\cdot 8t^3}=24t^5$$

$$3t^7+3t^3\geqslant 6t^5,t^7+4t\geqslant 4t^4$$

$$4t^7+t^3+6t^2+1=2t^7+t^7+t^7+t^3+3t^2+3t^2+1\geqslant$$

$$7\sqrt[7]{2t^7\cdot t^7\cdot t^7\cdot t^3\cdot 3t^2\cdot 3t^2\cdot 1}=$$

$$7\sqrt[7]{18}\,t^4\geqslant 5t^4$$

知结论成立.

注 2　采取后者证明时，还可以不妨设 $t\geqslant 1$. 此时

$$8t^7+16t^6-30t^5-9t^4+12t^3+6t^2+4t+2=$$

$$(t-1)(8t^6+24t^5-6t^4-15t^3-3t^2+3t+7)+9=$$

$$(t-1)[(t-1)(8t^5+32t^4+26t^3+11t^2+8t+11)+18]+9\geqslant 0$$

为明显.

例 4　在 $\triangle ABC$ 中，求证：$\sum\sin B\sin C\cos\frac{A}{2}\leqslant\frac{9\sqrt{3}}{8}$.

讲解　设 $f(A,B,C)=\sum\sin B\sin C\cos\frac{A}{2}$，则

$$f(A,B,C)=\frac{1}{2}\cos\frac{A}{2}[\cos(B-C)+\cos(B+C)]+$$

$$2\sin A\cos\frac{B}{2}\cos\frac{C}{2}(\sin\frac{B}{2}+\sin\frac{C}{2})=$$

$$\frac{1}{2}\cos\frac{A}{2}[\cos(B-C)+\cos(B+C)]+$$

$$2\sin A(\cos\frac{B+C}{2}+\cos\frac{B-C}{2})\sin\frac{B+C}{4}\cos\frac{B-C}{4}=$$

$$\frac{1}{2}\cos\frac{A}{2}\cos(B-C)+\frac{1}{2}\cos\frac{A}{2}\cos(B+C)+$$

$$2\sin A\cos\frac{B+C}{2}\sin\frac{B+C}{4}\cos\frac{B-C}{4}+$$

$$2\sin A\sin\frac{B+C}{4}\cos\frac{B-C}{4}\cos\frac{B-C}{2}$$

和

$$f(A,B,C)-f(A,\frac{B+C}{2},\frac{B+C}{2})=$$

$$\frac{1}{2}\cos\frac{A}{2}[\cos(B-C)-1]+$$

$$2\sin A\cos\frac{B+C}{2}\sin\frac{B+C}{4}\left(\cos\frac{B-C}{4}-1\right)+$$

$$2\sin A\sin\frac{B+C}{4}\left(\cos\frac{B-C}{4}\cos\frac{B-C}{2}-1\right)\leqslant 0$$

所以不断地对 $f(A,B,C)$ 中 3 个变量进行局部调整法，函数值越来越小，直至

$$f(A,B,C)\leqslant f(60^\circ,60^\circ,60^\circ)=\frac{9\sqrt{3}}{8}$$

例 5 设 $a_1,a_2,\cdots,a_n>0,a_1a_2\cdots a_n=1$，求证：

$$\frac{1}{a_1}+\frac{1}{a_2}+\cdots+\frac{1}{a_n}+\frac{2n}{a_1+a_2+\cdots+a_n}\geqslant n+2$$

讲解 由于对称性，不妨设 $a_1\leqslant a_2\leqslant\cdots\leqslant a_n$，且设

$$f(a_1,a_2,\cdots,a_n)=\frac{1}{a_1}+\frac{1}{a_2}+\cdots+\frac{1}{a_n}+\frac{2n}{a_1+a_2+\cdots+a_n}-n-2$$

则

$$f(a_1,a_2,\cdots,a_n)-f(\sqrt{a_1a_{n-1}},a_2,\cdots a_{n-2},\sqrt{a_1a_{n-1}},a_n)=\frac{1}{a_1}+\frac{1}{a_{n-1}}-$$

$$\frac{2}{\sqrt{a_1a_{n-1}}}+\frac{2n}{a_1+a_2+\cdots+a_n}-\frac{2n}{2\sqrt{a_1a_{n-1}}+a_2+\cdots+a_{n-2}+a_n}=$$

$$\frac{(\sqrt{a_{n-1}}-\sqrt{a_1})^2\left[(a_1+a_2+\cdots+a_n)(2\sqrt{a_1a_{n-1}}+a_2+\cdots+a_{n-2}+a_n)-2na_1a_{n-1}\right]}{a_1a_{n-1}(a_1+a_2+\cdots+a_n)(2\sqrt{a_1a_{n-1}}+a_2+\cdots+a_{n-2}+a_n)}=$$

$$\frac{(\sqrt{a_{n-1}}-\sqrt{a_1})^2\{[(n-2)a_1+2a_{n-1}][2\sqrt{a_1a_{n-1}}+(n-3)a_1+a_{n-1}]-2na_1a_{n-1}\}}{a_1a_{n-1}(a_1+a_2+\cdots+a_n)(2\sqrt{a_1a_{n-1}}+a_2+\cdots+a_{n-2}+a_n)}\geqslant$$

$$\frac{(n-2)a_{n-1}a_1(\sqrt{a_{n-1}}-\sqrt{a_1})^2}{a_1a_{n-1}(a_1+a_2+\cdots+a_n)(2\sqrt{a_1a_{n-1}}+a_2+\cdots+a_{n-2}+a_n)}\geqslant 0$$

除了自变量的最大值外，此类调整在其余 $n-1$ 个量进行，直到它们的几何平均 $1/t$，此时自变量的最大值为 $t^{n-1}(t\geqslant 1)$．下面只要证 $f\left(\frac{1}{t},\frac{1}{t},\cdots,\frac{1}{t},t^{n-1}\right)\geqslant 0$ 即可．

$$(n-1)t+\frac{1}{t^{n-1}}+\frac{2n}{\frac{n-1}{t}+t^{n-1}}-n-2\geqslant 0$$

$$\Leftrightarrow g(t)\overset{Def.}{=}(n-1)t^{2n}-(n+2)t^{2n-1}+(n^2+2)t^n-(n^2+n-2)t^{n-1}+n-1\geqslant 0 \quad (*)$$

此时

$$g'(t)=t^{n-2}[2n(n-1)t^{n+1}-(n+2)(2n-1)t^n+ n(n^2+2)t-(n^2+n-2)(n-1)]$$

$$\left(\frac{g'(t)}{t^{n-2}}\right)'=n[2(n-1)(n+1)t^n-(n+2)(2n-1)t^{n-1}+(n^2+2)]=$$

$$n[\overbrace{2(n+1)t^n+2(n+1)t^n+\cdots+2(n+1)t^n}^{n-1}+(n^2+2)-(n+2)(2n-1)t^{n-1}]\geqslant n[n\sqrt[n]{2^{n-1}(n+1)^{n-1}t^{n(n-1)}(n^2+2)}-(n+2)(2n-1)t^{n-1}]\geqslant$$

$$nt^{n-1}[n\sqrt[n]{2^{n-1}(n+1)^{n-1}(n^2+2)}-(n+2)(2n-1)]\geqslant 0$$

所以 $\frac{g'(t)}{t^{n-2}}$ 为单调增加函数，$\frac{g'(t)}{t^{n-2}}\geqslant\frac{g'(1)}{1^{n-2}}=0$，$g(t)$ 为单调增加函数，$g(t)\geqslant g(1)=0$，此即为式（*）．

例 6　设 $x,y,z,t\geqslant 0$，$x+y+z+t=4$，求证：

$$(1+3x)(1+3y)(1+3z)(1+3t)\leqslant 130+126xyzt$$

讲解　不妨设 $x\geqslant z\geqslant y\geqslant t$，和

$$f(x,y,z,t)=130+126xyzt-(1+3x)(1+3y)(1+3z)(1+3t)$$

此时 $z+t\leqslant,zt\leqslant 1$，和

$$f(x,y,z,t)-f\left(\frac{x+y}{2},\frac{x+y}{2},z,t\right)=$$

$$126xyzt-126\left(\frac{x+y}{2}\right)^2zt-(1+3x)(1+3y)(1+3z)(1+3t)+$$

$$(1+3\cdot\frac{x+y}{2})(1+3\cdot\frac{x+y}{2})(1+3z)(1+3t)=$$

$$\frac{(x-y)^2}{4}[9(1+3z)(1+3t)-126zt]=$$

$$\frac{(x-y)^2}{4}[9+27(z+t)-45zt]=$$

$$\frac{(x-y)^2}{4}[9+27(z+t)-45zt]\geqslant$$

$$\frac{(x-y)^2}{4}(9+54\sqrt{zt}-45zt)\geqslant$$

$$\frac{(x-y)^2}{4}(9+54zt-45zt)\geqslant 0$$

反复调整 4 个自变量中的最大值、第二大的值和第三大的值，直至它们的几何平均，此时 $x=y=z=\frac{4-t}{3}$. 下证 $f\left(\frac{4-t}{3},\frac{4-t}{3},\frac{4-t}{3},t\right)\geqslant 0$，即

$$130+126\left(\frac{4-t}{3}\right)^3 t-\left(1+3\cdot\frac{4-t}{3}\right)^2(1+3t)\geqslant 0$$

$$\Leftrightarrow 15-4t-42t^2+36t^3-5t^4\geqslant 0$$

$$\Leftrightarrow (1-t)^2(15+26t-5t^2)\geqslant 0$$

上式对于 $0<t\leqslant 1$，显然为真.

例 7 已知正实数 $x_1,x_2,\cdots,x_n$，满足 $x_1x_2\cdots x_n=1$，求证：

$$\frac{1}{n-1+x_1}+\frac{1}{n-1+x_2}+\cdots+\frac{1}{n-1+x_n}\leqslant 1$$

讲解 先证下结论(1) 和(2).

(1) 若两个数 x,y 都大于等于 $n-1$ 时，有

$$\frac{1}{n-1+x}+\frac{1}{n-1+y}\leqslant\frac{1}{n-1+n-1}+\frac{1}{n-1+\frac{xy}{n-1}}$$

$$\Leftrightarrow\frac{(n-1-x)(n-1-y)}{(2n-2)[(n-1)^2+xy](n-1+x)(n-1+y)}[xy-(n-1)^2]\geqslant 0$$

(2) 若两个数 x,y 都 $\leqslant n-1$，则有

$$\frac{1}{n-1+x}+\frac{1}{n-1+y}\leqslant\frac{2}{n-1+\sqrt{xy}}\Leftrightarrow xy\leqslant(n-1)^2$$

设 $A=\{x_i,x_i>n-1\}$ 和 $B=\{x_i,x_i\leqslant n-1\}$. 若集合 A 是空集，则由结论(2) 知，对于 $x_1,x_2,\cdots,x_n$ 量都可以逐步两两调整到它们的几何平均 1. 结论为显然. 若 A 的元素多于 1 个时，设 $x_{i_1},x_{i_2},\cdots,x_{i_t}$. 由结论(1) 知，可以把它们调整到有 $t-1$ 个 $n-1$ 和一个 $\frac{x_{i_1}x_{i_2}\cdots x_{i_t}}{(n-1)^{t-1}}$. 此时 A 的元素为 1 个，B 中的元素为 $n-1$ 个. 后者可以继续调整到它们的几何平均.

至此，只要证$\frac{1}{s},\frac{1}{s},\cdots,\frac{1}{s},s^{n-1}$的情形，其中$s^{n-1}>n-1$，即只要证

$$\frac{n-1}{n-1+1/s}+\frac{1}{n-1+s^{n-1}}\leqslant 1\Leftrightarrow s^{n-1}-(n-1)s+n-2\geqslant 0$$

由于左边关于 s 单调且能在 $s=1$ 取等，所以结论得证.

例 8　设 $x_1,x_2,\cdots,x_{100}$ 为正的自然数，且 $x_1+x_2+\cdots+x_{100}=2\ 013$，求 $x_1^2+x_2^2+\cdots+x_{100}^2$ 的最小值与最大值.

讲解　对于任意两个 x_i,x_j，当 $x_i-x_j\geqslant 2$ 时，为了记述上的方便，不妨设 $x_1-x_2\geqslant 2$. 令 $x_1\to x_1-1,x_2\to x_2+1$ 时，前后的值差为

$$x_1^2+x_2^2+x_3^2+\cdots+x_{100}^2-[(x_1-1)^2+(x_2+1)^2+x_3^2\cdots+x_{100}^2]=$$
$$x_1^2+x_2^2-[(x_1-1)^2+(x_2+1)^2]=2(x_1-x_2)-2\geqslant 2$$

所以自变量原差距大于等于 2 时，当作缩小差距变换时，$x_1^2+x_2^2+\cdots+x_{100}^2$ 在减少.

当 $x_1^2+x_2^2+\cdots+x_{100}^2$ 最小时，自变量差距必都小于等于 1，即 $x_i(i=1,2,\cdots,100)$ 中有 87 个 20 和 13 个 21. 此时

$$(x_1^2+x_2^2+\cdots+x_{100}^2)_{\min}=87\times 20^2+13\times 21^2=40\ 533$$

反之，把变量“集中”一数时，$x_1^2+x_2^2+\cdots+x_{100}^2$ 最大，此时 $x_i(i=1,2,\cdots,100)$ 中有 99 个 1 和 1 个 1 014.

$$(x_1^2+x_2^2+\cdots+x_{100}^2)_{\max}=99\times 1^2+1\ 014^2=1\ 028\ 295$$

例 9　对于满足条件 $x_1+x_2+\cdots+x_n=1$ 的非负数 $x_1,x_2,\cdots,x_n$，求 $\sum\limits_{i=1}^{n}(x_i^4-x_i^5)$ 的最大值.

讲解　先证引理：若 $x,y>0,x+y<\frac{7}{10}$，则有

$$(x+y)^4-(x+y)^5>x^4-x^5+y^4-y^5$$

等价于

$$4x^2+6xy+4y^2-(5x^3+10x^2y+10xy^2+5y^3)>0$$
$$\Leftrightarrow 4x^2+6xy+4y^2-5(x+y)(x^2+xy+y^2)>0$$
$$\Leftarrow 8x^2+12xy+8y^2-7(x^2+xy+y^2)>0$$
$$\Leftarrow x^2+5xy+y^2>0$$

引理得证.

若 $n\geqslant 3$，必有两个数的和小于$\frac{7}{10}$，这样把它们“拼”成一个数，最后拼好后，还省两个数. 所以欲求最大值，只要考虑 $x,y\geqslant 0,x+y=1$，此时

$$x^4-x^5+y^4-y^5=x^4-x^5+(1-x)^4-(1-x)^5=$$

$$x-4x^2+6x^3-3x^4$$

$$(x-4x^2+6x^3-3x^4)'=1-8x+18x^2-12x^3=$$

$$6(1-2x)\left(x-\frac{3-\sqrt{3}}{6}\right)\left(x-\frac{3+\sqrt{3}}{6}\right)$$

所以当 $x=\frac{3-\sqrt{3}}{6}$，$y=\frac{3+\sqrt{3}}{6}$ 及其交换时，$x^4-x^5+y^4-y^5$ 取到最大值 $\frac{1}{12}$.

例 10 设 $x_1,x_2,\cdots,x_n$ 是满足下列条件的实数：$|x_1+x_2+\cdots+x_n|=1$ 且 $|x_i|\leqslant\frac{n+1}{2}$，$i=1,2,\cdots,n$. 求证：存在 $x_1,x_2,\cdots,x_n$ 的一个排列 y_1，$y_2,\cdots,y_n$，使得

$$|y_1+2y_2+\cdots+ny_n|\leqslant\frac{n+1}{2}$$

讲解 用反证法，若不然，对于任何排列都有 $|y_1+2y_2+\cdots+ny_n|>\frac{n+1}{2}$. $y_1,y_2,\cdots,y_n$ 的对偶排列 $y_n,y_{n-1},\cdots,y_1$，有

$$|y_n+2y_{n-1}+\cdots+ny_1+y_1+2y_2+\cdots+ny_n|=$$
$$(n+1)|y_1+y_2+\cdots+y_n|=(n+1)$$

所以 $y_n+2y_{n-1}+\cdots+ny_1$ 与 $y_1+2y_2+\cdots+ny_n$ 不可能同号，所以只能一正一负，所以对于任何排列 $y_1+2y_2+\cdots+ny_n$ 正负参半. 对于每一个任何排列，有限次交换两个相邻的数，可以得其余全部排列. 且对于每一种交换，如 $(y_k,y_{k+1})\to(y_{k+1},y_k)$，我们有

$$\left|\begin{array}{l}(y_1+\cdots+ky_k+(k+1)y_{k+1}+\cdots+ny_n)-\\(y_1+\cdots+ky_{k+1}+(k+1)y_k+\cdots+ny_n)\end{array}\right|=$$
$$|y_{k+1}-y_k|\leqslant|y_{k+1}|+|y_k|\leqslant(n+1)$$

假设当第一排列在区间 $\left(\frac{n+1}{2},+\infty\right)$，不断地交换相邻两个数时，会跳到 $\left(-\infty,-\frac{n+1}{2}\right)$，则与上式矛盾. 原命题成立.

课外训练

1. 在 $\triangle ABC$ 中，求证：$\sin A+\sin B+\sin C\leqslant\frac{3\sqrt{3}}{2}$；

2. $a,b,c\geqslant 0$，$a+b+c=1$，求证：$(1-a^2)^2+(1-b^2)^2+(1-c^2)^2\geqslant 2$.

3. 设 $a,b,c>0$，求证：$a+b+c+3\sqrt[3]{abc}\geqslant 2(\sqrt{ab}+\sqrt{bc}+\sqrt{ac})$.

4. 设 a,b,c 为正数，求证：$\left(a+\frac{1}{a}\right)\left(b+\frac{1}{b}\right)\left(c+\frac{1}{c}\right)\geqslant\left(\sqrt[3]{abc}+\frac{1}{\sqrt[3]{abc}}\right)^3$.

5. 用逐次调整法证明：设 $a_1,a_2,\cdots,a_n$ 是互不相等的正整数，求证：$\frac{a_1}{1^2}+\frac{a_2}{2^2}+\cdots+\frac{a_n}{n^2}\geqslant 1+\frac{1}{2}+\frac{1}{3}+\cdots+\frac{1}{n}$.

6. 设 $a_1,a_2,\cdots,a_n>0$，$a_1a_2\cdots a_n=1$，求证：

$$\frac{1}{a_1}+\frac{1}{a_2}+\cdots+\frac{1}{a_n}+\frac{n}{a_1+a_2+\cdots+a_n}\geqslant n+1$$

7. 给定 100 个实数 $x_i(1\leqslant i\leqslant 100)$，$x_1+x_2+\cdots+x_{100}=1$，且 $|x_i-x_{i+1}|<\frac{1}{50}(1\leqslant i\leqslant 99)$，证明：可以选出其中的50个数，使得它们的和与$\frac{1}{2}$的差不超过$\frac{1}{100}$.

8. 将 2 006 表示成 5 个正整数 x_1,x_2,x_3,x_4,x_5 之和. 记 $S=\sum\limits_{1\leqslant i<j\leqslant 5}x_ix_j$，问：

(1) 当 x_1,x_2,x_3,x_4,x_5 取何值时，S 取到最大值；

(2) 进一步地，对任意 $1\leqslant i,j\leqslant 5$ 有 $|x_i-x_j|\leqslant 2$，当 x_1,x_2,x_3,x_4,x_5 取何值时，S 取到最小值. 说明理由.

9. 已知非负实数 $x_1,x_2,\cdots,x_n$ 满足 $\sum\limits_{i=1}^{n}x_i\leqslant\frac{1}{2}$，求 $f(x_1,x_2,\cdots,x_n)=\prod\limits_{i=1}^{n}(1-x_i)$ 的最小值.

10. 若 $x_1,x_2,\cdots,x_n$ 为非负数，且 $x_1+x_2+\cdots+x_n=\pi(n\geqslant 2)$，试求 $\sin x_1+\sin x_2+\cdots+\sin x_n$ 的最大值.

11. 已知 $a,b,c,d>0$ 和 $a^2+b^2+c^2+d^2=4$，求证：

$$\frac{a+b+c+d}{2}\leqslant\sqrt[3]{(1+abcd)\left(\frac{1}{a}+\frac{1}{b}+\frac{1}{c}+\frac{1}{d}\right)}$$

第 39 讲　设计与构造

知识呈现

1. 设计

有关"设计"的问题近几年来是竞赛热点问题，例如1999年中国数学奥林匹克第三大题：MO太空城由99个空间站组成，任两个空间站之间有管形通道相连，规定其中99条通道为双向通行的主干道，其余通道严格单向通行. 如果某四个空间站可以通过它们之间的通道从其中任一站到达另外任一站，则称这四个站的集合为一个互通四站组.

试为MO太空城设计一个方案，使得互通四站组的数目最大(请具体算出该最大数，并证明你的结论).

像这样的问题就是一个典型的奥数组合设计问题. 组合设计问题的特点是：(1) 来源于实际；(2) 组合基础知识要扎实.

2. 构造

构造也就是构造方法解决组合问题，是组合问题的解决中一种十分重要、十分奏效的方法. 经常需要构造的有：构造映射，构造集合，构造恒等式，构造组合模型，构造集合划分，构造抽屉，构造子集类，构造图形，构造实例，等等.

典例展示

例 1　空间有 2 011 个点，无三点共线，现将每两点之间用一种颜色的线联结，使得对于其中任意一点而言，由该点发出的任两条线皆不同色，问至少需要多少种不同颜色的线？证明你的结论. 若将 2 011 个点改为 2 012 个点，情况又将如何？

讲解　一般情况，将 2 011 改为 n，其中正整数 $n \geqslant 2$，线段颜色数的最小值记为 $f(n)$，易知 $f(2)=1$，$f(3)=3$，$f(4)=3$，$f(5)=5$，$\cdots$.

今证明，一般情况下有 $f(2n+1)=2n+1$，$f(2n)=2n-1$.

设 $2n+1$ 个点为 $A_0, A_1, \cdots, A_{2n}$，由于每点都要发出 $2n$ 条线，诸线不同色，

这样至少需要 $2n$ 色；

再证 $2n$ 色不够，若总共只有 $2n$ 色，则每点都要恰好属于各色线的端点一次．现在设总共有 k 条红色线，它们总共有 $2k$ 个两两互异端点，于是 $2k=2n+1$，矛盾！

因此 $f(2n+1)>2n$，即 $f(2n+1)\geqslant 2n+1$．

下面说明最小值 $2n+1$ 可以取到，采用数论构造法：

用 $S_0, S_1, \cdots, S_{2n}$ 分别表示这 $2n+1$ 色，而 $\overline{x}$ 表示整数 x 模 $2n+1$ 的最小非负余数，即 $\overline{x}\in\{0,1,\cdots,2n\}$，对于任意两点 $A_i, A_j(i\neq j)$，将连线 A_iA_j 染第 $\overline{i+j}$ 色 $S_{\overline{i+j}}$，于是，对于任意一点 A_k，发自 A_k 的任两条线皆不同色．事实上，假若 A_kA_i 与 A_kA_j 同色，则有

$$\overline{k+i}=\overline{k+j}$$

即 $k+i\equiv k+j(\bmod 2n+1)$，得 $i\equiv j(\bmod 2n+1)$，因 $i,j\in\{0,1,\cdots,2n\}$，故有 $i=j$，矛盾！故这种染色方案合于条件，因此，$f(2n+1)=2n+1$．

又对于 $2n+2$ 个点 $A_0, A_1, \cdots, A_{2n}, A_{2n+1}$，由于每点都要向其余 $2n+1$ 个点共发出 $2n+1$ 条线，诸线不同色，这样至少需要 $2n+1$ 色，只要证，$2n+1$ 色已足够．

构造，仍用 $S_0, S_1, \cdots, S_{2n}$ 分别表示这 $2n+1$ 色，暂不考虑点 A_{2n+1}，先对前 $2n+1$ 个点 $A_0, A_1, \cdots, A_{2n}$ 两两间的连线依照上述 $2n+1$ 个点的情形染色，我们注意到，对于其中任意两点 $A_i, A_j(i\neq j)$ 的连线 A_iA_j 染色时，要求 $i\neq j$，也就是说，由点 A_i 发出的 $2n$ 条线的颜色代号 $\overline{i+j}, j\in\{0,1,\cdots,2n\}\setminus\{i\}$，为模 $2n+1$ 的完全系中缺少了一个剩余 $\overline{i+i}=\overline{2i}$．

现将点 A_{2n+1} 与前 $2n+1$ 个点中任一点 A_i 的连线 $A_{2n+1}A_i(i=0,1,\cdots,2n)$，染第 $\overline{i+i}$ 色 $S_{\overline{2i}}$，由于当 $i\neq j$ 时 $2i$ 与 $2j$ 模 $2n+1$ 不同余，故由点 A_{2n+1} 发出的 $2n+1$ 条线互不同色，由其他点发出的 $2n+1$ 条线也互不同色，故这种染色方案合于条件．

因此，$f(2n+2)=2n+1$，从而 $f(2n)=2n-1$．

于是对于 2 011 个点或是 2 012 个点，都至少需要 2 011 种颜色的线．

图 1 的图形是 $n=5$ 和 $n=6$ 的情况．由此可以看到，利用数论构造法给出的染色方案，优美和谐，浑然天成．

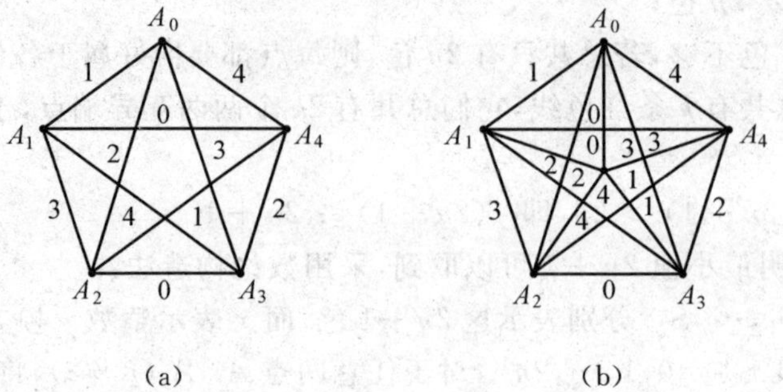

图1

例2 求证:可以将集合 $M=\{1,2,\cdots,2\ 012\}$ 中的元素分成671组,使得每组的元素和相等.

讲解 我们可一般化为下述命题:若奇数 $n>1$,则集合 $M=\{1,2,\cdots,3n-1\}$ 可以分拆成 n 个两两不交的元素之和相等的子集之并.

在集合 M 中添加元素0,并将诸元素依自小到大的顺序排列,然后按每 n 个数一段分成三段:$0,1,\cdots,n-1,|n,n+1,\cdots,2n-1,|2n,2n+1,\cdots,3n-1$.

易知,对于两个具有 k 个项的递增连续自然数数列 $x_1,x_2,\cdots,x_k$ 及 $y_1,y_2,\cdots,y_k$,它们按相反次序相加的每两项之和为常数,即 $x_1+y_k=x_2+y_{k-1}=\cdots=x_k+y_1$;

因此只要证,可以将第一段的 n 个数适当排成 $a_1,a_2,\cdots,a_n$,第二段的 n 个数适当排成 $b_1,b_2,\cdots,b_n$,使得 $a_1+b_1,a_2+b_2,\cdots,a_n+b_n$ 恰好组成 n 个连续自然数(此时只要将所得的这 n 个数与第三段的数反序相加,就得到相等的 n 个和).

若将第二段的每个数各减 n,问题又化为:若奇数 $n\geqslant 3$,存在前 n 个自然数 $0,1,\cdots,n-1$ 的两个排列:$x_1,x_2,\cdots,x_n$ 及 $y_1,y_2,\cdots,y_n$,使得 $x_1+y_1,x_2+y_2,\cdots,x_n+y_n$ 恰好组成 n 个连续自然数;

为此,采用构造法,设 n 个连续自然数 $x_1+y_1,x_2+y_2,\cdots,x_n+y_n$ 中,最小的一数为 k,则此 n 个数为 $k,k+1,\cdots,k+n-1$,其和为 $kn+\frac{n(n-1)}{2}$,又据 $\sum\limits_{i=1}^{n}(x_i+y_i)=2[0+1+\cdots+(n-1)]=n(n-1)$,故由 $kn+\frac{n(n-1)}{2}=n(n-1)$,得 $k=\frac{n-1}{2}$,这样,问题化为:若奇数 $n\geqslant 3$,存在前 n 个自然数 $0,1,\cdots,n-1$ 的两个排列:$x_1,x_2,\cdots,x_n$ 及 $y_1,y_2,\cdots,y_n$,使得

$x_1+y_1=\frac{n-1}{2},x_2+y_2=\frac{n-1}{2}+1,\cdots,x_n+y_n=\frac{n-1}{2}+n-1=\frac{3(n-1)}{2}$

为直观起见,记为$\begin{pmatrix}x_1x_2\cdots x_n\\y_1y_2\cdots y_n\end{pmatrix}\to(x_1+y_1,x_2+y_2,\cdots,x_n+y_n)$;

注意到,$n=3$ 时,$k=\frac{3-1}{2}=1$,而$\begin{pmatrix}x_1x_2x_3\\y_1y_2y_3\end{pmatrix}=\begin{pmatrix}0&2&1\\1&0&2\end{pmatrix}\to(1,2,3)$;

$n=5$ 时,$k=\frac{5-1}{2}=2$,而$\begin{pmatrix}x_1x_2x_3x_4x_5\\y_1y_2y_3y_4y_5\end{pmatrix}=\begin{pmatrix}0&2&4&1&3\\2&1&0&4&3\end{pmatrix}\to(2,3,4,5,6)$;

$n=7$ 时,$k=3$,而$\begin{pmatrix}x_1x_2x_3x_4x_5x_6x_7\\y_1y_2y_3y_4y_5y_6y_7\end{pmatrix}=\begin{pmatrix}0&2&4&6&1&3&5\\3&2&1&0&6&5&4\end{pmatrix}\to(3,4,5,6,7,8,9)$;

若用记号 $\bar{a}$ 表示整数 a 被 n 除得的最小非负余数,$\bar{a}\in\{0,1,\cdots,n-1\}$,据上述情况可以推测,对于奇数 $n\geqslant 3$,可以构作满足条件的两个数列 $\{x_k\}$,$\{y_k\}$,其中 $x_k=\overline{2k}$,$y_k=\overline{\frac{n-1}{2}-k}$,$k=0,1,2,\cdots,n-1$.

先说明,$x_k=\overline{2k}$,$k=0,1,2,\cdots,n-1$,以及 $y_k=\overline{\frac{n-1}{2}-k}$,$k=0,1,2,\cdots,n-1$ 各自通过模 n 的最小非负完全剩余系,事实上,对每个 k,$x_k=\overline{2k}\in\{0,1,\cdots,n-1\}$,并且这 n 个 x_k 中,任两个不相等,因为若有 $i\neq j$ 使 $x_i=x_j$,即 $\overline{2i}=\overline{2j}$,也就是 $2i\equiv 2j(\bmod n)$,由于 n 为奇数,则 $i\equiv j(\bmod n)$,而 $i,j\in\{0,1,\cdots,n-1\}$,矛盾!

同理可知,$y_k=\overline{\frac{n-1}{2}-k}$,$k=0,1,2,\cdots,n-1$ 也通过模 n 的最小非负完全剩余系;于是 $\{x_k\}$,$\{y_k\}$,$k=0,1,2,\cdots,n-1$ 分别是 $0,1,2,\cdots,n-1$ 的一个排列.

又注意 $x_0+y_0=\overline{2\cdot 0}+\overline{\frac{n-1}{2}-0}=\frac{n-1}{2}$,$(x_{k+1}+y_{k+1})-(x_k+y_k)=\left[\overline{2(k+1)}-\overline{\frac{n-1}{2}-(k+1)}\right]-\left(\overline{2k}-\overline{\frac{n-1}{2}-k}\right)\equiv 2(k+1)-\left[\frac{n-1}{2}-(k+1)\right]-\left[2k-\left(\frac{n-1}{2}-k\right)\right]\equiv 1(\bmod n)$,$k=0,1,2,\cdots,n-2$,

因此 $\{x_k+y_k\}$,$k=1,2,\cdots,n-1$ 构成以 $\frac{n-1}{2}$ 为最小数的 n 个连续自然数.

于是所证的结论成立.

例3 集合组Ω由11个五元集$A_1,A_2,\cdots,A_{11}$组成,其中任意两个集合的交都不是空集,令$A=\bigcup_{i=1}^{11}A_i=\{x_1,x_2,\cdots,x_n\}$,$\forall x_i\in A$,$\Omega$中含有元素$x_i$的集合数目为$k_i$,记$m=\max\{k_1,k_2,\cdots,k_n\}$,求$m$的最小值.

讲解 易得

$$\sum_{i=1}^{n}k_i=55 \qquad ①$$

这一事实利用"算两次"原理可立即得到:作一张$n\times 11$的表,若$x_i\in A_j$,则在表1中第i行、j列的交叉处填写一个"$*$"号;

表1

	A_1	A_2	A_3	…	…	…	A_{10}	A_{11}
x_1	*		*					*
x_2		*					*	
…	…	…	…				…	…
x_n	*	*						*

于是若按行计算,第i行共有k_i个"$*$"号,全表共有$\sum_{i=1}^{n}k_i$个"$*$"号,再按列计算,由于每列恰有5个"$*$"号,全表的"$*$"号数是55个,因此$\sum_{i=1}^{n}k_i=55$.

含有x_i的k_i个集合,共作成$C_{k_i}^2=\frac{k_i(k_i-1)}{2}$个"集合对",由于任两个集合的交不是空集,故和式$\sum_{i=1}^{n}C_{k_i}^2$包含了所有的"集合对",其中含有重复(因为有些集合对可能不只一个公共元,有些元素可能属于多个集合).

据条件,集合组Ω中的11个集$A_1,A_2,\cdots,A_{11}$两两的交不空,它们构成$C_{11}^2=55$个不重复的"集合对",因此$\sum_{i=1}^{n}C_{k_i}^2\geqslant 55$,即

$$\sum_{i=1}^{n}k_i(k_i-1)\geqslant 110 \qquad ②$$

据$\max k_i=m$,则由②

$$110\leqslant\sum_{i=1}^{n}k_i(k_i-1)\leqslant\sum_{i=1}^{n}k_i(m-1)=55(m-1)$$

所以$m\geqslant 3$.

再证$m>3$,用反证法,若有$m=\max k_i=3$,即对任何i,皆有$k_i\leqslant 3$,这时将会导致所有$k_i=3$;事实上,若有某个$k_i\leqslant 2$,即含有元素x_i的集合不多于

2 个，于是集合组 Ω 中至少有 9 个集合不含 x_i，设不含 x_i 的集合是 $A_1, A_2, \cdots, A_9$，而 A_{10} 含 x_i，记 $A_{10}=\{x_i, a, b, c, d\}$，由于 $A_{10}\cap A_i\neq\varnothing$，则 $A_{10}\cap A_i\subseteq\{a,b,c,d\}$，$i=1,2,\cdots,9$，因此 a,b,c,d 四个元素中，必有一个元素，例如 a，要属于 Ω 中至少 3 个集合，即属于 $A_1, A_2, \cdots, A_9, A_{10}$ 中至少 4 个集合，这与 $\max k_i=3$ 矛盾！于是所有 $k_i=3$；但这又导致 $55=\sum_{i=1}^{n}k_i=3n$，矛盾！

所以 $m>3$，即 $m\geqslant 4$.

再说明，$m=4$ 是可以取到的，为此，采用几何构造法，考虑如图 2 所示的五角星，它的 10 个结点以及各边中点，共得 15 个点，分别标志为 1, 2, …, 15，今构造集合 $A=\{1,2,\cdots,15\}$ 的 11 个五元集如下：由五角星的外接圆上 5 个点，5 条边上的各 5 个点，5 个形如(1,4,8,6,11)的"十字架"上的 5 个点，分别作为一个集，这样共得 11 个集，它们分别是：$\{11,12,13,14,15\}$，$\{1,2,3,13,15\}$，$\{3,4,5,11,14\}$，$\{5,6,7,12,15\}$，$\{7,8,9,11,13\}$，$\{9,10,1,12,14\}$，$\{1,4,8,6,11\}$，$\{3,6,10,8,12\}$，$\{5,2,8,10,13\}$，$\{7,4,10,2,14\}$，$\{9,2,6,4,15\}$，因此，m 的最小值为 4.（注意，也可将集合 $\{11,12,13,14,15\}$ 换成集合 $\{1,3,5,7,9\}$，同样可以确保任两个集的交不空.）

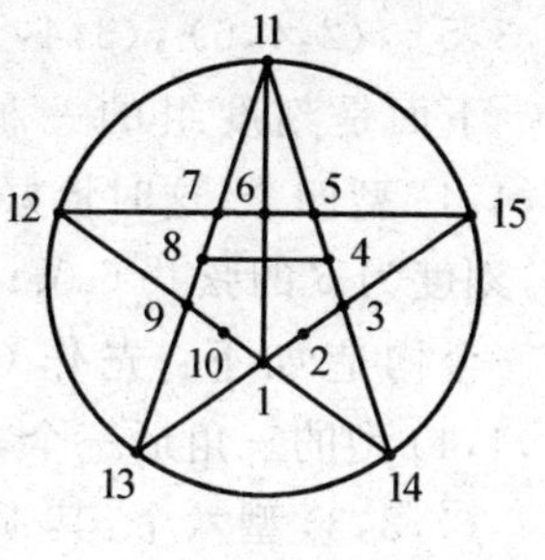

图 2

例 4　如图 3，在一个圆周上给定十二个红点；求 n 的最小值，使得存在以红点为顶点的 n 个三角形，满足：以红点为端点的每条弦，都是其中某个三角形的一条边.

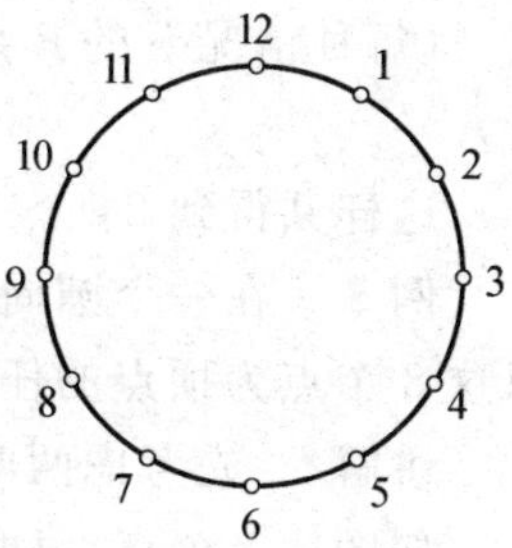

图 3

讲解　设红点集为：$A=\{A_1, A_2, \cdots, A_{12}\}$，过点 A_1 的弦有 11 条，而任一个含顶点 A_1 的三角形，恰含两条过点 A_1 的弦，故这 11 条过点 A_1 的弦，至少要分布于 6 个含顶点 A_1 的三角形中；

同理知，过点 $A_i(i=2,3,\cdots,12)$ 的弦，也各要分布于 6 个含顶点 A_i 的三角形中，这样就需要 $12\times 6=72$(个)三角形，而每个三角形有三个顶点，故都被重复计算了三次，因此至少需要 $\frac{72}{3}=24$(个)三角形.

再说明，下界 24 可以被取到. 不失一般性，考虑周长为 12 的圆周，其十二等分点为红点，以红点为端点的弦共有 $C_{12}^2=66$ 条. 若某弦所对的劣弧长为 k，

就称该弦的刻度为 k;于是红端点的弦只有 6 种刻度,其中,刻度为 1,2,…,5 的弦各 12 条,刻度为 6 的弦共 6 条;

如果刻度为 $a,b,c(a\leqslant b\leqslant c)$ 的弦构成三角形的三条边,则必满足以下两条件之一:或者 $a+b=c$;或者 $a+b+c=12$;

于是红点三角形边长的刻度组 (a,b,c) 只有如下 12 种可能:(1,1,2),(2,2,4),(3,3,6),(2,5,5),(1,2,3),(1,3,4),(1,4,5),(1,5,6),(2,3,5),(2,4,6),(3,4,5),(4,4,4);

下面是刻度组的一种搭配:取(1,2,3),(1,5,6),(2,3,5)型各六个,(4,4,4)型四个;这时恰好得到 66 条弦,且其中含刻度为 1,2,…,5 的弦各 12 条,刻度为 6 的弦共 6 条;

今构造如下:先作(1,2,3),(1,5,6),(2,3,5)型的三角形各六个,(4,4,4)型的三角形三个,再用三个(2,4,6)型的三角形来补充.

(1,2,3)型六个:其顶点标号为{2,3,5},{4,5,7},{6,7,9},{8,9,11},{10,11,1},{12,1,3};

(1,5,6)型六个:其顶点标号为{1,2,7},{3,4,9},{5,6,11},{7,8,1},{9,10,3},{11,12,5};

(2,3,5)型六个:其顶点标号为{2,4,11},{4,6,1},{6,8,3},{8,10,5},{10,12,7},{12,2,9};

(4,4,4)型三个:其顶点标号为{1,5,9},{2,6,10},{3,7,11};

(2,4,6)型三个:其顶点标号为:{4,6,12},{8,10,4},{12,2,8}.

(每种情况下的其余三角形都可由其中一个三角形绕圆心适当旋转而得).

这样共得到 24 个三角形,且满足本题条件,因此,n 的最小值为 24.

例 5 在一个圆周上给定 8 个点 $A_1,A_2,\cdots,A_8$.求最小的正整数 n,使得以这 8 个点为顶点的任意 n 个三角形中,必存在两个有公共边的三角形.

讲解 先考虑两两无公共边的三角形个数的最大值 r.

如图 4,8 个点,每两点连一条弦,共得 $C_8^2=28$ 条弦,若每条弦只属于一个三角形,则这些弦至多能构成两两无公共边的三角形个数 $r\leqslant\left[\frac{28}{3}\right]=9$ 个,但若有 9 个这样的三角形,共得 27 个顶点,则八边形必有一顶点,至少属于 4 个三角形,设为 A_8,共顶点 A_8 的 4 个三角形,A_8 的对边都是 $A_1,A_2,\cdots,A_7$ 之中的两点连线,其中必有一点,设为 A_k,出现了两次,那么相应的两个三角形将有一条公共边 A_8A_k,这不可能;故 $r\leqslant 8$.

另一方面,当 $r=8$ 时,我们确实可以作出这样的 8 个三角形,使得其中任两个三角形都无公共边；

注意这样的 8 个三角形，共产生 24 个顶点，若使每点所参与的三角形个数都小于 4，那么每点恰好属于 3 个三角形，也就是说，每个点，恰与其余 7 个点中的 6 个点有边相连，而与另一点不连边；考虑每点度数皆为 6 的八阶图 G：

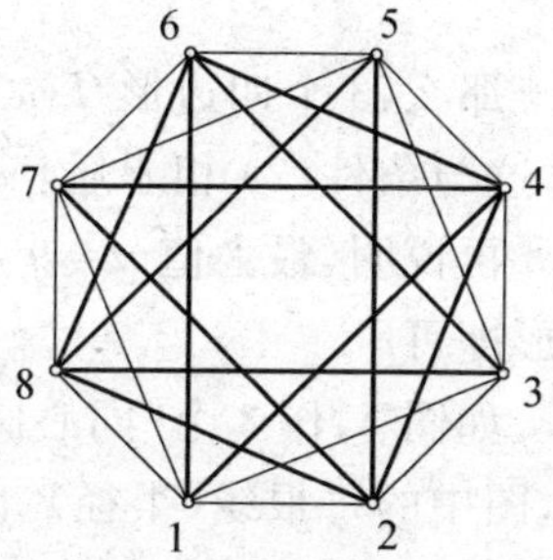

图 4

为简明起见，取圆周的八等分点作为图 G 的 8 个顶点，作 8 阶完全图，然后去掉其中 4 条直径，这样共得 24 条边，且每点均属于 6 条边；在由这些边所构成的三角形中，选取 8 个等腰三角形：

(1,2,3)，(3,4,5)，(5,6,7)，(7,8,1)，(1,4,6)，(3,6,8)，(5,8,2)，(7,2,4)

它们两两无公共边(每一组的四个三角形，皆可由其中一个三角形绕圆心适当旋转而得到)．

因此，$r=8$，从而所求的最小值为 $n=r+1=9$．

例 6　将时钟盘面上标有数字 1，2，…，12 的 12 个点分别染上红、黄、蓝、绿四色，每色 3 个点，现以这些点为顶点构作 n 个凸四边形，使其满足：

(1) 每个四边形的 4 个顶点染有不同的颜色；

(2) 对于其中任何 3 个四边形，都存在某一色，染有该色的 3 个顶点所标数字互不相同．

求 n 的最大值．

讲解　为叙述方便，改用 A,B,C,D 分别表示这 4 种颜色，而同色的 3 点，则分别用 a_1,a_2,a_3；b_1,b_2,b_3；c_1,c_2,c_3 以及 d_1,d_2,d_3 来表示．

今考虑其中一色，例如 A 色；若在这 n 个四边形中，A 色点 a_1,a_2,a_3 出现的次数分别为 n_1,n_2,n_3，则 $n_1+n_2+n_3=n$，设 $n_1\geqslant n_2\geqslant n_3$．

如果 $n\geqslant 10$，则 $n_1+n_2\geqslant 7$；再考虑这 7 个四边形(其 A 色顶点要么是 a_1，要么是 a_2)，它们中 B 色点 b_1,b_2,b_3 出现的次数分别为 m_1,m_2,m_3，则 $m_1+m_2+m_3=7$，据对称性，可设 $m_1\geqslant m_2\geqslant m_3$，则 $m_3\leqslant 2$，即 $m_1+m_2\geqslant 5$．

继续考虑这 5 个四边形(其 A 色顶点要么是 a_1，要么是 a_2；B 色顶点要么是 b_1，要么是 b_2)，它们中 C 色点 c_1,c_2,c_3 出现的次数分别为 k_1,k_2,k_3，则 $k_1+k_2+k_3=5$，据对称性，可设 $k_1\geqslant k_2\geqslant k_3$，则 $k_3\leqslant 1$，即 $k_1+k_2\geqslant 4$．

最后考虑这 4 个四边形，记为 T_1,T_2,T_3,T_4(其 A 色顶点要么是 a_1，要么是 a_2；B 色顶点要么是 b_1，要么是 b_2；C 色顶点要么是 c_1，要么是 c_2)，由于 D 色点只有 3 个，故其中必有两个四边形，其 D 色点相同，设 T_1,T_2 的 D 色点都为

d_1.

那么,3个四边形 T_1,T_2,T_3 中,无论哪种颜色的顶点,所标数字皆有重复,这与条件(2)相矛盾!因此,$n\leqslant 9$.

再说明,最大值 $n=9$ 可以取到;采用构造法,我们只要作出这样的9个四边形即可.

如图5,作3个"同心圆环图",给出标号,并适当旋转相应的圆,标号对齐后,图中的每根线(半径)上的4个点分别表示一个四边形的4个顶点颜色及其标号,9条半径共给出9个四边形,且都满足条件(1);

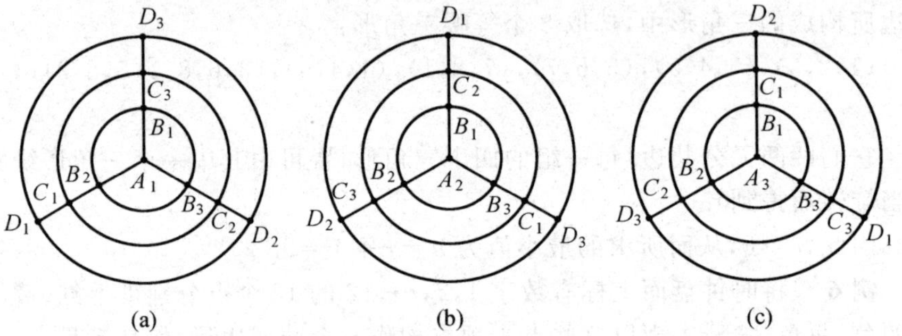

图5

再说明,它们也满足条件(2):从中任取3条半径(3个四边形);

如果3条半径(3个四边形)来自同一个图,则除了 A 色之外,其余 B,C,D 每色的顶点,三数全有;

如果3条半径(3个四边形)分别来自3个图,则 A 色的顶点,三数全有;

如果3条半径(3个四边形)分别来自两个图:将3个图分别称为 A_1 图、A_2 图、A_3 图,每图的3条半径分别称为"向上半径""向左半径""向右半径",且分别记为 S,Z,Y.

来自两个图的3条半径,如果"向上""向左""向右"3种半径都有,那么相应的3个四边形,B 色的顶点,三数全有;

如果3条半径,只涉及两个图,两个方位,将图5(a),5(b),5(c)分别简记为1,2,3,则按三个图的搭配情况,可得表2～表7:

表2　产生 C 色三数

S	1,2	1,2	2		1	
Z	1		1,2	1,2		2
Y		2		1	1,2	1,2

表 3　产生 D 色三数

S	1,2	1,2	1		2	
Z	2		1,2	1,2		1
Y		1		2	1,2	1,2

表 4　产生 C 色三数

S	1,3	1,3	1		3	
Z	3		1,3	1,3		1
Y		1		3	1,3	1,3

表 5　产生 D 色三数

S	1,3	1,3	3		1	
Z	1		1,3	1,3		3
Y		3		1	1,3	1,3

表 6　产生 C 色三数

S	2,3	2,3	3		2	
Z	2		2,3	2,3		3
Y		3		2	2,3	2,3

表 7　产生 D 色三数

S	2,3	2,3	2		3	
Z	3		2,3	2,3		2
Y		2		3	2,3	2,3

因此本题所求的 n 的最大值为 9.

例 7　设有 $m+n$ 个正整数 $a_1,a_2,\cdots,a_m$ 及 $b_1,b_2,\cdots,b_n$，满足 $\sum_{i=1}^{m}a_i=\sum_{j=1}^{n}b_j$.

求证：可以从 $m\times n$ 方格表中选出 $m+n-1$ 个方格，在选出的每格中各填写一个自然数，使得表中第 i 行的填数和为 a_i，而第 j 列的填数和为 b_j.

讲解　采用几何构造法，设 $\sum_{i=1}^{m}a_i=\sum_{j=1}^{n}b_j=S$，则 S 为正整数，在坐标系数第一象限作一个边长为 S 的正方形 $OACB$（图 6），在 OA 上顺次截出长度为 $a_1,a_2,\cdots,a_m$ 的线段，得到 $m-1$ 个分点 $A_1,A_2,\cdots,A_{m-1}$，其中，$OA_1=a_1$，

$A_1A_2=a_2,A_2A_3=a_3,\cdots,A_{m-1}A=a_m$;(称为 A 型线段)

在 OB 上顺次截出长度为 $a_1,a_2,\cdots,a_m$ 的线段，得到 $m-1$ 个分点 A'_1，$A'_2,\cdots,A'_{m-1}$，其中，$OA'_1=a_1,A'_1A'_2=a_2,A'_2A'_3=a_3,\cdots,A'_{m-1}B=a_m$；

又在 OB 上顺次截出长度为 $b_1,b_2,\cdots,b_n$ 的段，得到 $n-1$ 个分点 B_1，$B_2,\cdots,B_{n-1}$，其中，$OB_1=b_1,B_1B_2=b_2,B_2B_3=b_3,\cdots,B_{n-1}B=b_n$;(称为 B 型线段)

在 OA 上顺次截出长度为 $b_1,b_2,\cdots,b_n$ 的段，得到 $n-1$ 个分点 B'_1，$B'_2,\cdots,B'_{n-1}$，其中，$OB'_1=b_1,B'_1B'_2=b_2,B'_2B'_3=b_3,\cdots,B'_{n-1}A=b_n$；

过诸点 $A_1,A_2,\cdots,A_{m-1},B'_1,B'_2,\cdots,B'_{n-1}$ 分别作 OA 的垂线，再过点 $B_1,B_2,\cdots,B_{n-1},A'_1,A'_2,\cdots,A'_{m-1}$ 分别作 OB 的垂线. 过第 i 条 A 型线段两端点的垂线所夹矩形长条称为第 i 个 A 型条，过第 j 条 B 型线段两端点的垂线所夹矩形长条称为第 j 个 B 型条，线段 OA,OB 上的分点各有 $m+n-2$ 个(其中有些分点可能是重合)，它们将线段 OA,OB 各分成 $m+n-1$ 段，每一段的长度都是整数(重合的分点构成的线段长度为 0)；

两组垂线构成了许多正方形，我们主要关注对角线在 OC 上且未被其他正方形所覆盖的正方形，称为单纯正方形(有些正方形可能蜕化成一个点)，这种正方形共有 $m+n-1$ 个，它们的边长皆为非负整数；

现在我们这样在 $m\times n$ 方格表上填数：如果一个单纯正方形 T 夹在第 i 个 A 型条与第 j 个 B 型条中，则将正方形 T 的边长填入方格表第 i 行、j 列的交叉处；由于这些单纯正方形的对角线覆盖了正方形 $OACB$ 的对角线，且互不重叠，所以第 i 个 A 型条中的单纯正方形的边长之和恰等于第 i 个 A 型条的宽度 a_i，第 j 个 B 型条中的单纯正方形的边长之和恰等于第 j 个 B 型条的宽度 b_j，即有，表中第 i 行的填数和为 a_i，而第 j 列的填数和为 b_j.

因此结论得证.

下面的例子是 $(a_1,a_2,a_3)=(3,5,4)$，$(b_1,b_2,b_3,b_4)=(1,2,3,6)$ 的情形(图 7).

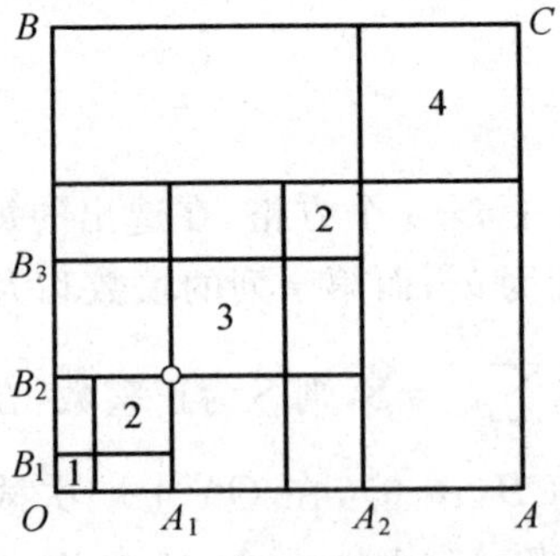

图 6

1	2		
	0	3	2
			4

图 7

例 8　如图 8，平面上给定 $n(n\geqslant 3)$ 个点，无三点共线，现将每两点用一线段连接，并在每条线段上配置一个箭头，以给定点为顶点的三角形称为"环形"的，如果从任一顶点出发，沿箭头方向可环绕三角形周界行走一周，而返回原出发顶点；试求环形三角形个数的最大值与最小值.

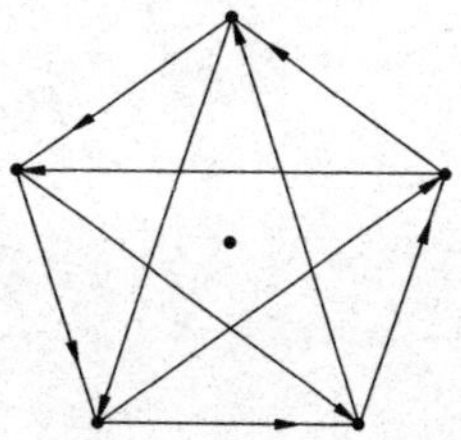

图 8

讲解　配置箭头后的三角形只有"环形"与"非环形"两种形状，因此，环形三角形个数 $\varphi(n)$ + 非环形三角形个数 $f(n)$ = 全体三角形个数 $=\mathrm{C}_n^3$.

先求 $f(n)$，我们注意到，一个三角形是"非环形"的，当且仅当其 3 个顶点中，恰有一个顶点发出两个箭头，也有一个顶点收到两个箭头. 我们将"发自同一顶点的一对箭头"或者"指向同一顶点的一对箭头"统称为一个"同型对".

于是，一个"非环形"三角形恰有两个"同型对". 对于一个确定的顶点 P 而言，关联 P 的每一个"同型对"，恰好产生一个"非环形"三角形.

设 P 是任一个给定的点，以 P 为端点的线段共有 $n-1$ 条，设点 P 发出 k 个箭头，收到 $n-1-k$ 个箭头，自 P 发出的 k 个箭头，组成 C_k^2 个同型对，收到的 $n-1-k$ 个箭头，组成 C_{n-1-k}^2 个同型对，因此关联 P 的同型对有 $S=\mathrm{C}_k^2+\mathrm{C}_{n-1-k}^2=\dfrac{(n-1)(n-2)}{2}-k(n-1-k)$（个）.

为求 S 的最小值，即需求 $k(n-1-k)$ 的最大值.

当 n 为奇数，则在 $k=\dfrac{n-1}{2}$ 时，$k(n-1-k)$ 有最大值 $\dfrac{(n-1)^2}{4}$；

此时

$$S_{\min}=\frac{(n-1)(n-2)}{2}-\frac{(n-1)^2}{4}=\frac{(n-1)(n-3)}{4}$$

当 n 为偶数，则在 $k=\dfrac{n}{2}$ 或 $\dfrac{n}{2}-1$ 时，$k(n-1-k)$ 有最大值 $\dfrac{n(n-2)}{4}$；

此时

$$S_{\min}=\frac{(n-1)(n-2)}{2}-\frac{n(n-2)}{4}=\frac{(n-2)^2}{4}$$

让 P 跑遍全部 n 个点，得到 $n\cdot S$ 个"非环形"三角形，由于每个"非环形"三角形恰有两个同型对，故均被计算了两遍，因此，"非环形"三角形共有 $\dfrac{nS}{2}$ 个，当每个点所关联的"非环形"三角形个数都取得最小值时，全体"非环形"

三角形个数也取得最小值,所以

$$f(n)=\begin{cases}\dfrac{n}{2}\cdot\dfrac{(n-1)(n-3)}{4}, & n\text{ 为奇数}\\ \dfrac{n}{2}\cdot\dfrac{(n-2)^2}{4}, & n\text{ 为偶数}\end{cases}$$

则

$$\varphi(n)=C_n^3-f(n)=\begin{cases}\dfrac{n(n^2-1)}{24}, & n\text{ 为奇数}\\ \dfrac{n(n^2-4)}{24}, & n\text{ 为偶数}\end{cases}$$

此值可以取到,构造法,考虑圆周的 n 等分点,对于不经过圆心的每条弦配置箭头时,可使绕圆周成反时针方向(即,顺着箭头方向沿每条弦行走时,圆心总在左侧),而对于经过圆心的弦(直径),箭头方向可任意配置,这样,每个点的出入箭头数至多相差一个.

再求环形三角形个数 $\varphi(n)$ 的最小值(注意上面的方法不能用于此情形,因为上面的公式是对于每个点都使关联的"非环形"三角形个数取得最小值时求得的).

我们指出,环形三角形个数 $\varphi(n)$ 的最小值为 0. 构造法,将 n 个点分别标号为 $1,2,\cdots,n$,配置箭头按小数指向大数进行.

例 9 设 $S=\{1,2,\cdots,15\}$ 的 n 个七元子集 $A_1,A_2,\cdots,A_n$ 满足:

(1) $|A_i\cap A_j|\leqslant 3,1\leqslant i<j\leqslant n$;

(2) 对于 S 的任何 3 元子集 M,都存在某个 A_k,使得 $M\subseteq A_k$.

求这组子集个数 n 的最小值.

讲解 采用"元素跟踪"法,$\forall x\in S$,因 S 中有 15 个元素,其中含 x 的 3 元子集,共计 $C_{14}^2=91$(不重不漏). 此外,若元素 x 在 m 个子集 A_k 中出现,每个 A_k 有 7 个元素,其中含 x 的 3 元子集有 $C_6^2=15$ 个,m 个这种子集 A_k 共收集到这种 3 元子集 $15m$(在不同的 7 元子集 A_k 中,有些 3 元子集可能会出现重复,这是因条件(1)的缘故)(不漏但可重),于是 $15m\geqslant 91$. 因 m 为整数,则 $m\geqslant 7$.

再从元素个数考虑,n 个 7 元子集 A_k 共得 $7n$ 个元素(它们来自 S,且有重复). 另一方面,S 中的每个元素 x 在诸 A_k 中至少出场 $m\geqslant 7$ 次,而这种 x 有 15 个,故 n 个集 A_k 中的元素个数和至少是 $15\times 7=105$ 个(可重,但为"至少重"),所以 $7n\geqslant 105$,则 $n\geqslant 15$.

以下说明 $n=15$ 确为所求的最小值. 需构造集 $S=\{1,2,\cdots,15\}$ 的 15 个 7 元子集 $A_i,i=1,2,\cdots 15$,使其覆盖 S 的全体 3 元子集(以下称为"三角形").

(注意,本题的构造过程是一项比前一阶段论证过程更为精细的工作,仍采用几何构造法，以便于检验.)

先计算一下 S 中的“三角形”个数，为 $C_{15}^3=455$ 个.

再分析 $S=\{1,2,\cdots,15\}$ 的数字结构，其中有 7 个偶数，8 个奇数. 进而对 S 中的“三角形”按“顶点”分类.

①(偶 偶 偶)型三角形，共 $C_7^3=35$ 个；②(偶 偶 奇)型三角形，共 $C_7^2\cdot C_8^1=168$ 个；③(奇 奇 偶)型三角形，共 $C_8^2\cdot C_7^1=196$ 个；④(奇 奇 奇)型三角形，共 $C_8^3=56$ 个.

为解决第一类(偶 偶 偶)型三角形，只需取 $A_1=\{2,4,6,8,10,12,14\}$ 即可. 而为满足 $|A_i\cap A_j|\leqslant 3$，每个后续的 $A_i(i=2,\cdots,15)$ 至多只能含有 3 个偶数，并且 $A_2,A_3,\cdots,A_{15}$ 必须覆盖所有后三类三角形. 因此，这 14 个集，每个集必须取 3 个偶数，4 个奇数.

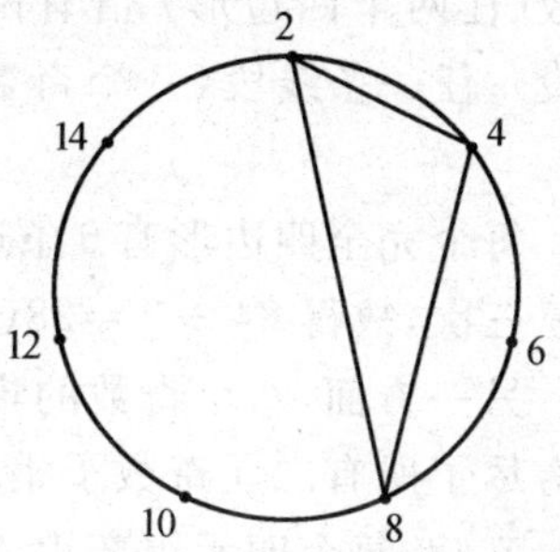

图 9

先考虑偶数搭配. 顺次将 7 个偶数填写于圆周的 7 个等分点上(图 9)，易知圆内接正四边形只有 3 种长度的弦. 将其搭配成一个三角形，然后顺时针旋转 7 次，得到 7 个三角形：

(2,4,8),(4,6,10),(6,8,12),(8,10,14),(10,12,2),(12,14,4),(14,2,6).

这组三角形有特征：任两个三角形恰有一个公共顶点，而无公共边；任一个偶点恰属于 3 个三角形. 每个三角形有 3 条边，共得 21 条偶顶线段. 任两条皆不相同. 它恰好穷尽了所有 $C_7^2=21$ 个二元的偶数子集.

由于只有 7 个偶顶三角形，为组成 14 个 7 元子集，每个偶顶三角形必须使用两次，称为一对“重置偶三角”，对于“重置偶三角”，需要将 8 个奇数分成互补的两组，不能有公共元素，又因任两个“相异偶三角”恰有一个公共元，因此，与之搭配的四元奇数集，至少允许有两个相同元素.

据此，我们来对 8 个奇数构成的集，设计 7 种互补分拆，使之满足条件.

如图 10，将 8 个奇数 1,3,5,7,9,11,13,15 顺次填写于圆周的八等分点上，然后作 7 种形状的 4 元分拆(四边形分拆)：

十字分拆(正方形分拆)：(1,5,9,13) ~ (3,7,11,15)

半圆分拆(薄梯形分拆)：

$$(1,3,5,7)\sim(9,11,13,15)$$

$$(5,7,9,11)\sim(13,15,1,3)$$

矩形分拆：

(1,3,9,11) ~ (5,7,13,15), (1,7,9,15) ~ (3,5,11,13)

梯形分拆(厚梯形分拆):

(3,5,9,15) ~ (1,7,11,13), (3,7,9,13) ~ (1,5,11,15)

易知,分拆有特征:同一分拆中的两组奇数,无公共元素(互补);不同分拆中的任两组奇数(任两个四边形)恰有两个公共元(一条线段);任一条线段(一个奇数对)恰好出现3次.

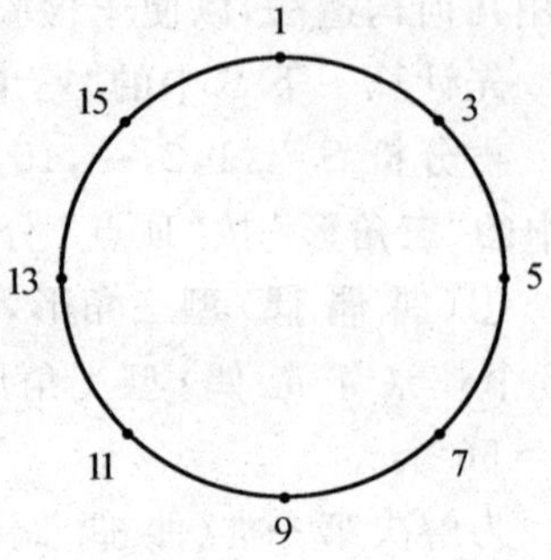

图10

每个完全四边形有6条边,14个四边形共得 $14\times6=84$(条)边,而每条边重复三次,故得 $84\div3=28$(条)不同的边.

另一方面,八个奇数的集共有 $C_8^2=28$ 个二元奇子集.因此,这些四元奇数组穷尽了所有二元奇数子集.

又知,每个四元组产生4个三元子集,且任二个四元组没有共同的三元子集(因至多一条公共边).故14个四元组共得 $14\times4=56$(个)三元奇子集.它们恰穷尽了所有 $C_8^3=56$ 个三元奇子集.

下面,我们来完成后续14个7元子集 $A_2,A_3,\cdots,A_{15}$ 的搭配.首先,只要14个四元集一齐用上,便完成了对所有 S 的奇顶三角形的覆盖;只要每一对"重置三角形"分别搭配一对互补的四元分拆,便完成了对所有"偶偶奇"型三角形的覆盖.

在满足前述情况的前提下,我们作出搭配,使之满足对于全部"奇奇偶"型三角形(共196个)的覆盖.

据前面的讨论知,每个偶顶在7个三角形中出现3次,而每条"奇顶边"在14个四边形中也出现3次.

由对称性,只要考虑七元子集对于偶数2和奇数对 $(1,2n+1)$,$n=1,2,\cdots,7$ 所形成的"奇奇偶"型三角形的覆盖.采用"先入为主"的办法.先从2和(1,3)入手.

含2的偶顶三角形有3个:(2,4,8),(10,12,2)和(14,2,6).

含(1,3)的四边形也有3个:(1,3,5,7),(1,3,9,11)和(13,15,1,3).

先让它们任意1对1搭配,而让其互补四边形与相应的重置偶顶三角形搭配,这样得到6个7元组:

$(2,4,8)\cup(1,3,5,7)$;$(2,4,8)\cup(9,11,13,15)$;

$(10,12,2)\cup(1,3,9,11)$;$(10,12,2)\cup(5,7,13,15)$;

$(14,2,6)\cup(13,15,1,3)$；$(14,2,6)\cup(5,7,9,11)$；　　(＊)

不含 2 的偶顶三角形有 4 个，为 $(4,6,10)$，$(12,14,4)$，$(8,10,14)$ 和 $(6,8,12)$，而含 1 的四边形（四元组）也剩了 4 个，为 $(1,5,9,13)$，$(1,5,11,15)$，$(1,7,9,15)$ 和 $(1,7,11,13)$，今让一对一搭配，而让其互补四边形与相应的重置偶顶三角形搭配，于是得到 8 个 7 元组：

$(4,6,10)\cup(1,5,9,13)$；$(4,6,10)\cup(3,7,11,15)$；

$(12,14,4)\cup(1,5,11,15)$；$(12,14,4)\cup(3,7,9,13)$；

$(8,10,14)\cup(1,7,9,15)$；$(8,10,14)\cup(3,5,11,13)$；

$(6,8,12)\cup(1,7,11,13)$；$(6,8,12)\cup(3,5,9,15)$；　　$(\overline{*})$

由(＊)$(\overline{*})$共得到 14 个 7 元子集 $A_2,A_3,\cdots,A_{15}$.

由于每一条奇顶线段（这种线段共 $C_8^2=28$ 条）在 3 个四边形中出现，而与这 3 个四边形搭配的 3 个偶顶三角形含有全部偶点（例如，与 $(9,15)$ 所在四边形搭配的偶顶三角形为 $(2,4,8)$，$(8,10,14)$，$(6,8,12)$，这 3 个三角形含有 2，4，6，8，10，12，14 全部 7 个偶点，因此 $(9,15,偶)$ 型三角形全被覆盖，其余可类似检查，全部检验共 28 次）. 因此，$28\times7=196$(个)奇奇偶型三角形全被覆盖.

于是，15 个七元集 $A_1,A_2,A_3,\cdots,A_{15}$ 满足条件，n 的最小值为 15.

例 10　给定 133 个正整数 $a_1,a_2,\cdots,a_{133}$，若其中至少有 799 对数互质，证明：其中必存在 4 个数 a,b,c,d，满足：$(a,b)=(b,c)=(c,d)=(d,a)=1$.

讲解　采用图形构造法：用点 $A_1,A_2,\cdots,A_{133}$ 分别代表这 133 个正整数，若 $(a_i,a_j)=1$，则令相应点 A_i,A_j 相邻，于是得 133 阶简单图 G，设点 A_i 的度数为 d_i，据条件，图 G 至少有 799 条边，不妨设图 G 恰有 799 条边，否则我们就去掉其中一些边，并不影响问题的性质；

与点 A_i 相邻的点有 d_i 个，它们构成 $C_{d_i}^2=\dfrac{d_i(d_i-1)}{2}$ 个"点对"，据条件，$d_1+d_2+\cdots+d_{133}=2\times799$；若记 $M=\sum\limits_{i=1}^{133}C_{d_i}^2$，则

$$M=\frac{1}{2}\sum_{i=1}^{133}d_i^2-\frac{1}{2}\sum_{i=1}^{133}d_i=\frac{1}{2}\sum_{i=1}^{133}d_i^2-799$$

由柯西不等式

$$\frac{1}{2}\sum_{i=1}^{133}d_i^2\geqslant\frac{1}{2\times133}\Big(\sum_{i=1}^{133}d_i\Big)^2=\frac{(2\times799)^2}{2\times133}=\frac{2}{133}\cdot799^2$$

因此

$$M\geqslant\frac{2}{133}\cdot799^2-799=\frac{799\times1\,465}{133}>\frac{798\times1\,463}{133}=$$

$$798\times 11=\frac{133\times 132}{2}=C_{133}^{2}$$

故在 $A_1,A_2,\cdots,A_{133}$ 中必有两个点 A,C,其所邻接的点中,具有相同的一个“点对”,设为 B,D,即 $ABCD$ 为四边形,从而,$(a,b)=(b,c)=(c,d)=(d,a)=1$.

课外训练

1.设整数 $n\geqslant 4$,$a_1,a_2,\cdots,a_n$ 是区间 $(0,2n)$ 内 n 个不同的整数,求证:存在集合 $\{a_1,a_2,\cdots,a_n\}$ 的一个子集,它的所有元素之和能被 $2n$ 整除.

2.21 个女孩和 20 个男孩参加一次数学竞赛,已知:(1) 每一个参赛者至多解出 6 道题;(2) 对于每一个女孩和每一个男孩,至少有一道题被这一对孩子都解出.证明:有一道题,至少有 3 个女孩和至少有 3 个男孩都解出.

3.在 $n\times n$ 的方格表的每个小方格内写有一个非负整数,并且在某一行和某一列的交叉点处如果写有 0,那么该行与该列所填的所有数之和不小于 n.求证:表中所有数之和不小于 $\frac{1}{2}n^2$.

4.设正整数 n 是奇数,在黑板上写下数 $1,2,\cdots,2n$,然后取其中任意两个数 a,b,擦去这两个数,并写上 $|a-b|$.求证:最后留下的是一个奇数.

5.是否存在一个无穷正整数数列 $a_1<a_2<a_3<\cdots$,使得对任意整数 A,数列 $\{a_n+A\}_{n=1}^{\infty}$ 中仅有有限个素数.

6.一个多面体共有偶数条棱,求证:可以在它的每条棱上标上一个箭头,使得对每个顶点,指向它的箭头数目是偶数.

7.一百个正数 $a_1,a_2,\cdots,a_{100}$ 满足:$a_1+a_2+\cdots+a_{100}=3$,$a_1^2+a_2^2+\cdots+a_{100}^2>1$,求证:$a_1,a_2,\cdots,a_{100}$ 中必有三数之和大于 1.

8.2 012 个游客排队购买参观票,每张票价 5 元,其中 1 006 人各持有一张 5 元币,另外 1 006 人各持有一张 10 元币,初时售票机中无零钱可找,试确定,使得不发生售票困难的排队方法有几种?

9.一副纸牌共 52 张,其中“方块”“梅花”“红心”“黑桃”每种花色的牌各 13 张,标号依次是 2,3,…,10,J,Q,K,A,其中相同花色、相邻标号的两张牌称为“同花顺牌”,并且 A 与 2 也算是顺牌(即 A 可以当成 1 使用).试确定,从这副牌中取出 13 张牌,使每种标号的牌都出现,并且不含“同花顺牌”的取牌方法数.

10.将周长为 24 的圆周等分成 24 段,从 24 个分点中选取 8 个点,使得其中任何两点间所夹的弧长都不等于 3 和 8；问满足要求的 8 点组的不同取法共有多少种？说明理由.

11. n 个正整数 $x_1, x_2, \cdots, x_n$ 的和为 2 009，如果这 n 个数既可分为和相等的 41 个组，又可分为和相等的 49 个组，求 n 的最小值.

第40讲　组合几何

知识呈现

本节主要内容是组合几何,即几何中一些组合性质的问题.按照数学家厄迪斯的说法,凸性、覆盖、嵌入、计数、几何不等式等都属于这类问题.本讲涉及组合计数、几何极值、几何图形的分割和一些组合几何杂题.

典例展示

例1　求证:任何面积等于1的凸四边形的周长及两条对角线之和不小于$4+2\sqrt{2}$.

分析　先考虑两种特殊情形:面积等于1的正方形和菱形.在正方形中周长为4,对角线之和为$2\sqrt{2}$;在菱形中,两条对角线长分别为l_1和l_2,则因面积$S=\frac{1}{2}l_1l_2=1$,故$l_1+l_2\geqslant 2\sqrt{l_1l_2}=2\sqrt{2}$,而周长$=4\sqrt{(\frac{l_1}{2})^2+(\frac{l_2}{2})^2}=2\sqrt{l_1^2+l_2^2}\geqslant 2\sqrt{2l_1l_2}=4$.故两种特殊情形之下结论成立.这就启发我们可将周长和对角线分开来考虑.

讲解　设$ABCD$是任一面积为1的凸四边形(图1),于是有

$$1=\frac{1}{2}(eg+gf+fh+he)\sin\alpha\leqslant\frac{1}{2}(eg+gf+fh+he)=$$

$$\frac{1}{2}(e+f)(g+h)\leqslant\frac{1}{2}(\frac{e+f+g+h}{2})^2$$

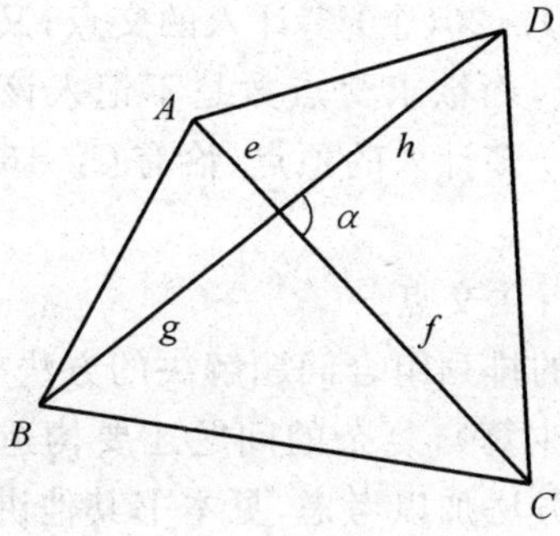

图 1

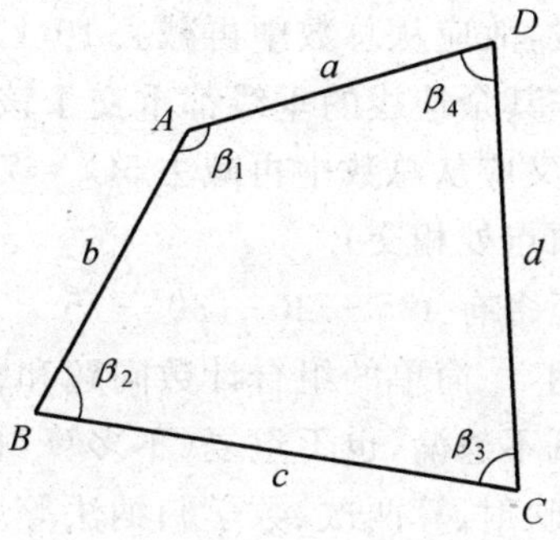

图 2

即对角线之和为 $e+f+g+h\geqslant 2\sqrt{2}$.

再按图 2 的方式将图形中线段和角标上字母，于是又有

$$2=2S_{\text{四边形}ABCD}=\frac{1}{2}ab\sin\beta_1+\frac{1}{2}bc\sin\beta_2+\frac{1}{2}cd\sin\beta_3+\frac{1}{2}da\sin\beta_4\leqslant$$

$$\frac{1}{2}(ab+bc+cd+da)=\frac{1}{2}(a+c)(b+d)\leqslant\frac{1}{2}\left(\frac{a+b+c+d}{2}\right)^2$$

则 $a+b+c+d\geqslant 4$.

综上所述，命题结论成立.

说明　几何不等式的证明通常引进几何变量后化归为代数不等式的证明，其中均值不等式和柯西不等式经常用到.

例 2　在平面上给定 5 个点，联结这些点的直线互不平行、互不垂直，也互不重合. 过每一点作两两联结，其余四点的所有直线的垂线. 若不计原来给定的五点，这些垂线彼此间的交点最多能有多少个？

分析　先考虑所有 5 个点间的连线的情况，再考虑每点向所有连线作的垂线的情况，利用多个点向一条直线作垂线没有交点，三角形的 3 条高线交于一点，将多计数的交点一一剔除.

讲解　由题设条件，给定的 5 个点之间的连线共有 $C_5^2=10$ 条，这些点构成的三角形共有 $C_5^3=10$ 个. 过给定 5 个点中的每一个作不通过该点连线的垂线共有 $5C_4^2=30$ 条. 若此 30 条垂线两两互不平行，它们的交点也互不重合，则共有 $C_{30}^2=435$ 个交点. 然而，在本问题中的 30 条垂线有相互平行的，也有交点重合的，故应从 435 个交点中减去多计入的交点个数.

首先，对于任一条连线，过其余三点所作该连线的 3 条垂线是彼此平行而无交点的，故应从总数中减去由此多计入的 $10\ C_3^2=30$(个) 交点；其次，对于

由这些连线构成的每一个三角形来说，3 条高同交于一点，而这 3 条高也为所作的垂线，故应从总数中再减去 $10(C_3^2-1)=20$(个) 多计入的交点；又过每一顶点所作其余连线的垂线都重交于该顶点，而欲求交点数是不记入该 5 个顶点的，故又应从总数中再减去 $5C_6^2=75$(个) 多计入的顶点(恰有 $C_4^2=6$(条) 垂线在一顶点处相交).

故至多有 $435-20-30-75=310$(个) 交点.

说明　简单的组合计数问题和普通的排列组合问题解决的方法类似，必须做到既不遗漏，也不重复(不多算，也不少算)，复杂的问题还要构造递推关系、利用映射、算两次、数学归纳法等思想方法加以考虑，见本书其他讲座.

例 3　已知边长为 4 的正 $\triangle ABC$，D，E，F 分别是 BC，CA，AB 上的点，且 $|AE|=|BF|=|CD|=1$，联结 AD，BE，CF，交成 $\triangle RQS$，点 P 在 $\triangle RQS$ 内及其边上移动，点 P 到 $\triangle ABC$ 三边的距离分别记作 x，y，z.

(1) 求证：当点 P 在 $\triangle RQS$ 的顶点时，乘积 xyz 有极小值；

(2) 求上述乘积的极小值.

分析　逐步调整法：先固定 x，考虑 yz 的最小值. 然后又由对称性扩大点 P 的变化范围求乘积 xyz 的极小值.

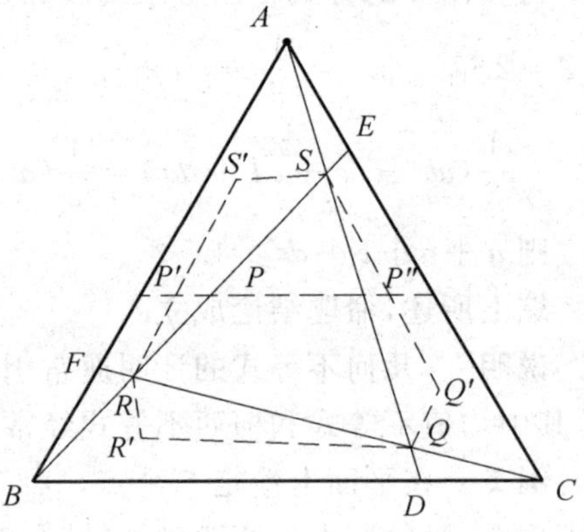

图 3

讲解　(1) 如图 3，第一步，先固定 x，考虑 yz 的最小值.

即过 P 作直线 $l \parallel BC$，当 P 在 l 上变化时，yz 何时最小.

第二步，先证两个引理：

引理 1：$x+y+z$ 为定值，这个定值就是正三角形的高.

引理 2：设 $y\in[\alpha,\beta]$，y 的二次函数 $y(a-y)$ 在$[\alpha,\beta]$ 的一个端点处取得最小值.

引理 1 的证明用面积法，引理 2 的证明可用配方法.(证明留给读者)

由两个引理不难得到：如果 P'，P'' 为 l 上的两点，那么当 P 在区间$[P',P'']$上变动时，xyz 在端点 $P'P''$ 处取得最小值.

第三步，扩大点 P 的变化范围：

根据上面所述，当点 P 在 l 上变动时，xyz 在端点 P' 或 P'' 处为最小，这里 P'，P'' 是 l 与 $\triangle RQS$ 的边界的交点，但 $\triangle RQS$ 的边不与 $\triangle ABC$ 的边平行，因而在 P 移到 $\triangle RQS$ 的边界后，不能搬用上述方法再将 P' 或 P'' 调整为 $\triangle ABC$

的顶点.

但是我们可以把点 P' 变化区域由 $\triangle PQR$ 扩大为如图3所示的六边形 $RR'QQ'SS'$，其中 $RR' \parallel Q'S \parallel CA$，$R'Q \parallel S'S \parallel BC$，$Q'Q \parallel RS' \parallel AB$，也就是说：$R$ 与 R' 关于 $\angle ABC$ 的平分线为对称. S' 与 R 关于 $\angle ACB$ 的平分线为对称，等等. 过 P 作平行于 BC 的直线 l，将 P 调整为 l 与六边形 $RR'QQ'SS'$ 的边界的交点 P'（或 P''），再将 P' 调整为顶点 R 或 S'，每一次调整都使 xyz 的值减小.

由于对称，xyz 在6个顶点 R，R'，Q，Q'，S，S' 处的值显然相等，因而命题成立.

(2) 由题易知，$\triangle ABE \cong \triangle BCF \cong \triangle CAD$，从而 $\triangle AER \cong \triangle BFQ \cong \triangle CDS$，$\triangle RQS$ 是正三角形.

由(1)，我们只考虑点 S 的 x，y，z 的取值. 由于 $\triangle ASE \backsim \triangle ADC$，故 $|AS|:|SE|=4:1$，由于 $\triangle AFQ \backsim \triangle ABD$，故 $|AQ|:|QF|=4:3$. 故 $|AS|:|SQ|:|QD|=4:8:1$，又由于 $\triangle ABC$ 的高 $h=\sqrt{12}$，故可求得

$$x=\frac{1}{13}h, y=\frac{9}{13}h, z=\frac{3}{13}h$$

$$xyz=\frac{1}{13}\cdot\frac{9}{13}\cdot\frac{3}{13}\cdot(\sqrt{12})^3=\frac{648\sqrt{3}}{2197}$$

说明　本题用到二次函数的基本性质：定区间上二次函数的最值只能在端点或对称轴处取到.

例4　设一凸四边形 $ABCD$，它的内角中仅有 $\angle D$ 是钝角，用一些直线段将该凸四边形分割成 n 个钝角三角形，但除去 A，B，C，D 外，在该凸四边形的周界上，不含分割出的钝角三角形的顶点，求证：n 应该满足的充要条件是 $n \geqslant 4$.

分析　充分性：采用构造法. 先联结 AC，再以 AC 为直径作半圆，由直径所对的圆周角是直角启发构造4个钝角三角形.

必要性：先证非钝角三角形不能分成两个钝角三角形. 再证 $n \geqslant 4$.

讲解　充分性：

(1) 非钝角三角形一定可以分割成3个钝角三角形.

事实上，取锐角三角形任一顶点（或直角三角形直角顶点），设为 B，如图4所示，向对边 AC 作高 BG，再以 AC 为直径向三角形内作半圆，于是，BG 把位于该半圆内的任意点 E 与三顶点连线将三角形分割成三个钝角三角形 $\triangle ABE$、$\triangle BCE$、$\triangle CAE$，即为所求.

(2) 凸四边形 $ABCD$ 可分割成4个钝角三角形. 如图4，联结线段 AC，又

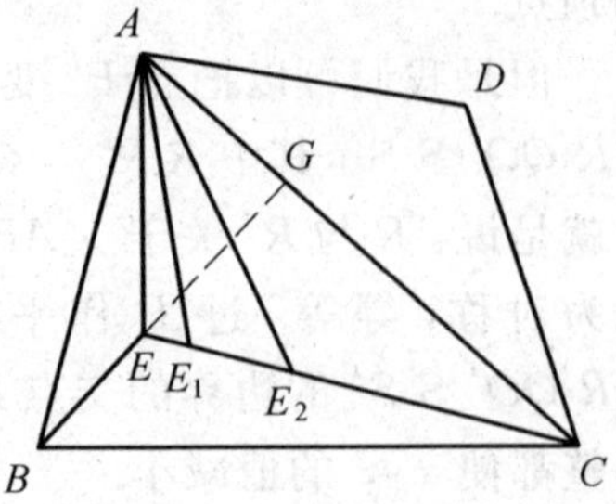

图 4

由(1),$\triangle ABC$ 可分割成3个钝角三角形,加上钝角 $\triangle ACD$,共有 4 个钝角三角形.

(3) 凸四边形 $ABCD$ 可分割为 $n=5,6,\cdots$ 个钝角三角形,如图 4,作 $AE_1,AE_2,\cdots$,即得新的分割的钝角三角形 $\triangle AEE_1,\triangle AE_1E_2$,$\cdots$ 共有 $5,6,\cdots$ 个钝角三角形(外角 $\angle AE_1C > \angle AEC > 90°,\angle AE_2C > \angle AEC,\cdots$).

必要性:先指出一个事实:非钝角三角形不能分割成两个钝角三角形.这是因为由任一顶点向对边作分割线段与对边的夹角不能将 180° 分成两个钝角,所以不能分割成两个钝角三角形.

设凸四边形已被分割为 n 个钝角三角形,如果该凸四边形的 4 条边分别属于 4 个不同的钝角三角形,则已证得了 $n \geqslant 4$.如果有两条邻边同属于一个钝角三角形(不相邻的两边不能构成三角形),这时有下列两种情况之一发生:

(1) 该两邻边夹角为钝角 $\angle D$,于是 $\angle D$ 不能分割.

这时 AC 必为分割线.非钝角 $\triangle ABC$ 必被再分割之,它不能分割成2个钝角三角形,只能分割成 3 个以上的钝角三角形,连同钝角三角形 $\triangle ADC$,有 $n \geqslant 4$.

(2) 该两邻边的夹角不是 $\angle D$,这时夹角不能是 $\angle B$,因为 $\triangle ABC$ 不是钝角三角形,因为夹角只能是 $\angle A$ 或 $\angle C$ 而使 BD 为分割线,并且将 $\angle D$ 分割出一个钝角,使该两邻边构成钝角三角形的两条边,这样,另一非钝角三角形必被再分割之,于是同理必须分割成 3 个以上的钝角三角形,同理得到 $n \geqslant 4$.

说明 组合几何在全国高中数学联赛加试中经常出现,本题的难点在必要性的证明,充分性的证明只要构造就好了.

例 5 设凸四边形 $ABCD$ 的面积为1,求证:在它的边上(包括顶点)或内部可以找到4个点,使得以其中任意3点为顶点所构成的4个三角形的面积均大于$\frac{1}{4}$.

分析 在 4 个三角形 $\triangle ABC,\triangle BCD,\triangle CDA,\triangle DAB$ 中选出一个面积最小的,然后按其面积与$\frac{1}{4}$ 的大小分四类情况加以讨论.

讲解 如图5(a),考虑4个三角形 $\triangle ABC,\triangle BCD,\triangle CDA,\triangle DAB$ 的面积,不妨设 $S_{\triangle DAB}$ 为最小.这时有 4 种情况:

(1)$S_{\triangle DAB} > \frac{1}{4}$.这时显然 A,B,C,D 即为所求的 4 个点.

(2)$S_{\triangle DAB}<\frac{1}{4}$.设 G 为 $\triangle BCD$ 的重心.

因 $S_{\triangle BCD}=1-S_{\triangle DAB}>\frac{3}{4}$,故

$$S_{\triangle GBC}=S_{\triangle GCD}=S_{\triangle GDB}=\frac{1}{3}S_{\triangle BCD}>\frac{1}{4}$$

于是,B,C,D,G 四点即为所求.

(3)$S_{\triangle DAB}=\frac{1}{4}$,而其他 3 个三角形的面积均大于$\frac{1}{4}$,由于 $S_{\triangle ABC}=1-S_{\triangle CDA}<\frac{3}{4}=S_{\triangle BCD}$,故过 A 作 BC 的平行线 l 必与线段 CD 相交于 CD 内部的一点 E.

由于 $S_{\triangle ABC}>S_{\triangle DAB}$,故 $S_{\triangle EAB}>S_{\triangle DAB}=\frac{1}{4}$.又 $S_{\triangle EAC}=S_{\triangle EAB}$,$S_{\triangle EBC}=S_{\triangle ABC}>\frac{1}{4}$.故 E,A,B,C 四点即为所求.

(4)$S_{\triangle DAB}=\frac{1}{4}$,而其他 3 个三角形中还有一个面积为$\frac{1}{4}$,不妨设 $S_{\triangle CDA}=\frac{1}{4}$(图 5(b)),因 $S_{\triangle DAB}=S_{\triangle CDA}$,故 $AD\parallel BC$,又 $S_{\triangle ABC}=S_{\triangle DBC}=\frac{3}{4}$.故得 $BC=3AD$.

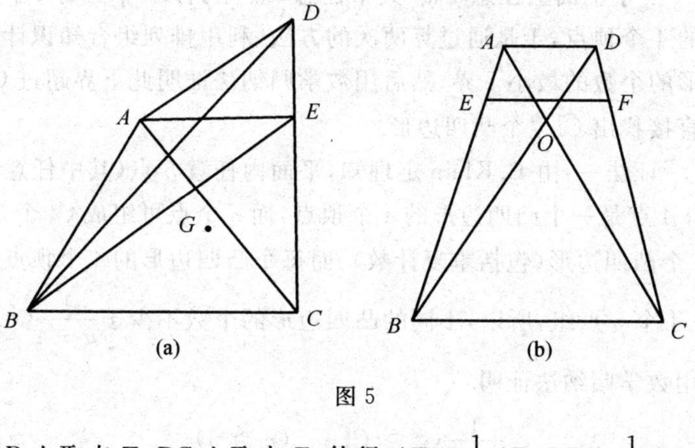

图 5

在 AB 上取点 E,DC 上取点 F,使得 $AE=\frac{1}{4}AB$,$DF=\frac{1}{4}CD$,那么

$$EF=\frac{1}{4}(3AD+BC)=\frac{3}{2}AD$$

$$S_{\triangle EBF}=S_{\triangle ECF}=\frac{3}{4}S_{\triangle ABF}=$$

$$\frac{3}{4}\times\frac{1}{2}S_{\triangle ABC}>\frac{1}{4}$$

$$S_{\triangle EBC}=S_{\triangle FBC}>S_{\triangle EBF}>\frac{1}{4}$$

故 E,B,C,F 四点即为所求.

(4) 的证明可按下面的方法处理.

$S_{\triangle DAB}=\frac{1}{4}$,而其他 3 个三角形中还有一个面积为$\frac{1}{4}$(图 6),不妨设 $S_{\triangle CDA}=\frac{1}{4}$(图 6),因 $S_{\triangle DAB}=S_{\triangle CDA}$,故 $AD // BC$,过 AC,BD 的交点 O 作 $EF // BC$,分别交 AB,CD 于 E,F,则 $EF=2\cdot\frac{3}{4}AD=\frac{3}{2}AD$. $S_{\triangle EBF}=S_{\triangle ECF}=\frac{3}{2}\times\frac{3}{4}S_{\triangle DAB}>\frac{1}{4}$,$S_{\triangle EBC}=S_{\triangle FBC}>S_{\triangle EBF}>\frac{1}{4}$. 故 E,B,C,F 四点即为所求.

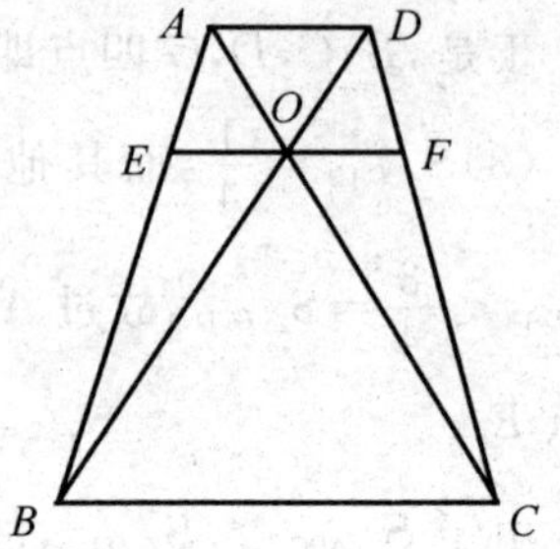

图 6

例 6　在平面内任给 $n(n>4)$ 个点,其中任意 3 点不共线. 求证:至少有 C_{n-3}^{2} 个以上述所给定点为顶点的凸四边形.

分析　由于平面上任意 5 点(其中任意 3 点不共线)中必有 4 个点是一个凸四边形的 4 个顶点,于是通过算两次的方法,利用排列组合知识计算出不同的凸四边形的个数的最小下界,然后用数学归纳法证明此下界超过 C_{n-3}^{2}. 另一种方法是直接找出 C_{n-3}^{2} 个凸四边形.

讲解　证法一:由 E. Klein 定理知,平面内任意 5 点(其中任意 3 点不共线)中必有 4 点是一个凸四边形的 4 个顶点,而 n 个点可组成 C_n^5 个 5 点组,故一共有 C_n^5 个凸四边形(包括重复计数),而每个凸四边形的 4 个顶点恰好属于 $C_{n-4}^{1}=n-4$ 个 5 点组,所以,不同的凸四边形的个数不少于$\frac{1}{n-4}C_n^5$.

下面用数学归纳法证明

$$\frac{1}{n-4}C_n^5\geqslant C_{n-3}^{2}\quad(n\geqslant 5)$$

当 $n=5$ 时,$\frac{1}{n-4}C_n^5=C_{n-3}^{2}=1$.

设 $n=k$ 时,$\frac{1}{k-4}C_k^5\geqslant C_{k-3}^{2}$,那么,当 $n=k+1$ 时

$$\frac{1}{(k+1)-4}C_{k+1}^{5}=\frac{k+1}{k-3}\cdot\frac{C_{k}^{5}}{k-4}\geqslant\frac{k+1}{k-3}\cdot C_{k-3}^{2}=$$

$$\frac{k+1}{k-3}\cdot\frac{(k-3)(k-4)}{2}=$$

$$\frac{(k+1)(k-4)}{2}=$$

$$\frac{k^{2}-3k-4}{2}=$$

$$\frac{(k-2)(k-3)+2(k-5)}{2}\geqslant$$

$$C_{(k+1)-3}^{2}$$

故对一切 $n\geqslant 5$，$\frac{1}{n-4}C_{n}^{5}\geqslant C_{n-3}^{2}$.

综上可知，至少有 C_{n-3}^{2} 个凸四边形.

证法二：以给定点中任意 3 点为顶点可以作一个三角形，设这些三角形中面积最大的一个为 $\triangle ABC$，过顶点 A，B，C 分别作对边的平行线，3 条平行线相交成 $\triangle DEF$（图 7），则 n 个给定的点全部落在 $\triangle DEF$ 的内部或边界上（否则与 $\triangle ABC$ 的面积最大矛盾）.

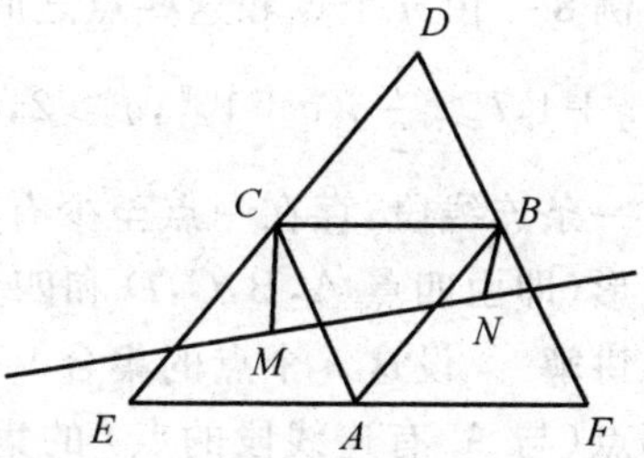

图 7

除 A，B，C 3 点外，另外 $n-3$ 个任意两点 M，N 所决定的直线至多与 $\triangle ABC$ 的两边相交而与第三条边不相交. 不妨设 MN 不与 BC 相交（图 3），于是 $MNBC$ 为凸四边形，显然，这些凸四边形互不相同，并且至少有 C_{n-3}^{2} 个.

说明　组合计数是组合几何的一个重要组成部分，算两次是其中的方法之一.

例 7　设 n 和 k 是正整数，S 是平面上 n 个点的集合，满足：

(1) S 中任何三点不共线；

(2) 对 S 中的每一点 P，S 中存在 k 个点与 P 的距离相等.

求证：$k<\frac{1}{2}+\sqrt{2n}$.

分析　由于 S 中的每一点 P，S 中存在 k 个点与 P 的距离相等，所以考虑以 S 中的每一点为中心作圆，每个圆上至少有 k 个点，再利用算两次的方法计算两个端点均属于 S 的线段的条数，就可以得出不等关系，问题就迎刃而解了.

讲解 依题设,以 S 中的每一点为中心可作 n 个圆,使每个圆上至少有 k 个点属于 S.

我们称两个端点均属于 S 的线段为好线段.一方面,好线段显然共有 C_n^2 条.

另一方面,每个圆上至少有 C_k^2 条好线段,n 个圆共有 nC_k^2 条好线段,但其中有一些公共弦被重复计算了.但每两个圆至多有一条公共弦,n 个圆至多有 C_n^2 条公共弦(这些弦不一定是好线段),故好线段的条数不少于 $nC_k^2-C_n^2$.综上所述,得到 $C_n^2\geqslant nC_k^2-C_n^2$,即 $k^2-k-2(n-1)\leqslant 0$.

所以,$k\leqslant\dfrac{1+\sqrt{1+8(n-1)}}{2}<\dfrac{1+\sqrt{8n}}{2}=\dfrac{1}{2}+\sqrt{2n}$.

说明 (1)本题中第一个条件是多余的;(2)算两次的思想方法在组合数学中经常使用,如果两次都是精确结果,综合起来得到一个等式;如果至少有一次采用了估算(计算了量的上界或下界),那么,就可以得到一个不等式.

例 8 由 n 个点和这些点之间的 l 条连线段组成一个空间图形,其中 $n=q^2+q+1$,$l\geqslant\dfrac{1}{2}q(q+1)^2$,$q\geqslant 2$,$q\in\mathbf{N}$.已知此图中任意四点不共面,每点至少有一条连线段,存在一点至少有 $q+2$ 条连线段.求证:图中必存在一个空间四边形(即由四点 A,B,C,D 和四条连线段 AB,BC,CD,DA 组成的图形).

讲解 设这 n 个点的集合 $V=\{A_0,A_1,A_2,\cdots,A_{n-1}\}$ 为全集,记 A_i 的所有邻点(与 A_i 有连线段的点)的集合为 B_i,B_i 中点的个数记为 $|B_i|=b_i$.显然,$\sum\limits_{i=1}^{n}b_i=2l$ 且 $b_i\leqslant(n-1)$,$i=0,1,2,\cdots,n-1$.

若存在 $b_i=n-1$ 时,只需取

$$l=(n-1)+(\frac{n-1}{2})+1\leqslant\frac{1}{2}(q+1)(n-1)+1=\frac{1}{2}q(q+1)^2+1$$

则图中必存在四边形.因此,下面只讨论 $b_i<n-1$,$i=0,1,2,\cdots,n-1$ 的情况.

不妨设 $q+2\leqslant b_0<n-1$.

用反证法.若图中不存在四边形,则当 $i\neq j$ 时,B_i 与 B_j 无公共点对,即 $|B_i\cap B_j|\leqslant 1(0\leqslant i<j\leqslant n-1)$.因此,$|B_i\cap\overline{B_0}|\geqslant b_i-1$,$i=0,1,2,\cdots,n-1$.

故 $|V\cap\overline{B_0}|$ 中点对的个数 $=C_{n-b_0}^2\geqslant\sum\limits_{i=1}^{n-1}$($B_i\cap\overline{B_0}$ 中点对的个数)$=\sum\limits_{i=1}^{n-1}C_{|B_i\cap\overline{B_0}|}^2\geqslant\sum\limits_{i=1}^{n-1}C_{b_i-1}^2$(当 $b_i=1$ 或 2 时,令 $C_{b_i-1}^2=0$)$=\dfrac{1}{2}\sum\limits_{i=1}^{n-1}(b_i^2-3b_i+2)\geqslant$

$$\frac{1}{2}\left[\frac{(\sum_{i=1}^{n}b_i)^2}{n-1}-3(\sum_{i=1}^{n}b_i)+2(n-1)\right]=\frac{1}{2(n-1)}(2l-b_0-n+1)(2l-b_0-2n+2)\geqslant\frac{1}{2(n-1)}(nq-q+2-b_0)(nq-q-n+3-b_0).$$

即

$$q(q+1)(n-b_0)(n-b_0-1)\geqslant(nq-q+2-b_0)(nq-q-n+3-b_0) \quad ①$$

而

$$(nq-q-n+3-b_0)-q(n-b_0-1)=(q-1)b_0-n+3 \quad ②$$

及

$$(nq-q+2-b_0)-(q+1)(n-b_0)=qb_0-q-n+2\geqslant q(q+2)-q-n+2=1>0 \quad ③$$

由 ②,③ 及$(n-b_0)(q+1)$,$(n-b_0-1)q$ 皆为正整数,得

$$(nq-q+2-b_0)(nq-q-n+3-b_0)>q(q+1)(n-b_0)(n-b_0-1)$$

而这与所得的式 ① 相矛盾,故原命题成立.

例 9　设M为平面上坐标为$(p\times1\,994,7p\times1\,994)$的点,其中$p$是素数.求满足下述条件的直角三角形的个数:

(1) 三角形的 3 个顶点都是整点,而且M是直角顶点;

(2) 三角形的内心是坐标原点.

讲解　如图 8,联结坐标原点O及点M,取线段OM的中点$I(p\times997,7p\times997)$,把满足条件的一个直角三角形关于点$I$作一个中心对称,即把点$(x,y)$变为$(p\times1\,994-x,7p\times1\,994-y)$.于是,满足条件的一个整点三角形变为一个与之全等的整点直角三角形.三角形的内心变到点M,直角顶点变到坐标原点.因此,所求整点三角形的个数,只需考虑直角顶点在坐标原点,内心在点M的情况即可.

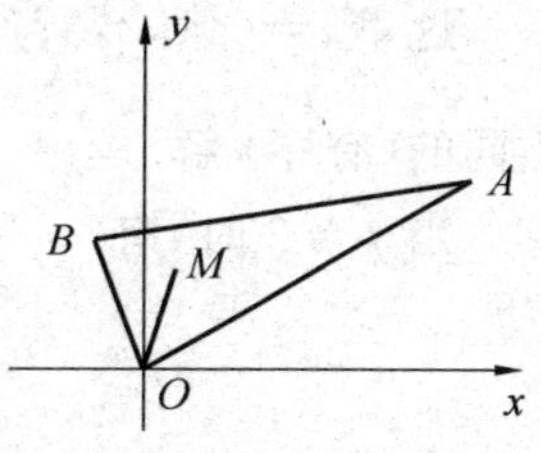

图 8

考虑满足上述条件的整点 Rt$\triangle OAB$.

设$\angle xOM=\beta$,$\angle xOA=\alpha$,$\alpha+\frac{\pi}{4}=\beta$,由题设条件,知$\tan\beta=7$,

$$\tan\alpha=\tan(\beta-\frac{\pi}{4})=\frac{\tan\beta-1}{1+\tan\beta}=\frac{3}{4} \quad ①$$

于是,直角边OA上的任一点的坐标可写成$(4t,3t)$,由于A是整点,则$t\in\mathbf{N}$,$OA=5t$,从$\angle yOB=\alpha$,可知点B的坐标为$(-3s,4s)$,$s\in\mathbf{N}$,$OB=5s$.

直角三角形内切圆半径 $r=\frac{\sqrt{2}}{2}OM=5p\times 1\,994$. 设

$$OA=2r+u\ ,OB=2r+v \quad ②$$

由于 OA,OB,r 都为 5 的倍数,则正整数 u,v 都是 5 的倍数.

利用圆外一点到圆的两条切线长相等,有

$$AB=(r+u)+(r+v)=2r+u+v \quad ③$$

由于 $\triangle OAB$ 是一个直角三角形,有

$$0=AB^2-OA^2-OB^2=(2r+u+v)^2-(2r+u)^2-(2r+v)^2=2uv-4r^2 \quad ④$$

于是,有

$$uv=2r^2 \quad ⑤$$

由于 $\frac{u}{5},\frac{v}{5}$ 都是正整数,可得

$$\frac{u}{5}\cdot\frac{v}{5}=2^3\times 997\times p^2 \quad ⑥$$

当 $p\neq 2$ 和 $p\neq 997$ 时,有

$$\begin{cases}\frac{u}{5}=2^i\times 997^j\times p^k\\ \frac{v}{5}=2^{3-i}\times 997^{2-j}\times p^{2-k}\end{cases} \quad ⑦$$

这里 $i=0,1,2,3;j=0,1,2;k=0,1,2$. 那么$(\frac{u}{5},\frac{v}{5})$有 $4\times 3\times 3=36$ 组不同的(有序)解.

当 $p=2$ 时,有

$$\begin{cases}\frac{u}{5}=2^i\times 997^j\\ \frac{v}{5}=2^{5-i}\times 997^{2-j}\end{cases} \quad ⑧$$

这里 $i=0,1,2,3,4,5;j=0,1,2$. 那么$(\frac{u}{5},\frac{v}{5})$有 $6\times 3=18$(组)不同的(有序)解.

当 $p=997$ 时,有

$$\begin{cases}\frac{u}{5}=2^i\times 997^j\\ \frac{v}{5}=2^{3-i}\times 997^{4-j}\end{cases} \quad ⑨$$

这里 $i=0,1,2,3$；$j=0,1,2,3,4$. 那么$\left(\frac{u}{5},\frac{v}{5}\right)$有 $4\times 5=20$ 组不同的(有序)解.

于是,所求的直角三角形的个数

$$S=\begin{cases}36 & \text{当 } p\neq 2 \text{ 和 } p\neq 997 \text{ 时}\\ 18 & \text{当 } p=2 \text{ 时}\\ 20 & \text{当 } p=997 \text{ 时}\end{cases} \qquad ⑩$$

例 10　设 X 是一个 56 元集合. 求最小的正整数 n,使得对 X 的任意 15 个子集,只要它们中任何 7 个的并的元素个数都不少于 n,则这 15 个子集中一定存在 3 个,它们的交非空.

讲解　n 的最小值为 41.

首先证明 $n=41$ 合乎条件. 用反证法. 假定存在 X 的 15 个子集,它们中任何 7 个的并不少于 41 个元素,而任何 3 个的交都为空集. 因每个元素至多属于 2 个子集,不妨设每个元素恰好属于 2 个子集(否则在一些子集中添加一些元素,上述条件仍然成立),由抽屉原理,必有一个子集,设为 A,至少含有 $\left[\frac{2\times 56}{15}\right]+1=8$ 个元素,又设其他 14 个子集为 $A_1,A_2,\cdots,A_{14}$. 不含 A 的任何 7 个子集,都对应 X 中的 41 个元素,所有不含 A 的 7－子集组一共至少对应 $41C_{14}^7$ 个元素. 另一方面,对于元素 a,若 $a\notin A$,则 $A_1,A_2,\cdots,A_{14}$ 中有 2 个含有 a,于是 a 被计算了 $C_{14}^7-C_{12}^7$ 次;若 $a\in A$,则 $A_1,A_2,\cdots,A_{14}$ 中有一个含有 a,于是 a 被计算了 $C_{14}^7-C_{13}^7$ 次,于是

$$\begin{aligned}41C_{14}^7&\leqslant(56-|A|)(C_{14}^7-C_{12}^7)+|A|(C_{14}^7-C_{13}^7)=\\&56(C_{14}^7-C_{12}^7)-|A|(C_{13}^7-C_{12}^7)\leqslant\\&56(C_{14}^7-C_{12}^7)-8(C_{13}^7-C_{12}^7)\end{aligned}$$

由此可得 $196\leqslant 195$,矛盾.

其次证明 $n\geqslant 41$.

用反证法. 假定 $n\leqslant 40$,设 $X=\{1,2,\cdots,56\}$,令

$$A_i=\{i,i+7,i+14,i+21,i+28,i+35,i+42,i+49\},i=1,2,\cdots,7$$

$$B_j=\{j,j+8,j+16,j+24,j+32,j+40,j+48\},j=1,2,\cdots,8.$$

显然,$|A_i|=8(i=1,2,\cdots,7)$,$|A_i\cap A_j|=0(1\leqslant i<j\leqslant 7)$,$|B_j|=7(j=1,2,\cdots,8)$,$|B_i\cap B_j|=0(1\leqslant i<j\leqslant 8)$,于是,对其中任何 3 个子集,必有 2 个同时为 A_i,或者同时为 $|B_j|$,其交为空集.

对其中任何 7 个子集 $A_{i_1},A_{i_2},\cdots,A_{i_s},B_{j_1},B_{j_2},\cdots,B_{j_t}(s+t=7)$,有

$$|A_{i_1}\cup A_{i_2}\cup\cdots\cup A_{i_s}\cup B_{j_1}\cup B_{j_2}\cup\cdots\cup B_{j_t}|=$$

$$|A_{i_1}|+|A_{i_2}|+\cdots+|A_{i_s}|+|B_{j_1}|+|B_{j_2}|+\cdots+|B_{j_t}|-st=$$
$$8s+7t-st=8s+7(7-s)-s(7-s)=$$
$$(s-3)^2+40\geqslant 40$$

任何 3 个子集的交为空集，所以 $n\geqslant 41$.

综上所述，n 的最小值为 41.

课外训练

1. 在 6 条棱长为 2,3,3,4,5,5 的所有四面体中最大的体积是多少？证明你的结论.

2. 平面上的点集 H 称为好的，如果 H 中的任意 3 个点都存在一条对称轴，使得这 3 个点关于这条对称轴对称. 证明：

(1) 一个好的集合不一定是轴对称的；

(2) 如果一个好的集合中恰有 2 003 个点，则这 2 003 个在一条直线上.

3. 已知一张 $n\times n(n\geqslant 3)$ 的方格纸板，每个单位正方形内有下列 4 个单位向量之一：↑，↓，←，→，其中向量平行于单位正方形的边，且过单位正方形的中心. 一只甲虫每次根据向量所指的方向从一个单位正方形爬到另一个单位正方形. 如果甲虫从任意一个单位正方形出发，经过若干次移动以后，又回到出发时的那个单位正方形，其中向量所指的方向不允许甲虫离开方格纸板. 问是否可能使得任意一行(不包括第一行和最后一行) 所有向量的和等于这一行平行于这一行的所有向量之和，任意一列(不包括第一列和最后一列) 所有向量的和等于这一列平行于这一列的所有向量之和.

4. 设正整数 $n\geqslant 3$，如果在平面上有 n 个格点 $P_1,P_2,\cdots,P_n$ 满足：当 $|P_iP_j|$ 为有理数时，存在 P_k，使得 $|P_iP_k|$ 和 $|P_jP_k|$ 都是无理数；当 $|P_iP_j|$ 为无理数时，存在 P_k，使得 $|P_iP_k|$ 和 $|P_jP_k|$ 都是有理数，那么，称 n 为“好数”.

(1) 求最小的“好数”；

(2) 问：2 005 是否为“好数”？

5. 求证：对 $n\geqslant 4$，每一个有外接圆的四边形，总可以划分成 n 个都有外接圆的四边形.

6. 在平面上引 4 条直线，使得其中每两条都相交，而任何 3 条不共点(这些直线中的每一条都与其余的直线有 3 个交点)，试问这样分割的 8 条线段的长度能否分别等于

(1)1,2,3,4,5,6,7,8；

(2) 不同的正整数值.(1991 年全苏数学奥林匹克试题)

7.在边长为 1 的正方形网格平面上有一个直角三角形,其所有顶点都是格点,且三边长均为整数,证明:其内切圆圆心也是一个格点.

8.平面上已给 7 个点,用一些线段联结它们,使得

(1) 每三点中至少有两点相连;

(2) 线段的条数最少.

问有多少条线段?给出一个这样的图.

9.设 $P_1,P_2,\cdots,P_{1\,993}=P_0$ 是平面 xOy 上具有下列性质的不同点:

(1)P_i 的坐标是两个整数,求证 $i=1,2,3,\cdots,1\,993$;

(2) 除 P_i 和 P_{i+1} 外,在线段 P_iP_{i+1} 上没有坐标是两个整数的点,其中 $i=0,1,2,\cdots,1\,992$.

求证:对于某个 i,$0\leqslant i\leqslant 1\,992$,在线段 P_iP_{i+1} 上存在一个点 $Q(q_x,q_y)$ 使得 $2q_x$ 和 $2q_y$ 是奇整数.

10.将边长为整数 m,n 的矩形划分成若干个边长均为正整数的正方形.每个正方形的边平行于矩形的相应边,试求这些正方形边长之和的最小值.

11.对于平面上任意三点 P,Q,R,我们定义 $m(PQR)$ 为 $\triangle PQR$ 的最短的一条高线的长度(当 P,Q,R 三点共线时,令 $m(PQR)=0$).

设 A,B,C 为平面上三点,对此平面上任意一点 X,求证:

$$m(ABC)\leqslant m(ABX)+m(AXC)+m(XBC)$$

参考答案

第23讲　空间图形的位置关系

1. ①③　② 中 l 与 m 可能异面;④ 中 α 与 β 也可能相交.

2. 26π　由题意得

$$\begin{cases}\frac{1}{2}PA\cdot PB=1.5\\ \frac{1}{2}PB\cdot PC=2\\ \frac{1}{2}PC\cdot PA=6\end{cases}$$

解得

$$\begin{cases}PA=3\\ PB=1\\ PC=4\end{cases}$$

因为 PA,PB,PC 两两互相垂直,所以可构造长方体.长方体的体对角线长为$\sqrt{26}$,即为外接球的直径,所以外接球的表面积为 26π.

3. ②④　①③ 中的直线 m 与 n 可以是异面直线.

4. ①③④⑤　如图1,B,D,A_1 到平面 α 的距离分别为 1,2,4,则 DA_1 的中点到平面 α 的距离为 3,所以 D_1 到平面 α 的距离为 6;BA_1 的中点到平面 α 的距离为$\frac{5}{2}$,所以 B_1 到平面 α 的距离为 5;则 DB 的中点到平面 α 的距离为$\frac{3}{2}$,所以 C 到平面 α 的距离为 3;CA_1 的中点到平面 α 的距离为$\frac{7}{2}$,所以 C_1 到平面 α 的距离为 7;而 P 为 C,C_1,

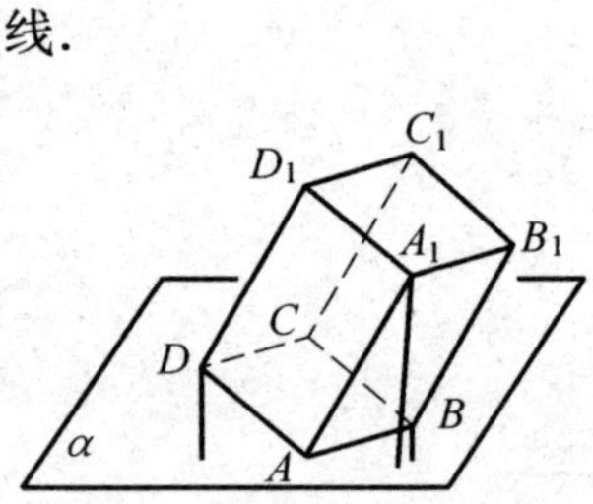

图 1

B_1,D_1 中的一点,所以所有可能的结果为 3,5,6,7.

5.②③④⇒①(或 ①③④⇒②)　同垂直于一个平面的两条直线互相平行,同垂直于两个平行平面的两条直线也互相平行,故 ②③④⇒①.(同理①③④⇒②)

6.48　正四棱锥的高 $h=\sqrt{5^2-3^2}=4(\text{cm})$,$V=\frac{1}{3}\times 6^2\times 4=48(\text{cm}^3)$.

7.①③④⑤　当四点共面时为矩形;当四点不共面时,若有三点在正方体的某一面内,则可形成 ③⑤ 中的几何形体,若任意三点都不在正方体的某一面内,则形成 ④ 中的几何形体.

答案:

8.$2\sqrt{3}$　如图 2,正三棱柱 $ABC-A_1B_1C_1$ 中,$\triangle ABC$ 为正三角形,边长为 2,$\triangle DEF$ 为等腰直角三角形,DF 为斜边,设 DF 长为 x,则 $DE=EF=\frac{\sqrt{2}}{2}x$,作 $DG\perp BB_1$,$HG\perp CC_1$,$EI\perp CC_1$,则

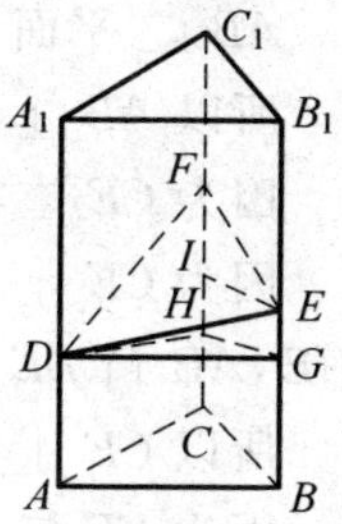

图 2

$$EG=\sqrt{DE^2-DG^2}=\sqrt{\frac{x^2}{2}-4}$$

$$FI=\sqrt{EF^2-EI^2}=\sqrt{\frac{x^2}{2}-4}$$

$$FH=FI+HI=FI+EG=2\sqrt{\frac{x^2}{2}-4}$$

在 Rt$\triangle DHF$ 中,$DF^2=DH^2+FH^2$,即 $x^2=4+\left(2\sqrt{\frac{x^2}{2}-4}\right)^2$,解得 $x=2\sqrt{3}$.即该三角形的斜边长为 $2\sqrt{3}$.

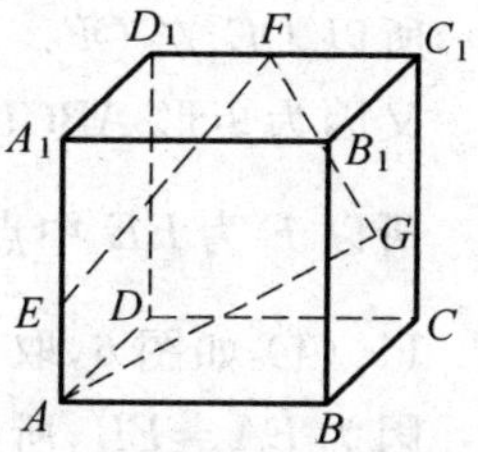

图 3

9.12　根据题意作图,如图 3 所示.如图 4(a),当 E 与 A_1 重合,F 与 B_1 重合时,四边形 $AEFG$ 在前、后面的正投影的面积最大值为 12;

如图 4(b),当 E 与 A_1 重合,四边形 $AEFG$ 在左、右面的正投影的面积最大值为 8;

如图 4(c),当 F 与 D 重合时,四边形 $AEFG$ 在上、下面的正投影的面积最大值为 8;

综上得,面积最大值为 12.

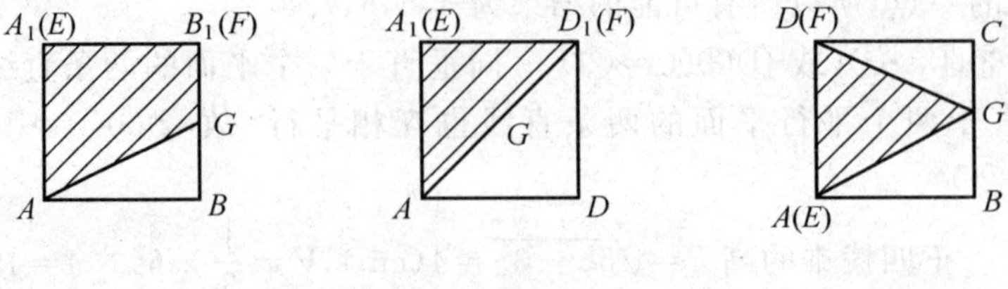

(a)　　(b)　　(c)

图 4

10.(1) 因为 $ABCD$ 为矩形,所以 $AB \perp BC$.

因为平面 $ABCD \perp$ 平面 BCE,

平面 $ABCD \cap$ 平面 $BCE = BC$,

$AB \subseteq$ 平面 $ABCD$,

所以 $AB \perp$ 平面 BCE.

因为 $CE \subseteq$ 平面 BCE,所以 $CE \perp AB$.

因为 $CE \perp BE$,$AB \subseteq$ 平面 ABE,$BE \subseteq$ 平面 ABE,$AB \cap BE = B$,

所以 $CE \perp$ 平面 ABE.

因为 $CE \subseteq$ 平面 AEC,所以平面 $AEC \perp$ 平面 ABE.

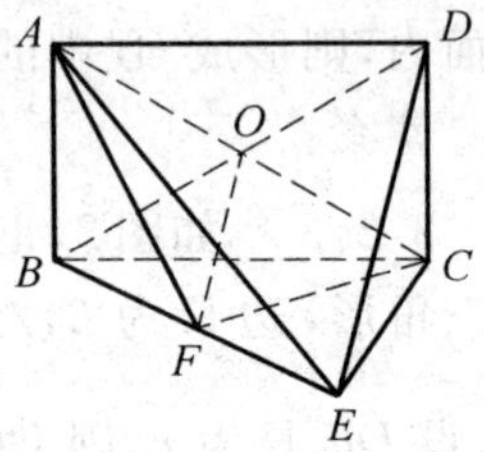

图 5

(2) 如图 5,联结 BD 交 AC 于点 O,联结 OF.

因为 $DE \mathbin{/\!/}$ 平面 ACF,$DE \subseteq$ 平面 BDE,平面 $ACF \cap$ 平面 $BDE = OF$,

所以 $DE \mathbin{/\!/} OF$.

又因为矩形 $ABCD$ 中,O 为 BD 中点,

所以 F 为 BE 中点,即 $\frac{BF}{BE} = \frac{1}{2}$.

11.(1) 如图 6,取 AB 中点 O,联结 EO,DO.

因为 $EA = EB$,所以 $EO \perp AB$. 因为 $AB \mathbin{/\!/} CD$,$AB = 2CD$,

所以 $BO \mathbin{/\!/} CD$,$BO = CD$.

又因为 $AB \perp BC$,所以四边形 $OBCD$ 为矩形,所以 $AB \perp DO$.

因为 $EO \cap DO = O$,所以 $AB \perp$ 平面 EOD. 又因为 $EDC \perp$ 平面 EOD,所以 $AB \perp ED$.

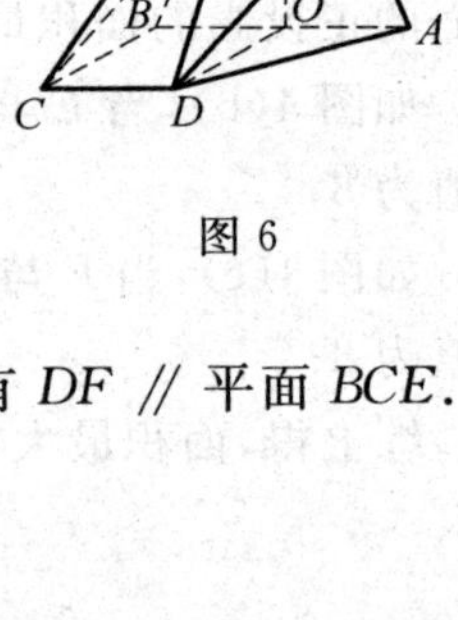

图 6

(2) 存在点 F 满足 $\frac{EF}{EA} = \frac{1}{2}$,即 F 为 EA 中点时,有 $DF \mathbin{/\!/}$ 平面 BCE.

证明如下:如图 6,取 EB 中点 G,联结 CG,FG.

因为 F 为 EA 中点，所以 $FG \parallel AB$，$FG=\frac{1}{2}AB$.

因为 $AB \parallel CD$，$CD=\frac{1}{2}AB$，所以 $FG \parallel CD$，$FG=CD$.

所以四边形 $CDFG$ 是平行四边形，所以 $DF \parallel CG$.

因为 $DF \not\subseteq$ 平面 BCE，$CG \subseteq$ 平面 BCE，

所以 $DF \parallel$ 平面 BCE.

第 24 讲　平行与垂直的判定与性质

1. B　对于选项 A，不合题意；对于选项 B，由于 l_1 与 l_2 是相交直线，而且由 $l_1 \parallel m$ 可得 $l_1 \parallel \alpha$，同理可得 $l_2 \parallel \alpha$，故可得 $\alpha \parallel \beta$，充分性成立，而由 $\alpha \parallel \beta$ 不一定能得到 $l_1 \parallel m$，它们也可以异面，故必要性不成立，故选 B；对于选项 C，由于 m，n 不一定相交，故是必要非充分条件；对于选项 D，由于 $n \parallel l_2$ 可转化为 $n \parallel \beta$，同选项 C，不符合题意.

2. $\frac{24}{5}$ 或 24　根据题意可得到如图 1(a)(b) 所示两种情况：

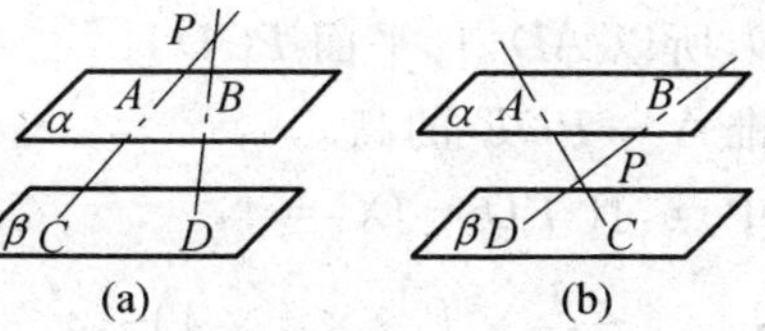

图 1

可求出 BD 的长分别为 $\frac{24}{5}$ 或 24.

3. (8,10)　如图 2，设 $\frac{DH}{DA}=\frac{GH}{AC}=k$，所以 $\frac{AH}{DA}=\frac{EH}{BD}=1-k$，

所以 $GH=5k$，$EH=4(1-k)$，

所以周长为 $8+2k$.

又因为 $0<k<1$，所以周长的范围为 $(8,10)$.

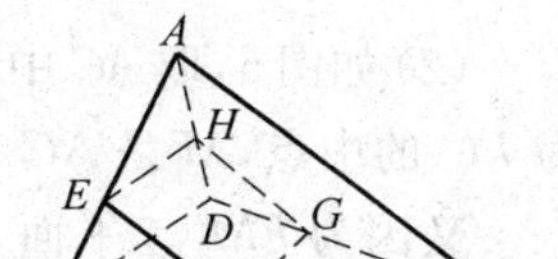

图 2

4. 如图 3,因为 $\alpha \parallel \beta$,所以 $A_1B_1 \parallel AB$,$B_1C_1 \parallel BC$,又因 $\angle A_1B_1C_1$ 与 $\angle ABC$ 同向.

所以 $\angle A_1B_1C_1 = \angle ABC$.

又因为 $\cos \angle ABC = \dfrac{5^2+8^2-7^2}{2\times 5\times 8} = \dfrac{1}{2}$,所以 $\angle ABC = 60^\circ = \angle A_1B_1C_1$.

又因为 B_1 为 EB 的中点,所以 B_1A_1 是 $\triangle EAB$ 的中位线,所以 $B_1A_1 = \dfrac{1}{2}AB = \dfrac{5}{2}$.

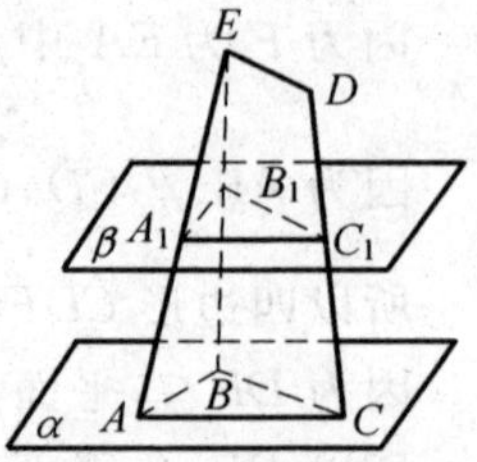

图 3

同理知 B_1C_1 为梯形 $BCDE$ 的中位线,所以 $B_1C_1 = \dfrac{1}{2}(BC+DE) = 5$.

则 $S_{\triangle A_1B_1C_1} = \dfrac{1}{2}A_1B_1 \cdot B_1C_1 \cdot \sin 60^\circ = \dfrac{1}{2}\cdot\dfrac{5}{2}\cdot 5\cdot\dfrac{\sqrt{3}}{2} = \dfrac{25}{8}\sqrt{3}$.

故 $\triangle A_1B_1C_1$ 的面积为 $\dfrac{25}{8}\sqrt{3}$.

5. (1) 如图 4,因为 $PD \perp$ 平面 $ABCD$,所以 $PD \perp AD$.

又因 $ABCD$ 是矩形,所以 $AD \perp CD$.

因 $PD \cap CD = D$,所以 $AD \perp$ 平面 PCD,

所以 AD 是三棱锥 $A-PDE$ 的高.

因为 E 为 PC 的中点,且 $PD = DC = 4$,

所以 $S_{\triangle PDE} = \dfrac{1}{2}S_{\triangle PDC} = \dfrac{1}{2}\times\left(\dfrac{1}{2}\times 4\times 4\right) = 4$.

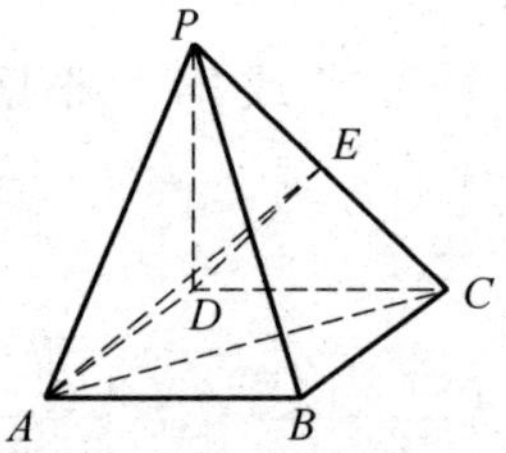

图 4

又 $AD = 2$,所以

$$V_{\text{三棱锥}A-PDE} = \frac{1}{3}AD\cdot S_{\triangle PDE} = \frac{1}{3}\times 2\times 4 = \frac{8}{3}$$

(2) 如图 5,取 AC 中点 M,联结 EM,DM,因为 E 为 PC 的中点,M 是 AC 的中点,所以 $EM \parallel PA$.

又因为 $EM \subseteq$ 平面 EDM,$PA \not\subseteq$ 平面 EDM,所以 $PA \parallel$ 平面 EDM.

所以 $AM = \dfrac{1}{2}AC = \sqrt{5}$.

即在 AC 边上存在一点 M,使得 $PA \parallel$ 平面 EDM,AM 的长为 $\sqrt{5}$.

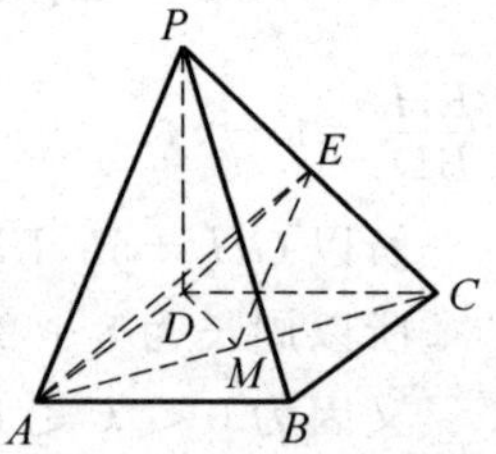

图 5

6. 如图 6，在平面 PCD 内，过 E 作 $EG \parallel CD$ 交 PD 于 G，

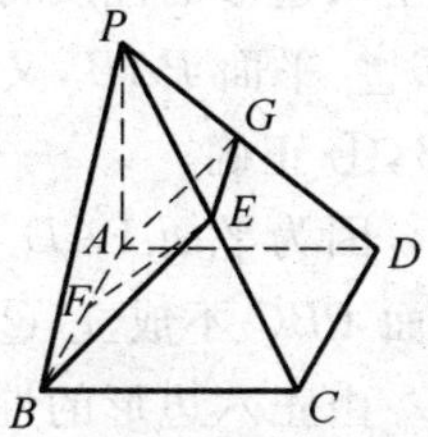

图 6

联结 AG，在 AB 上取点 F，使 $AF = EG$，

因为 $EG \parallel CD \parallel AF$，$EG = AF$，

所以四边形 $FEGA$ 为平行四边形，

所以 $FE \parallel AG$.

又 $AG \not\subseteq$ 平面 PAD，$FE \not\subseteq$ 平面 PAD，

所以 $EF \parallel$ 平面 PAD.

所以 F 即为所求的点.

又 $PA \perp$ 面 $ABCD$，所以 $PA \perp BC$，又 $BC \perp AB$，所以 $BC \perp$ 面 PAB.

所以 $PB \perp BC$.

所以 $PC^2 = BC^2 + PB^2 = BC^2 + AB^2 + PA^2$.

设 $PA = x$ 则 $PC = \sqrt{2a^2 + x^2}$，

由 $PB \cdot BC = BE \cdot PC$ 得

$$\sqrt{a^2 + x^2} \cdot a = \sqrt{2a^2 + x^2} \cdot \frac{\sqrt{6}}{3}a$$

所以 $x = a$，即 $PA = a$，所以 $PC = \sqrt{3}a$. 又

$$CE = \sqrt{a^2 - (\frac{\sqrt{6}}{3}a)^2} = \frac{\sqrt{3}}{3}a$$

所以$\frac{PE}{PC} = \frac{2}{3}$，所以$\frac{GE}{CD} = \frac{PE}{PC} = \frac{2}{3}$，即 $GE = \frac{2}{3}CD = \frac{2}{3}a$，所以 $AF = \frac{2}{3}a$.

7. 如图 7，联结 AC 交 BD 于 O，在长方体中，因为 $AB = AD = 3$，所以 $BD = 3\sqrt{2}$ 且 $AC \perp BD$.

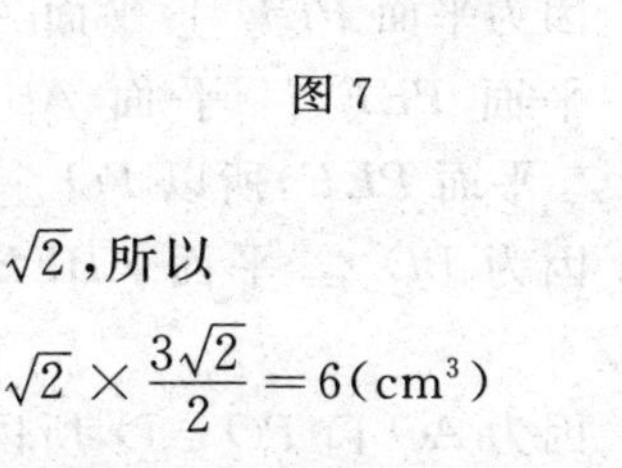

图 7

又因为 $BB_1 \perp$ 底面 $ABCD$，所以 $BB_1 \perp AC$.

又 $DB \cap BB_1 = B$，所以 $AC \perp$ 平面 BB_1D_1D，所以 AO 为四棱锥 $A - BB_1D_1D$ 的高且 $AO = \frac{1}{2}BD = \frac{3\sqrt{2}}{2}$.

因为 $S_{矩形BB_1D_1D} = BD \times BB_1 = 3\sqrt{2} \times 2 = 6\sqrt{2}$，所以

$$V_{A-BB_1D_1D} = \frac{1}{3}S_{矩形BB_1D_1D} \cdot AO = \frac{1}{3} \times 6\sqrt{2} \times \frac{3\sqrt{2}}{2} = 6(\mathrm{cm}^3)$$

8. ①④　如图 8，由 $PA \perp$ 平面 ABC，$AE \subseteq$ 平面 ABC，得 $PA \perp AE$，又

由正六边形的性质得 $AE \perp AB$,$PA \cap AB = A$,得 $AE \perp$ 平面 PAB,又 $PB \subseteq$ 平面 PAB,所以 $AE \perp PB$,① 正确;

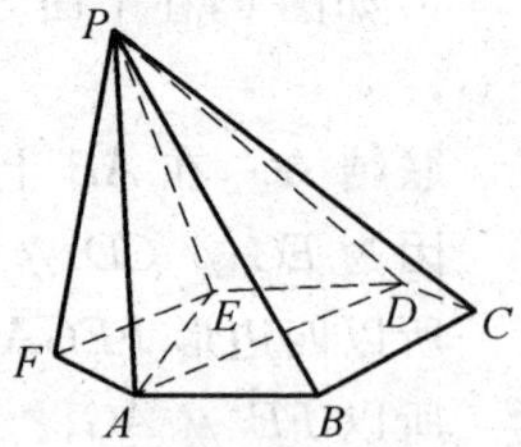

图 8

因为平面 $PAD \perp$ 平面 ABC,所以平面 $ABC \perp$ 平面 PBC 不成立,② 错;

由正六边形的性质得 $BC /\!/ AD$,又 $AD \subseteq$ 平面 PAD,$BC \not\subseteq$ 平面 PAD,所以 $BC /\!/$ 平面 PAD,所以直线 $BC /\!/$ 平面 PAE 也不成立,③ 错;

在 $\mathrm{Rt}\triangle PAD$ 中,$PA = AD = 2AB$,所以 $\angle PDA = 45°$,所以 ④ 正确.

9.(1) 如图 9,取 AB 的中点 E,联结 DE,CE.

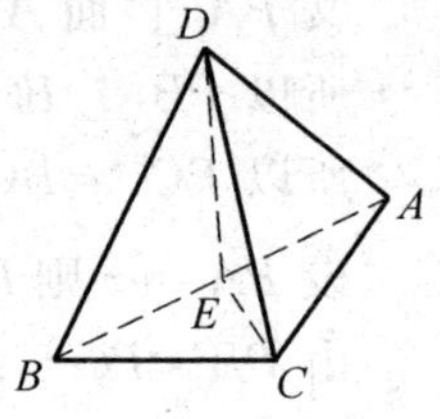

图 9

因为 $\triangle ADB$ 是等边三角形,所以 $DE \perp AB$.

当平面 $ADB \perp$ 平面 ABC 时,

因为平面 $ADB \cap$ 平面 $ABC = AB$,

所以 $DE \perp$ 平面 ABC,可知 $DE \perp CE$.

由已知可得 $DE = \sqrt{3}$,$EC = 1$.

在 $\mathrm{Rt}\triangle DEC$ 中,$CD = \sqrt{DE^2 + EC^2} = 2$.

(2) 当 $\triangle ADB$ 以 AB 为轴转动时,总有 $AB \perp CD$.证明如下:

① 当 D 在平面 ABC 内时,因为 $AC = BC$,$AD = BD$,所以 C,D 都在线段 AB 的垂直平分线上,即 $AB \perp CD$.

② 当 D 不在平面 ABC 内时,由(1) 知 $AB \perp DE$.

又因为 $AC = BC$,所以 $AB \perp CE$.

又 DE,CE 为相交直线,所以 $AB \perp$ 平面 CDE.

由 $CD \subseteq$ 平面 CDE,得 $AB \perp CD$.

综上所述,总有 $AB \perp CD$.

10.(1) 因为菱形 $ABCD$ 的对角线互相垂直,所以 $BD \perp AC$,所以 $BD \perp AO$.

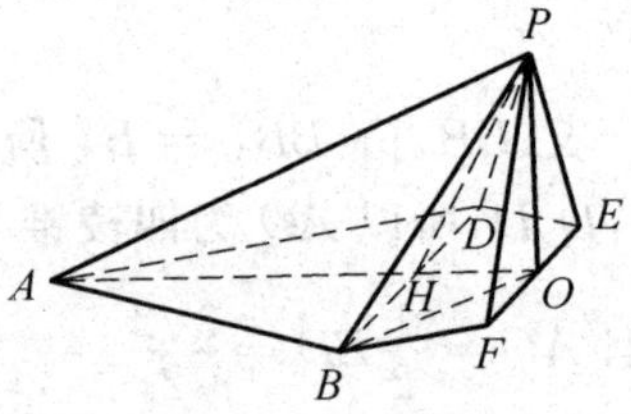

图 10

因为 $EF \perp AC$,所以 $PO \perp EF$.

因为平面 $PEF \perp$ 平面 $ABFED$,

平面 $PEF \cap$ 平面 $ABFED = EF$,且 $PO \subseteq$ 平面 PEF,所以 $PO \perp$ 平面 $ABFED$.

因为 $BD \subseteq$ 平面 $ABFED$,所以 $PO \perp BD$.

因为 $AO \cap PO = O$,所以 $BD \perp$ 平面 POA.

(2) 如图 10,设 $AO \cap BD = H$.

因为 $\angle DAB = 60^\circ$,所以 $\triangle BDA$ 为等边三角形.

故 $BD = 4, HB = 2, HA = 2\sqrt{3}$.

设 $PO = x$,则 $OH = 2\sqrt{3} - x, OA = 4\sqrt{3} - x$.

联结 PH, OB,由 $OH \perp BD$,得 $OB^2 = (2\sqrt{3} - x)^2 + 2^2$.

又由(1) 知 $PO \perp$ 平面 $BFED$,则 $PO \perp OB$. 所以

$$PB = \sqrt{OB^2 + OP^2} = \sqrt{(2\sqrt{3} - x)^2 + 2^2 + x^2} = \sqrt{2(x - \sqrt{3})^2 + 10}$$

当 $x = \sqrt{3}$ 时, $PB_{\min} = \sqrt{10}$,此时 $PO = \sqrt{3} = OH$,所以

$$V_{\text{四棱锥}P-BDEF} = \frac{1}{3} \times S_{\text{梯形}BDEF} \times PO = \frac{1}{3} \times \left(\frac{\sqrt{3}}{4} \times 4^2 - \frac{\sqrt{3}}{4} \times 2^2\right) \times \sqrt{3} = 3$$

11. (1) 因为 $DE \perp EF, CF \perp EF$,所以四边形 $CDEF$ 为矩形.

由 $GD = 5, DE = 4$,得 $GE = \sqrt{GD^2 - DE^2} = 3$.

由 $GC = 4\sqrt{2}, CF = 4$,得 $FG = \sqrt{GC^2 - CF^2} = 4$,所以 $EF = 5$.

在 $\triangle EFG$ 中,有 $EF^2 = GE^2 + FG^2$,所以 $EG \perp GF$.

又因为 $CF \perp EF, CF \perp FG$,所以 $CF \perp$ 平面 EFG.

所以 $CF \perp EG$,所以 $EG \perp$ 平面 CFG.

又 $EG \subseteq$ 平面 DEG,所以平面 $DEG \perp$ 平面 CFG.

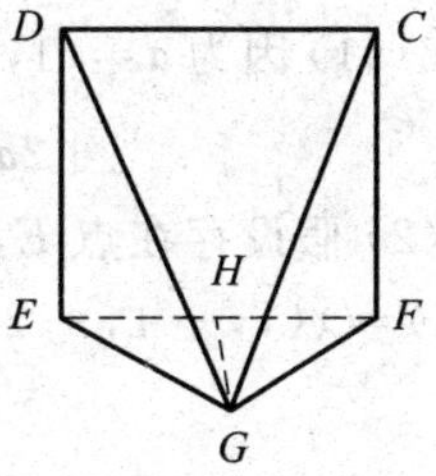

图 11

(2) 如图 11,在平面 EGF 中,过点 G 作 $GH \perp EF$ 于点 H,则

$$GH = \frac{EG \cdot GF}{EF} = \frac{12}{5}$$

因为平面 $CDEF \perp$ 平面 EFG,所以 $GH \perp$ 平面 $CDEF$,所以

$$V_{\text{多面体}CDEFG} = \frac{1}{3} S_{\text{矩形}CDEF} \cdot GH = 16$$

第 25 讲　空间向量及其运算

1. 60°　由题意得, $(2\boldsymbol{a} + \boldsymbol{b}) \cdot \boldsymbol{c} = 0 + 10 - 20 = -10$.

即 $2\boldsymbol{a} \cdot \boldsymbol{c} + \boldsymbol{b} \cdot \boldsymbol{c} = -10$.

又因为 $\boldsymbol{a} \cdot \boldsymbol{c} = 4$,所以 $\boldsymbol{b} \cdot \boldsymbol{c} = -18$,所以

$$\cos\langle \boldsymbol{b},\boldsymbol{c}\rangle=\frac{\boldsymbol{b}\cdot\boldsymbol{c}}{|\boldsymbol{b}|\cdot|\boldsymbol{c}|}=\frac{-18}{12\times\sqrt{1+4+4}}=-\frac{1}{2}$$

所以$\langle \boldsymbol{b},\boldsymbol{c}\rangle=120°$,所以两直线的夹角为 $60°$.

2.$\frac{3\sqrt{5}}{5}$　$\boldsymbol{b}-\boldsymbol{a}=(1+t,2t-1,0)$,所以

$$|\boldsymbol{b}-\boldsymbol{a}|=\sqrt{(1+t)^2+(2t-1)^2}=\sqrt{5\left(t-\frac{1}{5}\right)^2+\frac{9}{5}}$$

所以当 $t=\frac{1}{5}$ 时,$|\boldsymbol{b}-\boldsymbol{a}|$ 取得最小值$\frac{3\sqrt{5}}{5}$.

3.12　因为$\overrightarrow{PC}=\overrightarrow{PA}+\overrightarrow{AB}+\overrightarrow{BC}$,所以

$$\overrightarrow{PC}^2=\overrightarrow{PA}^2+\overrightarrow{AB}^2+\overrightarrow{BC}^2+2\,\overrightarrow{AB}\cdot\overrightarrow{BC}=$$
$$36+36+36+2\times 36\cos 60°=144$$

所以$|\overrightarrow{PC}|=12$.

4.平行　取$\overrightarrow{AB}=\boldsymbol{a},\overrightarrow{AD}=\boldsymbol{b},\overrightarrow{AA_1}=\boldsymbol{c}$为基底,易得$\overrightarrow{EF}=-\frac{1}{3}(\boldsymbol{a}-\boldsymbol{b}+\boldsymbol{c})$,

而$\overrightarrow{DB_1}=\boldsymbol{a}-\boldsymbol{b}+\boldsymbol{c}$,即$\overrightarrow{EF}\parallel\overrightarrow{DB_1}$,故 $EF\parallel DB_1$,

且 $EF\not\subseteq$ 平面 A_1B_1CD,$DB_1\subseteq$ 平面 A_1B_1CD,

所以 $EF\parallel$ 平面 A_1B_1CD.

5.(1) 因为$\boldsymbol{a}=(1,-3,2)$,$\boldsymbol{b}=(-2,1,1)$,所以 $2\boldsymbol{a}+\boldsymbol{b}=(0,-5,5)$,所以

$$|2\boldsymbol{a}+\boldsymbol{b}|=\sqrt{0^2+(-5)^2+5^2}=5\sqrt{2}$$

(2) 假设存在点 E,其坐标为 $E(x,y,z)$,则$\overrightarrow{AE}=\lambda\,\overrightarrow{AB}$,即$(x+3,y+1,z-4)=\lambda(1,-1,-2)$,所以

$$\begin{cases}x=\lambda-3\\ y=-\lambda-1\\ z=-2\lambda+4\end{cases}$$

所以 $E(\lambda-3,-\lambda-1,-2\lambda+4)$.

所以$\overrightarrow{OE}=(\lambda-3,-\lambda-1,-2\lambda+4)$.

又因为 $\boldsymbol{b}=(-2,1,1)$,$\overrightarrow{OE}\perp\boldsymbol{b}$,所以

$$\overrightarrow{OE}\cdot b=-2(\lambda-3)+(-\lambda-1)+(-2\lambda+4)=-5\lambda+9=0$$

所以$\lambda=\frac{9}{5}$,所以$E\left(-\frac{6}{5},-\frac{14}{5},\frac{2}{5}\right)$.

所以在直线 AB 上存在点 $E\left(-\frac{6}{5},-\frac{14}{5},\frac{2}{5}\right)$,使$\overrightarrow{OE}\perp\boldsymbol{b}$.

6.记$\overrightarrow{AB}=\boldsymbol{a},\overrightarrow{AD}=\boldsymbol{b},\overrightarrow{AA_1}=\boldsymbol{c}$,则

$$|\boldsymbol{a}|=|\boldsymbol{b}|=|\boldsymbol{c}|=1$$

$$\langle \boldsymbol{a},\boldsymbol{b}\rangle=\langle \boldsymbol{b},\boldsymbol{c}\rangle=\langle \boldsymbol{c},\boldsymbol{a}\rangle=60^\circ$$

所以

$$\boldsymbol{a}\cdot\boldsymbol{b}=\boldsymbol{b}\cdot\boldsymbol{c}=\boldsymbol{c}\cdot\boldsymbol{a}=\frac{1}{2}$$

(1)

$$|\overrightarrow{AC_1}|^2=(\boldsymbol{a}+\boldsymbol{b}+\boldsymbol{c})^2=\boldsymbol{a}^2+\boldsymbol{b}^2+\boldsymbol{c}^2+2(\boldsymbol{a}\cdot\boldsymbol{b}+\boldsymbol{b}\cdot\boldsymbol{c}+\boldsymbol{c}\cdot\boldsymbol{a})=$$

$$1+1+1+2\times(\frac{1}{2}+\frac{1}{2}+\frac{1}{2})=6$$

所以 $|\overrightarrow{AC_1}|=\sqrt{6}$，即 AC_1 的长为 $\sqrt{6}$.

(2) $\overrightarrow{BD_1}=\boldsymbol{b}+\boldsymbol{c}-\boldsymbol{a}$，$\overrightarrow{AC}=\boldsymbol{a}+\boldsymbol{b}$，所以

$$|\overrightarrow{BD_1}|=\sqrt{2},\ |\overrightarrow{AC}|=\sqrt{3}$$

$$\overrightarrow{BD_1}\cdot\overrightarrow{AC}=(\boldsymbol{b}+\boldsymbol{c}-\boldsymbol{a})\cdot(\boldsymbol{a}+\boldsymbol{b})=\boldsymbol{b}^2-\boldsymbol{a}^2+\boldsymbol{a}\cdot\boldsymbol{c}+\boldsymbol{b}\cdot\boldsymbol{c}=1$$

所以

$$\cos\langle\overrightarrow{BD_1},\overrightarrow{AC}\rangle=\frac{\overrightarrow{BD_1}\cdot\overrightarrow{AC}}{|\overrightarrow{BD_1}||\overrightarrow{AC_1}|}=\frac{\sqrt{6}}{6}$$

所以 BD_1 与 AC 夹角的余弦值为 $\frac{\sqrt{6}}{6}$.

7. 易知 $|\overrightarrow{OA}|=\sqrt{(2\boldsymbol{a}+\boldsymbol{b})^2}=\sqrt{4|\boldsymbol{a}|^2+|\boldsymbol{b}|^2+4\boldsymbol{a}\cdot\boldsymbol{b}}=\sqrt{7}$，同理 $|\overrightarrow{OB}|=\sqrt{7}$，则 $\cos\angle AOB=\frac{\overrightarrow{OA}\cdot\overrightarrow{OB}}{|\overrightarrow{OA}|\cdot|\overrightarrow{OB}|}=\frac{6|\boldsymbol{a}|^2-|\boldsymbol{b}|^2+\boldsymbol{a}\cdot\boldsymbol{b}}{7}=\frac{11}{14}$，从而有 $\sin\angle AOB=\frac{5\sqrt{3}}{14}$，则 $\triangle OAB$ 的面积 $S=\frac{1}{2}\times\sqrt{7}\times\sqrt{7}\times\frac{5\sqrt{3}}{14}=\frac{5\sqrt{3}}{4}$.

8. 如图 1，以 D 为原点，DA，DC，DD_1 为 x，y，z 轴正半轴建立空间直角坐标系，则 $A(1,0,0)$，$A_1(1,0,1)$，$B_1(1,1,1)$，$B(1,1,0)$，$C(0,1,0)$，所以 $M(1,\frac{1}{2},1)$，$N(1,1,\frac{1}{2})$，所以

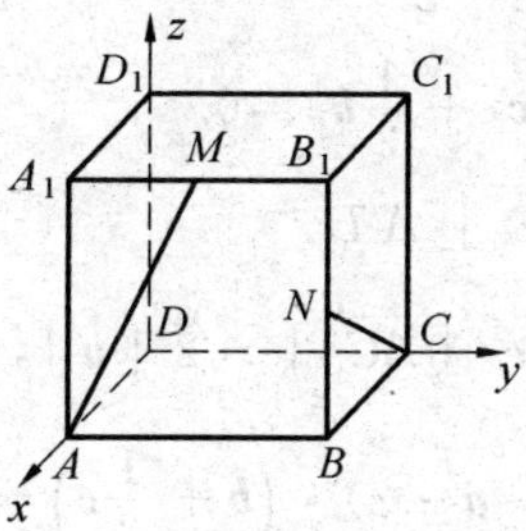

图 1

$$\overrightarrow{AM}=(0,\frac{1}{2},1),\overrightarrow{CN}=(1,0,\frac{1}{2})$$

所以

$$\cos\langle\overrightarrow{AM},\overrightarrow{CN}\rangle=\frac{\overrightarrow{AM}\cdot\overrightarrow{CN}}{|\overrightarrow{AM}|\cdot|\overrightarrow{CN}|}=\frac{\frac{1}{2}}{\sqrt{(\frac{1}{2})^2+1^2}\times\sqrt{1^2+(\frac{1}{2})^2}}=\frac{2}{5}$$

9.(1) 由题意可得 $\overrightarrow{AB}=(-2,-1,3)$，$\overrightarrow{AC}=(1,-3,2)$，所以

$$\cos\langle\overrightarrow{AB},\overrightarrow{AC}\rangle=\frac{\overrightarrow{AB}\cdot\overrightarrow{AC}}{|\overrightarrow{AB}||\overrightarrow{AC}|}=\frac{-2+3+6}{\sqrt{14}\times\sqrt{14}}=\frac{7}{14}=\frac{1}{2}$$

所以

$$\sin\langle\overrightarrow{AB},\overrightarrow{AC}\rangle=\frac{\sqrt{3}}{2}$$

所以以 $\overrightarrow{AB}$，$\overrightarrow{AC}$ 为边的平行四边形的面积为

$$S=2\times\frac{1}{2}|\overrightarrow{AB}|\cdot|\overrightarrow{AC}|\cdot\sin\langle\overrightarrow{AB},\overrightarrow{AC}\rangle=14\times\frac{\sqrt{3}}{2}=7\sqrt{3}$$

(2) 设 $\boldsymbol{a}=(x,y,z)$，由题意得

$$\begin{cases}x^2+y^2+z^2=3\\-2x-y+3z=0\\x-3y+2z=0\end{cases}$$

解得

$$\begin{cases}x=1\\y=1\\z=1)\end{cases}\text{或}\begin{cases}x=-1\\y=-1\\z=-1\end{cases}$$

所以向量 $\boldsymbol{a}$ 的坐标为(1,1,1)或(−1,−1,−1).

10.(1) 设 $\overrightarrow{CA}=\boldsymbol{a}$，$\overrightarrow{CB}=\boldsymbol{b}$，$\overrightarrow{CC'}=\boldsymbol{c}$.

根据题意，$|\boldsymbol{a}|=|\boldsymbol{b}|=|\boldsymbol{c}|$，且 $\boldsymbol{a}\cdot\boldsymbol{b}=\boldsymbol{b}\cdot\boldsymbol{c}=\boldsymbol{c}\cdot\boldsymbol{a}=0$，所以

$$\overrightarrow{CE}=\boldsymbol{b}+\frac{1}{2}\boldsymbol{c},\overrightarrow{A'D}=-\boldsymbol{c}+\frac{1}{2}\boldsymbol{b}-\frac{1}{2}\boldsymbol{a}$$

所以 $\overrightarrow{CE}\cdot\overrightarrow{A'D}=-\frac{1}{2}\boldsymbol{c}^2+\frac{1}{2}\boldsymbol{b}^2=0$.

所以 $\overrightarrow{CE}\perp\overrightarrow{A'D}$，即 $CE\perp A'D$.

(2) 因为 $\overrightarrow{AC'}=-\boldsymbol{a}+\boldsymbol{c}$，$|\overrightarrow{AC'}|=\sqrt{2}|\boldsymbol{a}|$，$|\overrightarrow{CE}|=\frac{\sqrt{5}}{2}|\boldsymbol{a}|$.

$$\overrightarrow{AC'}\cdot\overrightarrow{CE}=(-\boldsymbol{a}+\boldsymbol{c})\cdot\left(\boldsymbol{b}+\frac{1}{2}\boldsymbol{c}\right)=\frac{1}{2}\boldsymbol{c}^2=\frac{1}{2}|\boldsymbol{a}|^2$$

所以

$$\cos\langle\overrightarrow{AC'},\overrightarrow{CE}\rangle=\frac{\frac{1}{2}|\boldsymbol{a}|^2}{\sqrt{2}\cdot\frac{\sqrt{5}}{2}|\boldsymbol{a}|^2}=\frac{\sqrt{10}}{10}$$

即异面直线 CE 与 AC' 所成角的余弦值为$\frac{\sqrt{10}}{10}$.

11.(1) 因为 $\boldsymbol{a}=(1,1,0)$,$\boldsymbol{b}=(-1,0,2)$.

所以 $\boldsymbol{a}\cdot\boldsymbol{b}=(1,1,0)\cdot(-1,0,2)=-1$.

又 $|\boldsymbol{a}|=\sqrt{1^2+1^2+0^2}=\sqrt{2}$,$|\boldsymbol{b}|=\sqrt{(-1)^2+0^2+2^2}=\sqrt{5}$,所以

$$\cos\langle\boldsymbol{a},\boldsymbol{b}\rangle=\frac{\boldsymbol{a}\cdot\boldsymbol{b}}{|\boldsymbol{a}||\boldsymbol{b}|}=\frac{-1}{\sqrt{10}}=-\frac{\sqrt{10}}{10}$$

即向量 $\boldsymbol{a}$ 与向量 $\boldsymbol{b}$ 的夹角的余弦值为 $-\frac{\sqrt{10}}{10}$.

(2) 解法一:因为 $k\boldsymbol{a}+\boldsymbol{b}=(k-1,k,2)$.

$k\boldsymbol{a}-2\boldsymbol{b}=(k+2,k,-4)$,且 $k\boldsymbol{a}+\boldsymbol{b}$ 与 $k\boldsymbol{a}-2\boldsymbol{b}$ 互相垂直.

所以$(k-1,k,2)\cdot(k+2,k,-4)=(k-1)(k+2)+k^2-8=0$.

所以 $k=2$ 或 $k=-\frac{5}{2}$,

所以当 $k\boldsymbol{a}+\boldsymbol{b}$ 与 $k\boldsymbol{a}-2\boldsymbol{b}$ 互相垂直时,实数 k 的值为 2 或 $-\frac{5}{2}$.

解法二:由(1) 知 $|\boldsymbol{a}|=\sqrt{2}$,$|\boldsymbol{b}|=\sqrt{5}$,$\boldsymbol{a}\cdot\boldsymbol{b}=-1$.

所以$(k\boldsymbol{a}+\boldsymbol{b})\cdot(k\boldsymbol{a}-2\boldsymbol{b})=k^2\boldsymbol{a}^2-k\boldsymbol{a}\cdot\boldsymbol{b}-2\boldsymbol{b}^2=2k^2+k-10=0$.

得 $k=2$ 或 $k=-\frac{5}{2}$.

第 26 讲　立体几何中的向量方法(一)
——证明平行与垂直

1. $\frac{65}{7}$　由题意得 $\boldsymbol{c}=t\boldsymbol{a}+\mu\boldsymbol{b}=(2t-\mu,-t+4\mu,3t-2\mu)$.

所以$\begin{cases}7=2t-\mu\\5=-t+4\mu\\\lambda=3t-2\mu\end{cases}$,所以$\begin{cases}t=\frac{33}{7}\\\mu=\frac{17}{7}.\\\lambda=\frac{65}{7}\end{cases}$

2. 90°　以点 D 为原点，分别以 DA，DC，DD_1 所在直线为 x，y，z 轴，建立如图 1 所示的空间直角坐标系 $D-xyz$.

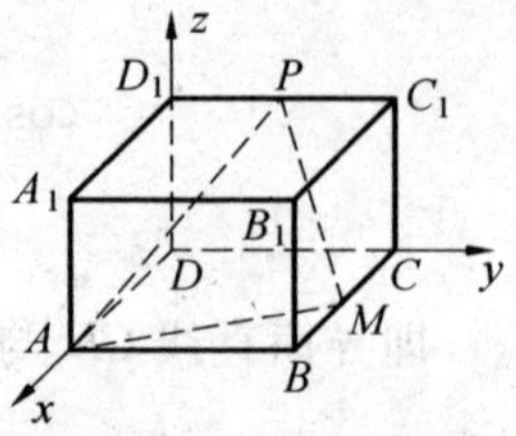

图 1

依题意，可得，$D(0,0,0)$，$P(0,1,\sqrt{3})$，$C(0,2,0)$，$A(2\sqrt{2},0,0)$，$M(\sqrt{2},2,0)$.

所以 $\overrightarrow{PM}=(\sqrt{2},1,-\sqrt{3})$，$\overrightarrow{AM}=(-\sqrt{2},2,0)$，所以

$$\overrightarrow{PM}\cdot\overrightarrow{AM}=(\sqrt{2},1,-\sqrt{3})\cdot(-\sqrt{2},2,0)=0$$

即 $\overrightarrow{PM}\perp\overrightarrow{AM}$，所以 $AM\perp PM$.

3. $\dfrac{\sqrt{30}}{10}$　建立如图 2 所示的空间直角坐标系，

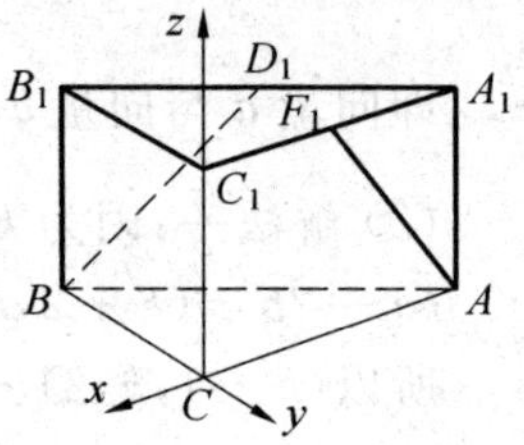

图 2

设 $BC=1$，则 $A(-1,0,0)$，$F_1(-\dfrac{1}{2},0,1)$，$B(0,-1,0)$，$D_1(-\dfrac{1}{2},-\dfrac{1}{2},1)$，则 $\overrightarrow{AF_1}=(\dfrac{1}{2},0,1)$，$\overrightarrow{BD_1}=(-\dfrac{1}{2},\dfrac{1}{2},1)$.

所以 $\cos\langle\overrightarrow{AF_1},\overrightarrow{BD_1}\rangle=\dfrac{\overrightarrow{AF_1}\cdot\overrightarrow{BD_1}}{|\overrightarrow{AF_1}||\overrightarrow{BD_1}|}=\dfrac{\sqrt{30}}{10}$.

4. 平行　因为正方体棱长为 a，$A_1M=AN=\dfrac{\sqrt{2}a}{3}$，所以 $\overrightarrow{MB}=\dfrac{2}{3}\overrightarrow{A_1B}$，$\overrightarrow{CN}=\dfrac{2}{3}\overrightarrow{CA}$，所以

$$\begin{aligned}\overrightarrow{MN}&=\overrightarrow{MB}+\overrightarrow{BC}+\overrightarrow{CN}=\frac{2}{3}\overrightarrow{A_1B}+\overrightarrow{BC}+\frac{2}{3}\overrightarrow{CA}=\\&\frac{2}{3}(\overrightarrow{A_1B_1}+\overrightarrow{B_1B})+\overrightarrow{BC}+\frac{2}{3}(\overrightarrow{CD}+\overrightarrow{DA})=\\&\frac{2}{3}\overrightarrow{B_1B}+\frac{1}{3}\overrightarrow{B_1C_1}\end{aligned}$$

又因为 $\overrightarrow{CD}$ 是平面 B_1BCC_1 的法向量，所以

$$\overrightarrow{MN}\cdot\overrightarrow{CD}=\left(\frac{2}{3}\overrightarrow{B_1B}+\frac{1}{3}\overrightarrow{B_1C_1}\right)\cdot\overrightarrow{CD}=0$$

所以 $\overrightarrow{MN}\perp\overrightarrow{CD}$. 又因为 $MN\not\subseteq$ 平面 B_1BCC_1，所以 $MN\,/\!/$ 平面 B_1BCC_1.

5. $\dfrac{\sqrt{6}}{4}$　如图 3，取 AC 的中点 E，联结 BE，则 $BE\perp AC$，建立空间直角坐

标系 $B-xyz$.

则 $A(\frac{\sqrt{3}}{2},\frac{1}{2},0)$, $D(0,0,1)$, $\overrightarrow{AD}=(-\frac{\sqrt{3}}{2},-\frac{1}{2},1)$.

因为平面 $ABC\perp$ 平面 AA_1C_1C, $BE\perp AC$, 所以 $BE\perp$ 平面 AA_1C_1C, 所以 $\overrightarrow{BE}=(\frac{\sqrt{3}}{2},0,0)$ 为平面 AA_1C_1C 的一个法向量, 所以 $\cos\langle\overrightarrow{AD},\overrightarrow{BE}\rangle=-\frac{\sqrt{6}}{4}$.

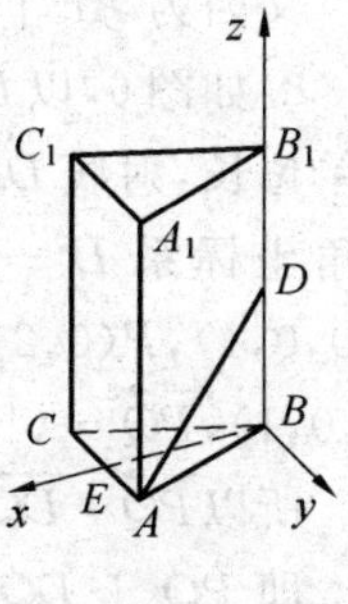

图 3

设 AD 与平面 AA_1C_1C 所成的角为 α, 所以 $\sin\alpha=|\cos\langle\overrightarrow{AD},\overrightarrow{BE}\rangle|=\frac{\sqrt{6}}{4}$.

6.2　建立如图 4 所示的坐标系, 设正方体的边长为 2, 则 $P(x,y,2)$, $O(1,1,0)$, 所以 OP 的中点坐标为 $\left(\frac{x+1}{2},\frac{y+1}{2},1\right)$.

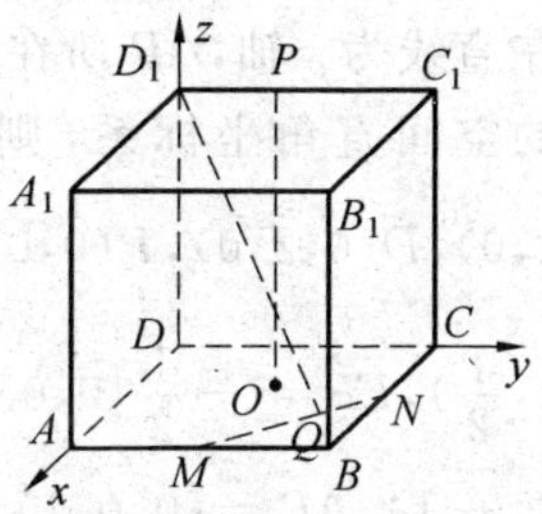

图 4

又知 $D_1(0,0,2)$, 所以 $Q(x+1,y+1,0)$, 而 Q 在 MN 上, 所以 $x_Q+y_Q=3$, 所以 $x+y=1$, 即点 P 坐标满足 $x+y=1$.

所以有 2 个符合题意的点 P, 即对应 2 个 λ.

7. $/\!/$　　$\perp$

(1) 建立如图 5 所示的空间直角坐标系 $A-xyz$,

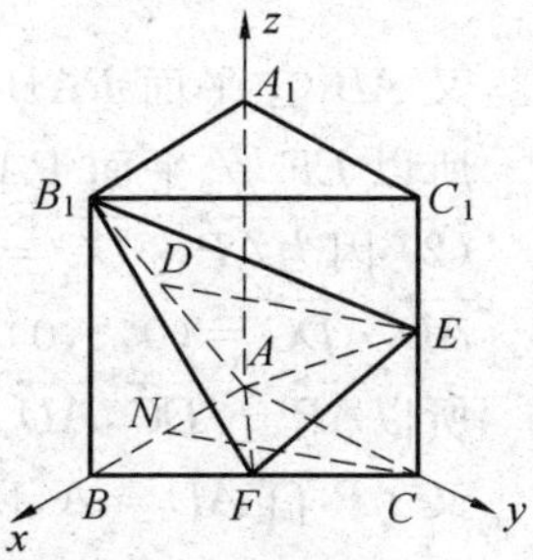

图 5

令 $AB=AA_1=4$, 则 $A(0,0,0)$, $E(0,4,2)$, $F(2,2,0)$, $B(4,0,0)$, $B_1(4,0,4)$.

取 AB 中点为 N, 联结 CN,

则 $N(2,0,0)$, $C(0,4,0)$, $D(2,0,2)$,

所以 $\overrightarrow{DE}=(-2,4,0)$, $\overrightarrow{NC}=(-2,4,0)$,

所以 $\overrightarrow{DE}=\overrightarrow{NC}$, 所以 $DE /\!/ NC$,

又因为 $NC\subseteq$ 平面 ABC, $DE\not\subseteq$ 平面 ABC.

故 $DE /\!/$ 平面 ABC.

(2) $\overrightarrow{B_1F}=(-2,2,-4)$, $\overrightarrow{EF}=(2,-2,-2)$, $\overrightarrow{AF}=(2,2,0)$.

$\overrightarrow{B_1F}\cdot\overrightarrow{EF}=(-2)\times2+2\times(-2)+(-4)\times(-2)=0$.

$\overrightarrow{B_1F}\cdot\overrightarrow{AF}=(-2)\times2+2\times2+(-4)\times0=0$.

所以 $\overrightarrow{B_1F}\perp\overrightarrow{EF}$, $\overrightarrow{B_1F}\perp\overrightarrow{AF}$, 即 $B_1F\perp EF$, $B_1F\perp AF$.

又因为 $AF \cap FE = F$,所以 $B_1F \perp$ 平面 AEF.

8. 如图 6,以 D 为坐标原点,线段 DA 的长为单位长,射线 DA 为 x 轴的正半轴建立空间直角坐标系 $D-xyz$. 依题意有 $Q(1,1,0)$, $C(0,0,1)$,$P(0,2,0)$,则 $\overrightarrow{DQ}=(1,1,0)$,$\overrightarrow{DC}=(0,0,1)$,$\overrightarrow{PQ}=(1,-1,0)$.

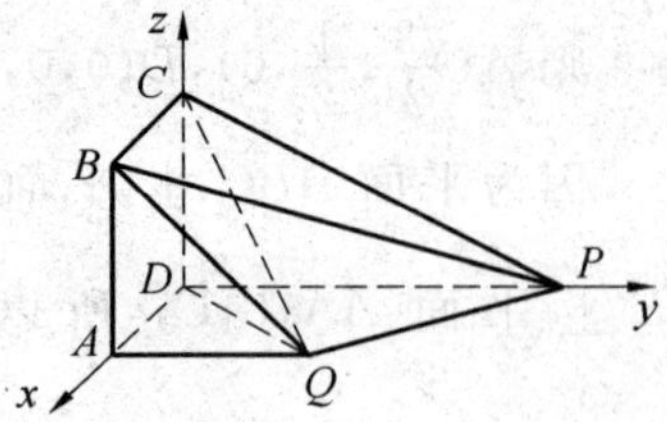

图 6

所以 $\overrightarrow{PQ}\cdot\overrightarrow{DQ}=0$,$\overrightarrow{PQ}\cdot\overrightarrow{DC}=0$.

即 $PQ \perp DQ$,$PQ \perp DC$,又 $DQ \cap DC = D$,故 $PQ \perp$ 平面 DCQ.

又 $PQ \subseteq$ 平面 PQC,所以平面 $PQC \perp$ 平面 DCQ.

9. (1) 以 A 为原点,AB 所在直线为 x 轴,AD 所在直线为 y 轴,AP 所在直线为 z 轴,建立如图 7 所示的空间直角坐标系,则 $A(0,0,0)$,$B(1,0,0)$,$C(1,2,0)$,$D(0,2,0)$,$P(0,0,1)$,所以 $E\left(\frac{1}{2},1,\frac{1}{2}\right)$,$F\left(0,1,\frac{1}{2}\right)$,$\overrightarrow{EF}=\left(-\frac{1}{2},0,0\right)$,$\overrightarrow{PB}=(1,0,-1)$,$\overrightarrow{PD}=(0,2,-1)$,$\overrightarrow{AP}=(0,0,1)$,$\overrightarrow{AD}=(0,2,0)$,$\overrightarrow{DC}=(1,0,0)$,$\overrightarrow{AB}=(1,0,0)$.

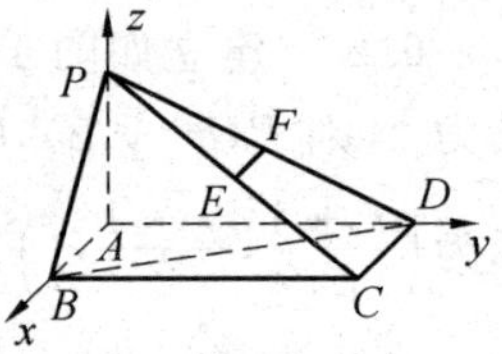

图 7

因为 $\overrightarrow{EF}=-\frac{1}{2}\overrightarrow{AB}$,所以 $\overrightarrow{EF} /\!/ \overrightarrow{AB}$,即 $EF /\!/ AB$.

又 $AB \subseteq$ 平面 PAB,$EF \not\subseteq$ 平面 PAB,

所以 $EF /\!/$ 平面 PAB.

(2) 因为 $\overrightarrow{AP}\cdot\overrightarrow{DC}=(0,0,1)\cdot(1,0,0)=0$.

$\overrightarrow{AD}\cdot\overrightarrow{DC}=(0,2,0)\cdot(1,0,0)=0$.

所以 $\overrightarrow{AP}\perp\overrightarrow{DC}$,$\overrightarrow{AD}\perp\overrightarrow{DC}$,即 $AP \perp DC$,$AD \perp DC$.

又 $AP \cap AD = A$,所以 $DC \perp$ 平面 PAD.

因为 $DC \subseteq$ 平面 PDC,所以平面 $PAD \perp$ 平面 PDC.

10. (1) 如图 8,以 DA,DC,DP 所在直线分别为 x 轴、y 轴、z 轴建立空间直角坐标系,

设 $AD=a$,则 $D(0,0,0)$,$A(a,0,0)$,$B(a,a,0)$,$C(0,a,0)$,$E\left(a,\frac{a}{2},0\right)$,$P(0,0,a)$,$F\left(\frac{a}{2},\frac{a}{2},\frac{a}{2}\right)$.

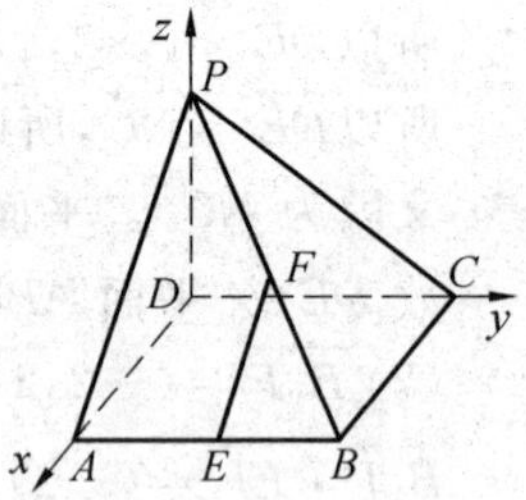

图 8

$\overrightarrow{EF}=\left(-\frac{a}{2},0,\frac{a}{2}\right),\overrightarrow{DC}=(0,a,0)$.

因为$\overrightarrow{EF}\cdot\overrightarrow{DC}=0$,所以$\overrightarrow{EF}\perp\overrightarrow{DC}$,即 $EF\perp CD$.

(2) 设 $G(x,0,z)$,则$\overrightarrow{FG}=\left(x-\frac{a}{2},-\frac{a}{2},z-\frac{a}{2}\right)$.

若使 $GF\perp$ 平面 PCB,则由

$$\overrightarrow{FG}\cdot\overrightarrow{CB}=\left(x-\frac{a}{2},-\frac{a}{2},z-\frac{a}{2}\right)\cdot(a,0,0)=a\left(x-\frac{a}{2}\right)=0$$

得 $x=\frac{a}{2}$;

由

$$\overrightarrow{FG}\cdot\overrightarrow{CP}=\left(x-\frac{a}{2},-\frac{a}{2},z-\frac{a}{2}\right)\cdot(0,-a,a)=\frac{a^2}{2}+a\left(z-\frac{a}{2}\right)=0$$

得 $z=0$.

所以点 G 坐标为$\left(\frac{a}{2},0,0\right)$,即点 G 为 AD 的中点.

11.(1) 联结 BD,设 AC 交 BD 于 O,则 $AC\perp BD$.

由题意知 $SO\perp$ 平面 $ABCD$.

以 O 为坐标原点,$\overrightarrow{OB}$,$\overrightarrow{OC}$,$\overrightarrow{OS}$ 分别为 x 轴、y 轴、z 轴正方向,建立空间直角坐标系,如图 9 所示.

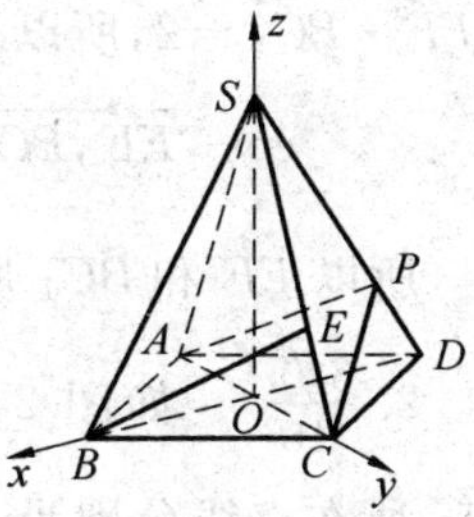

图 9

设底面边长为 a,则高 $SO=\frac{\sqrt{6}}{2}a$,于是

$S\left(0,0,\frac{\sqrt{6}}{2}a\right),D\left(-\frac{\sqrt{2}}{2}a,0,0\right),B\left(\frac{\sqrt{2}}{2}a,0,0\right)$,

$C\left(0,\frac{\sqrt{2}}{2}a,0\right),\overrightarrow{OC}=\left(0,\frac{\sqrt{2}}{2}a,0\right)$,

$\overrightarrow{SD}=\left(-\frac{\sqrt{2}}{2}a,0,-\frac{\sqrt{6}}{2}a\right)$,则$\overrightarrow{OC}\cdot\overrightarrow{SD}=0$.

故 $OC\perp SD$,从而 $AC\perp SD$.

(2) 棱 SC 上存在一点 E 使 BE // 平面 PAC.

理由如下:

由已知条件知$\overrightarrow{DS}$ 是平面 PAC 的一个法向量,

且$\overrightarrow{DS}=\left(\frac{\sqrt{2}}{2}a,0,\frac{\sqrt{6}}{2}a\right),\overrightarrow{CS}=\left(0,-\frac{\sqrt{2}}{2}a,\frac{\sqrt{6}}{2}a\right),\overrightarrow{BC}=\left(-\frac{\sqrt{2}}{2}a,\frac{\sqrt{2}}{2}a,0\right)$.

设$\overrightarrow{CE}=t\overrightarrow{CS}$,则$\overrightarrow{BE}=\overrightarrow{BC}+\overrightarrow{CE}=\overrightarrow{BC}+t\overrightarrow{CS}=\left(-\frac{\sqrt{2}}{2}a,\frac{\sqrt{2}}{2}a(1-t),\frac{\sqrt{6}}{2}at\right)$,

而$\overrightarrow{BE}\cdot\overrightarrow{DS}=0\Leftrightarrow t=\frac{1}{3}$.

即当 $SE:EC=2:1$ 时,$\overrightarrow{BE}\perp\overrightarrow{DS}$.

而 BE 不在平面 PAC 内,故 BE // 平面 PAC.

第27讲　立体几何中的向量方法(二)
——求空间角和距离

1. 60°　如图1,以 BC 为 x 轴,BA 为 y 轴,BB_1 为 z 轴,建立空间直角坐标系.

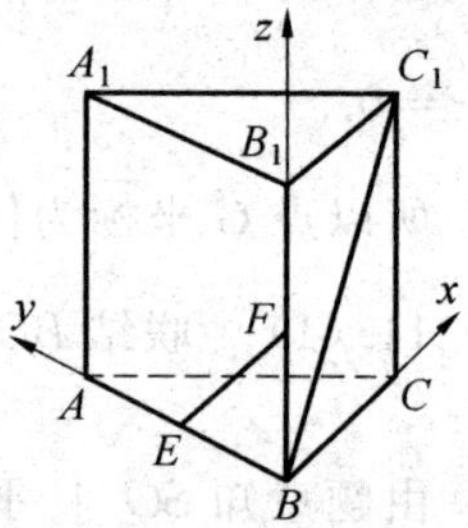

图1

设 $AB=BC=AA_1=2$,则 $C_1(2,0,2)$,$E(0,1,0)$,$F(0,0,1)$,则$\overrightarrow{EF}=(0,-1,1)$,$\overrightarrow{BC_1}=(2,0,2)$,所以$\overrightarrow{EF}\cdot\overrightarrow{BC_1}=2$,所以

$$\cos\langle\overrightarrow{EF},\overrightarrow{BC_1}\rangle=\frac{2}{\sqrt{2}\times2\sqrt{2}}=\frac{1}{2}$$

所以 EF 和 BC_1 所成的角为 60°.

2. $\frac{3\sqrt{5}}{10}$　如图2,以 A 为坐标原点,AB,AD,AA_1 所在直线分别为 x 轴、y 轴、z 轴建立空间直角坐标系.

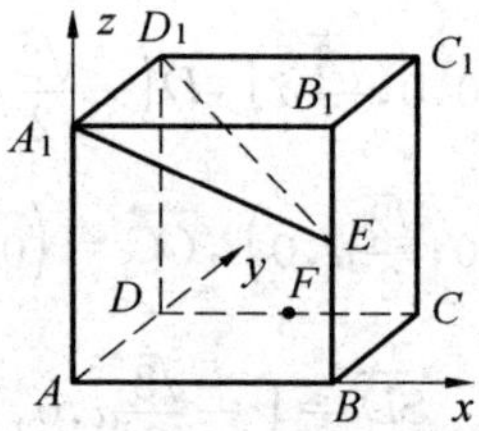

图2

则 $A_1(0,0,1)$,$E(1,0,\frac{1}{2})$,$F(\frac{1}{2},1,0)$,$D_1(0,1,1)$.

所以$\overrightarrow{A_1E}=(1,0,-\frac{1}{2})$,$\overrightarrow{A_1D_1}=(0,1,0)$.

设平面 A_1D_1E 的一个法向量为$\boldsymbol{n}=(x,y,z)$,则

$$\begin{cases}\boldsymbol{n}\cdot\overrightarrow{A_1E}=0\\ \boldsymbol{n}\cdot\overrightarrow{A_1D_1}=0\end{cases}$$

即

$$\begin{cases} x-\dfrac{1}{2}z=0 \\ y=0 \end{cases}$$

令 $z=2$,则 $x=1$,所以 $\boldsymbol{n}=(1,0,2)$.

又 $\overrightarrow{A_1F}=(\frac{1}{2},1,-1)$,所以点 F 到平面 A_1D_1E 的距离为

$$d=\frac{|\overrightarrow{A_1F}\cdot\boldsymbol{n}|}{|\boldsymbol{n}|}=\frac{|\frac{1}{2}-2|}{\sqrt{5}}=\frac{3\sqrt{5}}{10}$$

3.1　如图 3,以 D 为原点,DA,DC,DD_1 所在直线分别为 x 轴、y 轴、z 轴建立空间直角坐标系,则 $D(0,0,0)$,$A(2,0,0)$,$B(2,2,0)$,$C(0,2,0)$,$C_1(0,2,2\sqrt{2})$,$E(0,2,\sqrt{2})$.

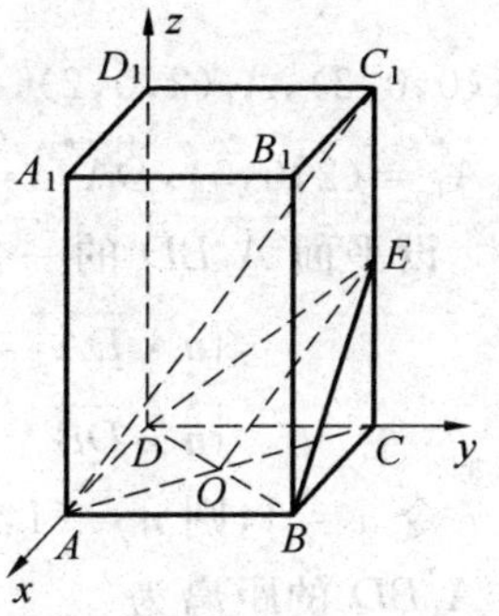

图 3

设 $\boldsymbol{n}=(x,y,z)$ 是平面 BED 的法向量.则

$$\begin{cases} \boldsymbol{n}\cdot\overrightarrow{BD}=2x+2y=0 \\ \boldsymbol{n}\cdot\overrightarrow{DE}=2y+\sqrt{2}z=0 \end{cases}$$

取 $y=1$,则 $\boldsymbol{n}=(-1,1,-\sqrt{2})$ 为平面 BED 的一个法向量.

又 $\overrightarrow{DA}=(2,0,0)$,所以点 A 到平面 BED 的距离是

$$d=\frac{|\boldsymbol{n}\cdot\overrightarrow{DA}|}{|\boldsymbol{n}|}=\frac{|-1\times2+0+0|}{\sqrt{(-1)^2+1^2+(-\sqrt{2})^2}}=1$$

4.45°　建立如图 4 所示的空间直角坐标系.

设 $AB=PA=1$,知 $A(0,0,0)$,$B(1,0,0)$,$D(0,1,0)$,$C(1,1,0)$,$P(0,0,1)$.

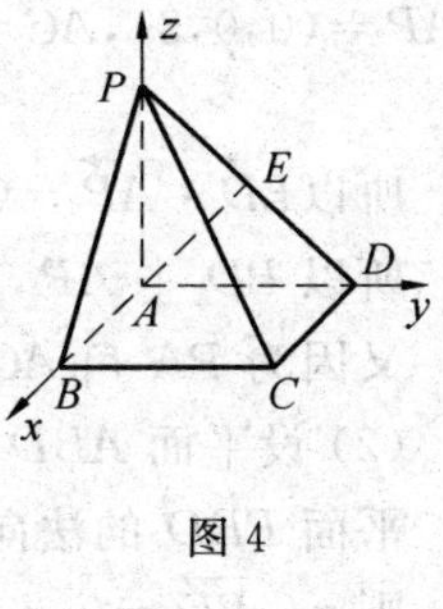

图4

由题意得,$AD\perp$ 平面 ABP,设 E 为 PD 的中点,联结 AE,则 $AE\perp PD$,

又因为 $CD\perp$ 平面 PAD,所以 $AE\perp CD$.

又 $PD\cap CD=D$,所以 $AE\perp$ 平面 CDP.

所以 $\overrightarrow{AD}=(0,1,0)$,$\overrightarrow{AE}=(0,\frac{1}{2},\frac{1}{2})$ 分别是平面 ABP、平面 CDP 的法向量,而 $\langle\overrightarrow{AD},\overrightarrow{AE}\rangle=45°$,所以平面 ABP 与平面 CDP 的夹角大小为 45°.

5. $\frac{\sqrt{15}}{5}$　如图5,以 D 为原点,分别以 DA,DC,DD_1 为 x 轴、y 轴、z 轴建立空间直角坐标系,所以 $F(1,0,0)$,$D_1(0,0,2)$,$O(1,1,0)$,$E(0,2,1)$,所以 $\overrightarrow{FD_1}=(-1,0,2)$,$\overrightarrow{OE}=(-1,1,1)$,所以

$$\cos\langle\overrightarrow{FD_1},\overrightarrow{OE}\rangle=\frac{1+2}{\sqrt{5}\cdot\sqrt{3}}=\frac{\sqrt{15}}{5}$$

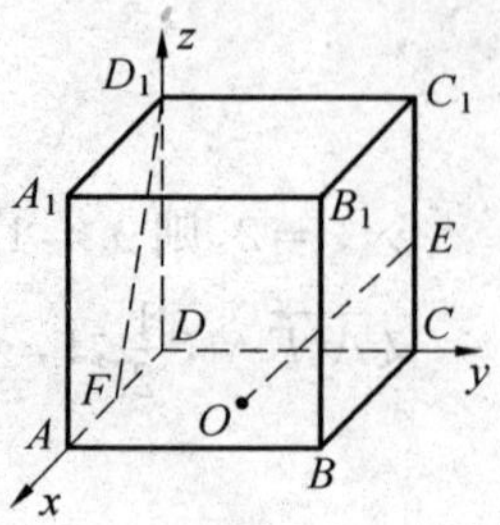

图 5

6. $\frac{2\sqrt{3}}{3}$　如图6,建立空间直角坐标系,则 $D_1(0,0,2)$,$A_1(2,0,2)$,$D(0,0,0)$,$B(2,2,0)$,所以 $\overrightarrow{D_1A_1}=(2,0,0)$,$\overrightarrow{DA_1}=(2,0,2)$,$\overrightarrow{DB}=(2,2,0)$.

设平面 A_1BD 的一个法向量 $\boldsymbol{n}=(x,y,z)$,则

$$\begin{cases}\boldsymbol{n}\cdot\overrightarrow{DA_1}=2x+2z=0\\\boldsymbol{n}\cdot\overrightarrow{DB}=2x+2y=0\end{cases}$$

令 $x=1$,则 $\boldsymbol{n}=(1,-1,-1)$,所以点 D_1 到平面 A_1BD 的距离为

$$d=\frac{|\overrightarrow{D_1A_1}\cdot\boldsymbol{n}|}{|\boldsymbol{n}|}=\frac{2}{\sqrt{3}}=\frac{2\sqrt{3}}{3}$$

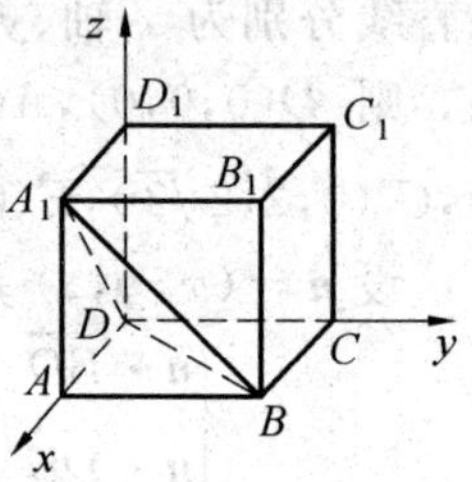

图 6

7. $\perp$　$60°$

(1) 如图7,建立空间直角坐标系,则 $A(0,0,0)$,$B(2\sqrt{3},0,0)$,$C(2\sqrt{3},6,0)$,$D(0,2,0)$,$P(0,0,3)$,所以 $\overrightarrow{AP}=(0,0,3)$,$\overrightarrow{AC}=(2\sqrt{3},6,0)$,$\overrightarrow{BD}=(-2\sqrt{3},2,0)$.

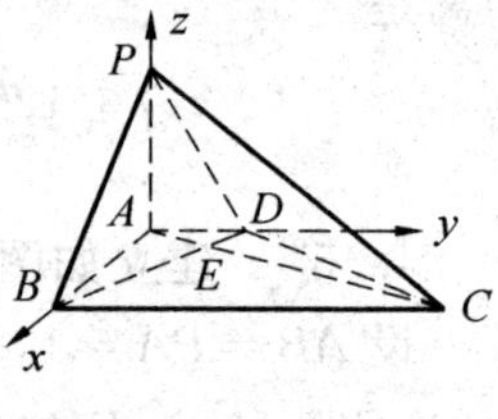

图 7

所以 $\overrightarrow{BD}\cdot\overrightarrow{AP}=0$,$\overrightarrow{BD}\cdot\overrightarrow{AC}=0$.

所以 $BD\perp AP$,$BD\perp AC$.

又因为 $PA\cap AC=A$,所以 $BD\perp$ 平面 PAC.

(2) 设平面 ABD 的法向量为 $\boldsymbol{m}=(0,0,1)$.

平面 PBD 的法向量为 $\boldsymbol{n}=(x,y,z)$.

则 $\boldsymbol{n}\cdot\overrightarrow{BD}=0$,$\boldsymbol{n}\cdot\overrightarrow{BP}=0$.

因为 $\overrightarrow{BP}=(-2\sqrt{3},0,3)$,所以

$$\begin{cases}-2\sqrt{3}x+2y=0\\-2\sqrt{3}x+3z=0\end{cases}$$

解得

$$\begin{cases} y=\sqrt{3}x \\ z=\dfrac{2\sqrt{3}}{3}x \end{cases}$$

令 $x=\sqrt{3}$，则 $\boldsymbol{n}=(\sqrt{3},3,2)$，所以

$$\cos\langle \boldsymbol{m},\boldsymbol{n}\rangle=\frac{\boldsymbol{m}\cdot\boldsymbol{n}}{|\boldsymbol{m}||\boldsymbol{n}|}=\frac{1}{2}$$

所以平面 BPD 与平面 ABD 的夹角为 $60°$.

8.(1) 建立如图 8 所示的空间直角坐标系.

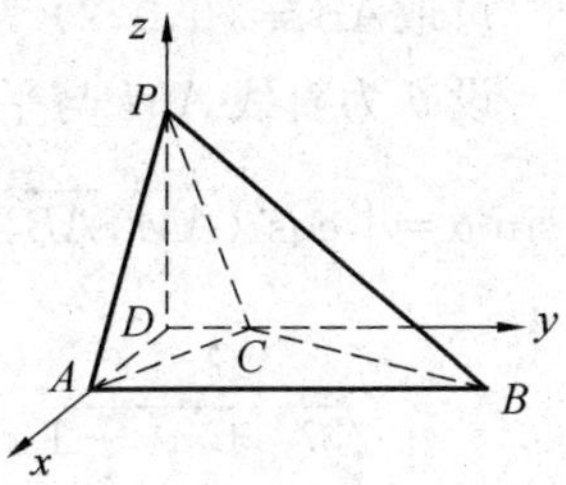

图 8

因为 $\angle ADC=\angle DAB=90°$，$AB=4$，$CD=1$，$AD=2$，所以 $A(2,0,0)$，$C(0,1,0)$，$B(2,4,0)$.

由 $PD\perp$ 平面 $ABCD$，得 $\angle PAD$ 为 PA 与平面 $ABCD$ 所成的角，所以 $\angle PAD=60°$.

在 Rt$\triangle PAD$ 中，由 $AD=2$，得 $PD=2\sqrt{3}$，所以 $P(0,0,2\sqrt{3})$.

(2) 因为 $\overrightarrow{PA}=(2,0,-2\sqrt{3})$，$\overrightarrow{BC}=(-2,-3,0)$，所以

$$\cos\langle\overrightarrow{PA},\overrightarrow{BC}\rangle=\frac{2\times(-2)+0\times(-3)+(-2\sqrt{3})\times 0}{4\sqrt{13}}=-\frac{\sqrt{13}}{13}$$

所以异面直线 PA 与 BC 所成的角的余弦值为 $\dfrac{\sqrt{13}}{13}$.

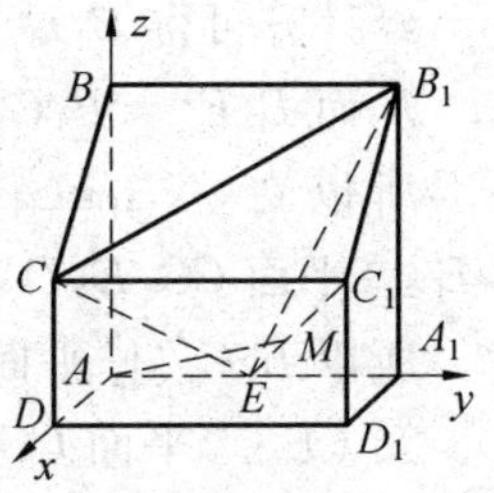

图 9

9. **解法一**　如图 9，以点 A 为原点，以 AD，AA_1，AB 所在直线为 x 轴、y 轴、z 轴建立空间直角坐标系，依题意得 $A(0,0,0)$，$B(0,0,2)$，$C(1,0,1)$，$B_1(0,2,2)$，$C_1(1,2,1)$，$E(0,1,0)$.

(1) 易得 $\overrightarrow{B_1C_1}=(1,0,-1)$，$\overrightarrow{CE}=(-1,1,-1)$，于是 $\overrightarrow{B_1C_1}\cdot\overrightarrow{CE}=0$，所以 $B_1C_1\perp CE$.

(2) $\overrightarrow{B_1C}=(1,-2,-1)$.

设平面 B_1CE 的法向量 $\boldsymbol{m}=(x,y,z)$.

则 $\begin{cases}\boldsymbol{m}\cdot\overrightarrow{B_1C}=0\\ \boldsymbol{m}\cdot\overrightarrow{CE}=0\end{cases}$，即 $\begin{cases}x-2y-z=0\\ -x+y-z=0.\end{cases}$ 消去 x，得 $y+2z=0$，不妨令 $z=1$，可得一个法向量为 $\boldsymbol{m}=(-3,-2,1)$.

由 (1) 知，$B_1C_1\perp CE$，又 $CC_1\perp B_1C_1$，可得 $B_1C_1\perp$ 平面 CEC_1，故

$\overrightarrow{B_1C_1}=(1,0,-1)$ 为平面 CEC_1 的一个法向量. 于是

$$\cos\langle \boldsymbol{m},\overrightarrow{B_1C_1}\rangle=\frac{\overrightarrow{B_1C_1}}{|\boldsymbol{m}|\cdot|\overrightarrow{B_1C_1}|}=\frac{-4}{\sqrt{14}\times\sqrt{2}}=-\frac{2\sqrt{7}}{7}$$

从而 $\sin\langle \boldsymbol{m},\overrightarrow{B_1C_1}\rangle=\frac{\sqrt{21}}{7}$,所以二面角 B_1-CE-C_1 的正弦值为$\frac{\sqrt{21}}{7}$.

(3) $\overrightarrow{AE}=(0,1,0)$,$\overrightarrow{EC_1}=(1,1,1)$,设$\overrightarrow{EM}=\lambda\overrightarrow{EC_1}=(\lambda,\lambda,\lambda)$,$0\leqslant\lambda\leqslant 1$,有$\overrightarrow{AM}=\overrightarrow{AE}+\overrightarrow{EM}=(\lambda,\lambda+1,\lambda)$.

可取$\overrightarrow{AB}=(0,0,2)$为平面 ADD_1A_1 的一个法向量.

设 θ 为直线 AM 与平面 ADD_1A_1 所成的角,则

$$\sin\theta=|\cos\langle\overrightarrow{AM},\overrightarrow{AB}\rangle|=\frac{|\overrightarrow{AM}\cdot\overrightarrow{AB}|}{|\overrightarrow{AM}|\cdot|\overrightarrow{AB}|}=\frac{2\lambda}{\sqrt{\lambda^2+(\lambda+1)^2+\lambda^2}\times 2}=\frac{\lambda}{\sqrt{3\lambda^2+2\lambda+1}}$$

于是$\frac{\lambda}{\sqrt{3\lambda^2+2\lambda+1}}=\frac{\sqrt{2}}{6}$,解得 $\lambda=\frac{1}{3}$(负值舍去),所以 $AM=\sqrt{2}$.

解法二 (1) 因为侧棱 $CC_1\perp$ 底面 $A_1B_1C_1D_1$,$B_1C_1\subseteq$ 平面 $A_1B_1C_1D_1$,所以 $CC_1\perp B_1C_1$.

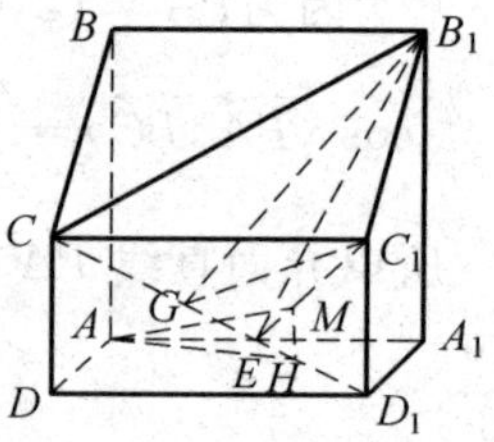

图 10

经计算可得 $B_1E=\sqrt{5}$,$B_1C_1=\sqrt{2}$,$EC_1=\sqrt{3}$.

从而 $B_1E^2=B_1C_1^2+EC_1^2$.

所以在 $\triangle B_1EC_1$ 中,$B_1C_1\perp C_1E$, 又 CC_1, $C_1E\subseteq$ 平面 CC_1E,$CC_1\cap C_1E=C_1$.

所以 $B_1C_1\perp$ 平面 CC_1E.

又 $CE\subseteq$ 平面 CC_1E,故 $B_1C_1\perp CE$.

(2) 过 B_1 作 $B_1G\perp CE$ 于点 G,联结 C_1G.

由(1)知,$B_1C_1\perp CE$,故 $CE\perp$ 平面 B_1C_1G,得 $CE\perp C_1G$,所以$\angle B_1GC_1$为二面角 B_1-CE-C_1 的平面角.

在 $\triangle CC_1E$ 中,由 $CE=C_1E=\sqrt{3}$,$CC_1=2$,可得 $C_1G=\frac{2\sqrt{6}}{3}$.

在 $\mathrm{Rt}\triangle B_1C_1G$ 中,$B_1G=\frac{\sqrt{42}}{3}$,所以 $\sin\angle B_1GC_1=\frac{\sqrt{21}}{7}$,即二面角 B_1-CE-C_1 的正弦值为$\frac{\sqrt{21}}{7}$.

(3) 联结 D_1E,过点 M 作 $MH\perp ED_1$ 于点 H,可得 $MH\perp$ 平面 ADD_1A_1,

联结 AH,AM,则 $\angle MAH$ 为直线 AM 与平面 ADD_1A_1 所成的角.

设 $AM=x$,从而在 Rt$\triangle AHM$ 中,有

$$MH=\frac{\sqrt{2}}{6}x, AH=\frac{\sqrt{34}}{6}x$$

在 Rt$\triangle C_1D_1E$ 中,$C_1D_1=1$,$ED_1=\sqrt{2}$,得 $EH=\sqrt{2}MH=\frac{1}{3}x$.

在 $\triangle AEH$ 中,$\angle AEH=135°$,$AE=1$,由

$$AH^2=AE^2+EH^2-2AE\cdot EH\cos 135°$$

得

$$\frac{17}{18}x^2=1+\frac{1}{9}x^2+\frac{\sqrt{2}}{3}x$$

整理得 $5x^2-2\sqrt{2}x-6=0$,解得 $x=\sqrt{2}$(负值舍去).

所以线段 AM 的长为$\sqrt{2}$.

10. (1) 在正方形 AA_1C_1C 中,$A_1A\perp AC$.

又平面 $ABC\perp$ 平面 AA_1C_1C,且平面 $ABC\cap$ 平面 $AA_1C_1C=AC$.

所以 $AA_1\perp$ 平面 ABC.

(2) 在 $\triangle ABC$ 中,$AC=4$,$AB=3$,$BC=5$,

所以 $BC^2=AC^2+AB^2$,$AB\perp AC$.

所以以 A 为坐标原点,建立如图 11 所示的空间直角坐标系 $A-xyz$.

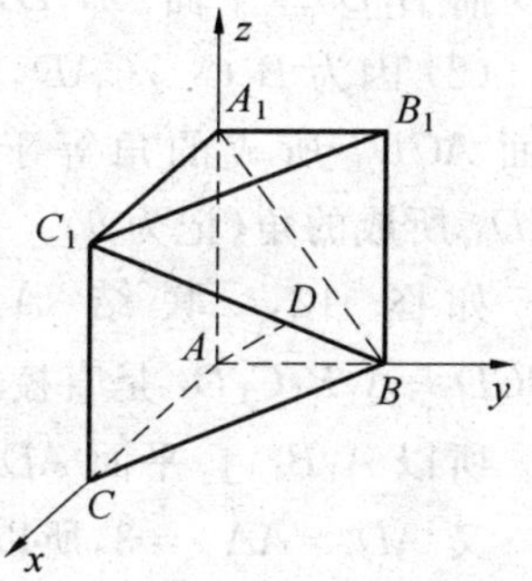

图 11

$A_1(0,0,4)$,$B(0,3,0)$,$C_1(4,0,4)$,$B_1(0,3,4)$,$\overrightarrow{A_1C_1}=(4,0,0)$,$\overrightarrow{A_1B}=(0,3,-4)$,$\overrightarrow{B_1C_1}=(4,-3,0)$,$\overrightarrow{BB_1}=(0,0,4)$.

设平面 A_1BC_1 的法向量 $\boldsymbol{n}_1=(x_1,y_1,z_1)$,平面 B_1BC_1 的法向量 $\boldsymbol{n}_2=(x_2,y_2,z_2)$.

所以$\begin{cases}\overrightarrow{A_1C_1}\cdot\boldsymbol{n}_1=0\\ \overrightarrow{A_1B}\cdot\boldsymbol{n}_1=0\end{cases}\Rightarrow\begin{cases}4x_1=0\\ 3y_1-4z_1=0\end{cases}$.

所以取向量 $\boldsymbol{n}_1=(0,4,3)$.

由$\begin{cases}\overrightarrow{B_1C_1}\cdot\boldsymbol{n}_2=0\\ \overrightarrow{BB_1}\cdot\boldsymbol{n}_2=0\end{cases}\Rightarrow\begin{cases}4x_2-3y_2=0\\ 4z_2=0\end{cases}$.

取向量 $\boldsymbol{n}_2=(3,4,0)$.

所以 $\cos\langle\boldsymbol{n}_1,\boldsymbol{n}_2\rangle=\frac{\boldsymbol{n}_1\cdot\boldsymbol{n}_2}{|\boldsymbol{n}_1|\cdot|\boldsymbol{n}_2|}=\frac{16}{5\times5}=\frac{16}{25}$.

由题意知二面角 $A_1-BC_1-B_1$ 为锐角，所以平面 A_1BC_1 与平面 BB_1C_1 夹角的余弦值为$\frac{16}{25}$.

(3) 设 $D(x,y,z)$ 是直线 BC_1 上一点，且$\overrightarrow{BD}=\lambda\overrightarrow{BC_1}$.

所以$(x,y-3,z)=\lambda(4,-3,4)$，解得 $x=4\lambda,y=3-3\lambda,z=4\lambda$. 所以$\overrightarrow{AD}=(4\lambda,3-3\lambda,4\lambda)$.

又 $AD\perp A_1B$，所以 $0+3(3-3\lambda)-16\lambda=0$.

则 $\lambda=\frac{9}{25}$，因此$\frac{BD}{BC_1}=\frac{9}{25}$.

11. **解法一**　(1) 如图 12，因为 $BB_1\perp$ 平面 $ABCD$，$AC\subseteq$ 平面 $ABCD$，所以 $AC\perp BB_1$.

又 $AC\perp BD$，所以 $AC\perp$ 平面 BB_1D，

而 $B_1D\subseteq$ 平面 BB_1D，所以 $AC\perp B_1D$.

(2) 因为 $B_1C_1 /\!/ AD$，所以直线 B_1C_1 与平面 ACD_1 所成的角等于直线 AD 与平面 ACD_1 所成的角(记为 θ).

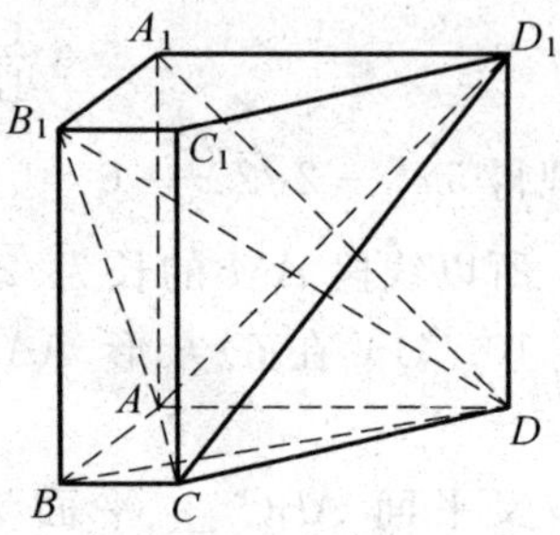

图 12

如图 12，联结 A_1D，因为棱柱 $ABCD-A_1B_1C_1D_1$ 是直棱柱，且 $\angle B_1A_1D_1=\angle BAD=90^\circ$，

所以 $A_1B_1\perp$ 平面 ADD_1A_1，从而$A_1B_1\perp AD_1$.

又 $AD=AA_1=3$，所以四边形 ADD_1A_1 是正方形.

于是 $A_1D\perp AD_1$，故 $AD_1\perp$ 平面 A_1B_1D，于是 $AD_1\perp B_1D$.

由(1) 知，$AC\perp B_1D$，所以 $B_1D\perp$ 平面 ACD_1.

故 $\angle ADB_1=90^\circ-\theta$，在直角梯形 $ABCD$ 中，因为 $AC\perp BD$，所以$\angle BAC=\angle ADB$.

从而 $\mathrm{Rt}\triangle ABC\backsim\mathrm{Rt}\triangle DAB$，故$\frac{AB}{DA}=\frac{BC}{AB}$.

即 $AB=\sqrt{DA\cdot BC}=\sqrt{3}$.

联结 AB_1，易知 $\triangle AB_1D$ 是直角三角形，且 $B_1D^2=BB_1^2+BD^2=BB_1^2+AB^2+AD^2=21$，即 $B_1D=\sqrt{21}$.

在 $\mathrm{Rt}\triangle AB_1D$ 中，$\cos\angle ADB_1=\frac{AD}{B_1D}=\frac{3}{\sqrt{21}}=\frac{\sqrt{21}}{7}$.

即 $\cos(90^\circ-\theta)=\frac{\sqrt{21}}{7}$. 从而 $\sin\theta=\frac{\sqrt{21}}{7}$.

即直线 B_1C_1 与平面 ACD_1 所成角的正弦值为$\frac{\sqrt{21}}{7}$.

解法二 (1) 易知,AB,AD,AA_1 两两垂直. 如图 13,以 A 为坐标原点,AB,AD,AA_1 所在直线分别为 x 轴、y 轴、z 轴建立空间直角坐标系.

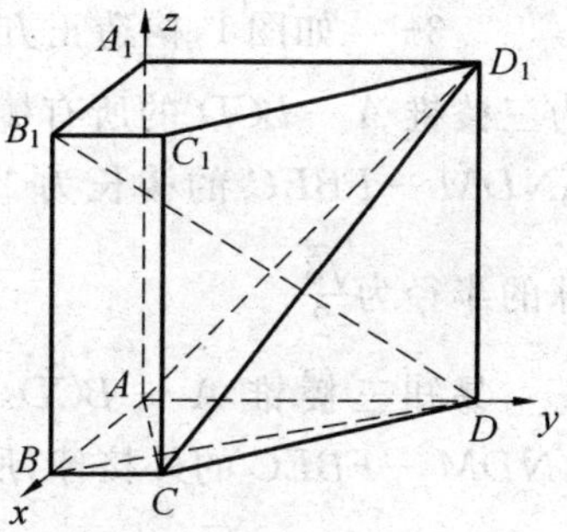

图 13

设 $AB=t$,则相关各点的坐标为 $A(0,0,0)$,$B(t,0,0)$,$B_1(t,0,3)$,$C(t,1,0)$,$C_1(t,1,3)$,$D(0,3,0)$,$D_1(0,3,3)$.

从而$\overrightarrow{B_1D}=(-t,3,-3)$,$\overrightarrow{AC}=(t,1,0)$,$\overrightarrow{BD}=(-t,3,0)$.

因为 $AC\perp BD$,所以$\overrightarrow{AC}\cdot\overrightarrow{BD}=-t^2+3+0=0$.

解得 $t=\sqrt{3}$ 或 $t=-\sqrt{3}$(舍去).

于是$\overrightarrow{B_1D}=(-\sqrt{3},3,-3)$,$\overrightarrow{AC}=(\sqrt{3},1,0)$.

因为$\overrightarrow{AC}\cdot\overrightarrow{B_1D}=-3+3+0=0$,所以$\overrightarrow{AC}\perp\overrightarrow{B_1D}$,即 $AC\perp B_1D$.

(2) 由(1)知,$\overrightarrow{AD_1}=(0,3,3)$,$\overrightarrow{AC}=(\sqrt{3},1,0)$,$\overrightarrow{B_1C_1}=(0,1,0)$.

设 $\boldsymbol{n}=(x,y,z)$ 是平面 ACD_1 的一个法向量,则

$$\begin{cases}\boldsymbol{n}\cdot\overrightarrow{AC}=0\\ \boldsymbol{n}\cdot\overrightarrow{AD_1}=0\end{cases}$$

即

$$\begin{cases}\sqrt{3}x+y=0\\ 3y+3z=0\end{cases}$$

令 $x=1$,则 $\boldsymbol{n}=(1,-\sqrt{3},\sqrt{3})$.

设直线 B_1C_1 与平面 ACD_1 所成角为 θ,则

$$\sin\theta=|\cos\langle\boldsymbol{n},\overrightarrow{B_1C_1}\rangle|=\left|\frac{\boldsymbol{n}\cdot\overrightarrow{B_1C_1}}{|\boldsymbol{n}|\cdot|\overrightarrow{B_1C_1}|}\right|=\frac{\sqrt{3}}{\sqrt{7}}=\frac{\sqrt{21}}{7}$$

即直线 B_1C_1 与平面 ACD_1 所成角的正弦值为$\frac{\sqrt{21}}{7}$.

第 28 讲　空间几何体的三视图、直观图、表面积与体积

1. ②　四边形在面 DCC_1D_1 上的投影为②:B 在面 DCC_1D_1 上的投影为

C,F,E 在面 DCC_1D_1 上的投影应在边 CC_1 与 DD_1 上,而不在四边形的内部,故 ①③④ 错误.

2. 3π　如图 1,构造正方体 $ANDM-FBEC$.因为三棱锥 $A-BCD$ 的所有棱长都为$\sqrt{2}$,所以正方体 $ANDM-FBEC$ 的棱长为 1.所以该正方体的外接球的半径为$\frac{\sqrt{3}}{2}$.

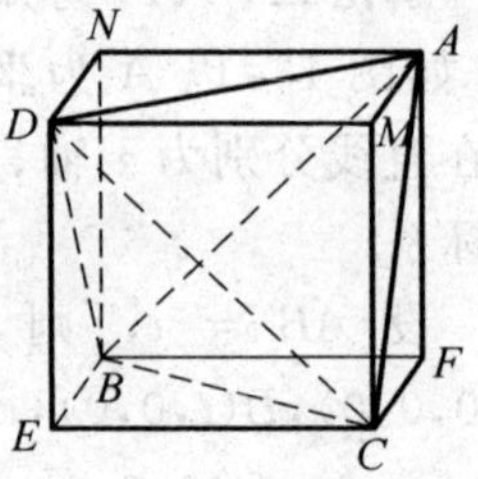

图 1

易知三棱锥 $A-BCD$ 的外接球就是正方体 $ANDM-FBEC$ 的外接球,所以三棱锥 $A-BCD$ 的外接球的半径为$\frac{\sqrt{3}}{2}$,所以三棱锥 $A-BCD$ 的外接球的表面积为 $S_{球}=4\pi\left(\frac{\sqrt{3}}{2}\right)^2=3\pi$.

3. $1:24$　设三棱锥 $F-ADE$ 的高为 h,则

$$\frac{V_1}{V_2}=\frac{\frac{1}{3}h\left(\frac{1}{2}AD\cdot AE\cdot\sin\angle DAE\right)}{(2h)\ \frac{1}{2}(2AD)(2AE)\sin\angle DAE}=\frac{1}{24}$$

4. $2\pi Rx-\frac{2\pi R}{H}x^2(0<x<H)$;$\frac{H}{2}$

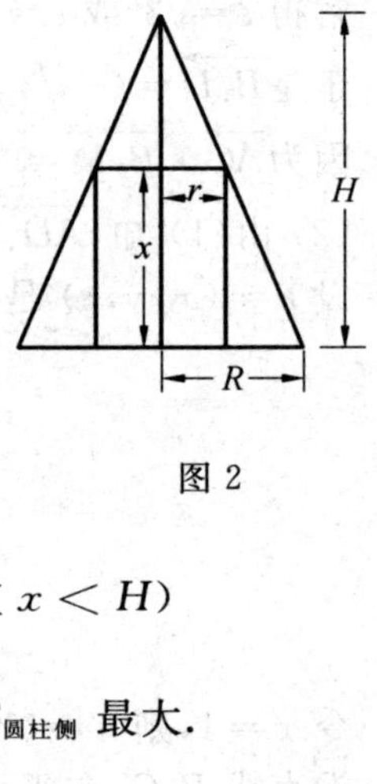

图 2

(1) 作圆锥的轴截面,如图 2 所示.

因为$\frac{r}{R}=\frac{H-x}{H}$,所以 $r=R-\frac{R}{H}x$,所以

$$S_{圆柱侧}=2\pi rx=2\pi Rx-\frac{2\pi R}{H}x^2\quad(0<x<H)$$

(2) 因为$-\frac{2\pi R}{H}<0$,所以当 $x=\frac{\frac{2\pi R}{H}}{\frac{4\pi R}{H}}=\frac{H}{2}$ 时,$S_{圆柱侧}$ 最大.

故当 $x=\frac{H}{2}$,即圆柱的高为圆锥高的一半时,圆柱的侧面积最大.

5. 这个几何体是一个圆台被轴截面割出来的一半.

根据图中数据可知圆台的上底面半径为 1,下底面半径为 2,高为$\sqrt{3}$,母线长为 2,几何体的表面积是两个半圆的面积、圆台侧面积的一半和轴截面的面积之和,故这个几何体的表面积为

$$S=\frac{1}{2}\pi\times1^2+\frac{1}{2}\pi\times2^2+\frac{1}{2}\pi\times(1+2)\times2+\frac{1}{2}\times(2+4)\times\sqrt{3}=$$

$\dfrac{11\pi}{2}+3\sqrt{3}$

6. 如图 3，三棱台 $ABC-A_1B_1C_1$ 中，O,O_1 分别为两底面中心，D,D_1 分别为 BC 和 B_1C_1 的中点，则 DD_1 为棱台的斜高.

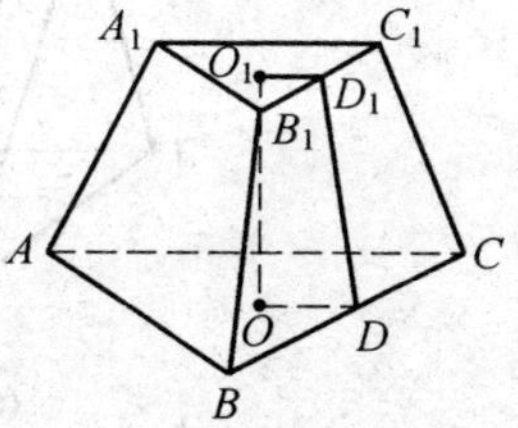

图 3

由题意知 $A_1B_1=20, AB=30$，则 $OD=5\sqrt{3}$，$O_1D_1=\dfrac{10\sqrt{3}}{3}$.

由 $S_{侧}=S_{上}+S_{下}$，得

$\dfrac{1}{2}\times(20+30)\times 3DD_1=\dfrac{\sqrt{3}}{4}\times(20^2+30^2)$

解得 $DD_1=\dfrac{13}{3}\sqrt{3}$.

在直角梯形 O_1ODD_1 中

$$O_1O=\sqrt{DD_1^2-(OD-O_1D_1)^2}=4\sqrt{3}$$

所以棱台的高为 $4\sqrt{3}$ cm.

7. 把圆台展开，得到一个扇环.

扇环圆心角 $=\dfrac{r_1-r_2}{l}\times 2\pi=\dfrac{\pi}{2}$.

由比例计算可得 $PA=40\Rightarrow PM=30, MA'=50$.

由于点 P 到 MA' 的最短距离 $=\dfrac{30\times 40}{50}=24$，而 $24>40-20=20$.

所以蚂蚁爬行的最短距离为 50 cm，在爬行过程中它与上底圆周上点的最短距离为 4 cm.

8. (1) 如图 4(a)，设 $AB=13, AC=15$，将图(a)中的三棱锥补成如(b)所示的长方体，由此三棱锥的体积就转化成长方体的体积与 4 个相等的三棱锥的体积之差.

设长方体的三边长分别为 x,y,z，则

$$\begin{cases}x^2+y^2=13^2\\x^2+z^2=14^2\\y^2+z^2=15^2\end{cases}$$

解得

$$\begin{cases}x=\sqrt{99}\\y=\sqrt{70}\\z=\sqrt{126}\end{cases}$$

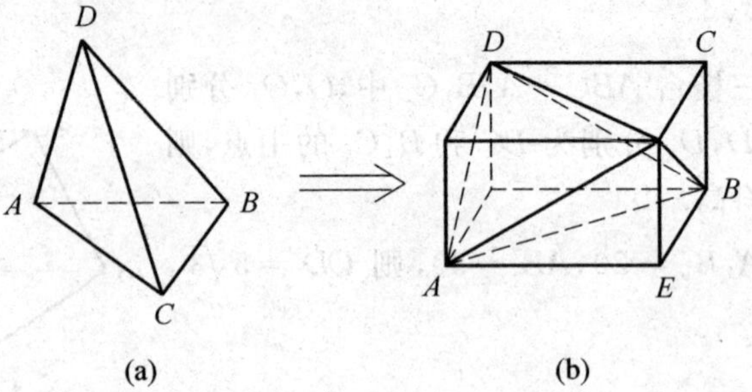

图 4

所以 $V_{长方体}=xyz=126\sqrt{55}$，而 $V_{三棱锥C-ABE}=21\sqrt{55}$，所以

$$V_{三棱锥D-ABC}=V_{长方体}-4V_{三棱锥C-ABE}=42\sqrt{55}$$

(2) 设 D 到底面的距离为 h，则

$$\cos B=\frac{AB^2+BC^2-AC^2}{2AB\cdot BC}=\frac{13^2+14^2-15^2}{2\times 13\times 14}=\frac{5}{13}$$

所以 $\sin B=\frac{12}{13}$，$V=\frac{1}{3}\cdot\frac{1}{2}S_{\triangle ABC}h$，所以 $h=\frac{3}{2}\sqrt{55}$.

9.(1) 该四棱锥的俯视图为(内含对角线)，边长为 6 cm 的正方形，如图 5 所示，其面积为 36 cm^2.

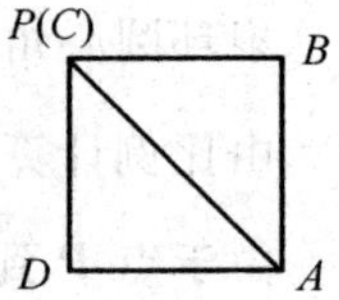

图 5

(2) 由左视图可求得 $PD=\sqrt{PC^2+CD^2}=\sqrt{6^2+6^2}=6\sqrt{2}$.

由主视图可知 $AD=6$，且 $AD\perp PD$，所以在 $Rt\triangle APD$ 中

$$PA=\sqrt{PD^2+AD^2}=\sqrt{(6\sqrt{2})^2+6^2}=6\sqrt{3}\text{ cm}$$

10.(1) 由三视图可知，四棱锥 $P-ABCD$ 的底面是边长为 1 的正方形，侧棱 $PC\perp$ 底面 $ABCD$，且 $PC=2$，所以

$$V_{四棱锥P-ABCD}=\frac{1}{3}S_{四边形ABCD}\cdot PC=\frac{1}{3}\times 1\times 2=\frac{2}{3}$$

即四棱锥 $P-ABCD$ 的体积为 $\frac{2}{3}$.

(2) 不论点 E 在何位置，都有 $BD\perp AE$.

证明如下：如图 6，联结 AC，因为四边形 $ABCD$ 是正方形，所以 $BD\perp AC$.

因为 $PC\perp$ 底面 $ABCD$，且 $BD\subseteq$ 平面 $ABCD$，

所以 $BD\perp PC$.

又因为 $AC\cap PC=C$，所以 $BD\perp$ 平面 PAC.

因为不论点 E 在何位置，都有 $AE\subseteq$ 平面 PAC，

所以不论点 E 在何位置，都有 $BD\perp AE$.

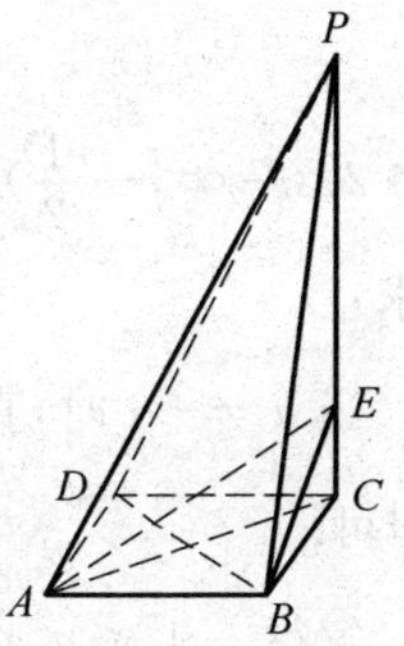

图 6

11. 边长为 2 的三角形，其余两边可能是：

(1) 3,3；(2) 3,4；(3) 4,5；(4) 5,5.

按这几条棱的组合情况，以 2 为公共棱的两个侧面可能是：

(ⅰ) (1),(4)；(ⅱ) (1),(3)；(ⅲ) (2),(4).

先考虑较特殊的情况(ⅰ)：由于 $3^2+4^2=5^2$，即图中 $AD\perp$ 平面 BCD，所以

$$V_1=\frac{1}{3}\cdot\frac{1}{2}\cdot 2\sqrt{3^2-1^2}\cdot 4=\frac{8}{3}\sqrt{2}$$

情况(ⅱ)：由于此情况的底面与情况(ⅱ)相同，但 AC 不与底垂直，故高小于 4，于是得 $V_2<V_1$.

情况(ⅲ)：高小于 2，底面积等于$\frac{1}{2}\cdot 5\sqrt{3^2-(\frac{5}{2})^2}=\frac{5}{4}\sqrt{11}$.

所以 $V_3<\frac{1}{3}\cdot\frac{5}{4}\sqrt{11}\cdot 2=\frac{5}{6}\sqrt{11}<\frac{8}{3}\sqrt{2}$.

所以最大体积为$\frac{8}{3}\sqrt{2}$.

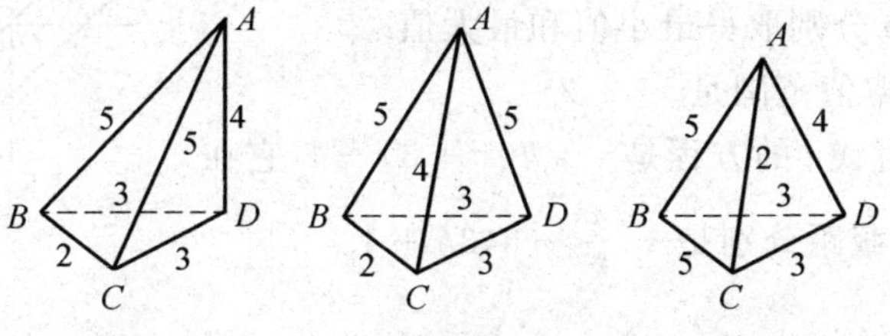

图 7

第 29 讲　直线的方程

1. $-\frac{2}{3}$　设 $P(m,1)$，则 $Q(2-m,-3)$，所以 $(2-m)+3-7=0$，所以 $m=-2$，所以 $P(-2,1)$，所以

$$k=\frac{1+1}{-2-1}=-\frac{2}{3}$$

2. $(-\infty,-\frac{1}{2})\cup(0,+\infty)$　当 $a=-1$ 时,直线 l 的倾斜角为 $90°$,符合要求;

当 $a\neq-1$ 时,直线 l 的斜率为 $-\frac{a}{a+1}$,只要 $-\frac{a}{a+1}>1$ 或者 $-\frac{a}{a+1}<0$ 即可.

解得 $-1<a<-\frac{1}{2}$ 或者 $a<-1$ 或者 $a>0$.

综上可知,实数 a 的取值范围是 $(-\infty,-\frac{1}{2})\cup(0,+\infty)$.

3. 16　根据 $A(a,0),B(0,b)$ 确定直线的方程为 $\frac{x}{a}+\frac{y}{b}=1$,又 $C(-2,-2)$ 在该直线上,故 $\frac{-2}{a}+\frac{-2}{b}=1$,所以 $-2(a+b)=ab$. 又 $ab>0$,故 $a<0,b<0$.

根据基本不等式 $ab=-2(a+b)\geqslant4\sqrt{ab}$,从而 $\sqrt{ab}\leqslant0$(舍去)或 $\sqrt{ab}\geqslant4$,故 $ab\geqslant16$,当且仅当 $a=b=-4$ 时取等号. 即 ab 的最小值为 16.

4. $[-2,2]$　b 为直线 $y=-2x+b$ 在 y 轴上的截距,如图 1,当直线 $y=-2x+b$ 过点 $A(-1,0)$ 和点 $B(1,0)$ 时 b 分别取得最小值和最大值.

所以 b 的取值范围是 $[-2,2]$.

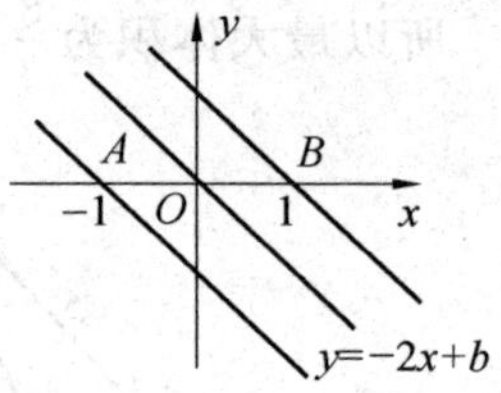

图 1

5. (1) 设直线 l 的方程是 $y=k(x+3)+4$,它在 x 轴、y 轴上的截距分别是 $-\frac{4}{k}-3,3k+4$.

由已知,得 $(3k+4)\left(-\frac{4}{k}-3\right)=\pm6$.

解得 $k_1=-\frac{2}{3}$ 或 $k_2=-\frac{8}{3}$.

故直线 l 的方程为 $2x+3y-6=0$ 或 $8x+3y+12=0$.

(2) 设直线 l 在 y 轴上的截距为 b,则直线 l 的方程是 $y=\frac{1}{6}x+b$. 它在 x 轴上的截距是 $-6b$.

由已知,得 $|-6b\cdot b|=6$,所以 $b=\pm1$.

所以直线 l 的方程为 $x-6y+6=0$ 或 $x-6y-6=0$.

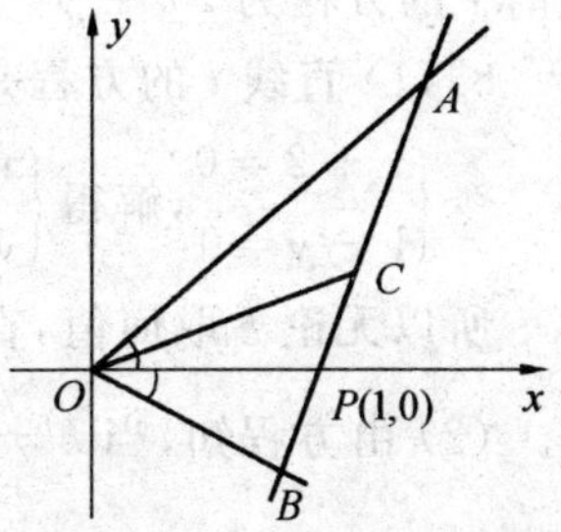

图 2

6. 如图 2,由题意可得 $k_{OA}=\tan 45^\circ=1$,$k_{OB}=\tan(180^\circ-30^\circ)=-\frac{\sqrt{3}}{3}$.

所以直线 $l_{OA}: y=x$,$l_{OB}: y=-\frac{\sqrt{3}}{3}x$.

设 $A(m,m)$,$B(-\sqrt{3}n,n)$.

所以 AB 的中点 $C\left(\frac{m-\sqrt{3}n}{2},\frac{m+n}{2}\right)$.

由点 C 在 $y=\frac{1}{2}x$ 上,且 A,P,B 三点共线得

$$\begin{cases}\frac{m+n}{2}=\frac{1}{2}\cdot\frac{m-\sqrt{3}n}{2}\\ \frac{m-0}{m-1}=\frac{n-0}{-\sqrt{3}n-1}\end{cases}$$,解得 $m=\sqrt{3}$,所以 $A(\sqrt{3},\sqrt{3})$.

又 $P(1,0)$,所以 $k_{AB}=k_{AP}=\frac{\sqrt{3}}{\sqrt{3}-1}=\frac{3+\sqrt{3}}{2}$.

所以 $l_{AB}: y=\frac{3+\sqrt{3}}{2}(x-1)$.

即直线 AB 的方程为 $(3+\sqrt{3})x-2y-3-\sqrt{3}=0$.

7. 依题意,l 的斜率存在,且斜率为负.

设 $l: y-4=k(x-1)(k<0)$.

令 $y=0$,可得 $A(1-\frac{4}{k},0)$;

令 $x=0$,可得 $B(0,4-k)$.

(1) $|PA|\cdot|PB|=\sqrt{(\frac{4}{k})^2+16}\cdot\sqrt{1+k^2}=-\frac{4}{k}(1+k^2)=-4(\frac{1}{k}+k)\geqslant 8$ (注意 $k<0$)

所以当且仅当 $\frac{1}{k}=k$ 且 $k<0$ 即 $k=-1$ 时,$|PA|\cdot|PB|$ 取最小值.

这时 l 的方程为 $x+y-5=0$.

(2)

$$|OA|+|OB|=(1-\frac{4}{k})+(4-k)=5-(k+\frac{4}{k})\geqslant 9$$

所以当且仅当 $k=\frac{4}{k}$ 且 $k<0$,即 $k=-2$ 时,$|OA|+|OB|$ 取最小值.

这时 l 的方程为 $2x+y-6=0$.

8.(1) 直线 l 的方程是 $k(x+2)+(1-y)=0$.

令 $\begin{cases}x+2=0\\1-y=0\end{cases}$,解得 $\begin{cases}x=-2\\y=1\end{cases}$.

所以无论 k 取何值,直线总经过定点 $(-2,1)$.

(2) 由方程知,当 $k\neq 0$ 时直线在 x 轴上的截距为 $-\dfrac{1+2k}{k}$,在 y 轴上的截距为 $1+2k$,要使直线不经过第四象限,则必须有 $\begin{cases}-\dfrac{1+2k}{k}\leqslant -2\\1+2k\geqslant 1\end{cases}$,解之得 $k>0$.

当 $k=0$ 时,直线为 $y=1$,符合题意,故 $k\geqslant 0$.

(3) 由 l 的方程,得 $A\left(-\dfrac{1+2k}{k},0\right)$,$B(0,1+2k)$.

依题意得 $\begin{cases}-\dfrac{1+2k}{k}<0\\1+2k>0\end{cases}$ 解得 $k>0$.

因为

$$S=\frac{1}{2}\cdot|OA|\cdot|OB|=\frac{1}{2}\cdot\left|\frac{1+2k}{k}\right|\cdot|1+2k|=$$
$$\frac{1}{2}\cdot\frac{(1+2k)^2}{k}=\frac{1}{2}\left(4k+\frac{1}{k}+4\right)\geqslant$$
$$\frac{1}{2}\times(2\times 2+4)=4$$

"=" 成立的条件是 $k>0$ 且 $4k=\dfrac{1}{k}$,即 $k=\dfrac{1}{2}$.

所以 $S_{\min}=4$,此时直线 l 的方程为 $x-2y+4=0$.

9. 如图3,当 $\angle MPN$ 最大时,圆 MNP 与 x 轴相切于点 P(否则圆 MNP 与 x 轴交于 PQ,则线段 PQ 上的点 P' 使 $\angle MP'N$ 更大).于是,延长 NM 交 x 轴于 $K(-3,0)$,有 $KM\cdot KN=KP^2\Rightarrow KP=4$. $P(1,0)$ 或 $P(-7,0)$,但 $(1,0)$ 处圆 MNP 的半径小,从而点 P 的横坐标为 1.

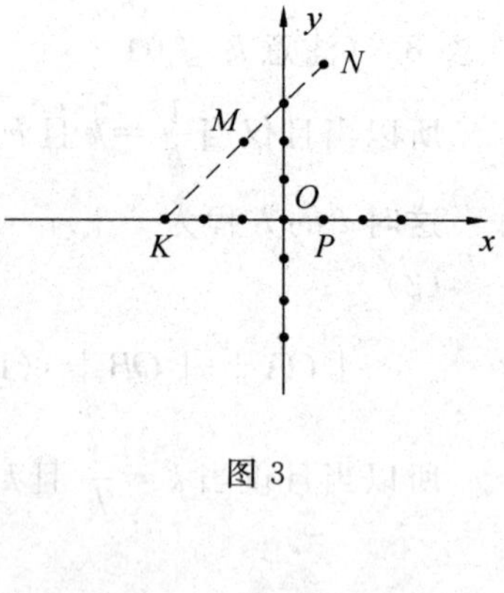

图 3

10. 2 551　如图 4,即 $\triangle OAB$ 内部及边界上的整点.由两轴及 $x+y=100$ 围成区域

(包括边界)内的整点数为 $1+2+3+\cdots+101=5\ 151$ 个. 由 x 轴, $y=\frac{1}{3}x$, $x+y=100$ 围成区域(不包括 $y=\frac{1}{3}x$ 上)内的整点数($x=1,2,3$ 时各有 1 个整点, $x=4,5,6$ 时各有 2 个整点, …, $x=73,74,75$ 时有 25 个整点, $x=76,77,\cdots,100$ 时依次有 $25,24,\cdots,1$ 个整点. 共有 $3\times1+3\times2+\cdots+3\times25+25+24+\cdots+1=4(1+2+\cdots+25)=1\ 300$. 由对称性, 由 y 轴, $y=3x$, $x+y=100$ 围成的区域内也有1 300 个整点. 故所求区域内共有 $5\ 151-2\ 600=2\ 551$(个)整点.

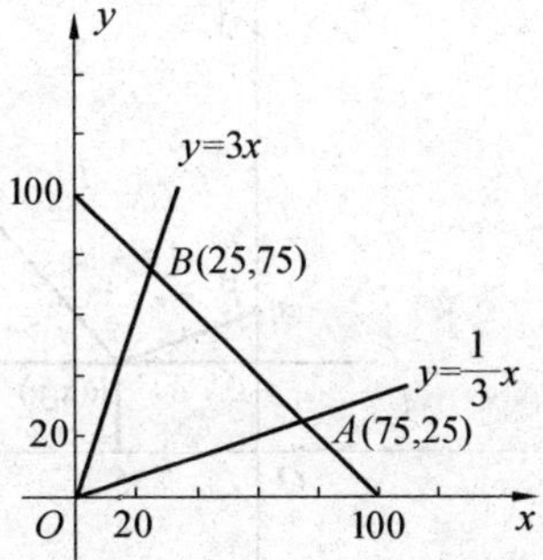

图 4

11. 如图 5、图 6, 以 l 为 x 轴, 使 P 在 y 轴上, Q 在第一象限, 建立坐标系. 设 $P(0,a)$, $Q(c,d)$, $R(x,y)$, $y\geqslant 0$, $\delta(x,y)=|RP|+|RQ|+|RS|$, 则

$$\delta(x,y)=\sqrt{x^2+(y-a)^2}+\sqrt{(x-c)^2+(y-d)^2}+$$

$$y\sqrt{x^2+(y-a)^2}+\sqrt{(x-c)^2+(y-d)^2}$$

可看作是点 $(x,0)$ 与点 $(0,y-a)$ 及 $(c,y-d)$ 距离和的最小值. 由三角形不等式知

$$\delta(x,y)\geqslant\sqrt{c^2+(2y-a-d)^2}+y=$$

$$\sqrt{c^2+(2y-a-d)^2}+\sqrt{0^2+(2y-y)^2}.$$

等号当且仅当 $x=\frac{c(y-a)}{2y-a-d}$ 时成立. 这又可看作是点 $(0,2y)$ 到 $(c,a+d)$ 及 $(0,y)$ 距离的和. 设角参数 α, 则

$$\delta(x,y)\geqslant\frac{c}{\sin\alpha}+\frac{1}{2}(a+d-c\cot\alpha)=$$

$$c\left(\frac{1}{\sin\alpha}-\frac{\cos\alpha}{2\sin\alpha}\right)+\frac{1}{2}(a+d)\text{(用万能代换)}=$$

$$\frac{1}{4}c\left(3\tan\frac{\alpha}{2}+\cot\frac{\alpha}{2}\right)+\frac{1}{2}(a+d)\geqslant$$

$$\frac{\sqrt{3}}{2}c+\frac{1}{2}(a+d)$$

其中等号当且仅当 $\tan\frac{\alpha}{2}=\frac{\sqrt{3}}{3}$, 即 $\alpha=60^\circ$ 时成立. 此时 $y=\frac{1}{2}(a+d)-\frac{\sqrt{3}}{6}c$, $x=\frac{\sqrt{3}}{2}(a-d)+\frac{1}{2}c$, 即点 R 的坐标为 $\left(\frac{\sqrt{3}}{2}(a-d)+\frac{1}{2}c,\frac{1}{2}(a+d)-\frac{\sqrt{3}}{6}c\right)$.

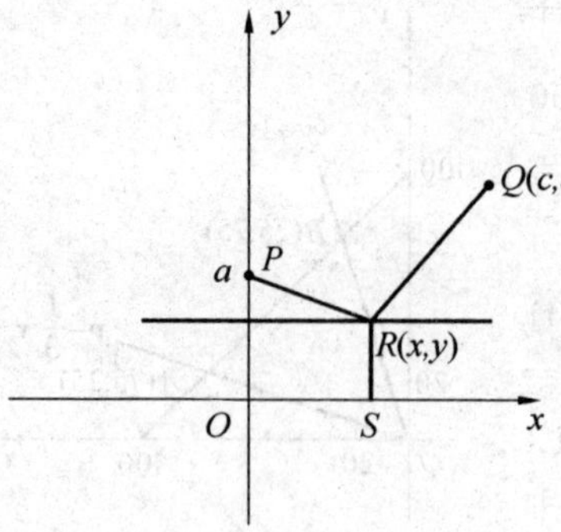

图 5

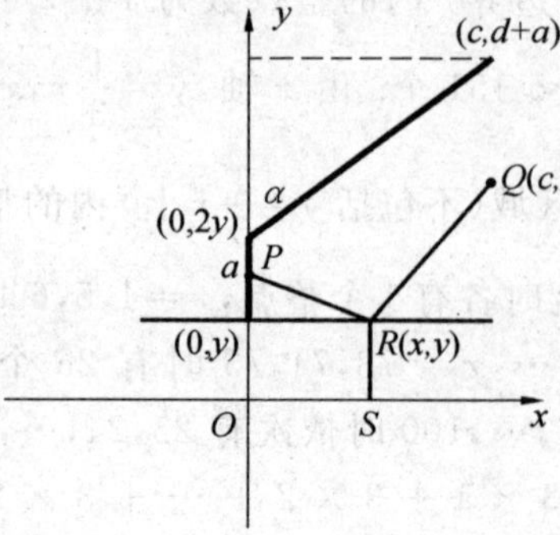

图 6

第 30 讲　两直线的位置关系

1. $\frac{3}{5}$　由两直线垂直的条件得 $2a+3(a-1)=0$，解得 $a=\frac{3}{5}$.

2. ①⑤　两直线 $x-y+1=0$ 与 $x-y+3=0$ 之间的距离为 $\frac{|3-1|}{\sqrt{2}}=\sqrt{2}$，又动直线 l_1 与 l_2 所截得的线段长为 $2\sqrt{2}$，故动直线与两直线的夹角应为 $30°$，因此只有 ①⑤ 适合.

3. $\frac{34}{5}$　由题意可知纸的折痕应是点(0,2)与点(4,0)连线的中垂线，即直线 $y=2x-3$，它也是点(7,3)与点(m,n)连线的中垂线，于是

$$\begin{cases}\frac{3+n}{2}=2\times\frac{7+m}{2}-3\\ \frac{n-3}{m-7}=-\frac{1}{2}\end{cases}$$

解得 $\begin{cases}m=\frac{3}{5}\\ n=\frac{31}{5}\end{cases}$，故 $m+n=\frac{34}{5}$.

4. $29x-2y+33=0$

解法一　由 $\begin{cases}x-2y+5=0\\ 3x-2y+7=0\end{cases}$ 得 $\begin{cases}x=-1\\ y=2\end{cases}$.

所以反射点 M 的坐标为$(-1,2)$(图 1).

又取直线 $x-2y+5=0$ 上一点 $P(-5,0)$，设点 P 关于直线 l 的对称点

$P'(x_0,y_0)$，由 $PP'\perp l$ 可知，$k_{PP'}=-\frac{2}{3}=\frac{y_0}{x_0+5}$.

而 PP' 的中点 Q 的坐标为 $\left(\frac{x_0-5}{2},\frac{y_0}{2}\right)$，点 Q 在 l 上，所以 $3\cdot\frac{x_0-5}{2}-2\cdot\frac{y_0}{2}+7=0$.

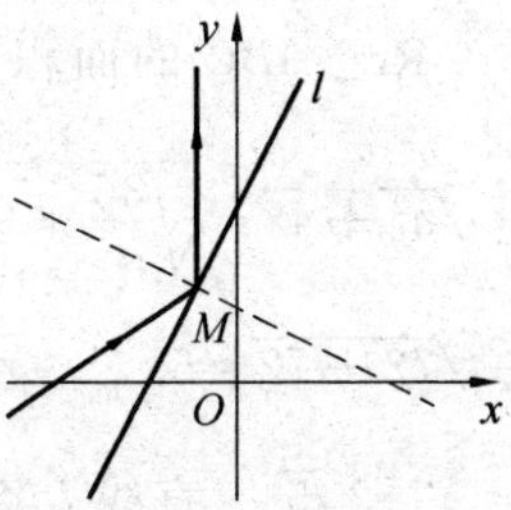

图 1

由 $\begin{cases}\frac{y_0}{x_0+5}=-\frac{2}{3}\\ \frac{3}{2}(x_0-5)-y_0+7=0\end{cases}$ 得 $\begin{cases}x_0=-\frac{17}{13}\\ y_0=-\frac{32}{13}\end{cases}$.

根据直线的两点式方程可得所求反射光线所在直线的方程为 $29x-2y+33=0$.

解法二　设直线 $x-2y+5=0$ 上任意一点 $P(x_0,y_0)$ 关于直线 l 的对称点为 $P'(x,y)$，则 $\frac{y_0-y}{x_0-x}=-\frac{2}{3}$，又 PP' 的中点 $Q\left(\frac{x+x_0}{2},\frac{y+y_0}{2}\right)$ 在 l 上，所以

$$3\times\frac{x+x_0}{2}-2\times\frac{y+y_0}{2}+7=0$$

由

$$\begin{cases}\frac{y_0-y}{x_0-x}=-\frac{2}{3}\\ 3\times\frac{x+x_0}{2}-(y+y_0)+7=0\end{cases}$$

可得点 P 的横、纵坐标分别为

$$x_0=\frac{-5x+12y-42}{13},y_0=\frac{12x+5y+28}{13}$$

代入方程 $x-2y+5=0$ 中，化简得 $29x-2y+33=0$.

所以所求反射光线所在的直线方程为 $29x-2y+33=0$.

5. 2　圆心为 $O(1,0)$，由于 $P(2,2)$ 在圆 $(x-1)^2+y^2=5$ 上，所以点 P 为切点，OP 与点 P 处的切线垂直.

所以 $k_{OP}=\frac{2-0}{2-1}=2$，又点 P 处的切线与直线 $ax-y+1=0$ 垂直.

所以 $a=k_{OP}=2$.

6. 6　以 A 为坐标原点，平行于 l_1 的直线为 x 轴，建立如图 2 所示的直角坐标系，设 $B(a,-2)$，$C(b,3)$.

因为 $AC\perp AB$，所以 $ab-6=0$，$ab=6$，$b=\frac{6}{a}$.

Rt△ABC 的面积 $S=\frac{1}{2}\sqrt{a^2+4}\cdot\sqrt{b^2+9}=\frac{1}{2}\sqrt{a^2+4}\cdot\sqrt{\frac{36}{a^2}+9}=\frac{1}{2}\sqrt{72+9a^2+\frac{144}{a^2}}\geqslant\frac{1}{2}\sqrt{72+72}=6$.

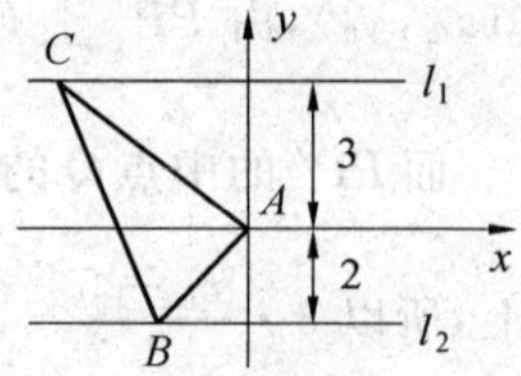

图 2

7. $2\sqrt{5}$　直线 l 经过定点 $Q(0,-3)$,如图 3 所示.

由图 3 知,当 $PQ\perp l$ 时,点 $P(2,1)$ 到直线 l 的距离取得最大值 $|PQ|=\sqrt{(2-0)^2+(1+3)^2}=2\sqrt{5}$,所以点 $P(2,1)$ 到直线 l 的最大距离为 $2\sqrt{5}$.

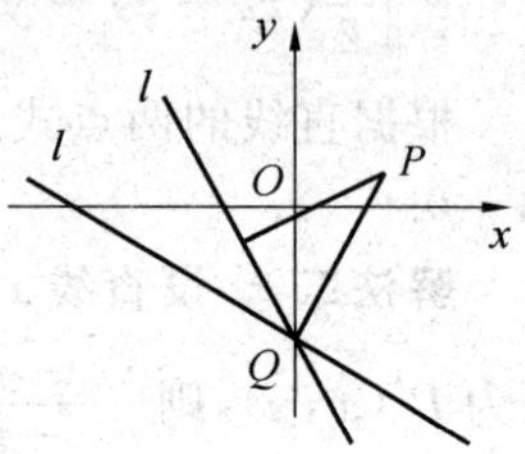

图 3

8. 过点 $A(1,-1)$ 与 y 轴平行的直线为 $x=1$. 解方程组 $\begin{cases}x=1\\2x+y-6=0\end{cases}$,求得点 B 坐标为 $(1,4)$,此时 $|AB|=5$,即 $x=1$ 为所求.

设过 $A(1,-1)$ 且与 y 轴不平行的直线为 $y+1=k(x-1)$.

解方程组 $\begin{cases}2x+y-6=0\\y+1=k(x-1)\end{cases}$,得两直线交点为 $\begin{cases}x=\frac{k+7}{k+2}\\y=\frac{4k-2}{k+2}\end{cases}$.

($k\neq-2$,否则与已知直线平行). 则点 B 坐标为 $(\frac{k+7}{k+2},\frac{4k-2}{k+2})$.

由已知 $(\frac{k+7}{k+2}-1)^2+(\frac{4k-2}{k+2}+1)^2=5^2$.

解得 $k=-\frac{3}{4}$,所以 $y+1=-\frac{3}{4}(x-1)$,即 $3x+4y+1=0$.

综上可知,所求直线的方程为 $x=1$ 或 $3x+4y+1=0$.

9. 依题意知:$k_{AC}=-2$,$A(5,1)$,所以 l_{AC} 为 $2x+y-11=0$.

联立 l_{AC},l_{CM} 得 $\begin{cases}2x+y-11=0\\2x-y-5=0\end{cases}$,所以 $C(4,3)$.

设 $B(x_0,y_0)$,AB 的中点 M 为 $(\frac{x_0+5}{2},\frac{y_0+1}{2})$.

代入 $2x-y-5=0$,得 $2x_0-y_0-1=0$.

所以 $\begin{cases}2x_0-y_0-1=0\\x_0-2y_0-5=0\end{cases}$,所以 $B(-1,-3)$,所以 $k_{BC}=\frac{6}{5}$.

所以直线 BC 的方程为 $y-3=\frac{6}{5}(x-4)$，即 $6x-5y-9=0$.

10.(1) 设 $P\left(x_0,x_0+\frac{\sqrt{2}}{x_0}\right)$ $(x_0>0)$.

则 $|PN|=x_0$，$|PM|=\frac{\left|\frac{\sqrt{2}}{x_0}\right|}{\sqrt{2}}=\frac{1}{x_0}$，因此

$|PM|\cdot|PN|=1$.

(2) 如图 4，直线 PM 的方程为

$$y-x_0-\frac{\sqrt{2}}{x_0}=-(x-x_0)$$

即

$$y=-x+2x_0+\frac{\sqrt{2}}{x_0}$$

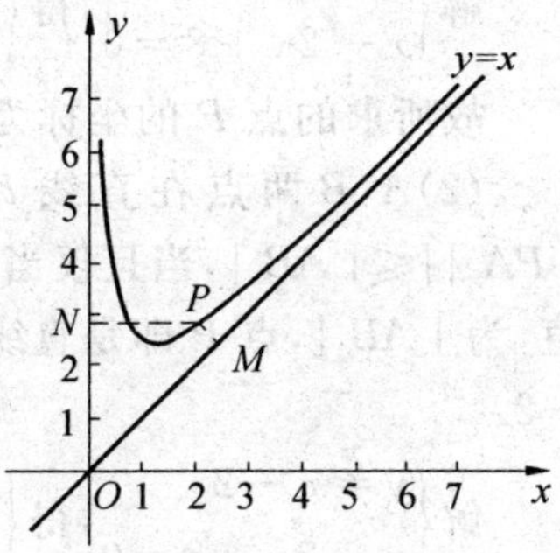

图 4

解方程组 $\begin{cases}y=x\\ y=-x+2x_0+\frac{\sqrt{2}}{x_0}\end{cases}$，得 $x=y=x_0+\frac{\sqrt{2}}{2x_0}$.

$$S_{\text{四边形}OMPN}=S_{\triangle NPO}+S_{\triangle OPM}=\frac{1}{2}|PN||ON|+\frac{1}{2}|PM||OM|=$$

$$\frac{1}{2}x_0\left(x_0+\frac{\sqrt{2}}{x_0}\right)+\frac{\sqrt{2}}{2x_0}\left(x_0+\frac{1}{\sqrt{2}x_0}\right)=$$

$$\sqrt{2}+\frac{1}{2}\left(x_0^2+\frac{1}{x_0^2}\right)\geqslant 1+\sqrt{2}$$

当且仅当 $x_0=\frac{1}{x_0}$，即 $x_0=1$ 时等号成立，因此四边形 $OMPN$ 面积的最小值为 $1+\sqrt{2}$.

11.(1) 设 A 关于直线 l 的对称点为 $A'(m,n)$，则

$$\begin{cases}\frac{n-0}{m-2}=-2\\ \frac{m+2}{2}-2\cdot\frac{n+0}{2}+8=0\end{cases}$$

解得 $\begin{cases}m=-2\\ n=8\end{cases}$，故 $A'(-2,8)$.

P 为直线 l 上的一点，则

$$|PA|+|PB|=|PA'|+|PB|\geqslant|A'B|$$

当且仅当 B,P,A' 三点共线时，$|PA|+|PB|$ 取得最小值，为 $|A'B|$，

点 P 即是直线 $A'B$ 与直线 l 的交点.

解 $\begin{cases}x=-2\\x-2y+8=0\end{cases}$,得 $\begin{cases}x=-2\\y=3\end{cases}$.

故所求的点 P 的坐标为$(-2,3)$.

(2)A,B 两点在直线 l 的同侧,P 是直线 l 上的一点,则 $||PB|-|PA||\leqslant|AB|$,当且仅当 A,B,P 三点共线时,$||PB|-|PA||$ 取得最大值,为 $|AB|$,点 P 即是直线 AB 与直线 l 的交点,又直线 AB 的方程为 $y=x-2$.

解 $\begin{cases}y=x-2\\x-2y+8=0\end{cases}$,得 $\begin{cases}x=12\\y=10\end{cases}$.

故所求的点 P 的坐标为$(12,10)$.

第31讲　圆的方程

1.$\sqrt{13}$　由题意,知直线 l 过圆心 $C(2,-3)$.

当直线 $OC\perp l$ 时,坐标原点到直线 l 的距离最大,为

$$|OC|=\sqrt{2^2+(-3)^2}=\sqrt{13}$$

2.$2<m<4$　$(x-1)^2+(y+3)^2=1$

因为原方程可化为$(x-1)^2+(y+m)^2=-m^2+6m-8$.

所以 $r^2=-m^2+6m-8=-(m-2)(m-4)>0$,所以 $2<m<4$.

当 $m=3$ 时,r 最大值为 1,圆的方程为$(x-1)^2+(y+3)^2=1$.

3.$(-\infty,1)$

因为圆的方程可化为$(x+1)^2+(y-2)^2=5-a$.

所以其圆心为$(-1,2)$,且 $5-a>0$,即 $a<5$.

又圆关于直线 $y=2x+b$ 成轴对称.

所以 $2=-2+b$,所以 $b=4$,所以 $a-b=a-4<1$.

4.$(x-1)^2+(y-3)^2=9$ 或$(x+1)^2+(y+3)^2=9$

设所求的圆的方程是$(x-a)^2+(y-b)^2=r^2$.

则圆心(a,b)到直线 $x-y=0$ 的距离为$\frac{|a-b|}{\sqrt{2}}$.

所以 $r^2=(\frac{|a-b|}{\sqrt{2}})^2+(\sqrt{7})^2$,即

$$2r^2=(a-b)^2+14 \quad ①$$

因为所求的圆与 x 轴相切,所以

$$r^2=b^2 \quad ②$$

又因为所求圆心在直线 $3x-y=0$ 上，所以

$$3a-b=0 \quad ③$$

联立 ①②③，解得 $a=1,b=3,r^2=9$ 或 $a=-1,b=-3,r^2=9$.

故所求的圆的方程为 $(x-1)^2+(y-3)^2=9$ 或 $(x+1)^2+(y+3)^2=9$.

5.$\sqrt{3}$　依题意，圆 $C:(x-1)^2+(y-1)^2=1$ 的圆心是点 $C(1,1)$，半径是 1，易知 $|PC|$ 的最小值等于圆心 $C(1,1)$ 到直线 $3x+4y+3=0$ 的距离，即 $\frac{10}{5}=2$.

而四边形 $PACB$ 的面积等于

$$2S_{\triangle PAC}=2\times(\frac{1}{2}|PA|\cdot|AC|)=|PA|\cdot|AC|=|PA|=\sqrt{|PC|^2-1}$$

因此四边形 $PACB$ 的面积的最小值是 $\sqrt{2^2-1}=\sqrt{3}$.

6.$\frac{\pi}{2}$　作出可行域 D 及圆 $x^2+y^2=4$，如图 1 所示.

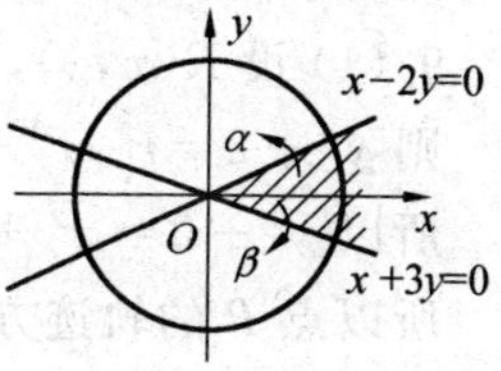

图 1

图中阴影部分所在圆心角 $\theta=\alpha-\beta$ 所对的弧长即为所求.

易知图 1 中两直线的斜率分别为 $\frac{1}{2},-\frac{1}{3}$，得 $\tan\alpha=\frac{1}{2},\tan\beta=-\frac{1}{3}$.

$$\tan\theta=\tan(\alpha-\beta)=\frac{\frac{1}{2}+\frac{1}{3}}{1-\frac{1}{2}\times\frac{1}{3}}=1$$

得 $\theta=\frac{\pi}{4}$，得弧长 $l=\theta\cdot R=\frac{\pi}{4}\times2=\frac{\pi}{2}$（$R$ 为圆的半径）.

7.设所求圆的方程为 $x^2+y^2+Dx+Ey+F=0$.

令 $y=0$，得 $x^2+Dx+F=0$，所以 $x_1+x_2=-D$.

令 $x=0$，得 $y^2+Ey+F=0$，所以 $y_1+y_2=-E$.

由题意知 $-D-E=2$，即

$$D+E+2=0 \quad ①$$

又因为圆过点 A,B，所以

$$16+4+4D+2E+F=0 \quad ②$$

$$1+9-D+3E+F=0 \quad ③$$

解 ①②③ 组成的方程组得 $D=-2, E=0, F=-12$.

故所求圆的方程为 $x^2+y^2-2x-12=0$.

8. 因为圆 C 和直线 $x-6y-10=0$ 相切于点 $(4,-1)$.

所以过点 $(4,-1)$ 的直径所在直线的斜率为 $-\dfrac{1}{\frac{1}{6}}=-6$.

其方程为 $y+1=-6(x-4)$,即 $y=-6x+23$.

又因为圆心在以 $(4,-1)$, $(9,6)$ 两点为端点的线段的中垂线

$$y-\frac{5}{2}=-\frac{5}{7}\left(x-\frac{13}{2}\right)$$

即 $5x+7y-50=0$ 上,由 $\begin{cases}y=-6x+23\\5x+7y-50=0\end{cases}$ 解得圆心为 $(3,5)$.

所以半径为 $\sqrt{(9-3)^2+(6-5)^2}=\sqrt{37}$.

故所求圆的方程为 $(x-3)^2+(y-5)^2=37$.

9. (1) 设 $P(x,y)$,圆 P 的半径为 r.

则 $y^2+2=r^2$, $x^2+3=r^2$.

所以 $y^2+2=x^2+3$,即 $y^2-x^2=1$.

所以点 P 的轨迹方程为 $y^2-x^2=1$.

(2) 设 P 的坐标为 (x_0,y_0).

则 $\dfrac{|x_0-y_0|}{\sqrt{2}}=\dfrac{\sqrt{2}}{2}$,即 $|x_0-y_0|=1$.

所以 $y_0-x_0=\pm1$,即 $y_0=x_0\pm1$.

① 当 $y_0=x_0+1$ 时,由 $y_0^2-x_0^2=1$ 得 $(x_0+1)^2-x_0^2=1$.

所以 $\begin{cases}x_0=0\\y_0=1\end{cases}$,所以 $r^2=3$.

所以圆 P 的方程为 $x^2+(y-1)^2=3$.

② 当 $y_0=x_0-1$ 时,由 $y_0^2-x_0^2=1$ 得 $(x_0-1)^2-x_0^2=1$.

所以 $\begin{cases}x_0=0\\y_0=-1\end{cases}$,所以 $r^2=3$.

所以圆 P 的方程为 $x^2+(y+1)^2=3$.

综上所述,圆 P 的方程为 $x^2+(y\pm1)^2=3$.

10. 设 AB 的中点为 R,坐标为 (x,y),联结 OR, PR,则在 $\mathrm{Rt}\triangle ABP$ 中, $|AR|=|PR|$.

又 R 是弦 AB 的中点,所以在 $\mathrm{Rt}\triangle OAR$ 中, $|AR|^2=|AO|^2-$

$|OR|^2=36-(x^2+y^2)$.

又 $|AR|=|PR|=\sqrt{(x-4)^2+y^2}$,所以有

$$(x-4)^2+y^2=36-(x^2+y^2)$$

即

$$x^2+y^2-4x-10=0$$

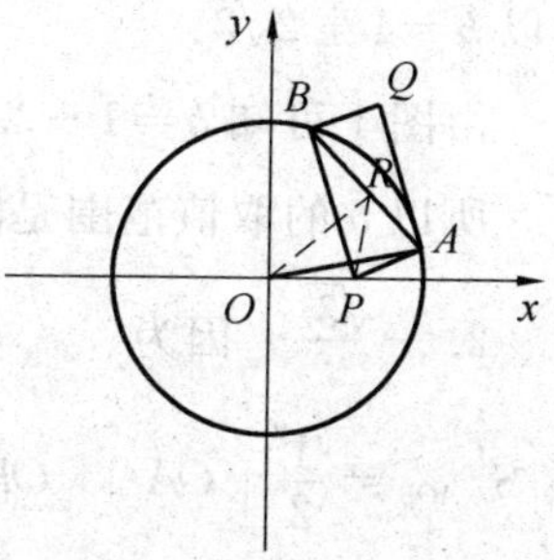

图 2

因此点 R 在一个圆上,而当 R 在此圆上运动时,点 Q 即在所求的轨迹上运动.

设 $Q(x,y)$,$R(x_1,y_1)$,因为 R 是 PQ 的中点.

所以 $x_1=\frac{x+4}{2}$,$y_1=\frac{y+0}{2}$,代入方程 $x^2+y^2-4x-10=0$,得

$$\left(\frac{x+4}{2}\right)^2+\left(\frac{y}{2}\right)^2-4\times\frac{x+4}{2}-10=0$$

整理得 $x^2+y^2=56$,此即为所求顶点 Q 的轨迹方程.

11. 设所求圆方程为 $(x-a)^2+(y-b)^2=r^2$,则

$$(a-5)^2+(b-3)^2=9+r^2\Rightarrow a^2+b^2-10a-6b=r^2-25 \quad ①$$

$$(a-3)^2+(b-5)^2=25+r^2\Rightarrow a^2+b^2-6a-10b=r^2-9 \quad ②$$

$$(a-10)^2+b^2=19+r^2\Rightarrow a^2+b^2-20a=r^2-81 \quad ③$$

②-① 得

$$a-b=4$$

①-③ 得

$$5a-3b=28$$

解得 $a=8$,$b=4$,$r=1$,即所求圆为 $(x-8)^2+(y-4)^2=1$.

第 32 讲　曲线与方程

1. $1-2\sqrt{2}\leqslant b\leqslant 3$　由 $y=3-\sqrt{4x-x^2}$,得 $(x-2)^2+(y-3)^2=4\quad(1\leqslant y\leqslant 3)$

所以曲线 $y=3-\sqrt{4x-x^2}$ 是半圆,如图 1 中实线所示.

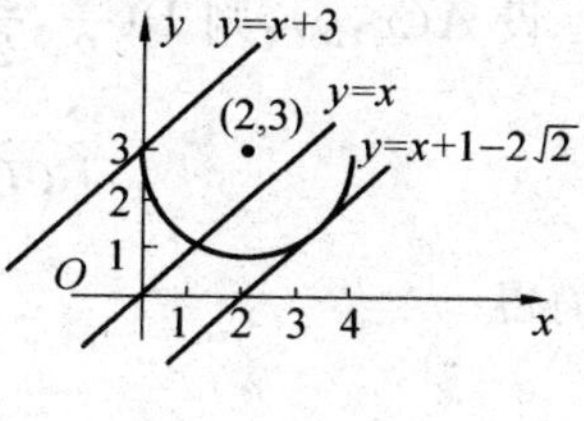

图 1

当直线 $y=x+b$ 与圆相切时

$$\frac{|2-3+b|}{\sqrt{2}}=2$$

所以 $b=1\pm2\sqrt{2}$.

由图 1 可知 $b=1-2\sqrt{2}$.

所以 b 的取值范围是 $[1-2\sqrt{2},3]$.

2. $-\frac{\sqrt{3}}{3}$　因为

$$S_{\triangle AOB}=\frac{1}{2}|OA||OB|\sin\angle AOB=\frac{1}{2}\sin\angle AOB\leqslant\frac{1}{2}$$

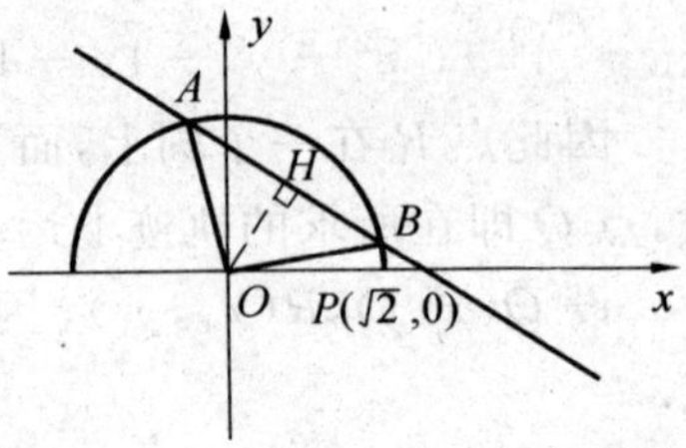

图 2

如图 2,当 $\angle AOB=\frac{\pi}{2}$ 时,$S_{\triangle AOB}$ 面积最大.

此时 O 到 AB 的距离 $d=\frac{\sqrt{2}}{2}$.

设 AB 方程为 $y=k(x-\sqrt{2})(k<0)$,即 $kx-y-\sqrt{2}k=0$.

由 $d=\frac{|\sqrt{2}k|}{\sqrt{k^2+1}}=\frac{\sqrt{2}}{2}$ 得 $k=-\frac{\sqrt{3}}{3}$.

(也可 $k=-\tan\angle OPH=-\frac{\sqrt{3}}{3}$.)

3. 椭圆　如图 3,设 $M(x,y)$,由于 l 是 AP 的垂直平分线,于是 $|AM|=|PM|$,又由于 $10=|OP|=|OM|+|MP|=|OM|+|MA|$,即 $|OM|+|MA|=10$,也就是说,动点 M 到 $O(0,0)$ 及 $A(8,0)$ 的距离之和是 10,故动点 M 的轨迹是以 $O(0,0)$,$A(8,0)$ 为焦点,中心在 $(4,0)$,长半轴长是 5 的椭圆.

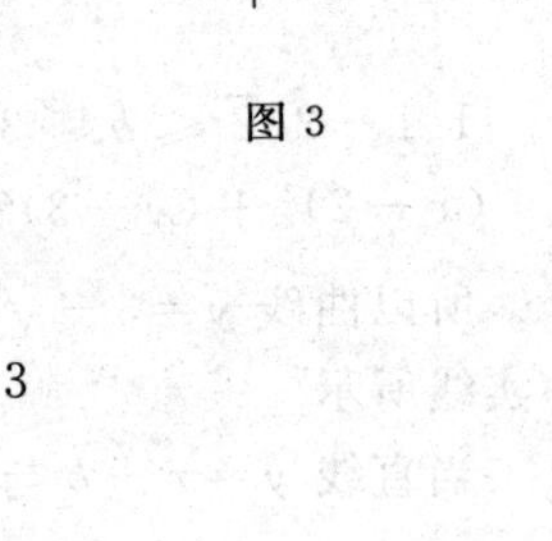

图 3

4. $(x-10)^2+y^2=36(y\neq0)$

设 $A(x,y)$,则 $D(\frac{x}{2},\frac{y}{2})$,所以

$$|CD|=\sqrt{(\frac{x}{2}-5)^2+\frac{y^2}{4}}=3$$

化简得

$$(x-10)^2+y^2=36$$

由于 A,B,C 三点构成三角形,所以 A 不能落在 x 轴上,即 $y\neq0$.

5. $\dfrac{x^2}{4a^2}+\dfrac{y^2}{4b^2}=1$

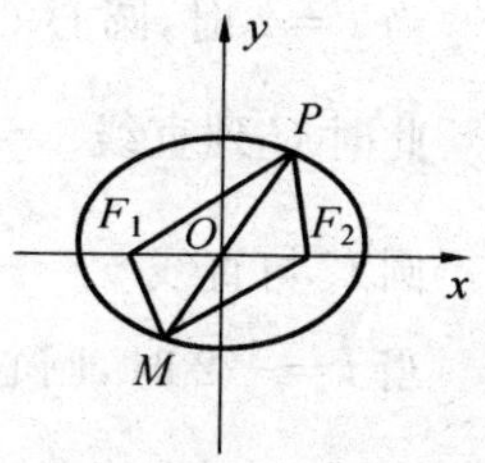

图 4

如图 4，由于 $\overrightarrow{OQ}=\overrightarrow{PF_1}+\overrightarrow{PF_2}$，又

$$\overrightarrow{PF_1}+\overrightarrow{PF_2}=\overrightarrow{PM}=2\overrightarrow{PO}=-2\overrightarrow{OP}$$

设 $Q(x,y)$，则 $\overrightarrow{OP}=-\dfrac{1}{2}\overrightarrow{OQ}=(-\dfrac{x}{2},-\dfrac{y}{2})$.

即点 P 坐标为 $(-\dfrac{x}{2},-\dfrac{y}{2})$.

又 P 在椭圆上，则有 $\dfrac{(-\frac{x}{2})^2}{a^2}+\dfrac{(-\frac{y}{2})^2}{b^2}=1$ 上.

即 $\dfrac{x^2}{4a^2}+\dfrac{y^2}{4b^2}=1$.

6. $x+2y-5=0$

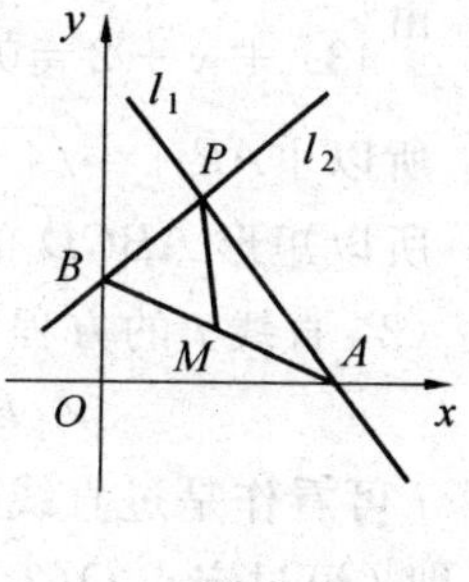

图 5

如图 5，设点 M 的坐标为 (x,y)，因为 M 是线段 AB 的中点，所以点 A 的坐标为 $(2x,0)$，点 B 的坐标为 $(0,2y)$.

所以 $\overrightarrow{PA}=(2x-2,-4)$，$\overrightarrow{PB}=(-2,2y-4)$.

由已知 $\overrightarrow{PA}\cdot\overrightarrow{PB}=0$，所以

$$-2(2x-2)-4(2y-4)=0$$

即

$$x+2y-5=0$$

所以线段 AB 中点 M 的轨迹方程为 $x+2y-5=0$.

7. (1) 因为圆 C 过原点 O，所以 $OC^2=t^2+\dfrac{4}{t^2}$.

设圆 C 的方程是 $(x-t)^2+(y-\dfrac{2}{t})^2=t^2+\dfrac{4}{t^2}$.

令 $x=0$，得 $y_1=0$，$y_2=\dfrac{4}{t}$；令 $y=0$，得 $x_1=0$，$x_2=2t$.

所以 $S_{\triangle OAB}=\dfrac{1}{2}OA\cdot OB=\dfrac{1}{2}\times|\dfrac{4}{t}|\times|2t|=4$.

即 $\triangle OAB$ 的面积为定值.

(2) 因为 $OM=ON$，$CM=CN$，所以 OC 垂直平分线段 MN.

因为 $k_{MN}=-2$，所以 $k_{OC}=\dfrac{1}{2}$.

所以 $\dfrac{2}{t}=\dfrac{1}{2}t$，解得 $t=2$ 或 $t=-2$.

当 $t=2$ 时,圆心 C 的坐标为 $(2,1)$,$OC=\sqrt{5}$.

此时 C 到直线 $y=-2x+4$ 的距离 $d=\frac{1}{\sqrt{5}}<\sqrt{5}$.

圆 C 与直线 $y=-2x+4$ 相交于两点.

当 $t=-2$ 时,圆心 C 的坐标为 $(-2,-1)$,$OC=\sqrt{5}$.

此时 C 到直线 $y=-2x+4$ 的距离 $d=\frac{9}{\sqrt{5}}>\sqrt{5}$.

圆 C 与直线 $y=-2x+4$ 不相交,所以 $t=-2$ 不符合题意,舍去.

所以圆 C 的方程为 $(x-2)^2+(y-1)^2=5$.

8.(1) 因为 $l_{AB}:x-3y-6=0$ 且 $AD\perp AB$,点 $(-1,1)$ 在边 AD 所在的直线上,所以 AD 所在直线的方程是 $y-1=-3(x+1)$,即 $3x+y+2=0$.

由 $\begin{cases}x-3y-6=0\\3x+y+2=0\end{cases}$ 得 $A(0,-2)$.

所以 $|AP|=\sqrt{4+4}=2\sqrt{2}$.

所以矩形 $ABCD$ 的外接圆的方程是 $(x-2)^2+y^2=8$.

(2) 直线 l 的方程可化为

$$k(-2x+y+4)+x+y-5=0$$

l 可看作是过直线 $-2x+y+4=0$ 和 $x+y-5=0$ 的交点 $(3,2)$ 的直线系,即 l 恒过定点 $Q(3,2)$.

由 $(3-2)^2+2^2=5<8$ 知点 Q 在圆 P 内,所以 l 与圆 P 恒相交.

设 l 与圆 P 的交点为 M,N,则

$$|MN|=2\sqrt{8-d^2}\quad(d\text{ 为 }P\text{ 到 }l\text{ 的距离})$$

设 PQ 与 l 的夹角为 θ,则 $d=|PQ|\cdot\sin\theta=\sqrt{5}\sin\theta$.

当 $\theta=90^\circ$ 时,d 最大,$|MN|$ 最短.

此时 l 的斜率为 PQ 的斜率的负倒数,即 $-\frac{1}{2}$.

故 l 的方程为 $y-2=-\frac{1}{2}(x-3)$,$x+2y-7=0$.

9.(1) 如图 6,$|AB|=4\sqrt{3}$,将圆 C 方程化为标准方程为

$$(x+2)^2+(y-6)^2=16$$

所以圆 C 的圆心坐标为 $(-2,6)$,半径 $r=4$,设 D 是线段 AB 的中点,则 $CD\perp AB$.

所以 $|AD|=2\sqrt{3}$,$|AC|=4$.点 C 坐标为 $(-2,6)$.

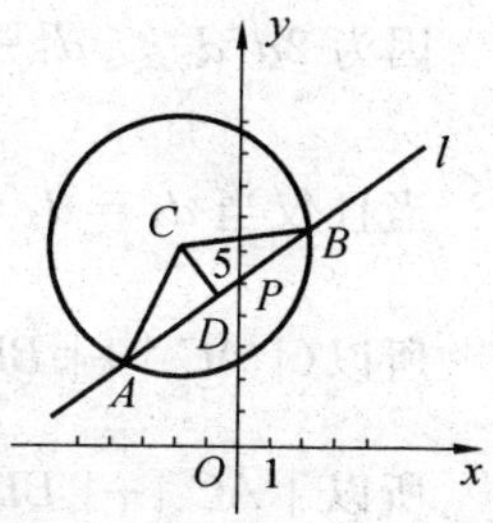

图 6

在 Rt$\triangle ACD$ 中,可得 $|CD|=2$.

设所求直线 l 的斜率为 k,则直线 l 的方程为 $y-5=kx$,即 $kx-y+5=0$.

由点 C 到直线 AB 的距离公式为 $\dfrac{|-2k-6+5|}{\sqrt{k^2+(-1)^2}}=2$,得 $k=\dfrac{3}{4}$.

故直线 l 的方程为 $3x-4y+20=0$.

又直线 l 的斜率不存在时,也满足题意,此时方程为 $x=0$.

所以所求直线 l 的方程为 $x=0$ 或 $3x-4y+20=0$.

(2) 设过点 P 的圆 C 的弦的中点为 $D(x,y)$.

则 $CD\perp PD$,即 $\overrightarrow{CD}\cdot\overrightarrow{PD}=0$.

所以 $(x+2,y-6)\cdot(x,y-5)=0$.

化简得所求轨迹方程为 $x^2+y^2+2x-11y+30=0$.

10. (1) 由条件知点 M 在圆 O 上,所以 $1+a^2=4$,则 $a=\pm\sqrt{3}$.

当 $a=\sqrt{3}$ 时,点 M 为 $(1,\sqrt{3})$,$k_{OM}=\sqrt{3}$,$k_{切}=-\dfrac{\sqrt{3}}{3}$.

此时切线方程为 $y-\sqrt{3}=-\dfrac{\sqrt{3}}{3}(x-1)$.

即 $x+\sqrt{3}y-4=0$.

当 $a=-\sqrt{3}$ 时,点 M 为 $(1,-\sqrt{3})$,$k_{OM}=-\sqrt{3}$,$k_{切}=\dfrac{\sqrt{3}}{3}$.

此时切线方程为 $y+\sqrt{3}=\dfrac{\sqrt{3}}{3}(x-1)$,即 $x-\sqrt{3}y-4=0$.

所以所求的切线方程为 $x+\sqrt{3}y-4=0$ 或 $x-\sqrt{3}y-4=0$.

(2) 设 O 到直线 AC,BD 的距离分别为 d_1,d_2(d_1,$d_2\geqslant 0$).

则 $d_1^2+d_2^2=OM^2=3$.

又有 $|AC|=2\sqrt{4-d_1^2}$,$|BD|=2\sqrt{4-d_2^2}$,所以

$$|AC|+|BD|=2\sqrt{4-d_1^2}+2\sqrt{4-d_2^2}$$

则

$$\begin{aligned}(|AC|+|BD|)^2&=4\times(4-d_1^2+4-d_2^2+2\sqrt{4-d_1^2}\cdot\sqrt{4-d_2^2})=\\&4\times[5+2\sqrt{16-4(d_1^2+d_2^2)+d_1^2d_2^2}]=\\&4\times(5+2\sqrt{4+d_1^2d_2^2})\end{aligned}$$

因为 $2d_1d_2 \leqslant d_1^2+d_2^2=3$，所以 $d_1^2d_2^2 \leqslant \frac{9}{4}$.

当且仅当 $d_1=d_2=\frac{\sqrt{6}}{2}$ 时取等号，所以 $\sqrt{4+d_1^2d_2^2} \leqslant \frac{5}{2}$.

所以 $(|AC|+|BD|)^2 \leqslant 4\times(5+2\times\frac{5}{2})=40$.

所以 $|AC|+|BD| \leqslant 2\sqrt{10}$.

即 $|AC|+|BD|$ 的最大值为 $2\sqrt{10}$.

11.(1) 设 $P(x_0,y_0)$，$Q(x,y)$，依题意，则点 D 的坐标为 $D(x_0,0)$.

所以 $\overrightarrow{DQ}=(x-x_0,y)$，$\overrightarrow{DP}=(0,y_0)$.

又 $\overrightarrow{DQ}=\frac{2}{3}\overrightarrow{DP}$，所以 $\begin{cases}x-x_0=0\\ y=\frac{2}{3}y_0\end{cases}$，即 $\begin{cases}x_0=x\\ y_0=\frac{3}{2}y\end{cases}$.

因为 P 在圆 O 上，故 $x_0^2+y_0^2=9$，所以 $\frac{x^2}{9}+\frac{y^2}{4}=1$.

所以点 Q 的轨迹方程为 $\frac{x^2}{9}+\frac{y^2}{4}=1$.

(2) 存在. 假设椭圆 $\frac{x^2}{9}+\frac{y^2}{4}=1$ 上存在两个不重合的点 $M(x_1,y_1)$，$N(x_2,y_2)$ 满足 $\overrightarrow{OE}=\frac{1}{2}(\overrightarrow{OM}+\overrightarrow{ON})$.

则 $E(1,1)$ 是线段 MN 的中点，且有

$$\begin{cases}\frac{x_1+x_2}{2}=1\\ \frac{y_1+y_2}{2}=1\end{cases}$$

即

$$\begin{cases}x_1+x_2=2\\ y_1+y_2=2\end{cases}$$

又 $M(x_1,y_1)$，$N(x_2,y_2)$ 在椭圆 $\frac{x^2}{9}+\frac{y^2}{4}=1$ 上，所以

$$\begin{cases}\frac{x_1^2}{9}+\frac{y_1^2}{4}=1\\ \frac{x_2^2}{9}+\frac{y_2^2}{4}=1\end{cases}$$

两式相减，得

$$\frac{(x_1-x_2)(x_1+x_2)}{9}+\frac{(y_1-y_2)(y_1+y_2)}{4}=0$$

所以

$$k_{MN}=\frac{y_1-y_2}{x_1-x_2}=-\frac{4}{9}$$

所以直线 MN 的方程为 $4x+9y-13=0$.

所以椭圆上存在点 M,N 满足$\overrightarrow{OE}=\frac{1}{2}(\overrightarrow{OM}+\overrightarrow{ON})$.

此时直线 MN 的方程为 $4x+9y-13=0$.

第 33 讲　圆锥曲线的概念

1. $x^2=12y$　由题意可知点 P 到直线 $y=-3$ 的距离等于它到点$(0,3)$的距离,故点 P 的轨迹是以点$(0,3)$为焦点,以 $y=-3$ 为准线的抛物线,且 $p=6$,所以其标准方程为 $x^2=12y$.

2. $3\sqrt{2}-1$　由题意知,抛物线的焦点为 $F(1,0)$.点 P 到 y 轴的距离 $d_1=|PF|-1$,所以 $d_1+d_2=d_2+|PF|-1$.易知 $d_2+|PF|$ 的最小值为点 F 到直线 l 的距离,故 $d_2+|PF|$ 的最小值为$\frac{|1+5|}{\sqrt{1^2+(-1)^2}}=3\sqrt{2}$,所以 d_1+d_2 的最小值为 $3\sqrt{2}-1$.

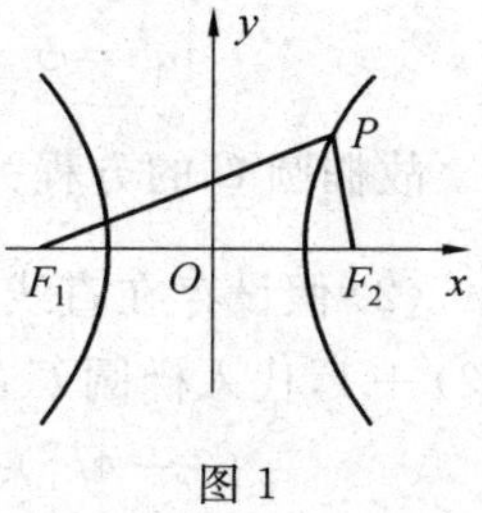

图 1

3. $\sqrt{3}$　如图 1,不妨设 $|PF_1|>|PF_2|$,则 $|PF_1|-|PF_2|=2a$.

又因为 $|PF_1|+|PF_2|=6a$,所以

$$|PF_1|=4a,\ |PF_2|=2a$$

又在 $\triangle PF_1F_2$ 中,$\angle PF_1F_2=30°$,由正弦定理得,$\angle PF_2F_1=90°$,所以 $|F_1F_2|=2\sqrt{3}a$,所以双曲线 C 的离心率 $e=\frac{2\sqrt{3}a}{2a}=\sqrt{3}$.

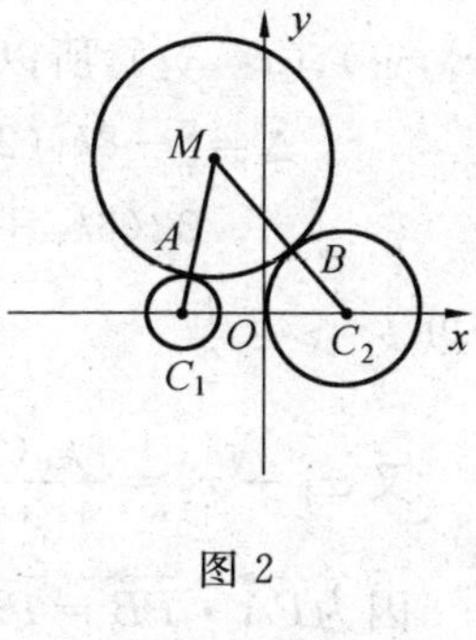

图 2

4. $x^2-\frac{y^2}{8}=1(x\leqslant-1)$　如图 2 所示,设动圆 M 与圆 C_1 及圆 C_2 分别外切于 A 和 B.

根据两圆外切的条件,得

$$|MC_1|-|AC_1|=|MA|$$
$$|MC_2|-|BC_2|=|MB|$$

因为 $|MA|=|MB|$,所以

$$|MC_1|-|AC_1|=|MC_2|-|BC_2|$$

即

$$|MC_2|-|MC_1|=|BC_2|-|AC_1|=2$$

所以点 M 到两定点 C_1,C_2 的距离的差是常数且小于 $|C_1C_2|$.

又根据双曲线的定义,得动点 M 的轨迹为双曲线的左支(点 M 与 C_2 的距离大,与 C_1 的距离小),其中 $a=1$,$c=3$,则 $b^2=8$.

故点 M 的轨迹方程为 $x^2-\dfrac{y^2}{8}=1(x\leqslant-1)$.

5.3　在 $\triangle ABC$ 中,由正弦定理得 $\dfrac{\sin A+\sin B}{\sin C}=\dfrac{|CB|+|CA|}{|AB|}$,因为点 C 在椭圆上,所以由椭圆定义知 $|CA|+|CB|=2a$,而 $|AB|=2c$,所以 $\dfrac{\sin A+\sin B}{\sin C}=\dfrac{2a}{2c}=\dfrac{1}{e}=3$.

6.(1) 设椭圆 C 的方程为 $\dfrac{x^2}{a^2}+\dfrac{y^2}{b^2}=1(a>b>0)$,

由题意得 $\begin{cases}\dfrac{1}{a^2}+\dfrac{9}{4b^2}=1\\ \dfrac{c}{a}=\dfrac{1}{2}\\ a^2=b^2+c^2\end{cases}$,解得 $a^2=4$,$b^2=3$.

故椭圆 C 的方程为 $\dfrac{x^2}{4}+\dfrac{y^2}{3}=1$.

(2) 假设存在直线 l_1 且由题意得斜率存在,设满足条件的方程为 $y=k_1(x-2)+1$,代入椭圆 C 的方程得

$$(3+4k_1^2)x^2-8k_1(2k_1-1)x+16k_1^2-16k_1-8=0$$

因为直线 l_1 与椭圆 C 相交于不同的两点 A,B,设 A,B 两点的坐标分别为 (x_1,y_1),(x_2,y_2),所以

$$\Delta=[-8k_1(2k_1-1)]^2-4(3+4k_1^2)(16k_1^2-16k_1-8)=32(6k_1+3)>0$$

所以 $k_1>-\dfrac{1}{2}$.

又 $x_1+x_2=\dfrac{8k_1(2k_1-1)}{3+4k_1^2}$,$x_1x_2=\dfrac{16k_1^2-16k_1-8}{3+4k_1^2}$.

因为 $\overrightarrow{PA}\cdot\overrightarrow{PB}=\overrightarrow{PM}^2$,即

$$(x_1-2)(x_2-2)+(y_1-1)(y_2-1)=\frac{5}{4}$$

所以

$$(x_1-2)(x_2-2)(1+k_1^2)=\overrightarrow{PM}^2=\frac{5}{4}$$

即

$$[x_1x_2-2(x_1+x_2)+4](1+k_1^2)=\frac{5}{4}$$

所以

$$\left[\frac{16k_1^2-16k_1-8}{3+4k_1^2}-2\cdot\frac{8k_1(2k_1-1)}{3+4k_1^2}+4\right](1+k_1^2)=\frac{4+4k_1^2}{3+4k_1^2}=\frac{5}{4}$$

解得 $k_1=\pm\frac{1}{2}$.

因为 $k_1>-\frac{1}{2}$，所以 $k_1=\frac{1}{2}$.

于是存在直线 l_1 满足条件，其方程为 $y=\frac{1}{2}x$.

7. (1) 设双曲线 C 的方程为 $\frac{x^2}{a^2}-\frac{y^2}{b^2}=1(a>0,b>0)$.

由已知得：$a=\sqrt{3}$，$c=2$，再由 $a^2+b^2=c^2$，得 $b^2=1$.

所以双曲线 C 的方程为 $\frac{x^2}{3}-y^2=1$.

(2) 设 $A(x_A,y_A)$，$B(x_B,y_B)$，将 $y=kx+\sqrt{2}$ 代入 $\frac{x^2}{3}-y^2=1$，得

$$(1-3k^2)x^2-6\sqrt{2}kx-9=0$$

由题意知 $\begin{cases}1-3k^2\neq 0\\ \Delta=36(1-k^2)>0\\ x_A+x_B=\dfrac{6\sqrt{2}k}{1-3k^2}<0\\ x_Ax_B=\dfrac{-9}{1-3k^2}>0\end{cases}$ 解得 $\frac{\sqrt{3}}{3}<k<1$.

所以当 $\frac{\sqrt{3}}{3}<k<1$ 时，l 与双曲线左支有两个交点.

(3) 由(2) 得

$$x_A+x_B=\frac{6\sqrt{2}k}{1-3k^2}$$

所以

$$y_A+y_B=(kx_A+\sqrt{2})+(kx_B+\sqrt{2})=k(x_A+x_B)+2\sqrt{2}=\frac{2\sqrt{2}}{1-3k^2}$$

所以 AB 的中点 P 的坐标为$(\frac{3\sqrt{2}k}{1-3k^2},\frac{\sqrt{2}}{1-3k^2})$.

设直线 l_0 的方程为 $y=-\frac{1}{k}x+m$.

将点 P 的坐标代入直线 l_0 的方程,得 $m=\frac{4\sqrt{2}}{1-3k^2}$.

因为$\frac{\sqrt{3}}{3}<k<1$,所以 $-2<1-3k^2<0$.

所以 $m<-2\sqrt{2}$,所以 m 的取值范围为$(-\infty,-2\sqrt{2})$.

8.(1) 椭圆的方程为$\frac{x^2}{4}+\frac{y^2}{3}=1$.

(2)$\cos\angle A_1PA_2=\frac{|PA_1|^2+|PA_2|^2-|A_1A_2|^2}{2|PA_1|\cdot|PA_2|}=-\frac{1}{9}$.

9.令 $A(x_1,y_1)$,$B(x_2,y_2)$,直线 AB 的方程为 $y=kx+b$.代入椭圆的方程整理得

$$(4k^2+1)x^2+8kbx+4(b^2-2)=0$$

故

$$x_1+x_2=-\frac{8kb}{4k^2+1},x_1x_2=\frac{4(b^2-2)}{4k^2+1}$$

则

$$\frac{25}{4}=AB^2=\frac{16(k^2+1)}{(4k^2+1)^2}[2(4k^2+1)-b^2]$$

得

$$b^2=2(4k^2+1)-\frac{25(4k^2+1)^2}{64(k^2+1)}$$

又原点 O 到 AB 的距离为$\frac{|b|}{\sqrt{k^2+1}}$,则 $S_{\triangle AOB}=\frac{5}{4}\cdot\sqrt{k^2+1}$.记 $u=\frac{4k^2+1}{k^2+1}$,则有

$$S^2_{\triangle AOB}=-\frac{625}{1\,024}(u^2-\frac{128}{25}u)=4-\frac{625}{1\,024}(u-\frac{64}{25})^2$$

$u=4-\frac{3}{k^2+1}$ 的取值范围为$[1,4]$($u=4$ 为竖直弦).故当 $u=\frac{64}{25}$ 时,$S^2_{\triangle AOB}$ 的最大值为 4;当 $u=1$ 时,$S^2_{\triangle AOB}$ 的最小值为$\frac{2\,575}{1\,024}$.因此,$S_{\triangle AOB}$ 的取值范围是

$[\sqrt{103},2]$.

10. 如图3，设线段 PQ 中点 M，过点 P,M,Q 分别作准线的垂线，垂足分别为点 P',M',Q'，则

$$|MM'|=\frac{1}{2}(|PP'|+|QQ'|)=\frac{1}{2}(\frac{|PF|}{e}+\frac{|QF|}{e})=\frac{|PQ|}{2e}$$

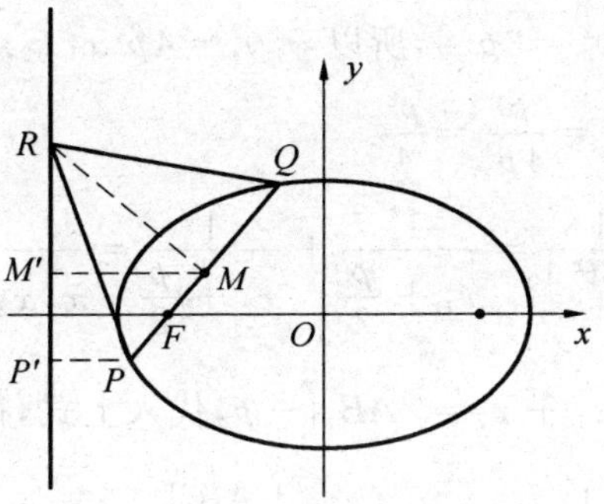

图 3

假设存在点 R，则 $|RM|=\frac{\sqrt{3}}{2}|PQ|$，且 $|MM'|<|RM|$，即 $\frac{|PQ|}{2e}<\frac{\sqrt{3}}{2}|PQ|$，所以，$e>\frac{\sqrt{3}}{3}$. 于是

$$\cos\angle RMM'=\frac{|MM'|}{|RM|}=\frac{1}{2e}\times\frac{1}{\sqrt{3}e},\cot\angle RMM'=\frac{1}{\sqrt{3e^2-1}}$$

在图 3 中，$|PF|<|QF|$，且有

$$k_{PQ}=\tan\angle QFx=\tan\angle FMM'=\cot\angle RMM'=\frac{1}{\sqrt{3e^2-1}}$$

当 $e>\frac{\sqrt{3}}{3}$ 时，过点 F 作斜率为 $\frac{1}{\sqrt{3e^2-1}}$ 的焦点弦 PQ，它的中垂线交左准线于 R，由上述过程知，$|RM|=\frac{\sqrt{3}}{2}|PQ|$. 故 $\triangle PQR$ 为正三角形. 根据对称性，当 $|FP|>|FQ|$ 时，有 $k_{PQ}=-\frac{1}{\sqrt{3e^2-1}}$. 所以，椭圆 $\frac{x^2}{a^2}+\frac{y^2}{b^2}=1(a>b>0)$ 的离心率 e 的范围是 $(\frac{\sqrt{3}}{3},1)$，且直线 PQ 的斜率为 $\pm\frac{1}{\sqrt{3e^2-1}}$.

11. (1) 由已知得抛物线焦点坐标为 $(\frac{p}{2},0)$.

由题意可设直线方程为 $x=my+\frac{p}{2}$,代入 $y^2=2px$,得 $y^2=2p(my+\frac{p}{2})$,即

$$y^2-2pmy-p^2=0 \qquad (*)$$

则 y_1,y_2 是方程(*)的两个实数根,所以 $y_1y_2=-p^2$.

因为 $y_1^2=2px_1,y_2^2=2px_2$,所以 $y_1^2y_2^2=4p^2x_1x_2$.

所以 $x_1x_2=\frac{y_1^2y_2^2}{4p^2}=\frac{p^4}{4p^2}=\frac{p^2}{4}$.

(2) $\frac{1}{|AF|}+\frac{1}{|BF|}=\frac{1}{x_1+\frac{p}{2}}+\frac{1}{x_2+\frac{p}{2}}=\frac{x_1+x_2+p}{x_1x_2+\frac{p}{2}(x_1+x_2)+\frac{p^2}{4}}$

因为 $x_1x_2=\frac{p^2}{4}$,$x_1+x_2=|AB|-p$,代入上式,得

$$\frac{1}{|AF|}+\frac{1}{|BF|}=\frac{|AB|}{\frac{p^2}{4}+\frac{p}{2}(|AB|-p)+\frac{p^2}{4}}=\frac{2}{p}\text{(定值)}$$

(3) 如图 4,设 AB 的中点为 $M(x_0,y_0)$,分别过 A,B 作准线的垂线,垂足为 C,D,过 M 作准线的垂线,垂足为 N,则

$$|MN|=\frac{1}{2}(|AC|+|BD|)=$$
$$\frac{1}{2}(|AF|+|BF|)=\frac{1}{2}|AB|$$

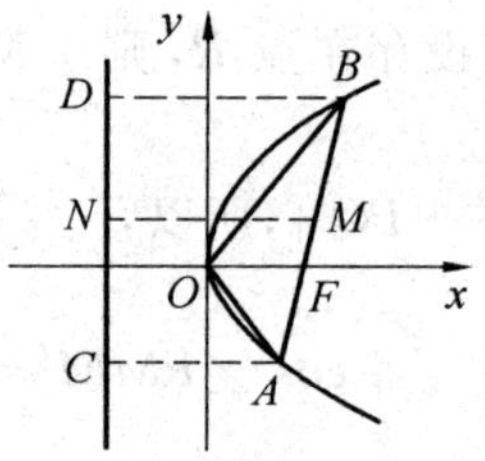

图 4

所以以 AB 为直径的圆与抛物线的准线相切.

第 34 讲　圆锥曲线的性质

1.4　根据双曲线方程得 $n(12-n)>0$,所以 $0<n<12$,所以

$$a^2=n,b^2=12-n,c^2=a^2+b^2=12$$

则双曲线的离心率 $e=\frac{c}{a}=\frac{\sqrt{12}}{\sqrt{n}}=\sqrt{3}$,所以 $n=4$.

2.$(-\frac{2\sqrt{6}}{3},\frac{2\sqrt{6}}{3})$　设椭圆上一点 P 的坐标为(x,y).

则$\overrightarrow{F_1P}=(x+\sqrt{3},y)$,$\overrightarrow{F_2P}=(x-\sqrt{3},y)$.

因为 $\angle F_1PF_2$ 为钝角,所以$\overrightarrow{F_1P}\cdot\overrightarrow{F_2P}<0$,即

$$x^2-3+y^2<0 \quad ①$$

因为 $y^2=1-\frac{x^2}{4}$,代入 ① 得 $x^2-3+1-\frac{x^2}{4}<0$,$\frac{3}{4}x^2<2$,所以 $x^2<\frac{8}{3}$.

解得 $-\frac{2\sqrt{6}}{3}<x<\frac{2\sqrt{6}}{3}$,所以 $x\in(-\frac{2\sqrt{6}}{3},\frac{2\sqrt{6}}{3})$.

3. $\frac{5}{7}$　如图 1,在 $\triangle ABF$ 中,$|AB|=10$,$|AF|=6$,且 $\cos\angle ABF=\frac{4}{5}$.

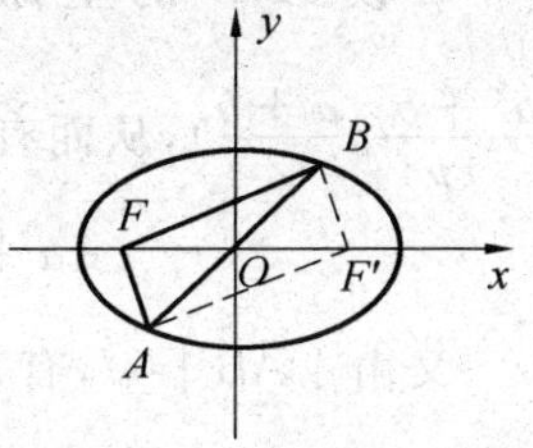

图 1

设 $|BF|=m$,由余弦定理,得

$$6^2=10^2+m^2-20m\cdot\frac{4}{5}$$

所以 $m^2-16m+64=0$,所以 $m=8$.

因此 $|BF|=8$,$AF\perp BF$,$c=|OF|=\frac{1}{2}|AB|=5$.

设椭圆右焦点为 F',联结 BF',AF'.

由对称性,$|BF'|=|AF|=6$,所以 $2a=|BF|+|BF'|=14$.

所以 $a=7$,因此离心率 $e=\frac{c}{a}=\frac{5}{7}$.

4. 2　如图 2,由 AB 的斜率为$\sqrt{3}$,知 $\angle\alpha=60^\circ$,又$\overrightarrow{AM}=\overrightarrow{MB}$,所以 M 为 AB 的中点.

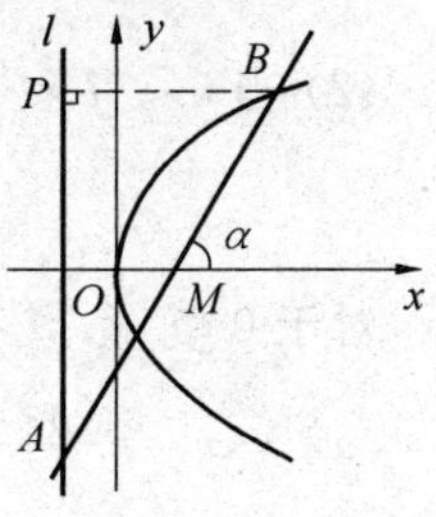

图 2

过点 B 作 BP 垂直准线 l 于点 P,则 $\angle ABP=60^\circ$,所以 $\angle BAP=30^\circ$.

所以 $|BP|=\frac{1}{2}|AB|=|BM|$.

所以 M 为焦点,即$\frac{p}{2}=1$,所以 $p=2$.

5. $\frac{a(2a+m)}{2\sqrt{a^2+b^2}}$

6. (1) $\triangle OMN$ 面积的最小值为$\frac{b^3}{a}$;

(2) 当 $a\geqslant\sqrt{2}b$ 时,椭圆 C 上存在点 $P'(\frac{ab}{\sqrt{a^2-b^2}},\frac{b\sqrt{a^2-2b^2}}{\sqrt{a^2-b^2}})$,使得由

P' 向圆 O 所引两切线互相垂直,当 $a<\sqrt{2}b$ 时,不存在满足要求的点 P'.

7. m 的取值范围为 $(-2,2)$.

8. (1) 椭圆 C 的方程为 $\frac{x^2}{6}+\frac{y^2}{2}=1$;

(2) 所求直线方程为 $y=\frac{\sqrt{3}}{3}x+\frac{2\sqrt{3}}{3}$,或 $y=-\frac{\sqrt{3}}{3}x-\frac{2\sqrt{3}}{3}$ 或 $x=-2$.

9. 设 A,B 的坐标分别为 $A(\frac{a^2}{2p},a)$,$B(\frac{b^2}{2p},b)$,则中点 M 的坐标为 $(\frac{a^2+b^2}{4p},\frac{a+b}{2})$,从而有

$$(a+b)^2=4y^2,(a-b)^2=8px-4y^2 \quad ①$$

又由 $|AB|=l$,有 $l^2=(\frac{a^2-b^2}{2p})^2+(a-b)^2=(a-b)^2\frac{(a+b)^2+4p^2}{4p^2}$,将式 ① 代入得

$$4(2px-y^2)(y^2+p^2)-p^2l^2=0 \quad ②$$

(1) 当 $l\geqslant 2p$ 时,由 ② 有

$$x=\frac{1}{2p}[(y^2+p^2)+\frac{p^2l^2}{4(y^2+p^2)}]-\frac{p}{2}\geqslant\frac{1}{p}\sqrt{\frac{p^2l^2}{4}}-\frac{p}{2}=\frac{l-p}{2}$$

当且仅当 $y=\sqrt{\frac{pl}{2}-p^2}$ 时等号成立,点 M 到 y 轴的最短距离为 $x_{\min}=\frac{l-p}{2}$,此时点 M 的坐标为 $(\frac{l-p}{2},\sqrt{\frac{pl}{2}-p^2})$.

(2) 当 $0<l<2p$ 时,由 ② 有

$$x=\frac{1}{8p}(\frac{p^2l^2}{y^2+p^2}+4y^2) \quad ③$$

对于 $0\leqslant y_1^2<y_2^2$ 有

$$x_2-x_1=\frac{(y_2^2-y_1^2)[4y_1^2y_2^2+4p^2(y_1^2+y_2^2)+p^2(4p^2-l^2)]}{8p(y_1^2+p^2)(y_2^2+p^2)}>0$$

可见,函数 ③ 关于自变量 y^2 是增函数,当 $y=0$ 时,有最小值 $x_{\min}=\frac{l^2}{8p}$,此时点 M 的坐标为 $(\frac{l^2}{8p},0)$.

10. 如图 3,$\triangle ABC$ 的垂心在抛物线的准线上. 设抛物线上 3 个切点为 $(\frac{1}{2}pa^2,pa)$,$(\frac{1}{2}pb^2,pb)$,$(\frac{1}{2}pc^2,pc)$. 则 BA 的方程为

$$2x-2ay=-pa^2 \quad ①$$

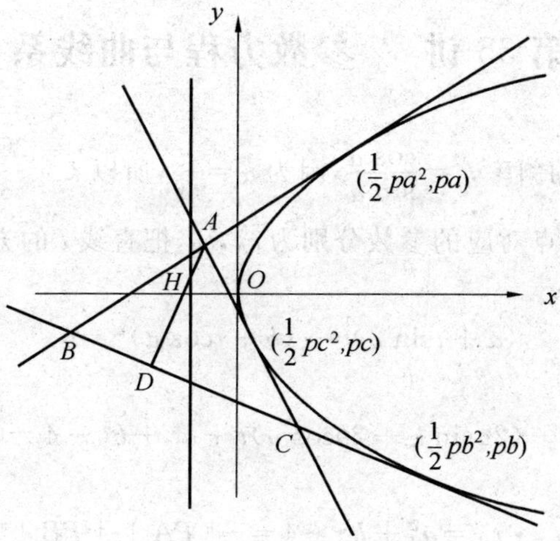

图 3

同理, AC 的方程为

$$2x-2cy=-pc^2 \quad ②$$

CB 的方程为

$$2x-2by=-pb^2 \quad ③$$

则点 A 的坐标为①、②的交点, ①－②得 $2cy-2ay=pc^2-pa^2$, $y=\frac{p}{2}\cdot\frac{c^2-a^2}{c-a}=\frac{1}{2}p(c+a)$, $x=ay-\frac{1}{2}pa^2=a\cdot\frac{p}{2}(c+a)-\frac{1}{2}pa^2=\frac{1}{2}pac$, 则 $A(\frac{1}{2}pac,\frac{1}{2}p(c+a))$.

同理可得, $B(\frac{1}{2}pab,\frac{1}{2}p(a+b))$, $C(\frac{1}{2}pbc,\frac{1}{2}p(b+c))$. 因为 $k_{AD}=-b$, 则直线 AD 的方程为: $y-\frac{p}{2}(c+a)=-b(x-\frac{1}{2}pac)$. 令 $x=-\frac{p}{2}$, 得 AD 与准线交点 H 的坐标, $H(-\frac{p}{2},\frac{p}{2}(a+b+c+abc))$. 而

$$k_{BH}=\frac{\frac{p}{2}(a+b+c+abc)-\frac{p}{2}(a+b)}{-\frac{p}{2}-\frac{1}{2}pab}=\frac{c+abc}{-(1+ab)}=-c$$

$$k_{BH}=\frac{1}{c}$$

故 $BH\perp AC$, 同理 $CH\perp AB$, 故 H 为 $\triangle ABC$ 的垂心. 结论得证.

第35讲　参数方程与曲线系

1.(1) 直线 l 的斜率 $k=\dfrac{\cos\alpha}{\sin\alpha}$,因为 $\alpha=\dfrac{\pi}{3}$,所以 $k=\dfrac{\sqrt{3}}{3}$.

(2) 设 A,B 两点对应的参数分别为 t_A,t_B,把直线 l 的方程代入圆 O 的方程中,得

$$(a+t\sin\alpha)^2+(b+t\cos\alpha)^2=4$$

整理得

$$t^2+(2a\sin\alpha+2b\cos\alpha)t+a^2+b^2-4=0$$

所以

$$t_A\cdot t_B=a^2+b^2-4=-|PA|\cdot|PB|$$

又因为 $|PA|$,$|OP|$,$|PB|$ 成等比数列,所以

$$|PA|\cdot|PB|=|OP|^2$$

所以

$$-(a^2+b^2-4)=a^2+b^2$$

即

$$a^2+b^2=2$$

所以动点 P 的轨迹方程为 $x^2+y^2=2$.

2.设直线 AB 的参数方程是 $\begin{cases}x=4+t\cos\alpha\\ y=1+t\sin\alpha\end{cases}$($t$ 为参数),点 Q,A,B 在其上分别对应参数 t',t_1,t_2,将直线参数方程与已知曲线即椭圆 $x^2+2y^2=8$ 联立,得

$$(1+\sin^2\alpha)t^2+4(2\cos\alpha+\sin\alpha)t+10=0$$

则

$$t_1+t_2=\frac{-4(2\cos\alpha+\sin\alpha)}{1+\sin^2\alpha},t_1t_2=\frac{10}{1+\sin^2\alpha}$$

又 $\dfrac{PA}{PB}=\dfrac{AQ}{QB}$,即 $\dfrac{t_1}{t_2}=\dfrac{t'-t_1}{t_2-t}$,所以 $t'=\dfrac{2t_1t_2}{t_1+t_2}=\dfrac{-5}{2\cos\alpha+\sin\alpha}$.

即 $2t'\cos\alpha+t'\sin\alpha=-5$,而 $t'\cos\alpha=x-4$,$t'\sin\alpha=y-1$.

所以所求点 Q 的轨迹的普通方程为

$$2x+y-4=0,x\in\left[\frac{16-2\sqrt{10}}{9},\frac{16+2\sqrt{10}}{9}\right]$$

3.(1)$2x-y=2\cos\theta-\sin\theta=\sqrt{5}\cos(\theta+\varphi)$,所以 $2x-\sqrt{5}\leqslant y\leqslant 2x+$

$\sqrt{5}$.

(2) 直线 C_2 化成普通方程是 $x+y-1+2\sqrt{2}=0$.

设所求的点为 $P(1+\cos\theta,\sin\theta)$,则 P 到直线 C_2 的距离

$$d=\frac{\left|1+\cos\theta+\sin\theta+2\sqrt{2}-1\right|}{\sqrt{2}}=\left|\sin\left(\theta+\frac{\pi}{4}\right)+2\right|$$

当 $\theta+\frac{\pi}{4}=\frac{3\pi}{2}$ 时,即 $\theta=\frac{5\pi}{4}$ 时,d 取最小值 1,此时,点 P 的直角坐标是 $\left(1-\frac{\sqrt{2}}{2},-\frac{\sqrt{2}}{2}\right)$.

4. 设椭圆方程为 $ax^2+by^2=1(a>0,b>0)$,$P_1(x_1,y_1)$,$P_2(x_2,y_2)$.

过切点 Q_1,R_1 的直线方程为 $ax_1x+by_1y-1=0$.

过切点 Q_2,R_2 的直线方程为 $ax_2x+by_2y-1=0$.

所以经过 Q_1,R_1,Q_2,R_2 的二次曲线方程可设为

$$(ax_1x+by_1y-1)(ax_2x+by_2y-1)+\lambda(ax^2+by^2-1)=0$$

令 $\lambda=-(ax_1x_2+by_1y_2-1)$,得方程

$$(ax_1x+by_1y-1)(ax_2x+by_2y-1)-$$
$$(ax_1x_2+by_1y_2-1)(ax^2+by^2-1)=0$$

显然点 P_1,P_2 的坐标满足此方程,而此方程是二次方程,即 P_1,Q_1,R_1,P_2,Q_2,R_2 六点在一条二次曲线上.

5. 设两条抛物线的方程分别为 $y^2=2p(x-m)$ 及 $x^2=2q(y-n)$.

则曲线 $y^2-2p(x-m)+\lambda[x^2-2q(y-n)]=0$ 必经过两条抛物线的交点,取 $\lambda=1$,即得一圆方程,由已知,此圆经过两条抛物线的 4 个交点,即此 4 个交点共圆.

6. 设 AB,CD 的倾斜角分别为 θ 与 $\pi-\theta$,直线 AB,CD 的交点坐标为 $P(x_0,y_0)$,则 AB 方程可写为 $\begin{cases}x=x_0+t\cos\theta\\ y=y_0+t\sin\theta\end{cases}$($\theta$ 为参数).

代入方程得

$$(b^2\cos^2\theta+a^2\sin^2\theta)t^2+2(b^2x_0\cos\theta+a^2y_0\sin\theta)t+b^2x_0{}^2+a^2y_0{}^2-a^2b^2=0$$

由韦达定理知

$$|PA|\cdot|PB|=|t_1t_2|=\frac{|b^2x_0^2+a^2y_0^2-a^2b^2|}{b^2\cos^2\theta+a^2\sin^2\theta}$$

以 $\pi-\theta$ 代替 θ,即可得

$$|PC|\cdot|PD|=\frac{|b^2x_0^2+a^2y_0^2-a^2b^2|}{b^2\cos^2\theta+a^2\sin^2\theta}$$

即

$$|PA|\cdot|PB|=|PC|\cdot|PD|$$

故 A,B,C,D 共圆.

7.设 $P_i(x_i,y_i)(i=1,2,3,4)$ 为二次曲线 C 与两条直线的 4 个交点，则 $Ax_i^2+Bx_iy_i+Cy_i^2+Dx_i+Ey_i+F=0(i=1,2,3,4)$，同时也有，$l_1x_i+m_1y_i+n_1=0$，或 $l_2x_i+m_2y_i+n_2=0$. 因此，这 4 个点的坐标满足(*)，即(*)表示的曲线过曲线 C 与直线的 4 个交点；在过已知四点 P_1,P_2,P_3,P_4 的任意一条二次曲线上取一点 $Q(x_0,y_0)$，Q 与已知四点不同(它不在两已知直线上). 令 $\lambda_0=-\dfrac{Ax_0^2+Bx_0y_0+Cy_0^2+Dx_0+Ey_0+F}{(l_1x_0+m_1y_0+n_1)(l_2x_0+m_2y_0+n_2)}$，方程(*)变形为 $Ax^2+Bxy+Cy^2+Dx+Ey+F+\lambda_0(l_1x+m_1y+n_1)(l_2x+m_2y+n_2)=0$. 这个方程表示过 P_1,P_2,P_3,P_4,Q5 个点的曲线，故可用方程(*)表示已知二次曲线和两条直线交点的二次曲线系.

8.以 P 为原点建立直角坐标系，在此坐标系内圆锥曲线的方程为

$$Ax^2+Bxy+Cy^2+Dx+Ey+F=0 \qquad ①$$

PAB 的方程为

$$\begin{cases}x=x_0+t\cos\theta\\ y=y_0+t\sin\theta\end{cases}\quad(\theta\text{ 为参数})$$

代入①得

$$t^2(A\sin^2\theta+B\sin\theta\cos\theta+C\cos^2\theta)+t(D\sin\theta+E\cos\theta)+F=0$$

由于 P 不在圆锥曲线上，故 $F\neq0$，则

$$\frac{1}{PA\cdot PB}=\frac{A\sin^2\theta+B\sin\theta\cos\theta+C\cos 2\theta}{F}$$

PCD 的方程为

$$\begin{cases}x=-t\sin\theta\\ y=t\cos\theta\end{cases}\quad(\theta\text{ 为参数})$$

代入①得

$$t^2(A\cos^2\theta-B\sin\theta\cos\theta+C\sin^2\theta)+t(-D\cos\theta+E\sin\theta)+F=0$$

同理，得 $\dfrac{1}{PC\cdot PD}=\dfrac{A\cos^2\theta-B\sin\theta\cos\theta+C\sin^2\theta}{F}$.

从而可得 $\dfrac{1}{PA\cdot PB}+\dfrac{1}{PC\cdot PD}=\dfrac{A+C}{F}$ 为定值.

9.以 R 为原点，MN 为 x 轴，建立平面直角坐标系.

设圆心 O 的坐标为 $(0,a)$，圆半径为 r，则原方程为

$$x^2+(y-a)^2=r^2 \qquad ①$$

设 AB,CD 的方程分别为 $y=k_1x$ 和 $y=k_2x$. 将它们合成为

$$(y-k_1x)(y-k_2x)=0 \quad ②$$

于是,过 ① 与 ② 的 4 个交点 A,B,C,D 的曲线系方程为

$$(y-k_1x)(y-k_2x)+\lambda[x^2+(y-a)^2-r^2]=0 \quad ③$$

令 ③ 中 $y=0$ 得

$$(\lambda+k_1k_2)x^2+\lambda(a^2-r^2)=0 \quad ④$$

④ 的两个根是二次曲线与 MN 交点 P,Q 的横坐标. 因为 $x_P+x_Q=0$,即 R 是 PQ 的中点.

10. 以 P 为原点,PQ 方向为 x 轴正方向建立平面直角坐标系,且设 $Q(l,0)$,则所给二次曲线在此坐标系内的方程可以写为 $x^2+b'xy+c'y^2-lx+e'y=0$. 而过 PQ 两点的圆方程为 $x^2+y^2-lx+ky=0$.

于是曲线 $x^2+b'xy+c'y^2-lx+e'y+\lambda(x^2+y^2-lx+ky)=0$ 过此二曲线交点,故必过另两个交点 M,N. 取 $\lambda=-1$ 代入得

$$b'xy+(c'-1)y^2+(e'-k)y=0$$

即 $y=0$ 表示直线 PQ. 方程 $b'x+(c'-1)y+(e'-k)=0$ 表示直线 MN,由于 b',$c'-1$ 为定值,故直线 MN 有定向.

11. 设直线 l 的参数方程为

$$\begin{cases}x=-2+t\cos\alpha\\ y=m+t\sin\alpha\end{cases}\quad(t\text{ 为参数}) \quad ①$$

代入椭圆方程,并整理得

$$(2\sin^2\alpha+\cos^2\alpha)t^2+4(m\sin\alpha-\cos\alpha)t+2(m^2+1)=0$$

所以

$$t_1+t_2=-\frac{4(m\sin\alpha-\cos\alpha)}{2\sin^2\alpha+\cos^2\alpha},t_1t_2=\frac{2(m^2+1)}{2\sin^2\alpha+\cos^2\alpha} \quad ②$$

设 $AB=t_1$,$AC=t_2$,$AQ=t$,则由 $\frac{BQ}{QC}=\frac{AB}{AC}$,得 $\frac{t-t_1}{t_1-t}=\frac{t_1}{t_2}$,整理得

$$t(t_1+t_2)=2t_1t_2 \quad ③$$

② 代入 ③,得

$$-t(m\sin\alpha-\cos\alpha)=m^2+1,t=\frac{m^2+1}{\cos\alpha-m\sin\alpha} \quad ④$$

将 ④ 代入 ①,得点 Q 的轨迹的参数方程为

$$\begin{cases}x=-2+\dfrac{(m^2+1)\cos\alpha}{\cos\alpha-m\sin\alpha}\\ y=m+\dfrac{(m^2+1)\sin\alpha}{\cos\alpha-m\sin\alpha}\end{cases}(\alpha\text{ 为参数})$$

消去 α,得 $ym-(x+1)=0$.

(1) 当 $m=0$ 时,所求轨迹是 $x=-1$(过左焦点)被椭圆截下的弦;

(2) 当 m 变动时,点 Q 的轨迹恒过定点 $F_1(-1,0)$.

第36讲　图论问题

1. 一个点经过两条弧就能到达的点至多有 4 个. 经过一条弧或两条弧就能到达的点至多有 6 个. 每个点的出次都是 2,点 A 经过 1 条弧能到达 B,C,点 B,C 分别经过 1 条弧可以到达 D,E,F,G,故点 A 经过 1 条或 2 条弧可以到达至多 6 个点. 其中如果有些点重合,则点 A 可以到达的点就少于 6 个.

2. 共计比赛 6 场,最多共可得 18 分. 若有三个队都是二胜一负得 6 分(A,B,C 队),则不能保证一定出线(因要抽签才能决定是否出线).

若一个队得 7 分,则保证一定出线,因不可能有三个队至少得 7 分,否则 $7\times3=21>18$. 故得分不少于 7 分的至多有 2 个队. 故得到 7 分一定能出线.

3. 把相邻的两格中心用一条边相连,于是就有一个 8 行,每行 8 个点的图,从 8×8 棋盘的左上角一格到右下角一格需要经过 14 条边,如果所有相邻方格中填入数的差小于5,则由于连填"1"的格与填"64"的格之间的路至多经过 14 条边. 于是这两格中数的差不会超过 $14\times4=56$. 但 $64-1=63$. 矛盾. 故结论成立.

4. 当 $n=1$ 时,1 条直线把平面分成两部分,用两色可以区分这两部分,如果增加 1 条直线,可以把这条直线某一旁的区域中原来涂的颜色变成另一种颜色,则所有相邻的区域涂色都不同. 以后每多画出 1 条线都把线一旁的部分的每个区域中颜色重涂成与原来不同的颜色,就可使相邻区域涂色不同.

5. 设共有 n 个城市,每两个城市之间连一条线,每条线染 3 种颜色之一. 例如,汽车用红色,火车用蓝色,飞机用黄色. 已知没有任何一点引出 3 种颜色的线,且不存在同色三角形.

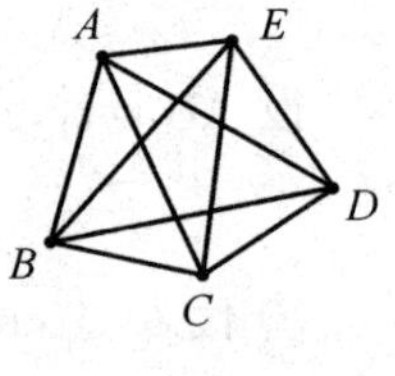

图 1

首先证明:任一点不能连出 3 条同色线,否则,如图 1,设 AB,AC,AD 连红线,则 B,C,D 间都不能连红线. 设 BC 连蓝线,由于 B 只能连出两种颜色,故 BD 只能是蓝色线,此时,C,D 都连了红蓝两色线,它们之间无论连红线还是蓝线均出现同色三角形.

于是每点引出的同色线不超过 2 条,线的颜色不超过 2 种,即不能超过 4 条线,即城市数小于等于 5.

如图 1,若城市数等于 5.由于每点都引出某色线 2 条,另一色线 2 条,设 AB,AC 红色,AD,AE 蓝色,由于 B 应引出 2 条红色,现 BA 红,故还要引出 1 条红线,BC 不能红色(出现同色三角形),故 BE 红.由于 EA,EB 一红一蓝,故 E 应引出 2 红 2 蓝,由于 ED 不能蓝,故 ED 红.EC 蓝,此时 C,D 都用了 2 色,从而它们也只能用红蓝两色,于是 B 也只能用红蓝两色,与要用 3 色矛盾.

若城市数等于 4,可以构成满足条件的图.

6.证法 1:按顶点颜色分类,三角形共有 10 类:三红,两红一蓝,两红一黑,一红两蓝,一红两黑,红蓝黑,三蓝,两蓝一黑,一蓝两黑,三黑.按线段两端颜色分类,线段共有 6 类:红红,红蓝,红黑,蓝蓝,蓝黑,黑黑.

现在统计两端分别为红、蓝的边,在两红一蓝或两蓝一红这两类三角形中,每个三角形都有 2 条红蓝边,每个红蓝黑三角形都有 1 条红蓝边,设前两类三角形共有 p 个,后一类三角形共有 q 个,则两端红蓝的边共有 $2p+q$ 条.

而每条两端红蓝的边,在大三角形内的红蓝边设有 k 条,每条都被计算了 2 次,大三角形的红蓝边有 1 条,计算了 1 次.故 $2p+q=2k+1$,于是 $q\neq 0$,即红蓝黑三角形至少有 1 个.

证法 2:在每个划出的小三角形内取一个点,在三角形形外也取一个点.如果两个三角形有一条红蓝的公共边,则在相应点间连一条线.于是得到了图 G,此时,两红一蓝或两蓝一红的三角形都是图 G 的偶顶点,而红蓝黑三角形则对应着图 G 的奇顶点,大三角形外的那个顶点也是奇顶点,由奇顶点的成对性,知图 G 中至少还有一个奇顶点,于是,至少还有一个红蓝黑三角形.

7.共有 $C_{21}^2=210$ 条航线,而每个航空公司有 $C_5^2=10$ 条航线,故至少要 21 家航空公司.

如图 2,画一个 21 边形,用顶点表示城市,依次编为 $1\sim 21$ 号.取一个五边形它可以由连 1,3,8,9,12 这 5 个点而成.其边及对角线分别对着分圆为 1,2,3,4,5,6,7,8,9,11 等分的弧.这个五边形的边长互不重复,且含有了该正 21 边形的边及对角线的所有长度.让这个五边形每次旋转 1 等份,旋转 k 次所在的 5 个点即为第 k 家公司所在的城市.每个长度的对角线总会在某次旋转中出现.于是相应城市间的航线存在.

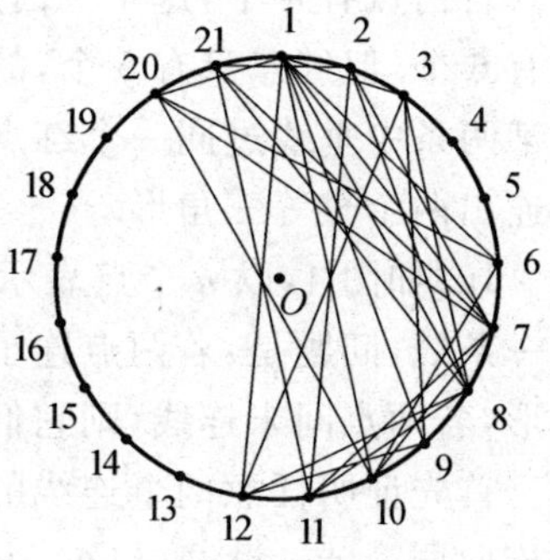

图 2

8.反设任何相邻方格中写的数都小于等于 $n-1$.

取 $A_k=\{1,2,\cdots,k\}(1\leqslant k\leqslant n^2-n)$,$B_k=(k+n,k+n+1,\cdots,n^2\}$,

$C_k=\{k+1,k+2,\cdots,k+n-1\}$,则 A_k,B_k 元素不能相邻.它们只能与 C_k 的元素相邻.由于 $|C_k|=n-1$,故必有一行及一列没有 C_k 中的元素.这一行及这一列中只能是 A_k 的元或只能是 B_k 中的元.由 A_k 与 B_k 中的元不能相邻,于是这一行及这一列必全为 A_k 中的元,或者全为 B_k 中的元.

对于 $k=1$,由于 A_1 只有一个元,故相应行与列中的元应全是 B_1 中的元,对于 $k=2,\cdots,n-1$,均有相同的结论即存在一行及一列全是 B_k 的元.而对于 $k=n^2-2n+1,n^2-2n+2,\cdots,n^2-n$,则存在一行及一列,全是 A_k 的元.即存在 l,使 B_1,B_2,B_l 中的元能占满一行及一列,而 A_{l+1} 中的元则占了一行及一列.此两行与两列相交处的方格中的元即是 B_l 的元,又是 A_{l+1} 的元.设为 a 则 $a\in\{1,2,\cdots,k+1\}$,且 $a\in\{k+n,k+n+1,\cdots n^2\}$.由于 $n\geqslant 2$,这是不可能的.故证.

9.如图 3,任意两个顶点连线的中垂线必经过另一个顶点,且除此 3 点外的另 6 点可分成 3 对,每对的两个点关于这条中垂线对称.

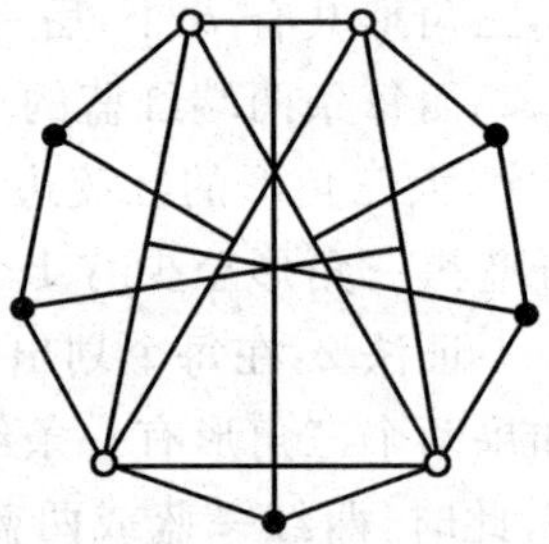
图 3

9 个点涂成两种颜色,必有一种颜色的点不超过 4 个,不妨设白点不超过 4 个.

设白点只有 3 个,取任意 2 个白点,除这两个白点、这两个白点的中垂线上的顶点及第 3 个白点与它关于这条中垂线的对称点,余下 2 对对称点中都是黑点,此 4 个黑点就可连出两个全等三角形.

若白点有 4 个,这 4 个白点间可连 6 条线段,这 6 条连线的中垂线上的顶点有 6 个.但红点只有 5 个,故或者某条中垂线经过白点,即化为上一情形;或有某两条中垂线过同一个红点,于是,相应的白点连线平行,故此 4 个白点可以连出两个全等三角形.

10.如图 4,以 n 个点表示该团体中的人,两人认识,则在表示两人的点间连一条线,问题是:若两点连了线,则它们不能与同一第三点连线,即不出现三角形,若两点间未连线,则它们恰与另两个点都连了线.

首先证明任意两个连线的点的次数相同.设 AB 连线,则它们除彼此外没有连向同一点,设 A 与$A_1,\cdots,A_k$ 连了线,则 $A_1,\cdots,A_k$ 间均不连线,B 与 $A_1,\cdots,A_k$ 均不连线.此时 B 与 A_i 除 A 外必还有一点连线,设为 B_i,且 B_i 与 B_j 不同,否则 A,B_i 与 3 点都连了线.于是与 A_i 对应的与 B 连线的点有 k 个,即 $|B|\geqslant|A|$,同理,$|A|\geqslant|B|$,即 $|A|=|B|$.

其次,若 C,D 未连线,则 C,D 都与 E,F 连线,则 $|C|=|E|$,$|D|=|E|$,于是 $|C|=|E|=|F|$.于是得证.

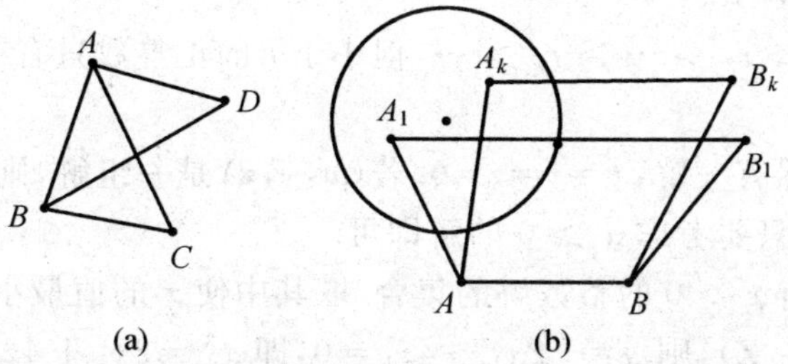

图 4

11. 首先证明:按此规则,至少有1个冠军:若A全胜,则A必为冠军.若无人全胜,设A为胜场最多者,把余下的队分成两个集合:$M=\{$胜A的队$\}$,$N=\{$负于A的队$\}$.设$B\in M$,则可在N中找到C,使C胜B,反之N中设找不到胜B的队,则B胜N中所有的队,于是B比A的胜场至少多1.与A的假设矛盾.故A优于M中所有的队,又A又优于N中所有的队,故A为冠军.

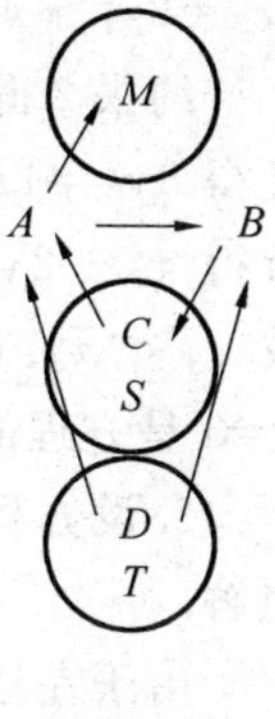

图 5

如图5,设有两个球队都得了冠军.不妨设为A与B,A与B必比赛,设A胜B,由于B也优于A,故存在C使B胜C而C胜A.取胜A但负于B的队的集合S,则由C的存在,$S\neq\varnothing$.及胜A又胜B的集合T.再取所有负于A的队的集合M,于是$S\cup T\cup M\cup\{A,B\}$即为全体参赛队.

若T非空,则由于T是每两队也要比赛1场,故也可找出T中的冠军队D,D优于T中每个队.由于D胜B,故T优于B及S中的每个队,T胜A,故T优于A及M中所有的队.于是T也为全部队的冠军,与恰有两个冠军队的假设矛盾.故$T=\varnothing$.

于是,用同样的方法可知:S中也将产生冠军队,该冠军队也是全部队的冠军,矛盾.故不可能恰有两个冠军队.

第37讲　无限递降法

1. 设$\sqrt{2}$为有理数,$\sqrt{2}=\frac{r}{s}$ $(r,s\in\mathbf{N}^*)$,则$2s^2=r^2$,故r为偶数.设$r=2r_1(r_1\in\mathbf{N}^*)$.

代入就有$s^2=2r_1^2$,又得s为偶数.再设$s=2s_1$,则得$2s_1^2=r_1^2$.

重复上一步骤,可依次得一列无限多个正整数$r,r_1,r_2,\cdots,r_n,\cdots$,其中

$r_k=2r_{k+1}(k\in\mathbf{N}^*)$.

且 $r>r_1>r_2>\cdots>r_n>\cdots$,但小于 r 的正整数只有有限的 $r-1$ 个,二者矛盾.故证.

2.方程显然有一解:$x=y=z=0$.若(x,y,z)是一组解,则$(-x,-y,-z)$也是一组解,故只要考虑 $x>0$ 的解即可.

设 S 是所有 $x>0$ 的整数解的集合.取其中使 x 的值最小的一组$(x_1,y_1,z_1)(x_1,y_1,z_1\in\mathbf{Z})$,则 $x_1^3-2y_1^3-4z_1^3=0$,即 $x_1^3=2y_1^3+4z_1^3$.

由于 $2y_1^3+4z_1^3$ 为偶数,故 x_1 为偶数,设 $x_1=2x_2(x_2\in\mathbf{N}^*)$,代入得:$8x_2^3=2y_1^3+4z_1^3$.

约去2得,$y_1^3=4x_2^3-2z_1^3$,于是又得 y_1 为偶数.令 $y_1=2y_2(y_2\in\mathbf{Z})$,代入又得 $8y_2^3=4x_2^3-2z_1^3$,即 $z_1^3=2x_2^3-4y_2^3$,又得 z_1 为偶数,令 $z_1=2z_2(z_2\in\mathbf{Z})$,就得 $x_2^3-2y_2^3-4z_2^3=0$.这说明(x_2,y_2,z_2)也是原方程的一组解,但 $x_2>0$,故 $x_2<x_1$.这与 x_1 的最小性矛盾.故方程不能有使 $x>0$ 的解,即 $x=y=z=0$ 是方程的唯一解.

3.设方程有正整数解.不妨设(x_0,y_0,u_0,v_0)是其中使 x^2+y^2 最小的一组解.

由于左边能被3整除,若 $3\nmid x$,或 $3\nmid y$,则 $x^2+y^2\equiv1$ 或 $2(\bmod 3)$,故 $x\equiv0(\bmod 3)$,$y\equiv0(\bmod 3)$.

设 $x=3x_1$,$y=3y_1$,代入得 $u_0^2+v_0^2=3(x_1^2+y_1^2)$,这说明$(u_0,v_0,x_1,y_1)$也是原方程的一组解,但 $u_0^2+v_0^2<x_0^2+y_0^2$,即得到的一组解使 x^2+y^2 更小.这与假设矛盾.故原方程没有正整数解.

4.$a=b=c=0$ 是一组解.设(a_0,b_0,c_0)是一组非零解.

(1) a,b,c 不能都是奇数,否则左边被4除余3,右边被4除余1,矛盾.

(2) a,b,c 不能二奇一偶,否则左边被4除余2,右边被4除余0或1,矛盾;

(3) a,b,c 不能一奇二偶,否则左边被4除余1,右边被4除余0,矛盾;

(4) a,b,c 都是偶数,则约去左、右两边所有的公因子2后,必得上述三者之一.

从而本题只有唯一解.

5.设方程有正整数解,其中(x,y,z,t)是使 x 最小的一组解,则 $3\mid(z^2+t^2)$

若 $z\not\equiv0(\bmod 3)$ 或 $t\not\equiv0(\bmod 3)$,则 $z^2+t^2\not\equiv0(\bmod 3)$.于是 $z\equiv0$,$t\equiv0(\bmod 3)$.

令 $z=3z_1$,$t=3t_1$,代入得,$2(x^2+y^2)=3(z_1^2+t_1^2)$.于是又有 $x\equiv0$,$y\equiv0(\bmod 3)$.

令 $x=3x_1$，$y=3y_1$，代入又得 $6(x_1^2+y_1^2)=z_1^2+t_1^2$. 这说明 (x_1,y_1,z_1,t_1) 也是方程的解，而且 $x_1<x$. 与 x 的最小性矛盾. 故证.

6.(1) 所有的袋中球数的奇偶性相同.

(2) 把每个袋中的球数都减少同一个数目，不影响结论的正确性.

(3) 如果每个口袋中的球数有公因子 d，则把这个公因子约去，不影响结论的正确性.

由此，设各口袋中球数不全相等，取各袋球数最少的，设为 k.

(1) 先把每个口袋中的球数减 k，于是，至少有一个口袋中球数为 0，而其余各袋中球数为偶数.

(2) 把各袋中的球数都减半，此时由于有一袋中球数为 0，故这一袋中球数仍为偶数. 于是其余各袋中球数都仍为偶数.

(3) 于是，可以再把各袋中球数减半，而同理知此时各袋中球数仍全为偶数. 这一过程可以无限继续下去，这是不可能的. 即得证.

7. 设调整开始前，拿糖块最多的小孩拿了 $2m$ 块糖，最少的拿了 $2n$ 块糖 $(n,m\in\mathbf{N}^*,0\leqslant n\leqslant m)$.

若 $n=m$，则所有小孩拿糖块数已经相等，不再需要调整. 现设 $n<m$. 下面证明：

引理 1　经过一次调整后，每个小孩的糖块还在 $2n$ 与 $2m$ 之间；

设某小孩手中有糖 $2k$ 块，他左边的小孩有 $2l$ 块($k,l\in\mathbf{N}^*$，且 $n\leqslant k,l\leqslant m$)，经过一次调整，他手中的糖变为(当 $k+l$ 为偶数时) $k+l$ 块或(当 $k+l$ 为奇数时) $k+l+1$ 块.

因 $n\leqslant k,l\leqslant m$，故 $2n\leqslant k+l\leqslant 2m$.

当且仅当 $k=l=n$ 时，$k+l=2n$ 成立；当且仅当 $k=l=m$ 或 $k=m,l=m-1$ 或 $k=m-1,l=m$ 时，有 $k+l=2m$，或 $k+l+1=2m$.

故经过一次调整，所有小孩手中的糖块数还在 $2n$ 与 $2m$ 之间.

引理 2　经过一次调整后，只要 $n<m$，手上有 $2n$ 块糖的小孩人数就至少减少 1 人.

首先，调整前手中糖块数多于 $2n$ 的小孩，经调整后，手中糖块数仍多于 $2n$.

若调整前某小孩手中有 $2k(k>n)$ 块糖，他左边的小孩有 $2l$ 块糖，但 $l\geqslant n$，所以 $k+l>2n$. 从而这个小孩手中的糖数($k+l$ 或 $k+l+1$) 多于 $2n$.

其次，调整前手中有 $2n$ 块糖的小孩人数至少减少 1 人.

调整前手中有 $2n$ 块糖的小孩，当且仅当其左边小孩手中也是 $2n$ 块时，调整后手中仍为 $2n$ 块. 但只要 $n<m$，就至少有一名手中有 $2n$ 块糖的小孩，其左

边小孩的糖多于 $2n$ 块. 于是经过调整,这名手中有 $2n$ 块糖的小孩手中的糖数就多于 $2n$ 块了,故经过一次调整,手中有 $2n$ 块糖的小孩至少减少 1 人.

由引理1与引理2知,若原来手中有 $2n$ 块糖的小孩共有 $h(h\in \mathbf{N}^*)$ 人,经过至多 h 次调整后,每个小孩手中的糖数都不多于 $2m$,不少于 $2n+2$.

如果 $2n+2<2m$,再经过有限次调整后,每个小孩手中的糖块数又会不多于 $2m$ 而不少于 $2n+4$…….

由于 n,m 都是正整数,n 与 m 之间的整数只有有限个,所以,经过有限次调整后,每个小孩手中的糖数都变得一样多.

8. $1\leqslant f(1)<f(2)=2$,故 $f(1)=1$,$f(2^k)=2^k$,$f(2^{k+1})=2^{k+1}$,而

$$2^k=f(2^k)<f(2^k+1)<f(2^k+2)<\cdots<$$
$$f(2^{k+1}-1)<f(2^{k+1})=2^{k+1}$$

由于在 $2^k<x<2^{k+1}$ 的自然数共有 2^k-1 个:$2^k+1,2^k+2,\cdots,2^{k+1}-1$.

而 $f(2^k),f(2^k+1),f(2^k+2),\cdots,f(2^{k+1}-1)$ 这 2^k-1 个互不相等的函数值也只有取这 2^k-1 个值. 即得 $f(x)=x$ 在 $2^k<x<2^{k+1}$ 上恒成立. 由 k 可取一切正整数,故得对于一切 $x\in \mathbf{N}^*$,$f(x)=x$ 成立.

9. 把题中的矩形简记为 (a_i,b_i). 即用每个矩形与其在第一象限内的顶点对应. 这是一一对应.

如果存在一个横坐标 a,使横坐标为 a 的点对应的矩形有无数个,即可选择所有横坐标为 a 的矩形,把这些矩形按纵坐标从小到大排序,按此排序得出的矩形序列即满足题意.

同理,如果存在一个纵坐标 b,使纵坐标为 b 的点对应的矩形有无数个,亦可如上证得解.

现设对于任何给定正整数 a 与 b,矩形 (a,y) 只有有限个,矩形 (x,b) 也只有有限个.

先取 a_1,使 a_1 为所有矩形的横坐标的最小值,它对应着矩形 (a_1,y) 只有有限个,取其中 y 值最小的一个为矩形 (a_1,b_1),据题意,矩形集合 $\{(x,y)\mid x\leqslant a_1$,或 $y\leqslant b_1\}$ 是有限集(这是因为:由假设,所有横坐标为 $1,2,\cdots,a_1-1,a_1$ 的矩形的集合都为有限集,所有纵坐标为 $1,2,\cdots,b_1-1,b_1$ 的矩形集合也都为有限集). 把这些矩形去掉后的矩形集合仍为无限集. 对新的矩形集合,再按此步骤又可得第二个矩形 (a_2,b_2),第一个矩形在此矩形内部.

这一过程可以无限继续下去,于是本题获证.

10. 如果存在某个正 n 边形,它的每个顶点都是整点,设为正多边形 $ABC\cdots$. 现在平面上任取一个整点 O,作 $OA_1\parallel AB$,且 $OA_1=AB$,则由于 A,B,O 均为整点,得 A_1 为整点. 作 $OB_1\parallel BC$,且 $OB_1=BC$,则 B_1 也是整

点，……，这时得到一个新的多边形 $A_1B_1\cdots$，此新多边形是一个格点多边形，且多边形 $A_1B_1\cdots$ 也是正多边形. 但当 $n\geqslant 7$ 时，$A_1B_1<AB$，即新的整点正多边形的边长小于原来的整点正多边形的边长. 这一过程可以无限进行下去，这是不可能的. 即不存在边数不小于 7 的整点正多边形.

11. 不妨设 3 个箱子中的球数分别为 a,b,c，且 $0<a\leqslant b\leqslant c$.

于是存在 $q,r\in\mathbf{N}$，使 $b=aq+r(0\leqslant r<a)$.

用二进制写出 q：$q=2^k+\varepsilon_1\times 2^{k-1}+\varepsilon_2\times 2^{k-2}+\cdots+\varepsilon_{k-1}\times 2+\varepsilon_k(\varepsilon_i\in\{0,1\})$.

故 $b=a(2^k+\varepsilon_1\times 2^{k-1}+\varepsilon_2\times 2^{k-2}+\cdots+\varepsilon_{k-1}\times 2+\varepsilon_k)+r$.

现按如下规则操作：

(1) 第一次操作：若 $\varepsilon_k=1$，则在第二箱中取出 a 个球放入第一箱中，此时，第一箱中球数为 $2a$，第二箱中球数为 $2a(2^{k-1}+\varepsilon_1\times 2^{k-2}+\varepsilon_2\times 2^{k-3}+\cdots+\varepsilon_{k-1})+r$；

若 $\varepsilon_k=0$，则在第三箱中取出 a 个球放入第一箱中，此时第一箱中球数为 $2a$，第二箱中球数为 b，第三箱中球数为 $c-a\geqslant a(2^k+\varepsilon_1\times 2^{k-1}+\varepsilon_2\times 2^{k-2}+\cdots+\varepsilon_{k-1})+r$；

(2) 第二次操作：若 $\varepsilon_{k-1}=1$，则在第二箱中取出 $2a$ 个球放入第一箱，此时第一箱的球数为 2^2a，第二箱中球数为 $2^2a(2^{k-2}+\varepsilon_1\times 2^{k-3}+\varepsilon_2\times 2^{k-4}+\cdots+\varepsilon_{k-2})+r$，若 $\varepsilon_{k-1}=0$，则在第三箱中取 $2a$ 个球放入第一箱中；

……

一般的，第 $i(1\leqslant i\leqslant k)$ 次操作后，第一箱中球数为 2^ia，第二箱中球数为 $2^i(2^{k-i}+\varepsilon_1\times 2^{k-i-1}+\varepsilon_2\times 2^{k-i-2}+\cdots+\varepsilon_{k-i})+r$，第三箱中球数大于等于 $(2^k+\varepsilon_1\times 2^{k-1}+\varepsilon_2\times 2^{k-2}+\cdots+\varepsilon_{k-i})a+r-(2^i-1)a=(2^k+\varepsilon_1\times 2^{k-1}+\varepsilon_2\times 2^{k-2}+\cdots+\varepsilon_{k-i}\times 2^i-2^i+1)a+r$.

经过 $k+1$ 次操作，第一箱中球数为 $2^{k+1}a$，第二箱中球数为 r，第三箱中球数大于等于 r. 即三箱中球数最少的为 r，$r<a$. 这算一轮操作.

若 $r>0$，则重新按上述规则再进行一轮操作. 于是又得最少的一箱中球数 r_1 满足 $0<r_1<r$.

这样的操作不可能进行无限轮，必经过有限的 n 轮，使 $r_n=0$. 故证.

第 38 讲　局部调整法

1. 若 $A\neq B$，则有

$$\sin A+\sin B+\sin C=2\sin\frac{A+B}{2}\cos\frac{A-B}{2}+\sin C<2\sin\frac{A+B}{2}+\sin C$$

即只要 A,B,C 中有任何两个不等，则可以通过上述方法对这 3 个角进行调整，使其正弦之和增大，从而只要这三个角不全相等，和 $\sin A+\sin B+\sin C$ 就不能取得最大值.

故只有当 $A=B=C$ 时，此和取得最大值$\frac{3\sqrt{3}}{2}$.

2. 设 $f(a,b,c)=(1-a^2)^2+(1-b^2)^2+(1-c^2)^2$. 先证 $f(a,b,c)\geqslant f(0,a+b,c)$，其等价于

$$(1-a^2)^2+(1-b^2)^2+(1-c^2)^2\geqslant(1-0)^2+[1-(a+b)^2]^2+(1-c^2)^2\Leftrightarrow$$

$$1\geqslant a^2+\frac{3}{2}ab+b^2$$

由 $1=(a+b+c)^2\geqslant(a+b)^2=a^2+2ab+b^2$ 知上式为真.

此时 $f(a,b,c)\geqslant f(0,a+b,c)=f(c,a+b,0)\geqslant f(0,a+b+c,0)=2$. 证毕.

3. 设 $a\leqslant b\leqslant c$，和

$$f(a,b,c)=a+b+c+3\sqrt[3]{abc}-2(\sqrt{ab}+\sqrt{bc}+\sqrt{ac})$$

则

$$f(a,b,c)-f(a,\sqrt{bc},\sqrt{bc})=b+c-2\sqrt{bc}-2\sqrt{a}(\sqrt{b}+\sqrt{c}-2\sqrt{\sqrt{bc}})=$$
$$(\sqrt[4]{b}-\sqrt[4]{c})^2[(\sqrt[4]{b}+\sqrt[4]{c})^2-2\sqrt{a}]\geqslant$$
$$(\sqrt[4]{b}-\sqrt[4]{c})^2(4\sqrt{a}-2\sqrt{a})>0$$

下再证 $f(a,\sqrt{bc},\sqrt{bc})\geqslant 0$，若设 $t=\sqrt{bc}\geqslant a$，只要证

$$a+3\sqrt[3]{at^2}-4\sqrt{at}\geqslant 0(\text{令 } t/a=s^6\geqslant 1,s\geqslant 1)\Leftrightarrow$$
$$1+3s^4-4s^3\geqslant 0\Leftrightarrow$$
$$(s-1)^2(3s^2+2s+1)\geqslant 0$$

4. 因$\left(a+\frac{1}{a}\right)\left(b+\frac{1}{b}\right)\geqslant\left(\sqrt{ab}+\frac{1}{\sqrt{ab}}\right)^2\Leftrightarrow\frac{a}{b}+\frac{b}{a}\geqslant 2$成立，所以我们有

$$\left(a+\frac{1}{a}\right)\left(b+\frac{1}{b}\right)\left(c+\frac{1}{c}\right)\geqslant\left(\sqrt{ab}+\frac{1}{\sqrt{ab}}\right)^2\left(c+\frac{1}{c}\right)$$

下面继续调整 $\sqrt{ab}$ 和 c，反复调整其中的两个变量，直至无穷，由极限知识知

$$\left(a+\frac{1}{a}\right)\left(b+\frac{1}{b}\right)\left(c+\frac{1}{c}\right)\geqslant\left(\sqrt[3]{abc}+\frac{1}{\sqrt[3]{abc}}\right)^3=8$$

5.设 $a_1,a_2,\cdots,a_n$ 按大小排列为 $a_{j_1}<a_{j_2}<\cdots<a_{j_n}$,若 $j_1=k,1<k\leqslant n$,则

$$\frac{a_1}{1^2}+\frac{a_k}{k^2}-(\frac{a_{j_1}}{1^2}+\frac{a_1}{k^2})=(a_1-a_k)(\frac{1}{1^2}-\frac{1}{k^2})\leqslant 0$$

于是,在和式 $\frac{a_1}{1^2}+\frac{a_2}{2^2}+\cdots+\frac{a_n}{n^2}$ 中,把 $\frac{a_1}{1^2}$ 换成 $\frac{a_{j_1}}{1^2}$,把 $\frac{a_k}{k^2}$ 换成 $\frac{a_1}{k^2}$,其余各项不动,则其和不增,即

$\frac{a_1}{1^2}+\frac{a_2}{2^2}+\cdots+\frac{a_k}{k^2}+\cdots+\frac{a_n}{n^2}\leqslant\frac{a_{j_1}}{1^2}+\frac{a_2}{2^2}+\cdots+\frac{a_1}{k^2}+\cdots+\frac{a_n}{n^2}$(若 $j_1=1$,则此步调整可以不做,直接考虑下一步)

若 $j_2=k'\neq 2$,则又可把 $\frac{a_2}{2^2}$ 换成 $\frac{a_{j_1}}{2^2}$,而把 $\frac{a_{k'}}{k'^2}$ 换成 $\frac{a_2}{k'^2}$,其余各项不动,仍可证明,经过这样的交换,其和不增,……,这样经过至多 $n-1$ 次调整,使和式换成 $\frac{a_{j_1}}{1^2}+\frac{a_{j_1}}{2^2}+\cdots+\frac{a_{j_n}}{n^2}$,而和不增,即

$$\frac{a_1}{1^2}+\frac{a_2}{2^2}+\cdots+\frac{a_n}{n^2}\geqslant\frac{a_{j_1}}{1^2}+\frac{a_{j_1}}{2^2}+\cdots+\frac{a_{j_n}}{n^2} \quad ①$$

但 $a_{j_1}<a_{j_2}<\cdots<a_{j_n}$,故 $a_{j_1}\geqslant 1,a_{j_2}\geqslant 2,\cdots,a_{j_n}\geqslant n$,从而 $\frac{a_{j_k}}{k^2}\geqslant\frac{k}{k^2}=\frac{1}{k}(k=1,2,\cdots,n)$,故又得

$$\frac{a_{j_1}}{1^2}+\frac{a_{j_1}}{2^2}+\cdots+\frac{a_{j_n}}{n^2}\geqslant 1+\frac{1}{2}+\frac{1}{3}+\cdots+\frac{1}{n} \quad ②$$

比较 ①,②,得证.

6.由于对称性,不妨设 $a_1\leqslant a_2\leqslant\cdots\leqslant a_n$,且设

$$f(a_1,a_2,\cdots,a_n)=\frac{1}{a_1}+\frac{1}{a_2}+\cdots+\frac{1}{a_n}+\frac{n}{a_1+a_2+\cdots+a_n}-n-1$$

则

$$f(a_1,a_2,\cdots,a_n)-f(\sqrt{a_1a_n},a_2,\cdots,a_{n-1},\sqrt{a_1a_n})=$$

$$\frac{1}{a_1}+\frac{1}{a_n}-\frac{2}{\sqrt{a_1a_n}}+\frac{n}{a_1+a_2+\cdots+a_n}-\frac{n}{2\sqrt{a_1a_n}+a_2+\cdots+a_{n-1}}=$$

$$\frac{(\sqrt{a_n}-\sqrt{a_1})^2\left[(a_1+a_2+\cdots+a_n)(2\sqrt{a_1a_n}+a_2+\cdots+a_n-1)-na_1a_n\right]}{a_1a_n(a_1+a_2+\cdots+a_n)(2\sqrt{a_1a_n}+a_2+\cdots+a_{n-1})}\geqslant$$

$$\frac{(\sqrt{a_n}-\sqrt{a_1})^2\{[(n-1)a_1+a_n][2\sqrt{a_1a_n}+(n-2)a_1]-na_1a_n\}}{a_1a_n(a_1+a_2+\cdots+a_n)(2\sqrt{a_1a_n}+a_2+\cdots+a_{n-1})}\geqslant$$

$$\frac{(\sqrt{a_n}-\sqrt{a_1})^2\{a_n[2\sqrt{a_1a_n}+(n-2)a_1]-na_1a_n\}}{a_1a_n(a_1+a_2+\cdots+a_n)(2\sqrt{a_1a_n}+a_2+\cdots+a_{n-1})}\geqslant 0$$

此类调整都在自变量的最大值和最小值之间进行,直到它们都调整到它们的几何平均1,所以 $f(a_1,a_2,\cdots,a_n)\geqslant f(1,1,\cdots,1)=0$,结论得证.

7.考虑 $x_1+x_2+\cdots+x_{50}$,若它满足题意,则证毕.不然不妨设 $x_1+x_2+\cdots+x_{50}<\frac{1}{2}-\frac{1}{100}$ 和 $x_{51}+x_{52}+\cdots+x_{100}>\frac{1}{2}+\frac{1}{100}$,下面考虑变化

$$x_1+x_2+\cdots+x_{50}\to x_2+\cdots+x_{50}+x_{51}$$
$$x_2+\cdots+x_{50}+x_{51}\to x_3+\cdots+x_{51}+x_{52}$$
$$\cdots\cdots$$
$$x_{50}+\cdots+x_{98}+x_{99}\to x_{51}+\cdots+x_{99}+x_{100}$$

每一个变化的差距都小于 $\frac{1}{50}$,$x_1+x_2+\cdots+x_{50}$ 如何变化到 $x_{51}+x_{52}+\cdots+x_{100}$ 呢?即点中如何从区间 $\left(-\infty,\frac{1}{2}-\frac{1}{100}\right)$“跳”到 $\left(\frac{1}{2}+\frac{1}{100},+\infty\right)$,则易知以上51个数必有其中的一个数落在区间 $\left[\frac{1}{2}-\frac{1}{100},\frac{1}{2}+\frac{1}{100}\right]$.

8.(1) 首先这样的 S 的值是有界集,故必存在最大值与最小值.若 $x_1+x_2+x_3+x_4+x_5=2\ 006$,且使 $S=\sum\limits_{1\leqslant i<j\leqslant 5}x_ix_j$ 取到最大值,则必有

$$|x_i-x_j|\leqslant 1\quad(1\leqslant i,j\leqslant 5)\qquad(*)$$

事实上,假设(*)不成立,不妨假设 $x_1-x_2\geqslant 2$,则令 $x_1'=x_1-1$,$x_2'=x_2+1$,$x_i'=x_i(i=3,4,5)$.有 $x_1'+x_2'=x_1+x_2$,$x_1'\cdot x_2'=x_1x_2+x_1-x_2-1>x_1x_2$.将 S 改写成

$$S=\sum_{1\leqslant i<j\leqslant 5}x_ix_j=x_1x_2+(x_1+x_2)(x_3+x_4+x_5)+x_3x_4+x_3x_5+x_4x_5$$

同时有 $S'=x_1'x_2'+(x_1'+x_2')[(x_3+x_4+x_5)+x_3x_4+x_3x_5+x_4x_5]$.于是有 $S'-S=x_1'x_2'-x_1x_2>0$.这与 S 在 x_1,x_2,x_3,x_4,x_5 时取到最大值矛盾,所以必有 $|x_i-x_j|\leqslant 1(1\leqslant i,j\leqslant 5)$.

因此当 $x_1=402$,$x_2=x_3=x_4=x_5=401$ 时 S 取到最大值.

(2) 当 $x_1+x_2+x_3+x_4+x_5=2\ 006$,且 $|x_i-x_j|\leqslant 2$ 时,只有(A)402, 402, 402, 400, 400;(B)402, 402, 401, 401, 400;(C)402, 401, 401, 401, 401;3种情形满足要求.而后两种情形是由第一组作 $x_i'=x_i-1$,$x_j'=x_j+1$ 调整下得到的.根据上一小题的证明可知道,每次调整都使和式 $S=$

$\sum\limits_{1\leqslant i<j\leqslant 5} x_i x_j$ 变大，所以在 $x_1=x_2=x_3=402, x_4=x_5=400$ 时 S 取到最小值.

9. 当 $x_1, x_2, \cdots, x_{n-2}, x_{n-1}+x_n$ 都为定值时，由于 $(1-x_{n-1})(1-x_n)=1-(x_{n-1}+x_n)+x_{n-1}x_n$，可见，$|x_{n-1}-x_n|$ 越大，上式的值越小. 为此，令

$$x'_i=x_i(i=1,2,\cdots,n-2), x'_{n-1}=x_{n-1}+x_n, x'_n=0 \quad ①$$

则

$$x'_{n-1}+x'_n=x_{n-1}+x_n, x'_{n-1}\cdot x'_n=0<x_{n-1}x_n$$

所以

$$(1-x_1)(1-x_2)\cdots(1-x_n)\geqslant(1-x'_1)(1-x'_2)\cdots(1-x'_{n-1})$$

其中 $x'_1+x'_2+\cdots+x'_n=x_1+x_2+\cdots+x_n\leqslant\frac{1}{2}$，再进行形如 ① 的变换 $n-2$ 次，即可得

$$(1-x_1)(1-x_2)\cdots(1-x_n)>1-(x_1+x_2+\cdots+x_n)\geqslant\frac{1}{2}$$

其中等号当 $x_1=\frac{1}{2}, x_2=x_3=\cdots=x_n=0$ 时取得，所以所求最小值为 $\frac{1}{2}$.

10. 令 $S_n=\sin x_1+\sin x_2+\sin x_3+\cdots+\sin x_n$.

当 $n=2$ 时，$S_2=\sin x_1+\sin x_2\leqslant 1+1=2$，当且仅当 $x_1=x_2=\frac{\pi}{2}$ 时等号成立；

当 $n=3$ 时

$$\begin{aligned}S_3&=\sin x_1+\sin x_2+\sin x_3=\sin x_1+\sin x_2+\sin(x_1+x_2)=\\&2\sin\frac{x_1+x_2}{2}\cos\frac{x_1-x_2}{2}+\sin(x_1+x_2)\leqslant\\&2\sin\frac{x_1+x_2}{2}+2\sin\frac{x_1+x_2}{2}\cos\frac{x_1+x_2}{2}=\\&2\sin 2\alpha(1+\cos 2\alpha)=8\sin\alpha\cos^3\alpha\end{aligned}$$

其中 $2\alpha=\frac{x_1+x_2}{2}$.

所以

$$S_3^2=8^2\sin^2\alpha\cos^6\alpha=\frac{64}{3}3\sin^2\alpha\cos^2\alpha\cos^2\alpha\cos^2\alpha\leqslant\frac{64}{3}\cdot\left(\frac{3}{4}\right)^4=\frac{3^3}{4}$$

故 $S_3\leqslant\sqrt{3}$. 当且仅当 $x_1=x_2=x_3=\frac{\pi}{3}$ 时取最大值. 猜测 $x_1=x_2=\cdots=x_n=\frac{\pi}{n}$ 时 S_n 取最大值 $n\sin\frac{\pi}{n}$. 下面证明这个结论：

若 $x_1,x_2,\cdots,x_n$ 不全相等,则必有某个 $x_i<\frac{\pi}{n}$,也有某个 $x_j>\frac{\pi}{n}$.就设 $x_1<\frac{\pi}{n},x_2>\frac{\pi}{n}$,则

$$\sin\frac{\pi}{n}+\sin\left(x_1+x_2-\frac{\pi}{n}\right)-(\sin x_1+\sin x_2)=$$

$$2\sin\frac{x_1+x_2}{2}\left[\cos\left(\frac{x_1+x_2}{2}-\frac{\pi}{n}\right)-\cos\frac{x_1-x_2}{2}\right]=$$

$$2\sin\frac{x_1+x_2}{2}\cdot 2\sin\frac{x_1-\frac{\pi}{n}}{2}\sin\frac{\frac{\pi}{n}-x_2}{2}>0.$$

即把 x_1 换成$\frac{\pi}{n}$,x_2 换成 $x_1+x_2-\frac{\pi}{n}$,其余的角保持不变后,和增大,若还有不等于$\frac{\pi}{n}$的角,则仍可继续这个过程,至多替换 $n-1$ 次,就可使每个角都等于$\frac{\pi}{n}$,此时已无法使 S_n 再增大,故得最大值为 $n\sin\frac{\pi}{n}$.

又证:由琴生不等式,即有

$$S_n=\sin x_1+\sin x_2+\sin x_3+\cdots+\sin x_n\leqslant$$

$$n\sin\frac{x_1+x_2+x_3+\cdots+x_n}{n}=n\sin\frac{\pi}{n}$$

11. 欲证不等式等价于

$$\left(\frac{a+b+c+d}{2}\right)^3\leqslant\left[\left(\frac{a^2+b^2+c^2+d^2}{4}\right)^2+abcd\right]\left(\frac{1}{a}+\frac{1}{b}+\frac{1}{c}+\frac{1}{d}\right)$$

不妨设 $a\geqslant b\geqslant c\geqslant d>0$ 和 $s=\frac{a+c}{2},t=\sqrt{ac}$.上式等价于

$$\left[\left(\frac{4s^2-2t^2+b^2+d^2}{4}\right)^2+t^2bd\right]\left(\frac{2s}{t^2}+\frac{1}{b}+\frac{1}{d}\right)-\left(\frac{2s+b+d}{2}\right)^3\geqslant 0$$

设

$$f(x)=\left[\left(\frac{4x^2-2t^2+b^2+d^2}{4}\right)^2+t^2bd\right]\left(\frac{2x}{t^2}+\frac{1}{b}+\frac{1}{d}\right)-$$

$$\left(\frac{2x+b+d}{2}\right)^3,t\leqslant x\leqslant s$$

则

$$f'(x)=(4x^2-2t^2+b^2+d^2)x\cdot\left(\frac{2x}{t^2}+\frac{1}{b}+\frac{1}{d}\right)+$$

$$\frac{2}{t^2}\left[\left(\frac{4x^2-2t^2+b^2+d^2}{4}\right)^2+t^2bd\right]-\frac{3}{4}(2x+b+d)^2=$$

$$(4x^2-2t^2+b^2+d^2)x\cdot\left(\frac{2x}{t^2}+\frac{1}{b}+\frac{1}{d}\right)+$$

$$\frac{2}{t^2}\left(\frac{4x^2-2t^2+b^2+d^2}{4}\right)^2+2bd-\frac{3}{4}(2x+b+d)^2\geqslant$$

$$(4x^2-2x^2+b^2+d^2)x\cdot\left(\frac{2x}{x^2}+\frac{1}{b}+\frac{1}{d}\right)+$$

$$\frac{2}{x^2}\left(\frac{4x^2-2x^2+b^2+d^2}{4}\right)^2+2bd-\frac{3}{4}(2x+b+d)^2\geqslant$$

$$(2x^2+b^2+d^2)\left(2+\frac{x}{b}+\frac{x}{d}\right)+$$

$$\frac{2}{x^2}\left(\frac{2x^2+b^2+d^2}{4}\right)^2+2bd-\frac{3}{4}(2x+b+d)^2$$

由于 $x\geqslant t=\sqrt{ac}\geqslant\sqrt{bd}\geqslant\dfrac{2}{\dfrac{1}{b}+\dfrac{1}{d}}$，所以有 $\dfrac{x}{b}+\dfrac{x}{d}\geqslant 2$，$2x^2+b^2+d^2\geqslant 2bx+2dx$，进而有

$$f'(x)\geqslant 4(2x^2+b^2+d^2)+\frac{(b+d)^2}{2}+2bd-\frac{3}{4}(2x+b+d)^2=$$

$$5x^2+\frac{15b^2}{4}+\frac{15d^2}{4}-3xb-3xd+\frac{3}{2}bd\geqslant$$

$$2\sqrt{\frac{5}{2}x^2\cdot\frac{15b^2}{4}}+2\sqrt{\frac{5}{2}x^2\cdot\frac{15d^2}{4}}-3xb-3xd+\frac{3}{2}bd>0$$

即知 $f(x)$ 为单调增加函数，有 $f(s)\geqslant f(t)$，即

$$\left[\left(\frac{4s^2-2t^2+b^2+d^2}{4}\right)^2+t^2bd\right]\left(\frac{2s}{t^2}+\frac{1}{b}+\frac{1}{d}\right)-\left(\frac{2s+b+d}{2}\right)^3\geqslant$$

$$\left[\left(\frac{2t^2+b^2+d^2}{4}\right)^2+t^2bd\right]\left(\frac{2}{t}+\frac{1}{b}+\frac{1}{d}\right)-\left(\frac{2t+b+d}{2}\right)^3$$

所以我们把 $a\geqslant b\geqslant c\geqslant d>0$ 的 $a,b,c,d>0$ 调整到了 $\sqrt{ac}$，b，$\sqrt{ac}$，d。反复此类调整，直至前 3 个数相等，即为 $\sqrt[3]{abc}$，$\sqrt[3]{abc}$，$\sqrt[3]{abc}$，d，此时若令 $u=\sqrt[3]{abc}\geqslant d$，$v=\dfrac{u}{d}\geqslant 1$，我们有

$$\left[\left(\frac{a^2+b^2+c^2+d^2}{4}\right)^2+abcd\right]\left(\frac{1}{a}+\frac{1}{b}+\frac{1}{c}+\frac{1}{d}\right)-\left(\frac{a+b+c+d}{2}\right)^3\geqslant$$

$$\left[\left(\frac{3u^2+d^2}{4}\right)^2+u^3d\right]\left(\frac{3}{u}+\frac{1}{d}\right)-\left(\frac{3u+d}{2}\right)^3=$$

$$d^3\left\{\left[\left(\frac{3v^2+1}{4}\right)^2+v^3\right]\left(\frac{3}{v}+1\right)-\left(\frac{3v+1}{2}\right)^3\right\}=$$

$\frac{d^3}{16v}(9v^5-11v^4-v+3)=$

$\frac{d^3}{16v}(v-1)(9v^4-2v^3-2v^2-2v+3)\geqslant 0$

第39讲　设计与构造

1.(1) 若 $n\notin\{a_1,a_2,\cdots,a_n\}$,则 n 个不同的数属于 $n-1$ 个集合 $\{1,2n-1\},\{2,2n-2\},\cdots,\{n-1,n+1\}$.由抽屉原理知其中必存在两个数 $a_i,a_j(i\neq j)$ 属于同一集合,从而 $a_i+a_j=2n$ 被 $2n$ 整除.

(2) 若 $n\in\{a_1,a_2,\cdots,a_n\}$,不妨设 $a_n=n$,从 $a_1,a_2,\cdots,a_{n-1}(n-1\geqslant 3)$ 中任意取 3 个数 $a_i,a_j,a_k(a_i<a_j<a_k)$,则 a_j-a_i 与 a_k-a_i 中至少有一个不被 n 整除,否则 $a_k-a_i=(a_k-a_j)+(a_j-a_i)\geqslant 2n$,这与 $a_k\in(0,2n)$ 矛盾,故 $a_1,a_2,\cdots,a_{n-1}$ 中必有两个数之差不被 n 整除;不妨设 a_1 与 a_2 之差($a_2-a_1>0$)不被 n 整除,考虑 n 个数 $a_1,a_2,a_1+a_2,a_1+a_2+a_3,\cdots,a_1+a_2+\cdots+a_{n-1}$.

ⅰ　若这 n 个数中有一个被 n 整除,设此数等于 k_n,若 k 为偶数,则结论成立;若 k 为奇数,则加上 $a_n=n$ 知结论成立.

ⅱ　若这 n 个数中没有一个被 n 整除,则它们除以 n 的余数只能取 $1,2,\cdots,n-1$ 这 $n-1$ 个值,由抽屉原理知其中必有两个数除以 n 的余数相同,它们之差被 n 整除,而 a_2-a_1 不被 n 整除,故这个差必为 a_i,a_j,a_{k-1} 中若干个数之和,同 ⅰ 可知结论成立.

2.先列出一个 21 行 20 列的表格.

在第 i 行,第 j 列($1\leqslant i\leqslant 21,1\leqslant j\leqslant 20,i,j\in\mathbf{Z}$)的格内填上第 i 个女孩和第 j 个男孩共同答出题目的题号(若有不少于 2 个共同答出的题目,任选一个即可).

因为每个男生至多答对 6 题,所以每一列上至多有 6 个不一样的题号.对这列的每一格,若填上的题号在这列出现不少于 3 次,则打上蓝圈,因此,对每一个题号,要么都打蓝圈,要么都不打,有抽屉原理,至少有一种题号不少于 $\left(\left[\frac{21}{6}\right]+1\right)$ 4 个,所以必有蓝圈.若蓝圈不多于 10 个,则至少剩下 11 格没打蓝圈.因为有一种题号已被打上蓝圈,所以至多剩下 5 种题号没打蓝圈,因此其中至少有一种题号出现不少于 $\left(\left[\frac{11}{5}\right]+1\right)=3$ 个,应打蓝圈,矛盾.所以每一列至少有 11 个蓝圈,整个表格至少有 $11\times 20=220$(个)蓝圈.

因为每个女生至多答对 6 题，所以每一行上至多有 6 个不一样的题号. 对这行的每一格，若填上的题号在这行出现不少于 3 次，则打上红圈，同理可得每一行至少有 10 个红圈，整个表格至少有 $10\times 21=210$(个) 红圈.

又因为此表格共有 $21\times 20=420$(格)，而 $220+210=430>420$，所以至少有一格被同时打上红圈和蓝圈，设这格所填题号为 M，对这格所在的列来说，至少有 3 格填的是 M，设它们所在行为第 a_1,a_2,a_3 行；对这格所在的行来说，至少有 3 格填的是 M，设它们所在行为第 b_1,b_2,b_3 列. 因此第 a_1,a_2,a_3 名女孩和第 b_1,b_2,b_3 名男孩同时答对题号为 M 的题目.

所以有一道题，至少被 3 个女孩和 3 个男孩解出.

3. 计算各行的和、各列的和，这 $2n$ 个和中必有最小的，不妨设第 m 行的和最小，记和为 k，则该行中至少有 $n-k$ 个 0，这 $n-k$ 个 0 所在的各列的和都不小于 $n-k$，从而这 $n-k$ 列的数的总和不小于 $(n-k)^2$，其余各列的数的总和不小于 k^2，从而表中所有数的总和不小于 $(n-k)^2+k^2\geqslant\frac{(n-k+k)^2}{2}=\frac{1}{2}n^2$.

4. 设 S 是黑板上所有数的和，开始时和数是 $S=1+2+\cdots+2n=n(2n+1)$，这是一个奇数，因为 $|a-b|$ 与 $a+b$ 有相同的奇偶性，故整个变化过程中 S 的奇偶性不变，故最后结果为奇数.

5. 存在　取 $a_n=(n!)^3$ 即可. 当 $A=0$ 时，$\{a_n\}$ 中没有素数；当 $|A|\geqslant 2$ 时，若 $n\geqslant|A|$，则 a_n+A 均为 $|A|$ 的倍数且大于 $|A|$，不可能为素数；当 $A=\pm 1$ 时，$a_n\pm 1=(n!\pm 1)\cdot[(n!)^2\pm n!+1]$，当 $A\geqslant 3$ 时均为合数. 从而当 A 为整数时，$\{(n!)^3+A\}$ 中只有有限个素数.

6. 首先任意给每条棱一个箭头，如果此时对每个顶点，指向它的箭头数均为偶数，则命题成立. 若有某个顶点 A，指向它的箭头数为奇数，则必存在另一个顶点 B，指向它的箭头数也为奇数(因为棱总数为偶数)，对于顶点 A 与 B，总有一条由棱组成的"路径"联结它们，对该路径上的每条棱，改变它们箭头的方向，于是对于该路径上除 A,B 外的每个顶点，指向它的箭头数的奇偶性不变，而对顶点 A,B，指向它的箭头数变成了偶数. 如果这时仍有顶点，指向它的箭头数为奇数，那么重复上述做法，又可以减少两个这样的顶点，由于多面体顶点数有限，经过有限次调整，总能使得对每个顶点，指向它的箭头数为偶数. 命题成立.

7. 据对称性，不妨设 $a_1\geqslant a_1\geqslant\cdots\geqslant a_{100}$，只要证，$a_1+a_2+a_3>1$；反证法，假若 $a_1+a_2+a_3\leqslant 1$，如图 1，作三个边长为 1 的正方形，拼成一个 3×1 矩形，再把边长为 $a_1,a_2,\cdots,a_{100}$ 的小正方形$[a_1]$，$[a_2]$，$[a_3]$，$\cdots$，$[a_{100}]$一个接一个依次放入矩形中，恰好铺成由 A 到 H 的一长条，记为 L，据反证法假设知，

小正方形$[a_1]$,$[a_2]$,$[a_3]$都在大正方形$ABCD$内,长条L含于正方形$ABCD$内的这一部分,被$a_1\times 1$的矩形M所覆盖,而L落入大正方形$CDEF$中的部分当被$a_2\times 1$的矩形N_1所覆盖,L落入大正方形$EFGH$中的部分当被$a_3\times 1$的矩形K_1所覆盖,因此全体小正方形的面积和应不大于3个矩形M,N_1,K_1的面积和;另一方面,由于$a_1+a_2+a_3\leqslant 1$,我们可以在正方形$ABCD$中剪出$a_1\times 1,a_2\times 1,a_3\times 1$的三个矩形$M,N_2,K_2$;因此可以将矩形$N_1,K_1$分别放置于大正方形$ABCD$中的$N_2,K_2$处,于是,全体小正方形的面积和不大于正方形$ABCD$的面积,即$a_1^2+a_2^2+\cdots+a_{100}^2\leqslant 1$,此为矛盾!因此假设不真,从而本题结论成立.

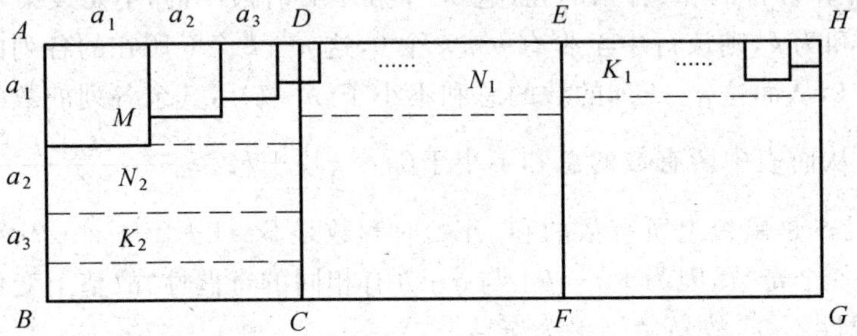

图1

8.将2 012换为一般的正整数$2n$;如果某人持有一张5元票,则赋值"+1"(即售票机可以收到一张5元票);若某人持有一张10元票,则赋值"-1",(即售票机需要付出一张5元票用来找零);这样,$2n$个人的一个排队状态便对应于$2n$个数(其中含有n个1和n个"-1")的一个排列:$x_1,x_2,x_3,\cdots,x_{2n}$,记$S_k=x_1+x_2+\cdots+x_k$,$k=1,2,\cdots,2n$,则$S_{2n}=0$,一个排队方式不发生售票困难,当且仅当对每个$k$,皆有$S_k\geqslant 0$.

如图2,在直角坐标系中标出点$A_k(k,S_k)$,$k=1,2,\cdots,2n$,依次联结OA_1,A_1A_2,$\cdots$,$A_{2n-1}A_{2n}$得到一条折线$OA_1A_2\cdots A_{2n-1}A_{2n}$,称长度为$\sqrt{2}$,斜率为1的线段为$L^+$,长度为$\sqrt{2}$,斜率为$-1$的线段为$L^-$,因此,折线$OA_{2n}$由$n$条$L^+$和$n$条$L^-$按适当排列顺序首尾连接而组成,因$n$条$L^+$和$n$条$L^-$的排列方式有$C_{2n}^2$种(从$2n$个位置中任取$n$个位置放置$L^+$,其余位置为$L^-$的放置方法有$C_{2n}^n$种),所以这种折线一共有$C_{2n}^n$条;每个发生售票困难的排法所对应的折线都与直线$y=-1$接触;为了计算与直线$y=-1$接触的折线条数,对每条这种折线,从第一个接触点开始,把以后的折线部分以直线$y=-1$为对称轴翻转,这样就得到一条由原点O到点$A'(2n,-2)$的折线,所有这种折线都由$n-1$条

L^+ 和 $n+1$ 条 L^- 按适当排列顺序首尾连接而组成，一共有 C_{2n}^{n-1} 条，因此，不发生售票困难的排队方法有 $C_{2n}^{n}-C_{2n}^{n-1}=\frac{1}{n}C_{2n}^{n-1}$（种）.

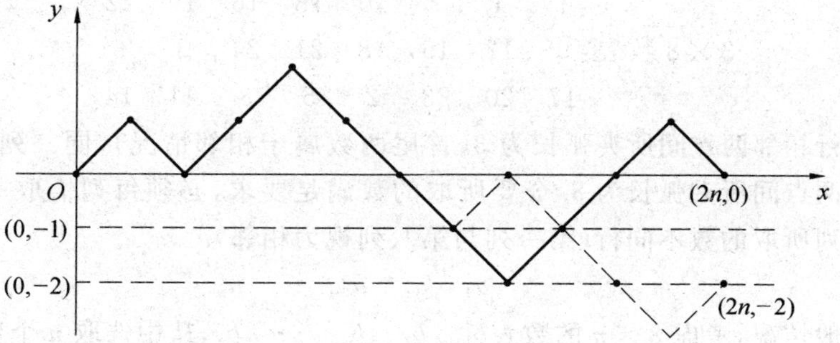

图 2

9. 先一般化为下述问题：设 $n\geqslant 3$，从 $A=(a_1,a_2,\cdots,a_n)$，$B=(b_1,b_2,\cdots,b_n)$，$C=(c_1,c_2,\cdots,c_n)$，$D=(d_1,d_2,\cdots,d_n)$ 这 4 个数列中选取 n 个项，且满足：

(1)1，2，…，n 每个下标都出现；(2) 下标相邻的任两项不在同一个数列中（下标 n 与 1 视为相邻），其选取方法数记为 x_n，今确定 x_n 的表达式：

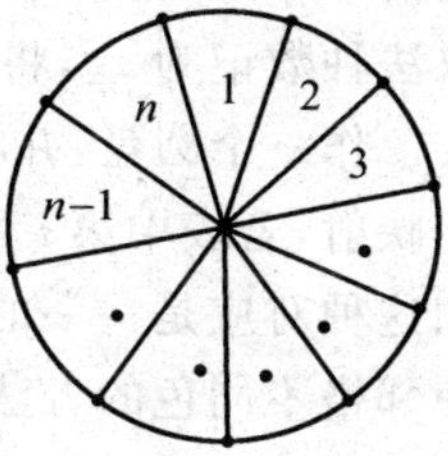

图 3

如图3，将一个圆盘分成 n 个扇形格，顺次编号为 1，2，…，n，并将数列 A,B,C,D 各染一种颜色，对于任一个选项方案，如果下标为 i 的项取自某颜色数列，则将第 i 号扇形格染上该颜色.

于是 x_n 就成为将圆盘的 n 个扇形格染四色，使相邻格不同色的染色方法数，易知

$$x_1=4,x_2=12,x_n+x_{n-1}=4\cdot 3^{n-1}\quad(n\geqslant 3)\qquad ①$$

将 ① 写作

$$(-1)^n x_n-(-1)^{n-1}x_{n-1}=-4\cdot(-3)^{n-1}$$

因此

$$(-1)^{n-1}x_{n-1}-(-1)^{n-2}x_{n-2}=-4\cdot(-3)^{n-2}$$

$$\cdots\cdots$$

$$(-1)^3x_3-(-1)^2x_2=-4\cdot(-3)^2$$

$$(-1)^2x_2=-4\cdot(-3)$$

相加得，$(-1)^n x_n=(-3)^n+3$，于是 $x_n=3^n+3\cdot(-1)^n(n\geqslant 2)$.

因此 $x_{13}=3^{13}-3$. 这就是所求的取牌方法数.

10. 将各分点顺次编号为1,2,…,24,再按点间所夹弧长为3或8的情形,列出一张

$$3\times 8\text{ 数表}:\begin{matrix}1 & 4 & 7 & 10 & 13 & 16 & 19 & 22\\ 9 & 12 & 15 & 18 & 21 & 24 & 3 & 6\\ 17 & 20 & 23 & 2 & 5 & 8 & 11 & 14\end{matrix}$$

表中同行相邻两点间所夹弧长为3(首尾两数属于相邻情况),同一列的三点之中任两点间所夹弧长为8. 今要所取的数满足要求,必须每列恰取一数,且相邻两列所取的数不同行(第一列与第八列视为相邻).

一般情况,考虑 $3\times n$ 的数表 $\begin{matrix}a_1 & a_2 & a_3 & \cdots & a_n\\ b_1 & b_2 & b_3 & \cdots & b_n\\ c_1 & c_2 & c_3 & \cdots & c_n\end{matrix}$,从中选取 n 个数,使每列恰取一数,且相邻两列所取的数不同行(第一列与第 n 列视为相邻). 不同的取法种数记为 x_n,将第一、二、三行的数 $\{a_k\}$,$\{b_k\}$,$\{c_k\}$ 分别染红、黄、蓝三色.

作一个圆盘,并将其分成 n 个扇形小格,顺时针编号为1,2,…,n;今作如下映射,若表中第 i 列所选出的为某色的数,则将圆盘第 i 号格染上该颜色,易知这种对应是一一的,于是问题转化为,求用三色分别染圆盘的 n 个扇形格,使邻格不同色的方法数为 x_n.

易知 $x_1=3$,$x_2=x_3=6$,当 $n\geqslant 3$,$x_n+x_{n-1}=3\cdot 2^{n-1}$.

即 $(-1)^n x_n-(-1)^{n-1}x_{n-1}=-3\cdot(-2)^{n-1}$,令 $y_n=(-1)^n x_n$,有

$$y_n-y_{n-1}=-3\cdot(-2)^{n-1},y_{n-1}-y_{n-2}=-3\cdot(-2)^{n-2},\cdots,y_3-y_2=-3\cdot(-2)^2,y_2=-3\cdot(-2)^1$$

相加得,$y_n=(-2)^n+2$,$n\geqslant 2$,所以 $x_n=2^n+2(-1)^n$,$n\geqslant 2$.

当 $n=8$,便得本题答案为 $x_8=2^8+2=258$.

11. 设分成的41个组为 $A_1,A_2,\cdots,A_{41}$,每组中的各数和皆为49,称这种组为 A 类组;而分成的49个组为 $B_1,B_2,\cdots,B_{49}$,每组中的各数和皆为41,称这种组为 B 类组.

显然,每个项 x_k 恰好属于一个 A 类组和一个 B 类组,即同类组之间没有公共项,如果两个组 A_i,B_j 中有两个公共项 x_r,x_t,则可以将这两个数合并为一个项 x_r+x_t,这样可使 n 值减少,故不妨设,每对 A_i,B_j 至多有一个公共项.

构造图论模型:今用点 $u_1,u_2,\cdots,u_{41}$ 分别表示 $A_1,A_2,\cdots,A_{41}$,而点 $v_1,v_2,\cdots,v_{49}$ 表示组 $B_1,B_2,\cdots,B_{49}$,如果组 A_i,B_j 有公共项,则在相应的点 u_i,v_j 之间连一条边,于是得二部图 G,它恰有 n 条边和90个顶点. 下面证明 G 是连通图.

如果图G的最大连通分支为G',其顶点数少于90,设在分支G'中,有a个A类顶点$u_{k_1},u_{k_2},\cdots,u_{k_a}$和$b$个$B$类顶点$v_{s_1},v_{s_2},\cdots,v_{s_b}$,其中$a+b<90$,则在相应的$A$类组$A_{k_1},A_{k_2},\cdots,A_{k_a}$和$B$类组$B_{s_1},B_{s_2},\cdots,B_{s_b}$中,$A$类组$A_{k_i}$中的每个数$x_i$都要在某个$B$类组$B_{s_j}$中出现;而$B$类组$B_{s_i}$中的每个数$x_j$也都要在某个$A$类组$A_{r_j}$中出现(否则将有边与分支外的顶点连接,发生矛盾),因此a个A类组$A_{k_1},A_{k_2},\cdots,A_{k_a}$中各数的和应等于$b$个$B$类组$B_{s_1},B_{s_2},\cdots,B_{s_b}$中各数的和,即有$49a=41b$,由此得$41\mid a,49\mid b$,所以$a+b\geqslant 41+49=90$,矛盾!因此$G$是连通图.于是图$G$至少有$90-1=89$条边,即$n\geqslant 89$.

另一方面,我们可实际构造一个具有89项的数列$x_1,x_2,\cdots,x_{89}$,满足本题条件.例如取$x_1=\cdots=x_{41}=41,x_{42}=\cdots=x_{75}=8,x_{76}=\cdots=x_{79}=7$,$x_{80}=\cdots=x_{83}=1,x_{84}=x_{85}=6,x_{86}=x_{87}=2,x_{88}=5,x_{89}=3$(该数组有41个取值为41的项;34个取值为8的项;另将其余七个8拆成七对,其中四对$\{7,1\}$,两对$\{6,2\}$,一对$\{5,3\}$,又得到14个项),于是,每个A类组可由一个41,一个8,或者由一个41,添加一对和为8的项组成;这样共得41个A类组,每组各数的和皆为49;为了获得和为41的49个B类组,可使$x_1,x_2,\cdots,x_{41}$各成一组,其余的数可以拼成8个B类组:$\{8,8,8,8,8,1\}$的组4个,$\{8,8,8,8,7,2\}$的组两个,$\{8,8,8,8,6,3\}$的组一个,$\{8,8,7,7,6,5\}$的组一个.故n的最小值为89.

第40讲　组合几何

1.最大的体积为$\frac{8\sqrt{2}}{3}$.

根据三角形的两边之和大于第三边这一性质,按题设数据,所有一边为2的三角形,其余两边只可能是:①3,3;②5,5;③4,5;④3,4.

从而题设四面体中,以2为公共边的两个侧面三角形的其余两边只可能有3种情形:

(1)①与②;

(2)①与③;

(3)②与④.

下面就这3种情况分别讨论之:

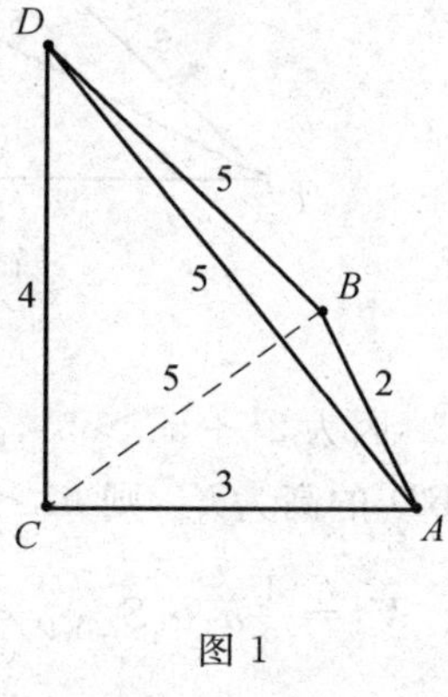

图1

(1)如图1,$AC=BC=3,AD=BD=5$,因为$3^2+4^2=5^2$,故$CD\perp AC,CD\perp BC$,从而$CD\perp$平

面 ABC,由对称性,这样的四面体只有一个,其体积为

$$V_1=\frac{1}{3}CD\cdot S_{\triangle ABC}=\frac{1}{3}\cdot 4\cdot\frac{1}{2}\cdot 2\cdot\sqrt{3^2-1}=\frac{8\sqrt{2}}{3}$$

(2) 这样的四面体有两个,如图2,易知它们的体积相等,记为 V_2. 因为 $2^2+4^2<5^2$,故 $\angle ABD$ 为钝角,即棱 BD 与底面 ABC 斜交,设 D 至 ABD 面的高为 h_2,则 $h_2<BD=4$,故

$$V_2=\frac{1}{3}h_2\cdot S_{\triangle ABC}<\frac{4}{3}\cdot S_{\triangle ABC}=V_1=\frac{8\sqrt{2}}{3}$$

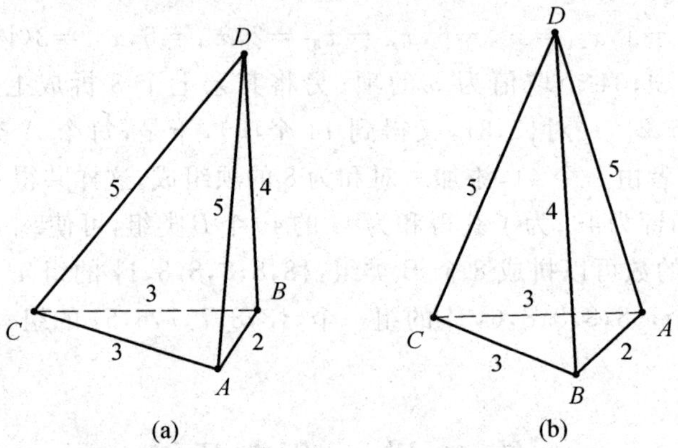

图 2

(3) 这样的四面体也有两个,如图3,易知它们的体积也相等,记为 V_3.

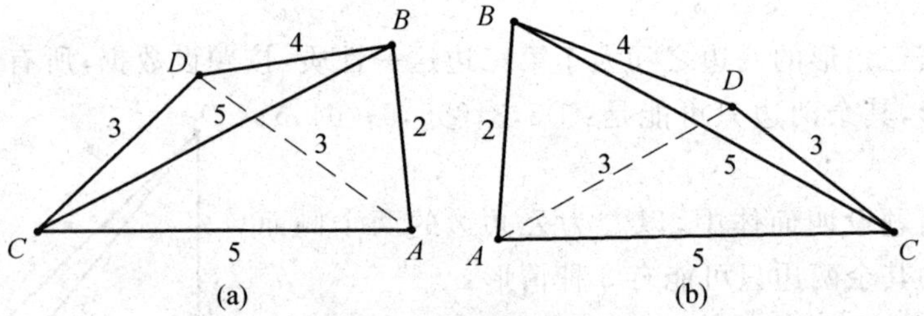

图 3

因为 $2^2+5^2>5^2$,故 $\angle BAD$ 为锐角,即棱 AB 与平面 ACD 斜交,设 B 至 ABD 的高为 h_3,则 $h_3<AB=2$,故

$$V_3=\frac{1}{3}h_3\cdot S_{\triangle ACD}<\frac{2}{3}S_{\triangle ACD}=\frac{2}{3}\cdot\frac{1}{2}\cdot 5\cdot\sqrt{3^2-\left(\frac{5}{2}\right)^2}=\frac{5}{6}\sqrt{11}$$

因 $V_3^2<\frac{275}{36}$，$V_1^2=\frac{128}{9}$，故 $V_3<V_1$.

所以，最大的体积为 $V_1=\frac{8\sqrt{2}}{3}$.

2.(1) 如图 4，$\triangle ABC$，$\triangle ADC$，$\triangle BCD$ 均为等腰三角形，A，B，D 三点也共线. 所以，任意三点都有一条对称轴. 故它是一个好的集合. 但是，A，B，C，D 不是轴对称的.

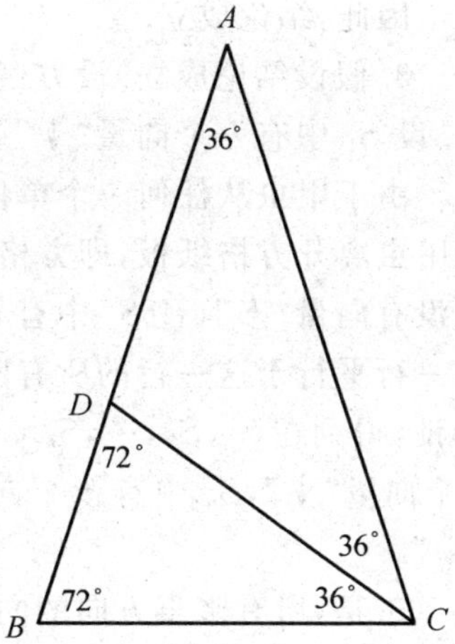

图 4

(2) 用反证法. 假设结论不成立. 于是，不可能有集合中的 6 个点共线. 否则，在这条直线外必有一个属于集合的点 K，过点 K 作此直线的垂线，则此直线上必有至少 3 个点在这条垂线的同侧，记为 A，B，C(图 5).

因为 $\angle KCB$，$\angle KBA>\frac{\pi}{2}$，所以，$AC>BC$.

由于 K，C，B 有对称轴，则 $BC=CK$.

同理，$AC=CK$，矛盾. 故不可能有集合中的 6 个点共线.

不妨设 A，B 为这个集合中距离最短的两个点(图 6)，则其余 2 001 个点有以下 4 种情况：

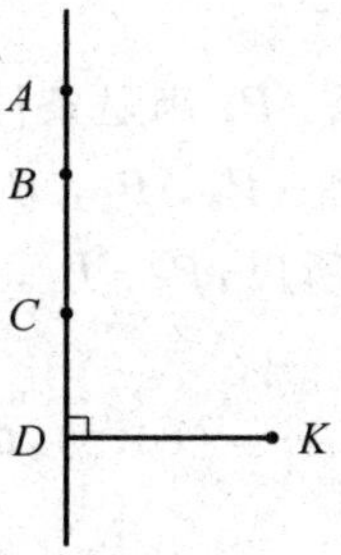

图 5

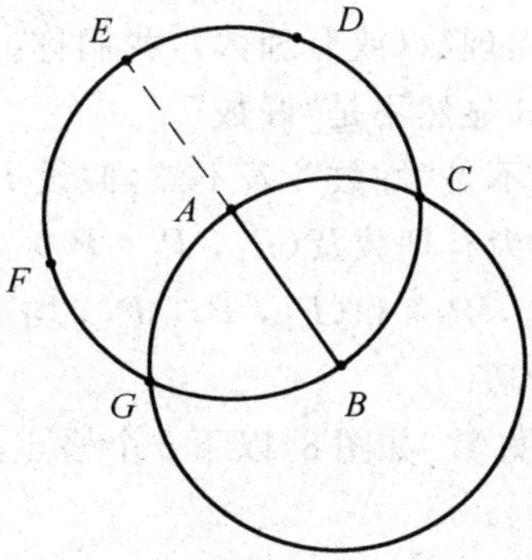

图 6

ⅰ 在线段 AB 的中垂线上；

ⅱ 在 AB 所在直线上；

ⅲ 在以 A 为圆心，AB 为半径的圆上；

ⅳ 在以 B 为圆心,AB 为半径的圆上.

由前面的证明可知,ⅰ,ⅱ 两种情况点的总数不超过 10 个.

又因为 AB 的距离最小,所以,ⅲ,ⅳ 两种情况点的总数不超过 10 个.

故 $10+10+2<2\,003$. 矛盾.

因此,结论成立.

3. 假设结论成立. 设方格纸板的第 1 行为 S_1,第 2 行为 S_2,……,第 n 行为 S_n. 设 S_1 中有 k 个向量"↓".

由于甲虫从任何一个单位正方形出发均能回到这个单位正方形,且不允许甲虫离开方格纸板,即方格由一些环路组成,其中任意两条不相交. 所以 S_1 中没有向量"↑",且 S_2 中有 k 个向量"↑". 又因为这一行所有向量的和等于这一行平行于这一行的所有向量之和,所以,S_2 中有 k 个向量"↓". 继续这一论证,得到在 $S_2,S_3,\cdots,S_{n-1}$ 中均有 k 个向量"↑"和 k 个向量"↓",且 S_1 中有 k 个向量"↓",S_n 中有 k 个向量"↑",且 S_1 中没有向量"↑",S_n 中没有向量"↓".

于是,所有竖直方向的向量的总数为 $2k(n-2)+k+k=2k(n-1)$.

同理,设第 1 列有 l 个向量"→",则所有水平向量的总数为 $2l(n-1)$.

所以,所有向量的数目为 $2k(n-1)+2l(n-1)=2(n-1)(k+l)=n^2$.

因为,$n-1\geqslant 2$, n 与 $n-1$ 互质,矛盾.

综上所述,不存在满足条件的向量的放法.

4. 最小的"好数"是 5,且 2 005 是"好数".

在三点组(P_i, P_j, P_k)中,若 $|P_iP_j|$ 为有理数(或无理数),$|P_iP_k|$ 和 $|P_jP_k|$ 为无理数(或有理数),我们称(P_i, P_j, P_k)为一个"好组".

(1)$n=3$ 显然不是"好数".

$n=4$ 也不是"好数". 若不然,假设 P_1, P_2, P_3, P_4 满足条件(图 7),不妨设 $|P_1P_2|$ 为有理数及(P_1, P_2, P_3)为一好组,则(P_2, P_3, P_4)为一好组. 显然(P_2, P_4, P_1)和(P_2, P_4, P_3)均不是好组. 所以,P_1, P_2, P_3, P_4 不能满足条件. 矛盾.

$n=5$ 是好数. 如图 8,以下 5 个格点满足条件:$A_5=\{(0,0),(1,0),(5,3),(8,7),(0,7)\}$.

(2) 设 $A=\{(1,0),(2,0),\cdots,(669,0)\}$, $B=\{(1,1),(2,1),\cdots,(668,1)\}$, $C=\{(1,2),(2,2),\cdots,(668,2)\}=A\cup B\cup C$.

对任意正整数 n,n^2+1 和 n^2+4 不是完全平方数. 不难证明,对于集合 $S_{2\,005}$ 中任两点 P_i,P_j,$|P_iP_j|$ 为有理数当且仅当 P_iP_j 与某坐标轴平行. 所以 2 005 是"好数".

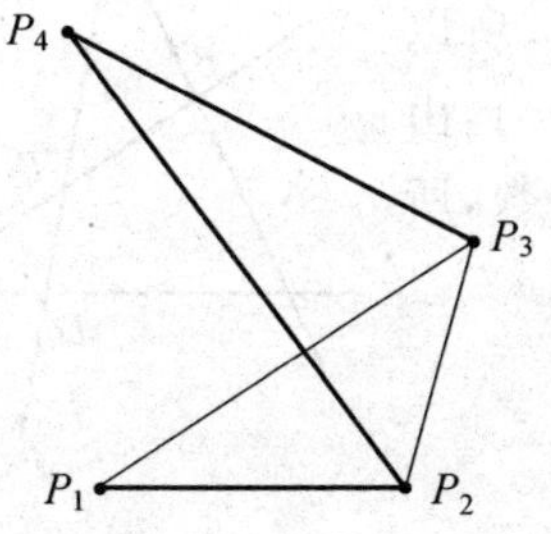

图 7

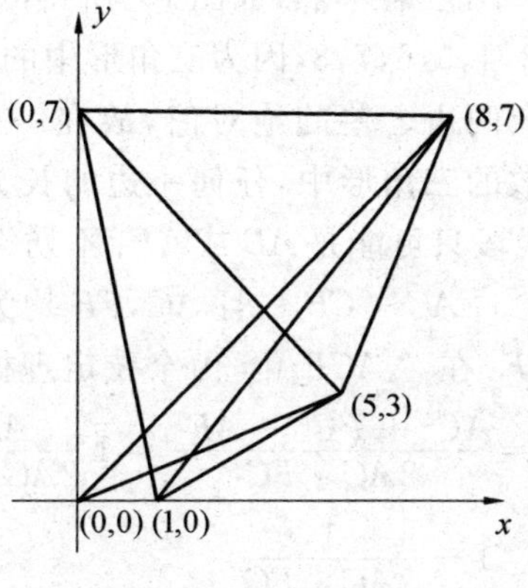

图 8

5. 如果四边形是等腰梯形，我们可以用平行于底边的线分割成若干个等腰梯形，因为任意一个等腰梯形都有外接圆，故命题对等腰梯形总是成立的.

以下设圆内接四边形 $ABCD$ 不是等腰梯形. 如图 9，不妨设 $\angle A \geqslant \angle C$，$\angle D \geqslant \angle B$. 由于对角互补，所以 $\angle A \geqslant \angle B$，$\angle D \geqslant \angle C$. 作 $\angle BAP = \angle B$，$\angle CDQ = \angle C$，使得 P，Q 在四边形 $ABCD$ 内且 $PQ \parallel AD$，再作 $PR \parallel AB$，$QS \parallel DC$，因为 $\angle B + \angle ADC = \angle C + \angle BAD = 180°$，所以

$$\angle DAP = \angle BAD - \angle B = \angle ADC - \angle C = \angle ADQ$$

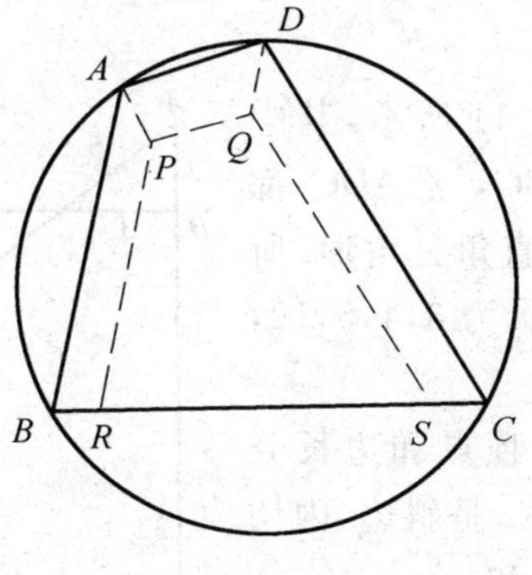

图 9

因此四边形 $APQD$，$ABRP$，$CDQS$ 都是等腰梯形，当然有外接圆.

又 $\angle QPR + \angle QSR = \angle BAD + \angle C = 180°$，从而四边形 $PQSR$ 也有外接圆. 这样我们就把四边形 $ABCD$ 分成 4 个有外接圆的四边形，其中 3 个是等腰梯形.

对 $n > 4$，我们可以用前面所讲的分割等腰梯形的方法进一步把四边形 $ABCD$ 分割成 n 个有外接圆的四边形.

6.(1)不能.若不然,如图10,所得的8条线段的长为1,2,3,4,5,6,7,8,因为三角形中的任意一边之长大于其余两边之差的绝对值,故在一个非等腰且边长为整数的三角形中,任何一边的长大于1,所以长为1的线段只可能是AB或AF.不妨设$AF=1$,由于$1=AF>|AC-CF|$,且AC,CF均为正整数,所以$AC=CF$.在$\triangle ACF$中,由余弦定理得

$$\cos C=\frac{AC^2+FC^2-AF^2}{2AC\cdot FC}=1\frac{AF^2}{2AC\cdot FC}=1-\frac{1}{2AC\cdot FC}$$

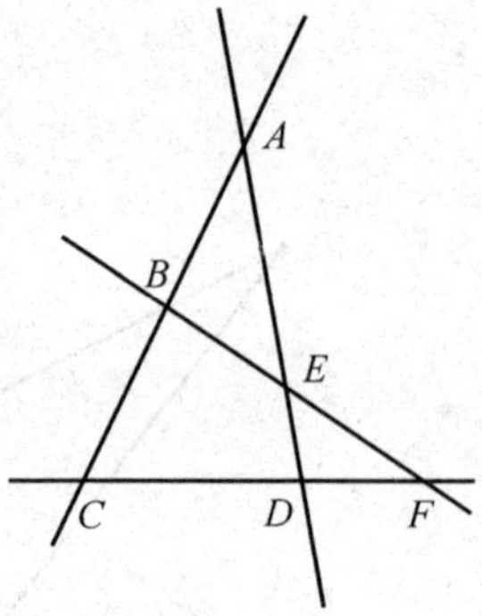

图 10

在$\triangle BCD$中,由余弦定理得

$$BD^2=BC^2+CD^2-2BC\cdot CD\cos C=BC^2+CD^2-2BC\cdot CD(1-\frac{1}{2AC\cdot FC})=BC^2+CD^2-2BC\cdot CD+\frac{BC}{AC}\cdot\frac{DC}{FC}$$

上式中$\frac{BC}{AC}\cdot\frac{DC}{FC}$为小于1的真分数,而其余各项均为整数,矛盾.

故不存在满足条件的4条直线,使得截出的8条线段的长分别为1,2,3,4,5,6,7,8.

(2)是存在的,如图11所示,其中$\triangle ABE$,$\triangle FDE$,$\triangle FBC$,$\triangle ADC$都是边长为3,4,5的相似直角三角形.所截得的8条线段的长依次为3,4,5,12,16,20,28,32.

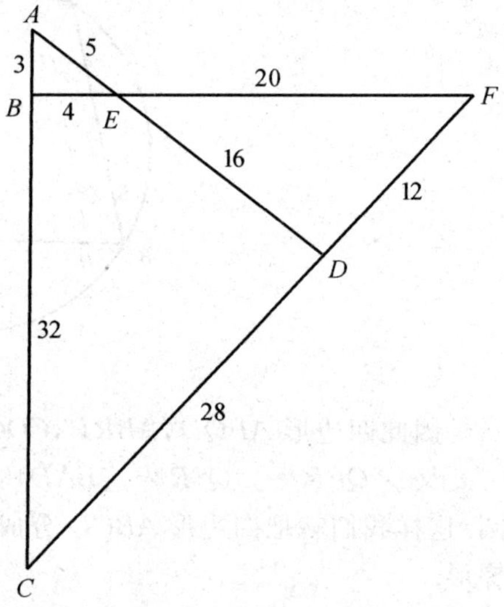

图 11

7.设直角三角形的顶点和边长分别为A,B,C,a,b,c,其中c是斜边,内切圆圆心和半径分别为M和r.

在线段CA上有不同于C的格点(例如A),设其中距C最近的格点为A_1,同样设CB上距C最近的格点为B_1,因为绕任一格点旋转90^o后格点仍为格点,所有$CA_1=CB_1$.设$CA_1=CB_1=e$,易知$CA=ne$,$CB=me$,其中

m,n 是正整数，即 $a=me$，$b=ne$. 因为 m,n 是正整数，所以 e 是有理数. 根据勾股定理得 $c^2=a^2+b^2=e^2(m^2+n^2)$. 即

$$m^2+n^2=(\frac{e}{c})^2 \quad ①$$

由于 $\frac{e}{c}$ 是有理数，$(\frac{e}{c})^2$ 是整数，所以 $\frac{e}{c}$ 是整数.

设 $\frac{e}{c}=k$，则 $c=ke$，代入 ① 得

$$m^2+n^2=k^2 \quad ②$$

从而 m,n,k 中奇数的个数为 0 或 2. 因此，$r=\frac{1}{2}(a+b-c)=\frac{1}{2}(m+n-k)e$ 是 e 的倍数.

如图 12，设 A_2，B_2 是切点，则 $CA_2=CB_2=r$，因此，A_2，B_2 也是格点，所以 M 也是格点.

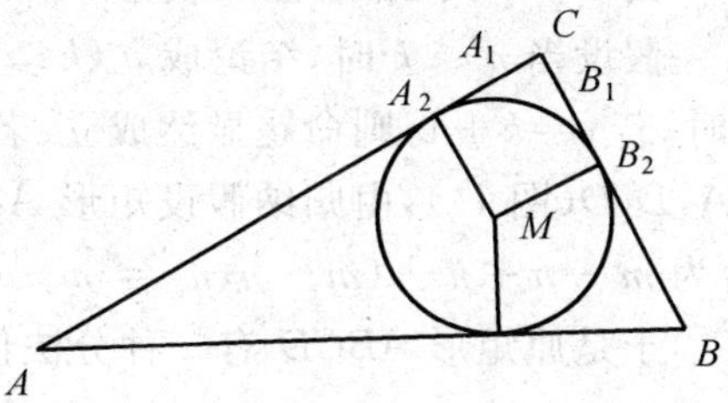

图 12

8. 如图 13，表明 9 条线段已经足够了. 下面证明至少需要 9 条线段.

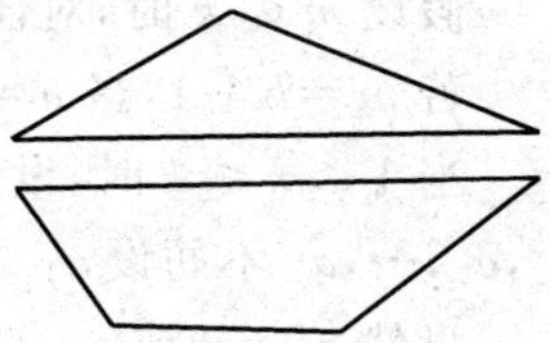
图 13

如果某点 A 不作为线段的端点，则其他 6 点至少要连 $C_6^2>9$ 条线段.

如果点 A 只作为 1 条线段的端点，则不与 A 相连的 5 点之间至少要连 $C_5^2>9$ 条线段.

设每一点至少要作为两条线段的端点. 若点 A 只作为两条线段 AB，AC 的端点，则不与 A 相连的 4 点之间至少要连 $C_4^2=6$ 条线段. 从点 B 至少还要引出 1 条线段，所以这时至少有 $2+6+1=9$ 条线段.

若每一点至少作为 3 条线段的端点，则至少多于 $[\frac{3\times 7}{2}]=10$ 条线段.

9. 设向量 $\overrightarrow{P_iP_{i+1}}$ 有分量 u_i，v_i，$i=0,1,2,\cdots,1\ 992$. 每对 u_i，v_i 互质，否则，在 P_i 和 P_{i+1} 之间应有另外的格点.

假设任一线段 P_iP_{i+1} 上均不包含所需的点 Q，则 $u_i+v_i\equiv 1(\bmod 2)$，$i=0,1,2,\cdots,1\ 992$，因此

$$\sum_{i=1}^{1\ 992}(u_i+v_i)\equiv 1\ 993(\bmod 2)\equiv 1\ (\bmod 2)$$

然而，所有向量 $\overrightarrow{P_iP_{i+1}}$ 的总和是零向量，这意味着 $\sum\limits_{i=1}^{1\ 992}=0$ 和 $\sum\limits_{i=1}^{1\ 992}=0$.

这是矛盾的.所以对于某个$i,0\leqslant i\leqslant 1\ 992$,在线段$P_iP_{i+1}$上存在一个点$Q(q_x,q_y)$使得$2q_x$和$2q_y$是奇整数.

10.记所求最小值为$f(m,n)$,可以证明

$$f(m,n)=m+n-(m,\ n) \qquad (*)$$

其中(m,n)表示m和n的最大公约数.

事实上,不妨设$m\geqslant n$.

(1)关于m归纳,可以证明存在一种合乎题意的分法,使得正方形边长之和恰为$m+n-(m,n)$.

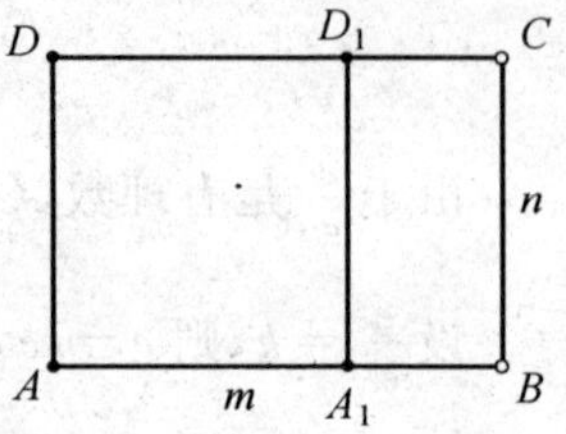

图 14

当$m=1$时,命题显然成立.

假设当$n\leqslant k$时,结论成立($k\geqslant 1$).当$m=k+1$时,若$n=k+1$,则命题显然成立.若$n<k+1$,从矩形$ABCD$中切去正方形AA_1D_1D(图14),由归纳假设矩形A_1BCD_1有一种分法使得正方形边长之和恰为$m-n+n-(m-n,n)=m-(m,n)$.

于是原矩形$ABCD$有一种分法使得所得正方形边长之和为$m+n-(m,n)$.

(2)关于m归纳可以证明($*$)成立.

当$m=1$时,由于$n=1$,显然$f(m,n)=1=m+n-(m,\ n)$.

假设$m\leqslant k$时,对任意$1\leqslant n\leqslant m$有$f(m,n)=m+n-(m,n)$.

若$m=k+1$,当$n=k+1$时,显然$f(m,n)=k+1=m+n-(m,\ n)$.

当$1\leqslant n\leqslant k$时,设矩形$ABCD$按要求分成了p个正方形,其边长分别为$a_1,a_2,\cdots,a_p$不妨设$a_1\geqslant a_2\geqslant\cdots\geqslant a_p$.

显然$a_1=n$或$a_1<n$.

若$a_1<n$,则在AD与BC之间的与边AD平行的任一直线至少穿过两个分成的正方形(或其边界),于是$a_1+a_2+\cdots+a_p$不小于AB与CD之和.

所以$a_1+a_2+\cdots+a_p\geqslant 2m>m+n-(m,\ n)$.

若$a_1=n$,则一个边长分别为$m-n$和n的矩形可按题目要求分成边长分别为$a_2,a_3,\cdots,a_p$的正方形,由归纳假设

$$a_2+a_3+\cdots+a_p\geqslant m-n+n-(m-n,n)=m-(m,n)$$

从而

$$a_1+a_2+\cdots+a_p\geqslant m+n-(m,\ n)$$

于是当$m+k+1$时,$f(m,n)\geqslant m+n-(m,\ n)$.

再由(1)可知$f(m,n)=m+n-(m,\ n)$.

11.不妨设A,B,C不共线.将AB,BC,CA都扩展成直线,把平面分成t个部分,如图15(a)所示分为3种区域.

(1) 点 X 在区域 I 内,记 $l(PQR)$ 为 $\triangle PQR$ 的最长边的长度.

延长 AX 交 BC 于 D(图 15(b)),则 $AX \leqslant AD \leqslant \max\{AB,BC\} \leqslant l(ABC)$,同理 $BX \leqslant l(ABC)$, $CX \leqslant l(ABC)$,所以

$$l(ABX) \leqslant l(ABC),\ l(BCX) \leqslant l(ABC),\ l(CAX) \leqslant l(ABC)$$

于是

$$\begin{aligned} m(ABX)+m(BCX)+m(CAX) &= \frac{2S_{\triangle ABX}}{l(ABX)}+\frac{2S_{\triangle BCX}}{l(BCX)}+\frac{2S_{\triangle CAX}}{l(CAX)} \geqslant \\ &\frac{2S_{\triangle ABX}}{l(ABC)}+\frac{2S_{\triangle BCX}}{l(ABC)}+\frac{2S_{\triangle CAX}}{l(ABC)} = \\ &\frac{2S_{\triangle ABCX}}{l(ABC)}=m(ABC) \end{aligned} \quad ①$$

(2) 点 X 在区域 Ⅱ 中,不妨设 X 在 $\angle BAC$ 的对顶角中,记 BC,CA,AB 所对应的高分别为 h_a,h_b,h_c.

Ⅰ 若 $m(BCX)$ 是从 X 引出,则 $m(BCX) \geqslant h_a \geqslant m(ABC)$,所证不等式成立.

Ⅱ 若 $m(BCX)$ 不是从 X 引出,则 $m(BCX)=CD$.(图 15(c))

ⅰ 若 $\angle CBX \leqslant 90^\circ$,则

$$CD = BC\sin\angle CBX \geqslant BC\sin\angle ABC = h_c \geqslant m(ABC)$$

ⅱ 若 $\angle CBX \geqslant 90^\circ$,则

$$\angle CBD = \angle BXC + \angle BCX \geqslant \angle BCX \geqslant \angle BCA$$

而

$$\angle CBD = 180^\circ - \angle CBX \leqslant 90^\circ$$

所以

$$CD = BC\sin\angle CBD \geqslant BC\sin\angle BCA = h_b \geqslant m(ABC)$$

于是,此时所证不等式成立.

(3) 若点 X 在区域 Ⅲ 中,不妨设在 $\angle ABC$ 所含的区域中,考虑 AB,BC,CA,AX,BX,CX 中的最长边(图 15(d)).

Ⅰ 若 AB,BC,CA 之一为 $l(ABC)$,由 ① 的证明即知要证的不等式成立.

Ⅱ 若 BX 最长,如图 15(e),BX 与 AC 交于 D, $\angle ADB \leqslant 90^\circ$. 作 $AE \perp BX$ 于 E,$CF \perp BX$ 于 F,则

$m(ABX)=AE$,$m(BCX)=CF$. 又因为 $\angle ADB > \angle ACB$,所以

$$AE+CF = AC\sin\angle ADB > AC\sin\angle ACB = h_a \geqslant m(ABC)$$

即有

$$\begin{aligned} m(ABC) &\leqslant m(ABX)+m(BCX) \leqslant \\ &m(ABX)+m(BCX)+m(CAX) \end{aligned}$$

Ⅲ 若最长边为 AX 或 CX，不妨设为 AX(图 15(f)). 在 $\triangle ABX$ 中，$\angle ABX \geqslant \angle BAX$，则 $90^\circ \geqslant \angle BAX \geqslant \angle BAC$. 作 $BD \perp AX$ 于 D，则

$$m(ABX)=BD=AB\sin\angle BAX \geqslant AB\sin\angle BAC=h_b \geqslant m(ABC)$$

所以，$m(ABC) \leqslant m(ABX)+m(BCX)+m(CAX)$.

综上所述，总有 $m(ABC) \leqslant m(ABX)+m(BCX)+m(CAX)$ 成立.

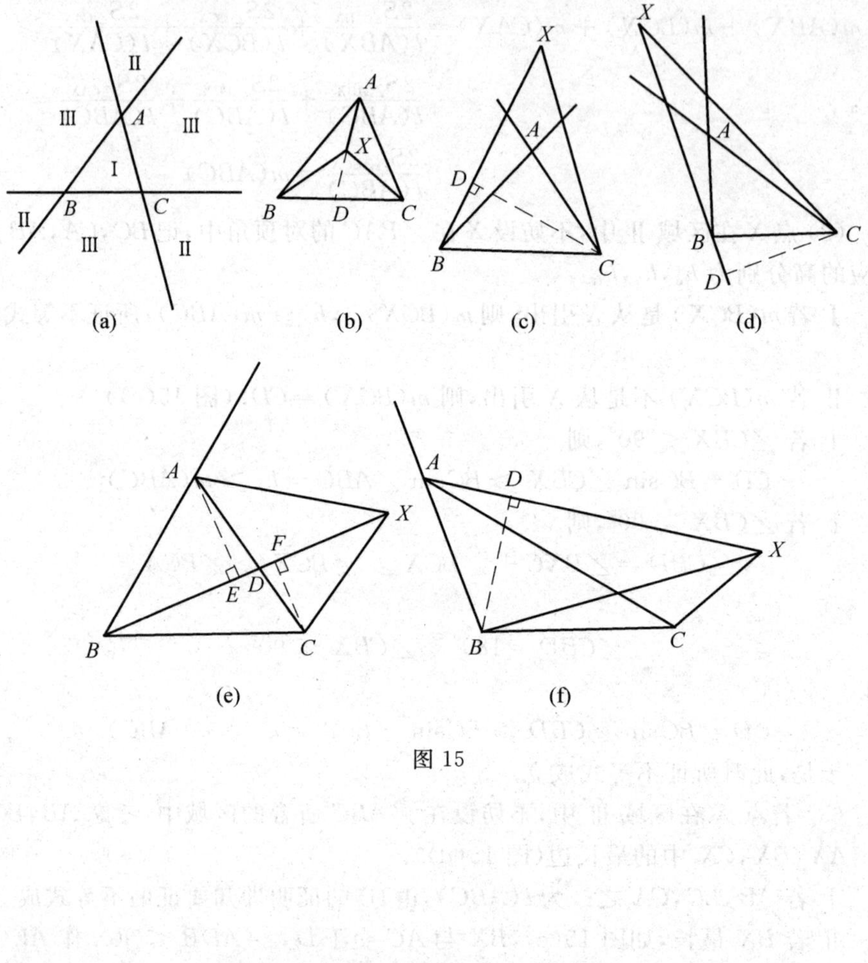

图 15

刘培杰数学工作室
已出版(即将出版)图书目录——初等数学

书　　名	出版时间	定　价	编号
新编中学数学解题方法全书(高中版)上卷	2007－09	38.00	7
新编中学数学解题方法全书(高中版)中卷	2007－09	48.00	8
新编中学数学解题方法全书(高中版)下卷(一)	2007－09	42.00	17
新编中学数学解题方法全书(高中版)下卷(二)	2007－09	38.00	18
新编中学数学解题方法全书(高中版)下卷(三)	2010－06	58.00	73
新编中学数学解题方法全书(初中版)上卷	2008－01	28.00	29
新编中学数学解题方法全书(初中版)中卷	2010－07	38.00	75
新编中学数学解题方法全书(高考复习卷)	2010－01	48.00	67
新编中学数学解题方法全书(高考真题卷)	2010－01	38.00	62
新编中学数学解题方法全书(高考精华卷)	2011－03	68.00	118
新编平面解析几何解题方法全书(专题讲座卷)	2010－01	18.00	61
新编中学数学解题方法全书(自主招生卷)	2013－08	88.00	261
数学奥林匹克与数学文化(第一辑)	2006－05	48.00	4
数学奥林匹克与数学文化(第二辑)(竞赛卷)	2008－01	48.00	19
数学奥林匹克与数学文化(第二辑)(文化卷)	2008－07	58.00	36′
数学奥林匹克与数学文化(第三辑)(竞赛卷)	2010－01	48.00	59
数学奥林匹克与数学文化(第四辑)(竞赛卷)	2011－08	58.00	87
数学奥林匹克与数学文化(第五辑)	2015－06	98.00	370
世界著名平面几何经典著作钩沉——几何作图专题卷(上)	2009－06	48.00	49
世界著名平面几何经典著作钩沉——几何作图专题卷(下)	2011－01	88.00	80
世界著名平面几何经典著作钩沉(民国平面几何老课本)	2011－03	38.00	113
世界著名平面几何经典著作钩沉(建国初期平面三角老课本)	2015－08	38.00	507
世界著名解析几何经典著作钩沉——平面解析几何卷	2014－01	38.00	264
世界著名数论经典著作钩沉(算术卷)	2012－01	28.00	125
世界著名数学经典著作钩沉——立体几何卷	2011－02	28.00	88
世界著名三角学经典著作钩沉(平面三角卷Ⅰ)	2010－06	28.00	69
世界著名三角学经典著作钩沉(平面三角卷Ⅱ)	2011－01	38.00	78
世界著名初等数论经典著作钩沉(理论和实用算术卷)	2011－07	38.00	126
发展你的空间想象力	2017－06	38.00	785
走向国际数学奥林匹克的平面几何试题诠释(上、下)(第1版)	2007－01	68.00	11,12
走向国际数学奥林匹克的平面几何试题诠释(上、下)(第2版)	2010－02	98.00	63,64
平面几何证明方法全书	2007－08	35.00	1
平面几何证明方法全书习题解答(第1版)	2005－10	18.00	2
平面几何证明方法全书习题解答(第2版)	2006－12	18.00	10
平面几何天天练上卷・基础篇(直线型)	2013－01	58.00	208
平面几何天天练中卷・基础篇(涉及圆)	2013－01	28.00	234
平面几何天天练下卷・提高篇	2013－01	58.00	237
平面几何专题研究	2013－07	98.00	258

刘培杰数学工作室
已出版(即将出版)图书目录——初等数学

书　　名	出版时间	定　价	编号
最新世界各国数学奥林匹克中的平面几何试题	2007－09	38.00	14
数学竞赛平面几何典型题及新颖解	2010－07	48.00	74
初等数学复习及研究(平面几何)	2008－09	58.00	38
初等数学复习及研究(立体几何)	2010－06	38.00	71
初等数学复习及研究(平面几何)习题解答	2009－01	48.00	42
几何学教程(平面几何卷)	2011－03	68.00	90
几何学教程(立体几何卷)	2011－07	68.00	130
几何变换与几何证题	2010－06	88.00	70
计算方法与几何证题	2011－06	28.00	129
立体几何技巧与方法	2014－04	88.00	293
几何瑰宝——平面几何 500 名题暨 1000 条定理(上、下)	2010－07	138.00	76,77
三角形的解法与应用	2012－07	18.00	183
近代的三角形几何学	2012－07	48.00	184
一般折线几何学	2015－08	48.00	503
三角形的五心	2009－06	28.00	51
三角形的六心及其应用	2015－10	68.00	542
三角形趣谈	2012－08	28.00	212
解三角形	2014－01	28.00	265
三角学专门教程	2014－09	28.00	387
图天下几何新题试卷.初中(第 2 版)	2017－11	58.00	855
圆锥曲线习题集(上册)	2013－06	68.00	255
圆锥曲线习题集(中册)	2015－01	78.00	434
圆锥曲线习题集(下册·第 1 卷)	2016－10	78.00	683
圆锥曲线习题集(下册·第 2 卷)	2018－01	98.00	853
论九点圆	2015－05	88.00	645
近代欧氏几何学	2012－03	48.00	162
罗巴切夫斯基几何学及几何基础概要	2012－07	28.00	188
罗巴切夫斯基几何学初步	2015－06	28.00	474
用三角、解析几何、复数、向量计算解数学竞赛几何题	2015－03	48.00	455
美国中学几何教程	2015－04	88.00	458
三线坐标与三角形特征点	2015－04	98.00	460
平面解析几何方法与研究(第 1 卷)	2015－05	18.00	471
平面解析几何方法与研究(第 2 卷)	2015－06	18.00	472
平面解析几何方法与研究(第 3 卷)	2015－07	18.00	473
解析几何研究	2015－01	38.00	425
解析几何学教程.上	2016－01	38.00	574
解析几何学教程.下	2016－01	38.00	575
几何学基础	2016－01	58.00	581
初等几何研究	2015－02	58.00	444
十九和二十世纪欧氏几何学中的片段	2017－01	58.00	696
平面几何中考.高考.奥数一本通	2017－07	28.00	820
几何学简史	2017－08	28.00	833
四面体	2018－01	48.00	880

刘培杰数学工作室
已出版(即将出版)图书目录——初等数学

书　名	出版时间	定　价	编号
俄罗斯平面几何问题集	2009—08	88.00	55
俄罗斯立体几何问题集	2014—03	58.00	283
俄罗斯几何大师——沙雷金论数学及其他	2014—01	48.00	271
来自俄罗斯的 5000 道几何习题及解答	2011—03	58.00	89
俄罗斯初等数学问题集	2012—05	38.00	177
俄罗斯函数问题集	2011—03	38.00	103
俄罗斯组合分析问题集	2011—01	48.00	79
俄罗斯初等数学万题选——三角卷	2012—11	38.00	222
俄罗斯初等数学万题选——代数卷	2013—08	68.00	225
俄罗斯初等数学万题选——几何卷	2014—01	68.00	226
463 个俄罗斯几何老问题	2012—01	28.00	152
谈谈素数	2011—03	18.00	91
平方和	2011—03	18.00	92
整数论	2011—05	38.00	120
从整数谈起	2015—10	28.00	538
数与多项式	2016—01	38.00	558
谈谈不定方程	2011—05	28.00	119
解析不等式新论	2009—06	68.00	48
建立不等式的方法	2011—03	98.00	104
数学奥林匹克不等式研究	2009—08	68.00	56
不等式研究(第二辑)	2012—02	68.00	153
不等式的秘密(第一卷)	2012—02	28.00	154
不等式的秘密(第一卷)(第 2 版)	2014—02	38.00	286
不等式的秘密(第二卷)	2014—01	38.00	268
初等不等式的证明方法	2010—06	38.00	123
初等不等式的证明方法(第二版)	2014—11	38.00	407
不等式・理论・方法(基础卷)	2015—07	38.00	496
不等式・理论・方法(经典不等式卷)	2015—07	38.00	497
不等式・理论・方法(特殊类型不等式卷)	2015—07	48.00	498
不等式探究	2016—03	38.00	582
不等式探秘	2017—01	88.00	689
四面体不等式	2017—01	68.00	715
数学奥林匹克中常见重要不等式	2017—09	38.00	845
同余理论	2012—05	38.00	163
[x]与{x}	2015—04	48.00	476
极值与最值. 上卷	2015—06	28.00	486
极值与最值. 中卷	2015—06	38.00	487
极值与最值. 下卷	2015—06	28.00	488
整数的性质	2012—11	38.00	192
完全平方数及其应用	2015—08	78.00	506
多项式理论	2015—10	88.00	541
奇数、偶数、奇偶分析法	2018—01	98.00	876

刘培杰数学工作室
已出版(即将出版)图书目录——初等数学

书　名	出版时间	定　价	编号
历届美国中学生数学竞赛试题及解答(第一卷)1950—1954	2014—07	18.00	277
历届美国中学生数学竞赛试题及解答(第二卷)1955—1959	2014—04	18.00	278
历届美国中学生数学竞赛试题及解答(第三卷)1960—1964	2014—06	18.00	279
历届美国中学生数学竞赛试题及解答(第四卷)1965—1969	2014—04	28.00	280
历届美国中学生数学竞赛试题及解答(第五卷)1970—1972	2014—06	18.00	281
历届美国中学生数学竞赛试题及解答(第六卷)1973—1980	2017—07	18.00	768
历届美国中学生数学竞赛试题及解答(第七卷)1981—1986	2015—01	18.00	424
历届美国中学生数学竞赛试题及解答(第八卷)1987—1990	2017—05	18.00	769

历届 IMO 试题集(1959—2005)	2006—05	58.00	5
历届 CMO 试题集	2008—09	28.00	40
历届中国数学奥林匹克试题集(第 2 版)	2017—03	38.00	757
历届加拿大数学奥林匹克试题集	2012—08	38.00	215
历届美国数学奥林匹克试题集:多解推广加强	2012—08	38.00	209
历届美国数学奥林匹克试题集:多解推广加强(第 2 版)	2016—03	48.00	592
历届波兰数学竞赛试题集.第 1 卷,1949～1963	2015—03	18.00	453
历届波兰数学竞赛试题集.第 2 卷,1964～1976	2015—03	18.00	454
历届巴尔干数学奥林匹克试题集	2015—05	38.00	466
保加利亚数学奥林匹克	2014—10	38.00	393
圣彼得堡数学奥林匹克试题集	2015—01	38.00	429
匈牙利奥林匹克数学竞赛题解.第 1 卷	2016—05	28.00	593
匈牙利奥林匹克数学竞赛题解.第 2 卷	2016—05	28.00	594
历届美国数学邀请赛试题集(第 2 版)	2017—10	78.00	851
全国高中数学竞赛试题及解答.第 1 卷	2014—07	38.00	331
普林斯顿大学数学竞赛	2016—06	38.00	669
亚太地区数学奥林匹克竞赛题	2015—07	18.00	492
日本历届(初级)广中杯数学竞赛试题及解答.第 1 卷(2000～2007)	2016—05	28.00	641
日本历届(初级)广中杯数学竞赛试题及解答.第 2 卷(2008～2015)	2016—05	38.00	642
360 个数学竞赛问题	2016—08	58.00	677
奥数最佳实战题.上卷	2017—06	38.00	760
奥数最佳实战题.下卷	2017—05	58.00	761
哈尔滨市早期中学数学竞赛试题汇编	2016—07	28.00	672
全国高中数学联赛试题及解答:1981—2015	2016—08	98.00	676
20 世纪 50 年代全国部分城市数学竞赛试题汇编	2017—07	28.00	797
高中数学竞赛培训教程:整除与同余以及不定方程	2018—01	88.00	869

高考数学临门一脚(含密押三套卷)(理科版)	2017—01	45.00	743
高考数学临门一脚(含密押三套卷)(文科版)	2017—01	45.00	744
新课标高考数学题型全归纳(文科版)	2015—05	72.00	467
新课标高考数学题型全归纳(理科版)	2015—05	82.00	468
洞穿高考数学解答题核心考点(理科版)	2015—11	49.80	550
洞穿高考数学解答题核心考点(文科版)	2015—11	46.80	551

刘培杰数学工作室
已出版(即将出版)图书目录——初等数学

书　　名	出版时间	定　价	编号
高考数学题型全归纳:文科版.上	2016－05	53.00	663
高考数学题型全归纳:文科版.下	2016－05	53.00	664
高考数学题型全归纳:理科版.上	2016－05	58.00	665
高考数学题型全归纳:理科版.下	2016－05	58.00	666
王连笑教你怎样学数学:高考选择题解题策略与客观题实用训练	2014－01	48.00	262
王连笑教你怎样学数学:高考数学高层次讲座	2015－02	48.00	432
高考数学的理论与实践	2009－08	38.00	53
高考数学核心题型解题方法与技巧	2010－01	28.00	86
高考思维新平台	2014－03	38.00	259
30 分钟拿下高考数学选择题、填空题(理科版)	2016－10	39.80	720
30 分钟拿下高考数学选择题、填空题(文科版)	2016－10	39.80	721
高考数学压轴题解题诀窍(上)(第 2 版)	2018－01	58.00	874
高考数学压轴题解题诀窍(下)(第 2 版)	2018－01	48.00	875
北京市五区文科数学三年高考模拟题详解:2013～2015	2015－08	48.00	500
北京市五区理科数学三年高考模拟题详解:2013～2015	2015－09	68.00	505
向量法巧解数学高考题	2009－08	28.00	54
高考数学万能解题法(第 2 版)	即将出版	38.00	691
高考物理万能解题法(第 2 版)	即将出版	38.00	692
高考化学万能解题法(第 2 版)	即将出版	28.00	693
高考生物万能解题法(第 2 版)	即将出版	28.00	694
高考数学解题金典(第 2 版)	2017－01	78.00	716
高考物理解题金典(第 2 版)	即将出版	68.00	717
高考化学解题金典(第 2 版)	即将出版	58.00	718
我一定要赚分:高中物理	2016－01	38.00	580
数学高考参考	2016－01	78.00	589
2011～2015 年全国及各省市高考数学文科精品试题审题要津与解法研究	2015－10	68.00	539
2011～2015 年全国及各省市高考数学理科精品试题审题要津与解法研究	2015－10	88.00	540
最新全国及各省市高考数学试卷解法研究及点拨评析	2009－02	38.00	41
2011 年全国及各省市高考数学试题审题要津与解法研究	2011－10	48.00	139
2013 年全国及各省市高考数学试题解析与点评	2014－01	48.00	282
全国及各省市高考数学试题审题要津与解法研究	2015－02	48.00	450
新课标高考数学——五年试题分章详解(2007～2011)(上、下)	2011－10	78.00	140,141
全国中考数学压轴题审题要津与解法研究	2013－04	78.00	248
新编全国及各省市中考数学压轴题审题要津与解法研究	2014－05	58.00	342
全国及各省市 5 年中考数学压轴题审题要津与解法研究(2015 版)	2015－04	58.00	462
中考数学专题总复习	2007－04	28.00	6
中考数学较难题、难题常考题型解题方法与技巧.上	2016－01	48.00	584
中考数学较难题、难题常考题型解题方法与技巧.下	2016－01	58.00	585
中考数学较难题常考题型解题方法与技巧	2016－09	48.00	681
中考数学难题常考题型解题方法与技巧	2016－09	48.00	682

刘培杰数学工作室
已出版(即将出版)图书目录——初等数学

书　　名	出版时间	定　价	编号
中考数学选择填空压轴好题妙解 365	2017－05	38.00	759
中考数学小压轴汇编初讲	2017－07	48.00	788
中考数学大压轴专题微言	2017－09	48.00	846
北京中考数学压轴题解题方法突破(第 3 版)	2017－11	48.00	854
助你高考成功的数学解题智慧:知识是智慧的基础	2016－01	58.00	596
助你高考成功的数学解题智慧:错误是智慧的试金石	2016－04	58.00	643
助你高考成功的数学解题智慧:方法是智慧的推手	2016－04	68.00	657
高考数学奇思妙解	2016－04	38.00	610
高考数学解题策略	2016－05	48.00	670
数学解题泄天机(第 2 版)	2017－10	48.00	850
高考物理压轴题全解	2017－04	48.00	746
高中物理经典问题 25 讲	2017－05	28.00	764
高中物理教学讲义	2018－01	48.00	871
2016 年高考文科数学真题研究	2017－04	58.00	754
2016 年高考理科数学真题研究	2017－04	78.00	755
初中数学、高中数学脱节知识补缺教材	2017－06	48.00	766
高考数学小题抢分必练	2017－10	48.00	834
高考数学核心素养解读	2017－09	38.00	839
高考数学客观题解题方法和技巧	2017－10	38.00	847
十年高考数学精品试题审题要津与解法研究.上卷	2018－01	68.00	872
十年高考数学精品试题审题要津与解法研究.下卷	2018－01	58.00	873
中国历届高考数学试题及解答.1949－1979	2018－01	38.00	877

新编 640 个世界著名数学智力趣题	2014－01	88.00	242
500 个最新世界著名数学智力趣题	2008－06	48.00	3
400 个最新世界著名数学最值问题	2008－09	48.00	36
500 个世界著名数学征解问题	2009－06	48.00	52
400 个中国最佳初等数学征解老问题	2010－01	48.00	60
500 个俄罗斯数学经典老题	2011－01	28.00	81
1000 个国外中学物理好题	2012－04	48.00	174
300 个日本高考数学题	2012－05	38.00	142
700 个早期日本高考数学试题	2017－02	88.00	752
500 个前苏联早期高考数学试题及解答	2012－05	28.00	185
546 个早期俄罗斯大学生数学竞赛题	2014－03	38.00	285
548 个来自美苏的数学好问题	2014－11	28.00	396
20 所苏联著名大学早期入学试题	2015－02	18.00	452
161 道德国工科大学生必做的微分方程习题	2015－05	28.00	469
500 个德国工科大学生必做的高数习题	2015－06	28.00	478
360 个数学竞赛问题	2016－08	58.00	677
德国讲义日本考题.微积分卷	2015－04	48.00	456
德国讲义日本考题.微分方程卷	2015－04	38.00	457
二十世纪中叶中、英、美、日、法、俄高考数学试题精选	2017－06	38.00	783

刘培杰数学工作室
已出版(即将出版)图书目录——初等数学

书　　名	出版时间	定　价	编号
中国初等数学研究　2009 卷(第 1 辑)	2009—05	20.00	45
中国初等数学研究　2010 卷(第 2 辑)	2010—05	30.00	68
中国初等数学研究　2011 卷(第 3 辑)	2011—07	60.00	127
中国初等数学研究　2012 卷(第 4 辑)	2012—07	48.00	190
中国初等数学研究　2014 卷(第 5 辑)	2014—02	48.00	288
中国初等数学研究　2015 卷(第 6 辑)	2015—06	68.00	493
中国初等数学研究　2016 卷(第 7 辑)	2016—04	68.00	609
中国初等数学研究　2017 卷(第 8 辑)	2017—01	98.00	712

几何变换(Ⅰ)	2014—07	28.00	353
几何变换(Ⅱ)	2015—06	28.00	354
几何变换(Ⅲ)	2015—01	38.00	355
几何变换(Ⅳ)	2015—12	38.00	356

初等数论难题集(第一卷)	2009—05	68.00	44
初等数论难题集(第二卷)(上、下)	2011—02	128.00	82,83
数论概貌	2011—03	18.00	93
代数数论(第二版)	2013—08	58.00	94
代数多项式	2014—06	38.00	289
初等数论的知识与问题	2011—02	28.00	95
超越数论基础	2011—03	28.00	96
数论初等教程	2011—03	28.00	97
数论基础	2011—03	18.00	98
数论基础与维诺格拉多夫	2014—03	18.00	292
解析数论基础	2012—08	28.00	216
解析数论基础(第二版)	2014—01	48.00	287
解析数论问题集(第二版)(原版引进)	2014—05	88.00	343
解析数论问题集(第二版)(中译本)	2016—04	88.00	607
解析数论基础(潘承洞,潘承彪著)	2016—07	98.00	673
解析数论导引	2016—07	58.00	674
数论入门	2011—03	38.00	99
代数数论入门	2015—03	38.00	448
数论开篇	2012—07	28.00	194
解析数论引论	2011—03	48.00	100
Barban Davenport Halberstam 均值和	2009—01	40.00	33
基础数论	2011—03	28.00	101
初等数论 100 例	2011—05	18.00	122
初等数论经典例题	2012—07	18.00	204
最新世界各国数学奥林匹克中的初等数论试题(上、下)	2012—01	138.00	144,145
初等数论(Ⅰ)	2012—01	18.00	156
初等数论(Ⅱ)	2012—01	18.00	157
初等数论(Ⅲ)	2012—01	28.00	158

刘培杰数学工作室
已出版(即将出版)图书目录——初等数学

书　　名	出版时间	定　价	编号
平面几何与数论中未解决的新老问题	2013－01	68.00	229
代数数论简史	2014－11	28.00	408
代数数论	2015－09	88.00	532
代数、数论及分析习题集	2016－11	98.00	695
数论导引提要及习题解答	2016－01	48.00	559
素数定理的初等证明.第2版	2016－09	48.00	686
数论中的模函数与狄利克雷级数(第二版)	2017－11	78.00	837
数论:数学导引	2018－01	68.00	849

数学眼光透视(第2版)	2017－06	78.00	732
数学思想领悟(第2版)	2018－01	68.00	733
数学应用展观(第2版)	2017－08	68.00	737
数学建模导引	2008－01	28.00	23
数学方法溯源	2008－01	38.00	27
数学史话览胜(第2版)	2017－01	48.00	736
数学思维技术	2013－09	38.00	260
数学解题引论	2017－05	48.00	735
数学竞赛采风	2018－01	68.00	739

从毕达哥拉斯到怀尔斯	2007－10	48.00	9
从迪利克雷到维斯卡尔迪	2008－01	48.00	21
从哥德巴赫到陈景润	2008－05	98.00	35
从庞加莱到佩雷尔曼	2011－08	138.00	136

博弈论精粹	2008－03	58.00	30
博弈论精粹.第二版(精装)	2015－01	88.00	461
数学 我爱你	2008－01	28.00	20
精神的圣徒　别样的人生——60位中国数学家成长的历程	2008－09	48.00	39
数学史概论	2009－06	78.00	50
数学史概论(精装)	2013－03	158.00	272
数学史选讲	2016－01	48.00	544
斐波那契数列	2010－02	28.00	65
数学拼盘和斐波那契魔方	2010－07	38.00	72
斐波那契数列欣赏	2011－01	28.00	160
数学的创造	2011－02	48.00	85
数学美与创造力	2016－01	48.00	595
数海拾贝	2016－01	48.00	590
数学中的美	2011－02	38.00	84
数论中的美学	2014－12	38.00	351

刘培杰数学工作室
已出版(即将出版)图书目录——初等数学

书名	出版时间	定价	编号
数学王者　科学巨人——高斯	2015－01	28.00	428
振兴祖国数学的圆梦之旅:中国初等数学研究史话	2015－06	98.00	490
二十世纪中国数学史料研究	2015－10	48.00	536
数字谜、数阵图与棋盘覆盖	2016－01	58.00	298
时间的形状	2016－01	38.00	556
数学发现的艺术:数学探索中的合情推理	2016－07	58.00	671
活跃在数学中的参数	2016－07	48.00	675
数学解题——靠数学思想给力(上)	2011－07	38.00	131
数学解题——靠数学思想给力(中)	2011－07	48.00	132
数学解题——靠数学思想给力(下)	2011－07	38.00	133
我怎样解题	2013－01	48.00	227
数学解题中的物理方法	2011－06	28.00	114
数学解题的特殊方法	2011－06	48.00	115
中学数学计算技巧	2012－01	48.00	116
中学数学证明方法	2012－01	58.00	117
数学趣题巧解	2012－03	28.00	128
高中数学教学通鉴	2015－05	58.00	479
和高中生漫谈:数学与哲学的故事	2014－08	28.00	369
算术问题集	2017－03	38.00	789
自主招生考试中的参数方程问题	2015－01	28.00	435
自主招生考试中的极坐标问题	2015－04	28.00	463
近年全国重点大学自主招生数学试题全解及研究.华约卷	2015－02	38.00	441
近年全国重点大学自主招生数学试题全解及研究.北约卷	2016－05	38.00	619
自主招生数学解证宝典	2015－09	48.00	535
格点和面积	2012－07	18.00	191
射影几何趣谈	2012－04	28.00	175
斯潘纳尔引理——从一道加拿大数学奥林匹克试题谈起	2014－01	28.00	228
李普希兹条件——从几道近年高考数学试题谈起	2012－10	18.00	221
拉格朗日中值定理——从一道北京高考试题的解法谈起	2015－10	18.00	197
闵科夫斯基定理——从一道清华大学自主招生试题谈起	2014－01	28.00	198
哈尔测度——从一道冬令营试题的背景谈起	2012－08	28.00	202
切比雪夫逼近问题——从一道中国台北数学奥林匹克试题谈起	2013－04	38.00	238
伯恩斯坦多项式与贝齐尔曲面——从一道全国高中数学联赛试题谈起	2013－03	38.00	236
卡塔兰猜想——从一道普特南竞赛试题谈起	2013－06	18.00	256
麦卡锡函数和阿克曼函数——从一道前南斯拉夫数学奥林匹克试题谈起	2012－08	18.00	201
贝蒂定理与拉姆贝克莫斯尔定理——从一个拣石子游戏谈起	2012－08	18.00	217
皮亚诺曲线和豪斯道夫分球定理——从无限集谈起	2012－08	18.00	211
平面凸图形与凸多面体	2012－10	28.00	218
斯坦因豪斯问题——从一道二十五省市自治区中学数学竞赛试题谈起	2012－07	18.00	196

刘培杰数学工作室
已出版(即将出版)图书目录——初等数学

书　　名	出版时间	定　价	编号
纽结理论中的亚历山大多项式与琼斯多项式——从一道北京市高一数学竞赛试题谈起	2012－07	28.00	195
原则与策略——从波利亚"解题表"谈起	2013－04	38.00	244
转化与化归——从三大尺规作图不能问题谈起	2012－08	28.00	214
代数几何中的贝祖定理(第一版)——从一道IMO试题的解法谈起	2013－08	18.00	193
成功连贯理论与约当块理论——从一道比利时数学竞赛试题谈起	2012－04	18.00	180
素数判定与大数分解	2014－08	18.00	199
置换多项式及其应用	2012－10	18.00	220
椭圆函数与模函数——从一道美国加州大学洛杉矶分校(UCLA)博士资格考题谈起	2012－10	28.00	219
差分方程的拉格朗日方法——从一道2011年全国高考理科试题的解法谈起	2012－08	28.00	200
力学在几何中的一些应用	2013－01	38.00	240
高斯散度定理、斯托克斯定理和平面格林定理——从一道国际大学生数学竞赛试题谈起	即将出版		
康托洛维奇不等式——从一道全国高中联赛试题谈起	2013－03	28.00	337
西格尔引理——从一道第18届IMO试题的解法谈起	即将出版		
罗斯定理——从一道前苏联数学竞赛试题谈起	即将出版		
拉克斯定理和阿廷定理——从一道IMO试题的解法谈起	2014－01	58.00	246
毕卡大定理——从一道美国大学数学竞赛试题谈起	2014－07	18.00	350
贝齐尔曲线——从一道全国高中联赛试题谈起	即将出版		
拉格朗日乘子定理——从一道2005年全国高中联赛试题的高等数学解法谈起	2015－05	28.00	480
雅可比定理——从一道日本数学奥林匹克试题谈起	2013－04	48.00	249
李天岩－约克定理——从一道波兰数学竞赛试题谈起	2014－06	28.00	349
整系数多项式因式分解的一般方法——从克朗耐克算法谈起	即将出版		
布劳维不动点定理——从一道前苏联数学奥林匹克试题谈起	2014－01	38.00	273
伯恩赛德定理——从一道英国数学奥林匹克试题谈起	即将出版		
布查特－莫斯特定理——从一道上海市初中竞赛试题谈起	即将出版		
数论中的同余数问题——从一道普特南竞赛试题谈起	即将出版		
范·德蒙行列式——从一道美国数学奥林匹克试题谈起	即将出版		
中国剩余定理:总数法构建中国历史年表	2015－01	28.00	430
牛顿程序与方程求根——从一道全国高考试题解法谈起	即将出版		
库默尔定理——从一道IMO预选试题谈起	即将出版		
卢丁定理——从一道冬令营试题的解法谈起	即将出版		
沃斯滕霍姆定理——从一道IMO预选试题谈起	即将出版		
卡尔松不等式——从一道莫斯科数学奥林匹克试题谈起	即将出版		
信息论中的香农熵——从一道近年高考压轴题谈起	即将出版		
约当不等式——从一道希望杯竞赛试题谈起	即将出版		
拉比诺维奇定理	即将出版		
刘维尔定理——从一道《美国数学月刊》征解问题的解法谈起	即将出版		
卡塔兰恒等式与级数求和——从一道IMO试题的解法谈起	即将出版		
勒让德猜想与素数分布——从一道爱尔兰竞赛试题谈起	即将出版		
天平称重与信息论——从一道基辅市数学奥林匹克试题谈起	即将出版		
哈密尔顿－凯莱定理:从一道高中数学联赛试题的解法谈起	2014－09	18.00	376
艾思特曼定理——从一道CMO试题的解法谈起	即将出版		

刘培杰数学工作室
已出版(即将出版)图书目录——初等数学

书 名	出版时间	定 价	编号
一个爱尔特希问题——从一道西德数学奥林匹克试题谈起	即将出版		
有限群中的爱丁格尔问题——从一道北京市初中二年级数学竞赛试题谈起	即将出版		
贝克码与编码理论——从一道全国高中联赛试题谈起	即将出版		
帕斯卡三角形	2014－03	18.00	294
蒲丰投针问题——从 2009 年清华大学的一道自主招生试题谈起	2014－01	38.00	295
斯图姆定理——从一道"华约"自主招生试题的解法谈起	2014－01	18.00	296
许瓦兹引理——从一道加利福尼亚大学伯克利分校数学系博士生试题谈起	2014－08	18.00	297
拉姆塞定理——从王诗宬院士的一个问题谈起	2016－04	48.00	299
坐标法	2013－12	28.00	332
数论三角形	2014－04	38.00	341
毕克定理	2014－07	18.00	352
数林掠影	2014－09	48.00	389
我们周围的概率	2014－10	38.00	390
凸函数最值定理:从一道华约自主招生题的解法谈起	2014－10	28.00	391
易学与数学奥林匹克	2014－10	38.00	392
生物数学趣谈	2015－01	18.00	409
反演	2015－01	28.00	420
因式分解与圆锥曲线	2015－01	18.00	426
轨迹	2015－01	28.00	427
面积原理:从常庚哲命的一道 CMO 试题的积分解法谈起	2015－01	48.00	431
形形色色的不动点定理:从一道 28 届 IMO 试题谈起	2015－01	38.00	439
柯西函数方程:从一道上海交大自主招生的试题谈起	2015－02	28.00	440
三角恒等式	2015－02	28.00	442
无理性判定:从一道 2014 年"北约"自主招生试题谈起	2015－01	38.00	443
数学归纳法	2015－03	18.00	451
极端原理与解题	2015－04	28.00	464
法雷级数	2014－08	18.00	367
摆线族	2015－01	38.00	438
函数方程及其解法	2015－05	38.00	470
含参数的方程和不等式	2012－09	28.00	213
希尔伯特第十问题	2016－01	38.00	543
无穷小量的求和	2016－01	28.00	545
切比雪夫多项式:从一道清华大学金秋营试题谈起	2016－01	38.00	583
泽肯多夫定理	2016－03	38.00	599
代数等式证题法	2016－01	28.00	600
三角等式证题法	2016－01	28.00	601
吴大任教授藏书中的一个因式分解公式:从一道美国数学邀请赛试题的解法谈起	2016－06	28.00	656
易卦——类万物的数学模型	2017－08	68.00	838
"不可思议"的数与数系可持续发展	2018－01	38.00	878
最短线	2018－01	38.00	879

幻方和魔方(第一卷)	2012－05	68.00	173
尘封的经典——初等数学经典文献选读(第一卷)	2012－07	48.00	205
尘封的经典——初等数学经典文献选读(第二卷)	2012－07	38.00	206

初级方程式论	2011－03	28.00	106
初等数学研究(Ⅰ)	2008－09	68.00	37
初等数学研究(Ⅱ)(上、下)	2009－05	118.00	46,47

刘培杰数学工作室
已出版(即将出版)图书目录——初等数学

书　　名	出版时间	定　价	编号
趣味初等方程妙题集锦	2014－09	48.00	388
趣味初等数论选美与欣赏	2015－02	48.00	445
耕读笔记(上卷):一位农民数学爱好者的初数探索	2015－04	28.00	459
耕读笔记(中卷):一位农民数学爱好者的初数探索	2015－05	28.00	483
耕读笔记(下卷):一位农民数学爱好者的初数探索	2015－05	28.00	484
几何不等式研究与欣赏.上卷	2016－01	88.00	547
几何不等式研究与欣赏.下卷	2016－01	48.00	552
初等数列研究与欣赏·上	2016－01	48.00	570
初等数列研究与欣赏·下	2016－01	48.00	571
趣味初等函数研究与欣赏.上	2016－09	48.00	684
趣味初等函数研究与欣赏.下	即将出版		685

火柴游戏	2016－05	38.00	612
智力解谜.第1卷	2017－07	38.00	613
智力解谜.第2卷	2017－07	38.00	614
故事智力	2016－07	48.00	615
名人们喜欢的智力问题	即将出版		616
数学大师的发现、创造与失误	2018－01	48.00	617
异曲同工	即将出版		618
数学的味道	2018－01	58.00	798

数贝偶拾——高考数学题研究	2014－04	28.00	274
数贝偶拾——初等数学研究	2014－04	38.00	275
数贝偶拾——奥数题研究	2014－04	48.00	276

钱昌本教你快乐学数学(上)	2011－12	48.00	155
钱昌本教你快乐学数学(下)	2012－03	58.00	171

集合、函数与方程	2014－01	28.00	300
数列与不等式	2014－01	38.00	301
三角与平面向量	2014－01	28.00	302
平面解析几何	2014－01	38.00	303
立体几何与组合	2014－01	28.00	304
极限与导数、数学归纳法	2014－01	38.00	305
趣味数学	2014－03	28.00	306
教材教法	2014－04	68.00	307
自主招生	2014－05	58.00	308
高考压轴题(上)	2015－01	48.00	309
高考压轴题(下)	2014－10	68.00	310

从费马到怀尔斯——费马大定理的历史	2013－10	198.00	Ⅰ
从庞加莱到佩雷尔曼——庞加莱猜想的历史	2013－10	298.00	Ⅱ
从切比雪夫到爱尔特希(上)——素数定理的初等证明	2013－07	48.00	Ⅲ
从切比雪夫到爱尔特希(下)——素数定理100年	2012－12	98.00	Ⅲ
从高斯到盖尔方特——二次域的高斯猜想	2013－10	198.00	Ⅳ
从库默尔到朗兰兹——朗兰兹猜想的历史	2014－01	98.00	Ⅴ
从比勃巴赫到德布朗斯——比勃巴赫猜想的历史	2014－02	298.00	Ⅵ
从麦比乌斯到陈省身——麦比乌斯变换与麦比乌斯带	2014－02	298.00	Ⅶ
从布尔到豪斯道夫——布尔方程与格论漫谈	2013－10	198.00	Ⅷ
从开普勒到阿诺德——三体问题的历史	2014－05	298.00	Ⅸ
从华林到华罗庚——华林问题的历史	2013－10	298.00	Ⅹ

刘培杰数学工作室
已出版(即将出版)图书目录——初等数学

书　名	出版时间	定　价	编号
美国高中数学竞赛五十讲.第1卷(英文)	2014-08	28.00	357
美国高中数学竞赛五十讲.第2卷(英文)	2014-08	28.00	358
美国高中数学竞赛五十讲.第3卷(英文)	2014-09	28.00	359
美国高中数学竞赛五十讲.第4卷(英文)	2014-09	28.00	360
美国高中数学竞赛五十讲.第5卷(英文)	2014-10	28.00	361
美国高中数学竞赛五十讲.第6卷(英文)	2014-11	28.00	362
美国高中数学竞赛五十讲.第7卷(英文)	2014-12	28.00	363
美国高中数学竞赛五十讲.第8卷(英文)	2015-01	28.00	364
美国高中数学竞赛五十讲.第9卷(英文)	2015-01	28.00	365
美国高中数学竞赛五十讲.第10卷(英文)	2015-02	38.00	366

三角函数	2014-01	38.00	311
不等式	2014-01	38.00	312
数列	2014-01	38.00	313
方程	2014-01	28.00	314
排列和组合	2014-01	28.00	315
极限与导数	2014-01	28.00	316
向量	2014-09	38.00	317
复数及其应用	2014-08	28.00	318
函数	2014-01	38.00	319
集合	即将出版		320
直线与平面	2014-01	28.00	321
立体几何	2014-04	28.00	322
解三角形	即将出版		323
直线与圆	2014-01	28.00	324
圆锥曲线	2014-01	38.00	325
解题通法(一)	2014-07	38.00	326
解题通法(二)	2014-07	38.00	327
解题通法(三)	2014-05	38.00	328
概率与统计	2014-01	28.00	329
信息迁移与算法	即将出版		330

IMO 50年.第1卷(1959-1963)	2014-11	28.00	377
IMO 50年.第2卷(1964-1968)	2014-11	28.00	378
IMO 50年.第3卷(1969-1973)	2014-09	28.00	379
IMO 50年.第4卷(1974-1978)	2016-04	38.00	380
IMO 50年.第5卷(1979-1984)	2015-04	38.00	381
IMO 50年.第6卷(1985-1989)	2015-04	58.00	382
IMO 50年.第7卷(1990-1994)	2016-01	48.00	383
IMO 50年.第8卷(1995-1999)	2016-06	38.00	384
IMO 50年.第9卷(2000-2004)	2015-04	58.00	385
IMO 50年.第10卷(2005-2009)	2016-01	48.00	386
IMO 50年.第11卷(2010-2015)	2017-03	48.00	646

刘培杰数学工作室
已出版(即将出版)图书目录——初等数学

书名	出版时间	定价	编号
方程(第2版)	2017-04	38.00	624
三角函数(第2版)	2017-04	38.00	626
向量(第2版)	即将出版		627
立体几何(第2版)	2016-04	38.00	629
直线与圆(第2版)	2016-11	38.00	631
圆锥曲线(第2版)	2016-09	48.00	632
极限与导数(第2版)	2016-04	38.00	635
历届美国大学生数学竞赛试题集.第一卷(1938—1949)	2015-01	28.00	397
历届美国大学生数学竞赛试题集.第二卷(1950—1959)	2015-01	28.00	398
历届美国大学生数学竞赛试题集.第三卷(1960—1969)	2015-01	28.00	399
历届美国大学生数学竞赛试题集.第四卷(1970—1979)	2015-01	18.00	400
历届美国大学生数学竞赛试题集.第五卷(1980—1989)	2015-01	28.00	401
历届美国大学生数学竞赛试题集.第六卷(1990—1999)	2015-01	28.00	402
历届美国大学生数学竞赛试题集.第七卷(2000—2009)	2015-08	18.00	403
历届美国大学生数学竞赛试题集.第八卷(2010—2012)	2015-01	18.00	404
新课标高考数学创新题解题诀窍:总论	2014-09	28.00	372
新课标高考数学创新题解题诀窍:必修1~5分册	2014-08	38.00	373
新课标高考数学创新题解题诀窍:选修2-1,2-2,1-1,1-2分册	2014-09	38.00	374
新课标高考数学创新题解题诀窍:选修2-3,4-4,4-5分册	2014-09	18.00	375
全国重点大学自主招生英文数学试题全攻略:词汇卷	2015-07	48.00	410
全国重点大学自主招生英文数学试题全攻略:概念卷	2015-01	28.00	411
全国重点大学自主招生英文数学试题全攻略:文章选读卷(上)	2016-09	38.00	412
全国重点大学自主招生英文数学试题全攻略:文章选读卷(下)	2017-01	58.00	413
全国重点大学自主招生英文数学试题全攻略:试题卷	2015-07	38.00	414
全国重点大学自主招生英文数学试题全攻略:名著欣赏卷	2017-03	48.00	415
劳埃德数学趣题大全.题目卷.1:英文	2016-01	18.00	516
劳埃德数学趣题大全.题目卷.2:英文	2016-01	18.00	517
劳埃德数学趣题大全.题目卷.3:英文	2016-01	18.00	518
劳埃德数学趣题大全.题目卷.4:英文	2016-01	18.00	519
劳埃德数学趣题大全.题目卷.5:英文	2016-01	18.00	520
劳埃德数学趣题大全.答案卷:英文	2016-01	18.00	521
李成章教练奥数笔记.第1卷	2016-01	48.00	522
李成章教练奥数笔记.第2卷	2016-01	48.00	523
李成章教练奥数笔记.第3卷	2016-01	38.00	524
李成章教练奥数笔记.第4卷	2016-01	38.00	525
李成章教练奥数笔记.第5卷	2016-01	38.00	526
李成章教练奥数笔记.第6卷	2016-01	38.00	527
李成章教练奥数笔记.第7卷	2016-01	38.00	528
李成章教练奥数笔记.第8卷	2016-01	48.00	529
李成章教练奥数笔记.第9卷	2016-01	28.00	530

刘培杰数学工作室
已出版(即将出版)图书目录——初等数学

书　　名	出版时间	定　价	编号
第19～23届"希望杯"全国数学邀请赛试题审题要津详细评注(初一版)	2014－03	28.00	333
第19～23届"希望杯"全国数学邀请赛试题审题要津详细评注(初二、初三版)	2014－03	38.00	334
第19～23届"希望杯"全国数学邀请赛试题审题要津详细评注(高一版)	2014－03	28.00	335
第19～23届"希望杯"全国数学邀请赛试题审题要津详细评注(高二版)	2014－03	38.00	336
第19～25届"希望杯"全国数学邀请赛试题审题要津详细评注(初一版)	2015－01	38.00	416
第19～25届"希望杯"全国数学邀请赛试题审题要津详细评注(初二、初三版)	2015－01	58.00	417
第19～25届"希望杯"全国数学邀请赛试题审题要津详细评注(高一版)	2015－01	48.00	418
第19～25届"希望杯"全国数学邀请赛试题审题要津详细评注(高二版)	2015－01	48.00	419
物理奥林匹克竞赛大题典——力学卷	2014－11	48.00	405
物理奥林匹克竞赛大题典——热学卷	2014－04	28.00	339
物理奥林匹克竞赛大题典——电磁学卷	2015－07	48.00	406
物理奥林匹克竞赛大题典——光学与近代物理卷	2014－06	28.00	345
历届中国东南地区数学奥林匹克试题集(2004～2012)	2014－06	18.00	346
历届中国西部地区数学奥林匹克试题集(2001～2012)	2014－07	18.00	347
历届中国女子数学奥林匹克试题集(2002～2012)	2014－08	18.00	348
数学奥林匹克在中国	2014－06	98.00	344
数学奥林匹克问题集	2014－01	38.00	267
数学奥林匹克不等式散论	2010－06	38.00	124
数学奥林匹克不等式欣赏	2011－09	38.00	138
数学奥林匹克超级题库(初中卷上)	2010－01	58.00	66
数学奥林匹克不等式证明方法和技巧(上、下)	2011－08	158.00	134,135
他们学什么:原民主德国中学数学课本	2016－09	38.00	658
他们学什么:英国中学数学课本	2016－09	38.00	659
他们学什么:法国中学数学课本.1	2016－09	38.00	660
他们学什么:法国中学数学课本.2	2016－09	28.00	661
他们学什么:法国中学数学课本.3	2016－09	38.00	662
他们学什么:苏联中学数学课本	2016－09	28.00	679
高中数学题典——集合与简易逻·函数	2016－07	48.00	647
高中数学题典——导数	2016－07	48.00	648
高中数学题典——三角函数·平面向量	2016－07	48.00	649
高中数学题典——数列	2016－07	58.00	650
高中数学题典——不等式·推理与证明	2016－07	38.00	651
高中数学题典——立体几何	2016－07	48.00	652
高中数学题典——平面解析几何	2016－07	78.00	653
高中数学题典——计数原理·统计·概率·复数	2016－07	48.00	654
高中数学题典——算法·平面几何·初等数论·组合数学·其他	2016－07	68.00	655

刘培杰数学工作室
已出版(即将出版)图书目录——初等数学

书　　名	出版时间	定　价	编号
台湾地区奥林匹克数学竞赛试题.小学一年级	2017－03	38.00	722
台湾地区奥林匹克数学竞赛试题.小学二年级	2017－03	38.00	723
台湾地区奥林匹克数学竞赛试题.小学三年级	2017－03	38.00	724
台湾地区奥林匹克数学竞赛试题.小学四年级	2017－03	38.00	725
台湾地区奥林匹克数学竞赛试题.小学五年级	2017－03	38.00	726
台湾地区奥林匹克数学竞赛试题.小学六年级	2017－03	38.00	727
台湾地区奥林匹克数学竞赛试题.初中一年级	2017－03	38.00	728
台湾地区奥林匹克数学竞赛试题.初中二年级	2017－03	38.00	729
台湾地区奥林匹克数学竞赛试题.初中三年级	2017－03	28.00	730
不等式证题法	2017－04	28.00	747
平面几何培优教程	即将出版		748
奥数鼎级培优教程.高一分册	即将出版		749
奥数鼎级培优教程.高二分册	即将出版		750
高中数学竞赛冲刺宝典	即将出版		751
初中尖子生数学超级题典.实数	2017－07	58.00	792
初中尖子生数学超级题典.式、方程与不等式	2017－08	58.00	793
初中尖子生数学超级题典.圆、面积	2017－08	38.00	794
初中尖子生数学超级题典.函数、逻辑推理	2017－08	48.00	795
初中尖子生数学超级题典.角、线段、三角形与多边形	2017－07	58.00	796
数学王子——高斯	2018－01	48.00	858
坎坷奇星——阿贝尔	2018－01	48.00	859
闪烁奇星——伽罗瓦	2018－01	58.00	860
无穷统帅——康托尔	2018－01	48.00	861
科学公主——柯瓦列夫斯卡娅	2018－01	48.00	862
抽象代数之母——埃米·诺特	2018－01	48.00	863
电脑先驱——图灵	2018－01	58.00	864
昔日神童——维纳	2018－01	48.00	865
数坛怪侠——爱尔特希	2018－01	68.00	866

联系地址：哈尔滨市南岗区复华四道街 10 号　哈尔滨工业大学出版社刘培杰数学工作室

网　　址：http://lpj.hit.edu.cn/

邮　　编：150006

联系电话：0451－86281378　　13904613167

E-mail:lpj1378@163.com